CorelDRAW 平面设计标准教程

微课版 第2版

互联网+数字艺术教育研究院 ◎ 策划
周建国 马健 ◎ 主编
李亚萍 余晓宇 ◎ 副主编

人民邮电出版社
北京

图书在版编目（CIP）数据

CorelDRAW平面设计标准教程 ：微课版 / 周建国，马健主编. -- 2版. -- 北京 ：人民邮电出版社，2021.11（2023.8重印）
（"创新设计思维"数字媒体与艺术设计类新形态丛书）
ISBN 978-7-115-56408-5

Ⅰ. ①C… Ⅱ. ①周… ②马… Ⅲ. ①平面设计－图形软件－教材 Ⅳ. ①TP391.412

中国版本图书馆CIP数据核字(2021)第073146号

内 容 提 要

本书全面系统地介绍了CorelDRAW X8的基本操作方法和图形图像处理技巧。全书共分11章，内容包括平面设计的基础知识、CorelDRAW X8的入门知识、CorelDRAW X8的基础操作、绘制和编辑图形、绘制和编辑曲线、编辑轮廓线和填充颜色、排列和组合对象、编辑文本、编辑位图、应用特殊效果、综合实训案例。

本书具有完善的知识结构体系，力求通过对软件基础知识的讲解，使读者深入学习软件功能。本书在讲解了基础知识和基本操作后，还精心设计了课堂案例，力求通过课堂案例、课堂练习演练，使读者快速掌握软件的应用技巧。最后通过每章的课后习题实践，拓展学生的实际应用能力。本书最后一章精心安排了专业设计公司的多个商业案例，力求通过这些案例的制作，帮助读者提高艺术设计创意能力。

本书适合作为高等院校数字媒体艺术类专业"CorelDRAW"课程的教材，也可供相关人员自学参考。

◆ 主　　编　周建国　马　健
　副 主 编　李亚萍　余晓宇
　责任编辑　许金霞
　责任印制　王　郁　马振武

◆ 人民邮电出版社出版发行　　北京市丰台区成寿寺路11号
　邮编　100164　　电子邮件　315@ptpress.com.cn
　网址　https://www.ptpress.com.cn
　固安县铭成印刷有限公司印刷

◆ 开本：787×1092　1/16
　印张：17.5　　　　　　　2021年11月第2版
　字数：504千字　　　　　2023年8月河北第3次印刷

定价：59.80元

读者服务热线：(010)81055256　印装质量热线：(010)81055316
反盗版热线：(010)81055315
广告经营许可证：京东市监广登字20170147号

前言 FOREWORD

编写目的

CorelDRAW 功能强大、易学易用，深受图形图像处理爱好者和平面设计人员的喜爱。为了让读者能够快速且牢固地掌握 CorelDRAW X8 的使用方法，并设计出更有创意的平面设计作品，我们几位长期在本科院校从事艺术设计教学的教师与专业设计公司经验丰富的设计师合作，并于 2016 年 3 月出版了本书的第 1 版，截至 2020 年年底，已有近百所院校将本书作为教材使用，并受到广大师生的好评。随着 CorelDRAW 软件版本的更新，以及平面设计所涉及领域的扩大，我们几位编者再次合作完成本书的编写工作。本书以 CorelDRAW X8 为软件版本，增加了 App 引导页、公众号首图、商品详情页等设计案例，希望通过本书能够快速提升读者的创意思维与设计能力。

内容特点

本书章节内容按照“课堂案例—软件功能解析—课堂练习—课后习题”这一思路进行编排，且在本书最后一章设置了专业设计公司的 4 个商业案例，以帮助读者综合应用所学知识。

课堂案例： 精心挑选课堂案例，通过对课堂案例的详细解析，使读者快速掌握软件的基本操作，熟悉案例设计的基本思路。

软件功能解析： 在对软件的基本操作有了一定的了解后，再通过对软件具体功能的详细解析，使读者系统地掌握软件各功能的应用方法。

课堂练习和课后习题： 为帮助读者巩固所学知识，设置了“课堂练习”以提升读者的设计能力，还设置了难度略有提升的“课后习题”，以拓展读者的实际应用能力。

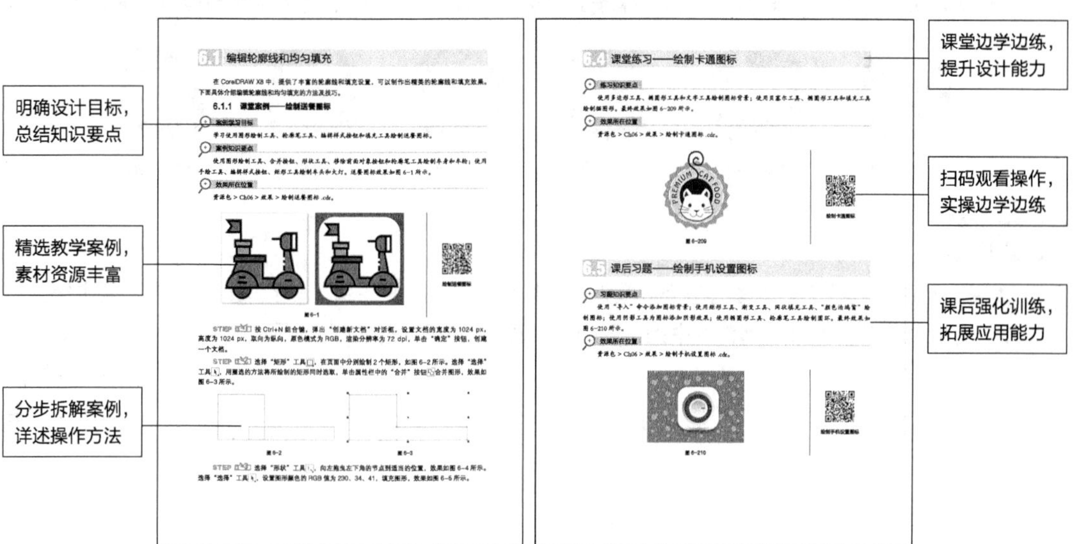

FOREWORD

学时安排

本书的参考学时为 64 学时，讲授环节为 30 学时，实训环节为 34 学时。各章的参考学时见以下学时分配表。

章	课程内容	学时分配 / 学时	
		讲授	实训
第 1 章	平面设计的基础知识	1	
第 2 章	CorelDRAW X8 的入门知识	1	
第 3 章	CorelDRAW X8 的基础操作	2	
第 4 章	绘制和编辑图形	4	4
第 5 章	绘制和编辑曲线	4	4
第 6 章	编辑轮廓线和填充颜色	4	4
第 7 章	排列和组合对象	2	4
第 8 章	编辑文本	2	4
第 9 章	编辑位图	2	4
第 10 章	应用特殊效果	4	4
第 11 章	综合实训案例	4	6
学时总计 / 学时		30	34

资源下载

为方便读者线下学习及教学，书中所有案例的微课视频、基础素材和效果文件，以及教学大纲、PPT 课件、教学教案等资料，读者可登录人邮教育社区（www.ryjiaoyu.com），在本书页面中免费下载使用。

微课视频

基础素材

效果文件

教学大纲

PPT 课件

教学教案

致 谢

本书由互联网 + 数字艺术教育研究院策划，由周建国、马健任主编，李亚萍、余晓宇任副主编。另外，相关专业制作公司的设计师为本书提供了很多精彩的商业案例，在此表示感谢。

编 者

2021 年 8 月

目录 CONTENT

CONTENT

CONTENT

CONTENT

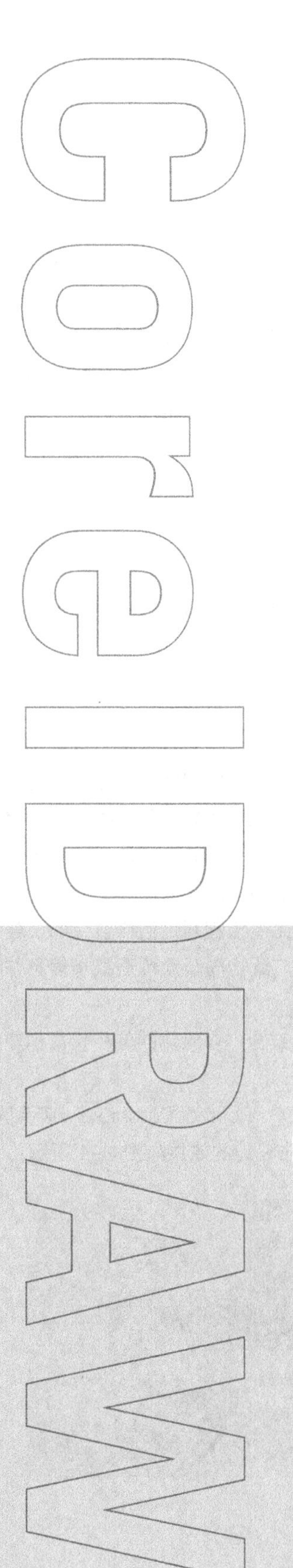

Chapter

1

第1章 平面设计的基础知识

本章主要介绍平面设计的基础知识，其中包括平面设计的概念、应用、要素、应用软件和工作流程等内容。作为一名平面设计师，必须全面掌握平面设计的基础知识，才能更好地完成平面设计的创意和设计制作任务。

课堂学习目标

- 了解平面设计的概念和应用
- 了解平面设计的要素和应用软件
- 掌握平面设计的工作流程

1.1 平面设计的概念

1922 年，美国人威廉·阿迪逊·德威金斯最早提出和使用了“平面设计（Graphic Design）”一词。20 世纪 70 年代，设计艺术得到了充分的发展，“平面设计”成为国际设计界认可的术语。

平面设计是一门涵盖了经济学、信息学、心理学和设计学等领域的创造性视觉艺术学科。它通过二维空间进行表现，通过图形、文字、色彩等元素的编排和设计来进行视觉沟通与信息传达。平面设计师可以利用专业知识和技术来完成创作计划。

1.2 平面设计的应用

目前常见的平面设计应用，可以归纳为 9 大类：广告设计、书籍设计、刊物设计、包装设计、网页设计、标志设计、VI 设计、UI 设计和 H5 设计等内容。

1.2.1 广告设计

在现代社会，信息传递的速度日益加快，信息传播的方式日益多样化。广告凭借着各种信息传递媒介遍及人们日常生活的方方面面，已成为社会生活中不可缺少的一部分。与此同时，广告艺术也凭借着异彩纷呈的表现形式、丰富多彩的内容信息及快捷便利的传播条件，强有力地冲击着人们的视听神经。

广告的英语译文为 Advertisement，是从拉丁文 Adverture 演化而来的，其含义是“吸引人注意”。通俗意义上讲，广告即广而告之。不仅如此，广告还同时包含两个方面的含义：从广义上讲，广告是指向公众通知某一件事并最终达到广而告之的目的；从狭义上讲，广告主要指营利性的广告，即广告主为了某种特定的需要，通过一定形式的媒介，耗费一定的费用，公开而广泛地向公众传递某种信息并最终从中获利的宣传手段。

广告设计是指通过图像、文字、色彩、版面、图形等视觉元素，结合广告媒体的使用特征构成的艺术表现形式，是为了实现传达广告目的和意图的艺术创意设计。

平面广告的类别主要包括 DM（Direct Mail，快讯商品）广告、POP（Point of Purchase，店头陈设）广告、杂志广告、报纸广告、招贴广告、网络广告和户外广告等。广告设计的效果如图 1-1 所示。

图 1-1

1.2.2 书籍设计

书籍是人类思想交流、知识传播、经验宣传、文化积累的重要依托，承载着古今中外的智慧结晶，而书籍设计的艺术领域更是丰富多彩。

书籍设计（Book Design）又称书籍装帧设计，是指书籍的整体策划及造型设计。策划和设计过程包含了印前、印中、印后对书的形态与传达效果的分析。书籍要设计的内容有很多，包括开本、封面、扉页、字体、版面、插图、护封、纸张、印刷、装订和材料的艺术设计，都属于平面设计范畴。

关于书籍的分类有许多种方法，其标准不同，分类也就不同。一般而言，按书籍内容涉及的范围来划分，可以分为文学艺术类、少儿动漫类、生活休闲类、人文科学类、科学技术类、经营管理类、医疗教育类等。书籍封面设计的效果如图 1-2 所示。

图 1-2

1.2.3 刊物设计

作为定期出版物，刊物是指经过装订、带有封面的期刊，同时刊物也是大众类印刷媒体之一。这种媒体形式最早出现在德国，但在当时，期刊与报纸并无太大区别。随着科技的发展和生活水平的不断提高，期刊开始与报纸越来越不一样，其内容也越偏重专题、质量、深度，而非时效性。

期刊的读者群体有其特定性和固定性，所以，期刊媒体对特定的人群更具有针对性，例如进行专业性较强的行业信息交流。正是由于这种特点，期刊内容的传播效率相对比较精准。同时，由于期刊大多为月刊或半月刊，注重内容质量的打造，所以它比报纸的保存时间要长很多。

在设计期刊时所依据的规格主要是参照其样本和开本进行版面划分的，此外期刊的艺术风格、设计元素和设计色彩都要和刊物本身的定位相呼应。由于期刊一般会选用质量较好的纸张进行印刷，所以，图片印刷质量高、细腻光滑，画面图像的印刷工艺精美、还原效果好、视觉形象清晰。

期刊类媒体分为消费者期刊杂志、专业性期刊、行业性期刊杂志等不同类别，具体包括财经期刊、IT 期刊、动漫期刊、家居期刊、健康期刊、教育期刊、旅游期刊、美食期刊、汽车期刊、人物期刊、时尚期刊、数码期刊等。刊物设计的效果如图 1-3 所示。

图 1-3

1.2.4 包装设计

包装设计是艺术设计与科学技术相结合的设计，是技术、艺术、设计、材料、经济、管理、心理、市场等多功能综合要素的体现，是多学科融会贯通的一门综合学科。

包装设计的广义概念，是指包装的整体策划工程，其主要内容包括包装方法的设计、包装材料的设计、视觉传达设计、包装机械的设计与应用、包装试验、包装成本的设计及包装的管理等。

包装设计的狭义概念，是指选用适合商品的包装材料，运用巧妙的制造工艺手段，为商品进行的容器结构功能化设计和形象化视觉造型设计，使之具备整合容纳、保护产品、方便储运、优化形象、传达属性和促进销售之功能。

包装设计按商品内容来划分，可以分为日用品包装、食品包装、烟酒包装、化妆品包装、医药包装、文体包装、工艺品包装、化学品包装、五金家电包装、纺织品包装、儿童玩具包装、土特产包装等。包装设计的效果如图 1-4 所示。

图 1-4

1.2.5 网页设计

网页设计是指根据网站所要表达的主旨，将网站信息进行整合归纳后，进行的版面编排和美化设计。通过网页设计，让网页信息更有条理，页面更具有美感，从而提高网页的信息传达和阅读效率。网页设计者要掌握平面设计的基础理论和设计技巧，熟悉网页配色、网站风格、网页制作技术等网页设计知识，创造出符合项目设计需求的艺术化和人性化的网页。

根据网页的不同属性，可将网页分为商业性网页、综合性网页、娱乐性网页、文化性网页、行业性网页、区域性网页等。网页设计的效果如图 1-5 所示。

图 1-5

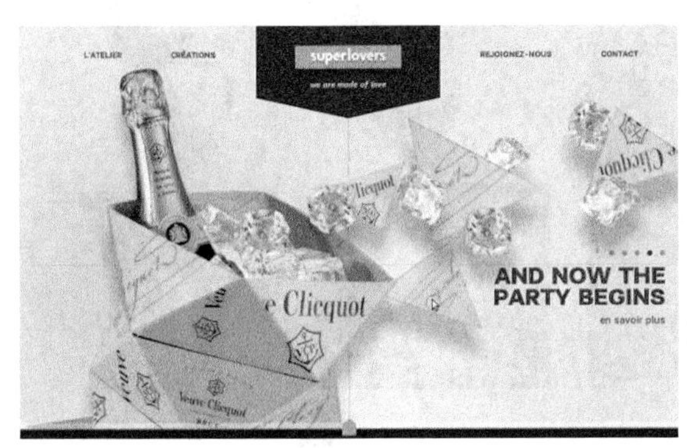

图 1-5（续）

1.2.6 标志设计

标志是具有象征意义的视觉符号。它借助图形和文字的巧妙设计组合，艺术地传递出某种信息，表达某种特殊的含义。标志设计是指将具体的事物、抽象的精神通过特定的图形和符号固定下来，使人们在看到标志设计的同时，自然地产生联想，从而对企业产生认同。对于一个企业而言，标志渗透到了企业运营的各个环节，例如日常经营活动、广告宣传、对外交流、文化建设等。作为企业的无形资产，它的价值随同企业的增值不断累积。

标志按功能来分类，可以分为政府标志、机构标志、城市标志、商业标志、纪念标志、文化标志、环境标志、交通标志等。标志设计的效果如图 1-6 所示。

图 1-6

1.2.7 VI 设计

VI（Visual Identity，企业视觉识别）是指以建立企业的理念识别为基础，将企业理念、企业使命、企业价值观及经营理念变为静态的具体识别符号，并进行具体化、视觉化的传播。企业视觉识别具体指通过各种媒体将企业形象广告、标志、产品包装等有计划地传递给社会公众，树立企业整体统一的识别形象。

VI 是 CI（Corporate Identity，企业形象识别）中项目最多、层面最广、效果最直接的向社会传递信息的部分，最具有传播力和感染力，也最容易被公众所接受，短期内获得的影响也最明显。社会公众可以一目了然地掌握企业的信息，产生认同感，进而达到企业识别的目的。成功的 VI 设计能使企业及产品在市场中获得较强的竞争力。

VI 主要由两大部分组成，即基础识别部分和应用识别部分。其中，基础识别部分主要包括企业标志设计、标准字体与印刷专用字体设计、色彩系统设计、辅助图形、品牌角色（吉祥物）等。应用识别部分包括办公系统、标识系统、广告系统、旗帜系统、服饰系统、交通系列、展示系统等。VI 设计效果如图 1-7 所示。

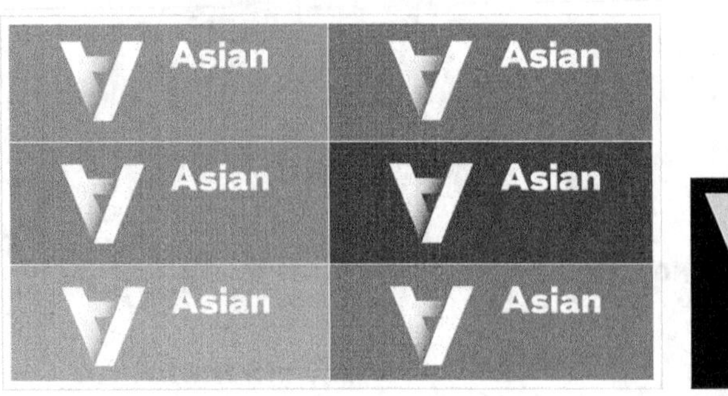

图 1-7

1.2.8 UI 设计

UI（User Interface，用户界面）设计是指对软件的人机交互、操作逻辑、界面美观的整体设计。

UI 设计从早期的专注于工具的技法型表现，到现在要求 UI 设计师参与到整个商业链条，兼顾商业目标和用户体验，可以看出国内 UI 设计行业的发展是跨越式的。UI 设计从设计风格、技术实现到应用领域都发生了巨大的变化。

UI 设计的风格经历了由拟物化到扁平化设计的转变，现在扁平化风格依然为主流，但又加入了 Material Design 设计语言（材料设计语言，是由 Google 推出的全新设计语言），使设计更为醒目且细腻。

UI 设计的应用领域已由原先的 PC 端和移动端扩展到可穿戴设备、无人驾驶汽车、AI 机器人等。今后无论技术如何进步，设计风格如何转变，甚至于应用领域如何不同，UI 设计都将参与到产品设计的整个链条中，从而实现人性化、包容化、多元化的目标。UI 设计效果如图 1-8 所示。

图 1-8

1.2.9 H5 设计

H5 指的是移动端上基于 HTML 5 技术的交互动态网页，是用于移动互联网的一种新型营销工具，通过移动平台传播。

H5 具有跨平台、多媒体、强互动以及易传播的特点。H5 的应用形式多样，常见的应用领域有品牌宣传、产品展示、活动推广、知识分享、新闻热点、会议邀请、企业招聘、培训招生等。

H5 的类型可分为营销宣传、知识新闻、游戏互动以及网站应用 4 类。H5 设计效果如图 1-9 所示。

图 1-9

1.3 平面设计的要素

平面设计作品的基本要素包括图形、文字及色彩 3 大要素，这 3 大要素的组合组成了一组完整的平面设计作品。每个要素在平面设计作品中都起到了举足轻重的作用，3 大要素之间的相互影响和各种不同的变化都会使平面设计作品产生更加丰富的视觉效果。

1.3.1 图形

通常，人们在欣赏一个平面设计作品的时候，首先注意到的是图形，其次是标题，最后才是正文。如果说标题和正文作为符号化的文字受地域和语言背景限制的话，那么图形信息的传递则不受国家、民族、种族语言的限制，它是一种通行于世界的语言，具有广泛的传播性。因此，图形创意策划的选择直接关系到平面设计的成败。图形的设计也是整个设计内容最为直观的体现，它最大限度地表现了作品的主题和内涵，效果如图 1-10 所示。

图 1-10

1.3.2 文字

文字是最基本的信息传递符号。在平面设计工作中，相对于图形而言，文字的设计安排也占有相当重要的地位，是体现内容传播功能最直接的形式。在平面设计作品中，文字的字体造型和构图编排的恰当与否都直接影响了作品的诉求效果和视觉表现力，效果如图 1-11 所示。

图 1-11

1.3.3 色彩

平面设计作品给人的整体感受取决于作品画面的整体色彩。作为平面设计组成的重要因素之一，色彩的色调与搭配受宣传主题、企业形象、推广地域等因素的共同影响。因此，在平面设计的过程中还应考虑消费者对颜色的一些固定心理感受以及相关的地域文化，效果如图 1–12 所示。

图 1–12

1.4 平面设计的应用软件

目前在平面设计工作中，经常使用的主流软件有 Photoshop、CorelDRAW 和 InDesign，这 3 款软件每一款都有鲜明的功能特色。要想根据创意制作出完美的平面设计作品，就需要熟练使用这 3 款软件，并能很好地利用不同软件的优势，将其巧妙地结合使用。

1.4.1 Photoshop

Photoshop 是 Adobe 公司出品的最强大的图像处理软件之一，是集编辑修饰、制作处理、创意编排、图像输入 / 输出于一体的图形图像处理软件，深受平面设计人员、电脑艺术和摄影爱好者的喜爱。通过软件版本升级，Photoshop 的功能不断完善，已经成为迄今为止世界上最畅销的图像处理软件。Photoshop 软件的启动界面如图 1–13 所示。

图 1–13

Photoshop 的主要功能包括绘制与编辑选区、绘制与修饰图像、绘制图形及路径、调整图像的色彩及色调、图层的应用、文字的使用、通道和蒙版的使用、滤镜和动作的应用等。这些功能可以全面地辅助平面设计作品的创作。

Photoshop 适合完成的平面设计任务有图像抠像、图像调色、图像特效、文字特效、插图设计等。

1.4.2 CorelDRAW

CorelDRAW 是由 Corel 公司开发的集矢量图形设计、印刷排版、文字编辑处理和图形输出于一体的平面设计软件，它是丰富的创作力与强大功能的完美结合，深受平面设计师、插画师和版式编排人员的喜爱，目前已成为设计师的必备工具之一。CorelDRAW 软件的启动界面如图 1-14 所示。

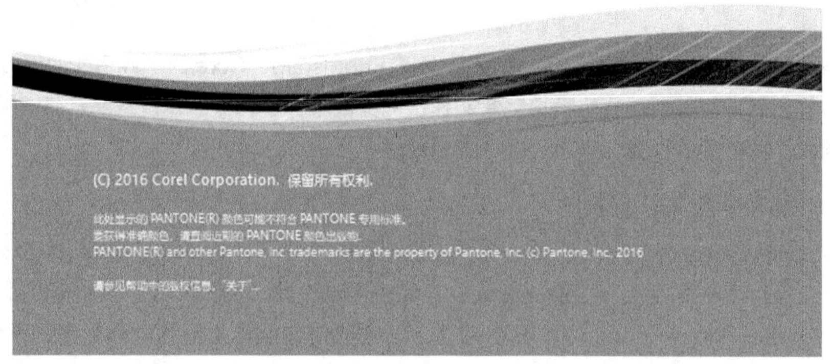

图 1-14

CorelDRAW 的主要功能包括绘制和编辑图形、绘制和编辑曲线、编辑轮廓线与填充颜色、排列和组合对象、编辑文本、编辑位图和应用特殊效果等。这些功能可以全面地辅助平面设计作品的创意与制作。

CorelDRAW 适合完成的平面设计任务包括标志设计、图表设计、模型绘制、插图设计、单页设计排版、折页设计排版、分色输出等。

1.4.3 InDesign

InDesign 是由 Adobe 公司开发的专业排版设计软件，是专业出版方案的新平台。它功能强大、易学易用，能够使读者通过内置的创意工具和精确的排版控制为打印或数字出版物设计出极具吸引力的页面版式，深受版式编排人员和平面设计师的喜爱，目前已成为图文排版领域最流行的软件之一。InDesign 软件的启动界面如图 1-15 所示。

InDesign 的主要功能包括绘制与编辑图形对象、路径的绘制与编辑、编辑描边与填充、编辑文本、处理图像、版式编排、处理表格与图层、页面编排、编辑书籍与目录等。这些功能可以全面地辅助平面设计作品的创意设计与排版制作。

InDesign 适合完成的平面设计任务包括图表设计、单页排版、折页排版、广告设计、报纸设计、杂志设计、书籍设计等。

图 1-15

1.5 平面设计的工作流程

平面设计的工作流程是一个有明确目标、有正确理念、有负责态度、有周密计划、有清晰步骤、有具体方法的工作过程。好的设计作品都是在完美的工作流程中产生的。

1. 信息交流

客户提出设计项目的构想和工作要求，并提供项目的相关文本和图片资料，包括公司介绍、项目描述、基本要求等。

2. 调研分析

根据客户提出的设计构想和工作要求，运用客户提供项目的相关文本和图片资料，对客户的设计需求进行分析，并对客户同行业或同类型的设计产品进行市场调研。

3. 草稿讨论

根据已经做好的市场分析和调研，设计师组织设计团队依据创意构想设计出项目的创意草稿，并制作出样稿。拜访客户，双方就设计的草稿内容进行沟通、讨论，并就双方的设想，根据补充的相关资料，达成设计构想上的共识。

4. 签订合同

在双方就设计草稿达成共识后，双方确认设计的具体细节、设计报价和完成时间，并签订《设计协议书》，客户支付项目预付款后，设计工作正式展开。

5. 提案讨论

首先设计师团队根据前期的市场调研和客户需求，结合双方草稿讨论的意见，开始进行方案的策划、设计和制作工作。设计师一般要完成 3 个设计方案，然后提交给客户选择。最后拜访客户，与客户开会讨论提案，客户根据提案作品提出修改意见。

6. 修改完善

根据提案会议的讨论内容和修改意见，设计师团队对客户基本满意的方案进行修改调整，进一步完善整体设计，并提交客户进行确认。等客户再次反馈意见后，设计师再次对客户提出的细节进行修改，使方案顺利完成。

7. 验收完成

在设计项目完成后，和客户一起对完成的设计项目进行验收，并由客户在设计合格确认书上签字。客户按协议书规定支付项目设计余款，设计方将项目制作文件提交给客户，至此整个设计项目执行完毕。

8. 后期制作

在设计项目完成后，客户可能需要设计方进行设计项目的印刷包装等后期制作工作。如果设计方承接了后期制作工作，需要和客户签订详细的后期制作合同，并执行好后期的制作工作，为客户提供令人满意的印刷和包装成品。

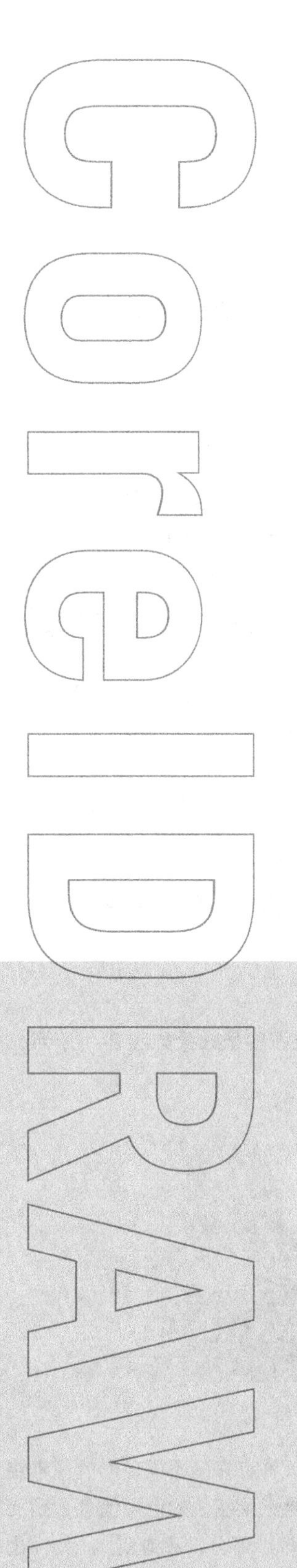

Chapter 2

第2章 CorelDRAW X8的入门知识

本章主要介绍CorelDRAW X8的概况、图形和图像的基础知识和CorelDRAW X8的工作界面。通过本章的学习，读者可以达到初步认识和使用这一创作工具的目的。

课堂学习目标

- 了解软件的概况
- 了解图形和图像的基础知识
- 熟练掌握软件的工作界面

2.1 CorelDRAW X8 的概况

CorelDRAW 是目前最流行的矢量图形设计软件之一，它是由全球知名的专业化图形设计与桌面出版软件开发商——加拿大的 Corel 公司于 1989 年推出的。

CorelDRAW 绘图设计系统集合了图像编辑、图像抓取、位图转换、动画制作等一系列实用的应用，构成了一个高级图形设计和编辑出版软件包。CorelDRAW 以其强大的功能、直观的界面和便捷的操作，迅速占领了市场，赢得众多专业设计人士和广大业余爱好者的青睐。

CorelDRAW 是最早运行于个人计算机（简称 PC）上的图形设计软件，迅速占领了大部分 PC 图形、图像设计软件市场，它的问世为 Corel 公司带来了巨大的财富和声誉。随着时代的发展，计算机软、硬件的不断更新，用户的要求也越来越高。Corel 公司为适应激烈的市场竞争，不断推出新版本的 CorelDRAW，并且于 1998 年推出了运行于 Macintosh 平台上的 CorelDRAW 版本，进一步巩固了它在图形设计软件领域的地位。

CorelDRAW 无疑是一款十分优秀的图形设计软件，也正因为如此，它才被广泛应用于平面设计、包装装潢、彩色出版与多媒体制作等诸多领域，并起到了非常重要的作用。

2.2 图形和图像的基础知识

想应用好 CorelDRAW，就需要先对图像的种类、色彩模式及文件格式有所了解和掌握，下面将进行详细介绍。

2.2.1 位图与矢量图

在计算机中，图像大致可以分为两种：位图图像和矢量图形。位图图像效果如图 2-1 所示，矢量图形效果如图 2-2 所示。

图 2-1

图 2-2

位图图像又称为点阵图，它是由许多点组成的，这些点称为像素。许许多多不同色彩的像素组合在一起，便构成了一幅图像。由于位图采取了点阵的方式，每个像素都能记录图像的色彩信息，因而可以精确地表现色彩丰富的图像。但图像的色彩越丰富，图像的像素就越多（即分辨率越高），文件也就越大，因此处理位图图像时，它对计算机硬盘和内存的要求也较高。同时由于位图本身的特点，图像在缩放和旋转变形时会产生失真的现象。

矢量图形是相对位图图像而言的，矢量图形又称为向量图像，它是以数学的矢量方式来记录图像内容的。矢量图形中的图形元素称为对象，每个对象都是独立的，具有各自的属性（如颜色、形状、轮廓、大小和位置等）。矢量图形在缩放时不会产生失真的现象，并且它的文件占用的内存空间较小。但这种图像的缺点是不易制作色彩丰富的图像，无法像位图图像那样精确地描绘各种绚丽的色彩。

这两种类型的图像各具特色，也各有优缺点，并且两者之间具有良好的互补性。因此，在图像处理和绘制图形的过程中，将这两种图像交互使用，取长补短，一定能使创作出来的作品更加完美。

2.2.2 色彩模式

CorelDRAW X8 提供了多种色彩模式，这些色彩模式提供了把色彩协调一致地用数值表示的方法。这些色彩模式是使设计制作的作品能够在屏幕和印刷品上成功表现的重要保障。在这些色彩模式中，经常会被用到的模式有 RGB 模式、CMYK 模式、HSB 模式、Lab 模式及灰度模式等。每种色彩模式都有不同的色域，用户可以根据需要选择合适的色彩模式，各个模式之间是可以互相转换的。

1. RGB 模式

RGB 模式是使用最广泛的一种色彩模式。它其实是一种加色模式，通过红、绿、蓝 3 种色光相叠加而形成更多的颜色。同时 RGB 模式也是色光的彩色模式，一幅 24bit 的 RGB 模式图像有 3 个色彩信息的通道：红色（R）、绿色（G）和蓝色（B）。每个通道都有 8 位的色彩信息，一个 0 ~ 255 的亮度值色域。在 RGB 模式中，3 种色彩的数值越大，颜色就越浅，当 3 种色彩的数值都为 255 时，颜色会被调整为白色；3 种色彩的数值越小，颜色就越深，当 3 种色彩的数值都为 0 时，颜色会被调整为黑色。3 种色彩的每一种色彩都有 256 个亮度水平级。3 种色彩相叠加，可以有 256 × 256 × 256=1670 万种可能的颜色。这 1670 万种颜色足以表现出这个绚丽多彩的世界。用户使用的显示器就是 RGB 模式的。

选择 RGB 模式的操作步骤为：选择“编辑填充”工具，或按 Shift+F11 组合键，弹出“编辑填充”对话框，在对话框中单击“均匀填充”按钮，选择“RGB”模式，并在对话框中设置 RGB 颜色值，如图 2–3 所示。

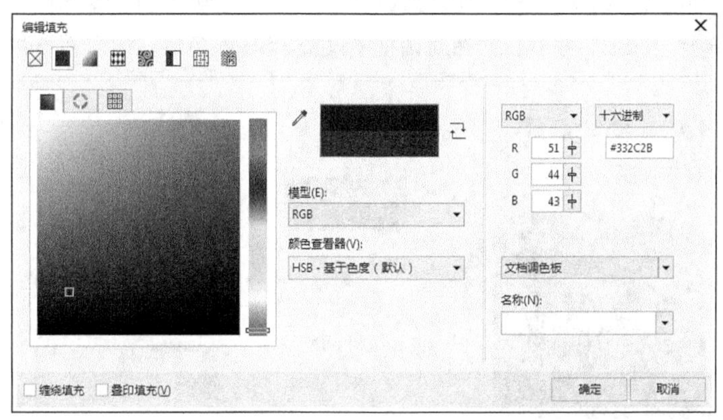

图 2–3

用户在编辑图像时，RGB 色彩模式应是最佳的选择。因为它可以提供全屏幕的多达 24 位的色彩范围，所以一些计算机领域的色彩专家称其为“True Color”（真彩显示）。

2. CMYK 模式

CMYK 模式在印刷时应用了色彩学中的减法混合原理，通过反射某些颜色的光并吸收另外一些颜色的光，来生成不同的颜色，它是一种减色色彩模式。CMYK 代表了印刷时用的 4 种油墨色：C 代表青色，M 代表洋红色，Y 代表黄色，K 代表黑色。CorelDRAW X8 默认状态下使用的就是 CMYK 模式。

CMYK 模式是图片和其他作品常用的一种印刷方式。这是因为在印刷中通常都要进行四色分色，出四色胶片，然后再进行印刷。

选择CMYK模式的操作步骤为：选择“编辑填充”工具，在弹出的“编辑填充”对话框中单击“均匀填充”按钮，选择“CMYK”模式，并在对话框中设置CMYK颜色值，如图2-4所示。

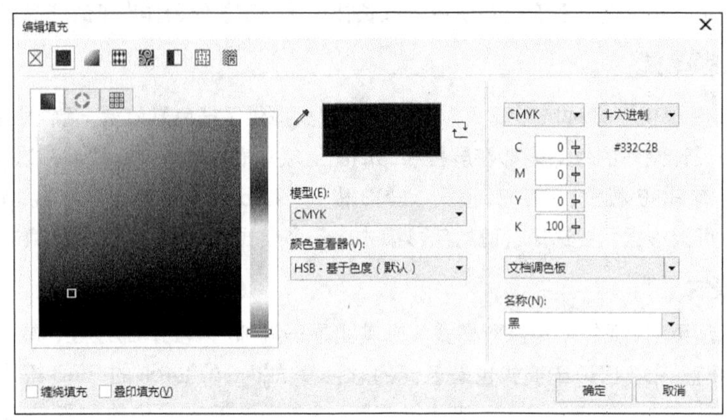

图2-4

3. HSB模式

HSB模式是一种更直观的色彩模式，它的调色方法更接近人的视觉原理，在调色过程中更容易找到自己需要的颜色。

H代表色相，S代表饱和度，B代表亮度。色相的意思是纯色，即组成可见光谱的单色。红色为0°，绿色为120°，蓝色为240°。饱和度代表色彩的纯度，饱和度为零时即为灰色，黑、白两种色彩没有饱和度。亮度是色彩的明亮程度，最大亮度是色彩最鲜明的状态，黑色的亮度为0。

选择HSB模式的操作步骤为：选择“编辑填充”工具，在弹出的“编辑填充”对话框中单击“均匀填充”按钮，选择“HSB”模式，并在对话框中设置HSB颜色值，如图2-5所示。

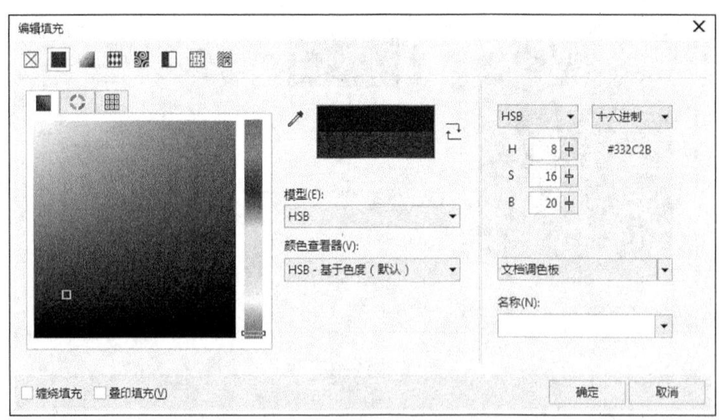

图2-5

4. Lab模式

Lab是一种国际色彩标准模式，它由3个通道组成：一个通道是透明度，即L；另外两个是色彩通道，即色相和饱和度，用a和b表示。a通道的颜色值是从深绿到灰，再到亮粉红色；b通道的颜色值则是从亮蓝色到灰，再到焦黄色。这些色彩混合后将生成明亮的色彩。

选择Lab模式的操作步骤为：选择“编辑填充”工具，在弹出的“编辑填充”对话框中单击“均匀填充”按钮，选择“Lab”模式，并在对话框中设置Lab颜色值，如图2-6所示。

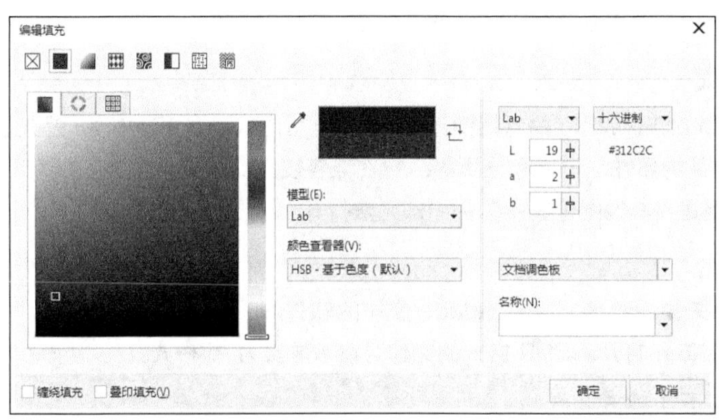

图 2-6

Lab 模式在理论上能展现人眼可见的所有色彩，它弥补了 CMYK 模式和 RGB 模式的不足。在这种模式下，图像的处理速度比在 CMYK 模式下快数倍，与 RGB 模式的速度相仿，而且在把 Lab 模式转换成 CMYK 模式的过程中，所有的色彩都不会丢失或者被替换。事实上，将 RGB 模式转换成 CMYK 模式时，Lab 模式一直扮演着中介者的角色，即 RGB 模式是先转换成 Lab 模式，然后再转换成 CMYK 模式的。

5. 灰度模式

灰度模式形成的灰度图又叫 8 比特深度图。每个像素用 8 个二进制位表示，能产生 2^8，即 256 级灰色调。当彩色模式文件被转换为灰度模式文件时，所有的颜色信息都将从文件中丢失。尽管 CorelDRAW X8 允许将灰度文件转换为彩色模式文件，但不可能将原来的颜色完全还原。所以，当要转换灰度模式时，请先做好图像的备份。

像黑白照片一样，灰度模式的图像只有明暗值，没有色相和饱和度这两种颜色信息。0% 代表黑，100% 代表白。

将彩色模式转换为双色调模式时，必须先将之转换为灰度模式，然后再由灰度模式转换为双色调模式。在制作黑白印刷品时，会经常用到灰度模式。

选择灰度模式的操作步骤为：选择“编辑填充”工具，在弹出的“编辑填充”对话框中单击“均匀填充”按钮，选择“灰度”模式，并在对话框中设置灰度值，如图 2-7 所示。

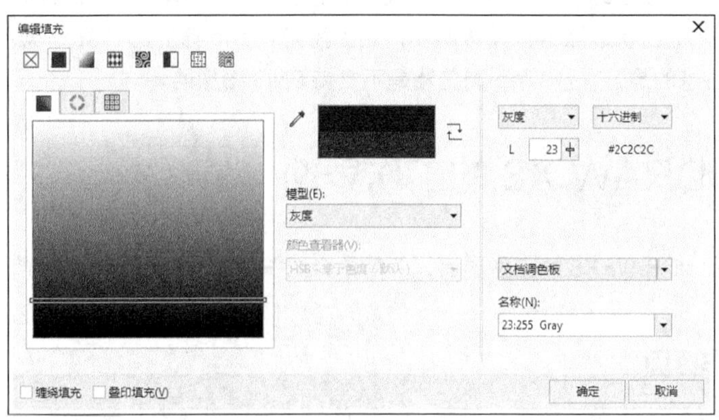

图 2-7

2.2.3 文件格式

CorelDRAW X8 中有 20 多种文件格式可供用户选择。在这些文件格式中，既有 CorelDRAW X8 的专用格式，也有用于应用程序交换的文件格式，还有一些比较特殊的格式。

1. CDR 格式

CDR 格式是 CorelDRAW X8 的专用图形文件格式。由于 CorelDRAW X8 是矢量图形绘制软件，所以 CDR 可以记录文件的属性、位置和分页等。它在兼容度上比较差，虽然在所有 CorelDRAW X8 应用程序中均能使用，但是在其他图像编辑软件中却无法打开。

2. AI 格式

AI 格式是一种矢量图片格式，是 Adobe 公司的软件 Illustrator 的专用格式。它的兼容度比较高，可以在 CorelDRAW X8 中打开。CDR 格式的文件可以被导出为 AI 格式。

3. TIF（TIFF）格式

TIF（TIFF）格式是标签图像格式。TIF 格式对于色彩通道图像来说是最有用的格式，具有很强的可移植性，它可以用于 PC、Macintosh 以及 UNIX 工作站三大平台，是这三大平台上使用最广泛的绘图格式。用 TIF 格式存储时应考虑到文件的大小，因为 TIF 格式的结构要比其他格式更大、更复杂。TIF 格式支持 24 个通道，能存储多于 4 个通道的文件格式。TIF 格式非常适合被用于印刷和输出。

4. PSD 格式

PSD 格式是 Adobe 公司的软件 Photoshop 的专用格式。PSD 格式能够保存图像数据的细小部分，如图层、附加的遮膜通道等 Photoshop 对图像进行特殊处理的信息。在没有最终决定图像存储的格式前，最好先以 PSD 格式存储。另外，Photoshop 打开和存储 PSD 格式的文件的速度较打开其他格式更快。但是 PSD 格式也有缺点，存储的图像文件特别大、占用的空间多、通用性不强。

5. JPEG 格式

JPEG（Joint Photographic Experts Group，联合图片专家组）格式既是 Photoshop 支持的一种文件格式，又是一种压缩方案，还是 Macintosh 上常用的一种存储类型。JPEG 格式是压缩格式中的“佼佼者”，与 TIF 文件格式采用的 LZW 无损压缩相比，它的压缩比例更大。但它采用的有损失压缩会丢失部分数据。用户可以在存储前选择图像的最后质量，这就能控制数据的损失程度。

6. PNG 格式

PNG 格式是用于无损压缩和在 Web 上显示图像的文件格式，是 GIF 格式的无专利替代品，它支持 24 位图像且能产生无锯齿状边缘的背景透明度；还支持无 Alpha 通道的 RGB、索引颜色、灰度和位图模式的图像。需要注意的是，有些 Web 浏览器是不支持 PNG 图像的。

2.3 CorelDRAW X8 的工作界面

本节将介绍 CorelDRAW X8 的工作界面，并简单介绍一下 CorelDRAW X8 的菜单栏、标准工具栏、工具箱及泊坞窗。

2.3.1 工作界面

CorelDRAW X8 的工作界面主要由标题栏、菜单栏、标准工具栏、属性栏、工具箱、标尺、调色板、页面控制栏、状态栏、泊坞窗和绘图页面等部分组成，如图 2-8 所示。

标题栏：用于显示软件和当前操作文件的文件名，还可以用于调整 CorelDRAW X8 窗口的大小。

菜单栏：集合了 CorelDRAW X8 中的所有命令，并将它们分门别类地放置在不同的菜单中，供用户选择使用。执行 CorelDRAW X8 菜单栏中的命令是最基本的操作方式。

标题栏
菜单栏
标准工具栏
工具箱
标尺
绘图页面
页面控制栏
状态栏
属性栏
调色板
泊坞窗
CorelDRAW X8 (64-Bit) - 未命名 -1
文件(F) 编辑(E) 视图(V) 布局(L) 对象(C) 效果(C) 位图(B) 文本(X) 表格(T) 工具(O) 窗口(W) 帮助(H)
对象属性
轮廓
填充
透明度
默认值不包含填充。

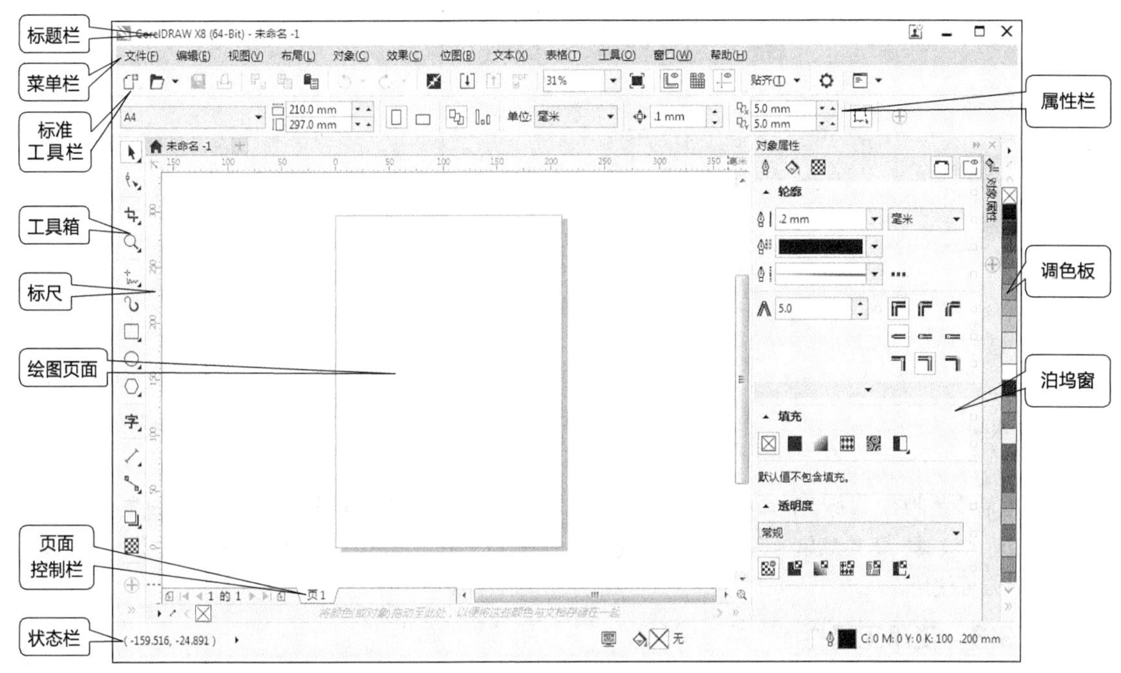

图 2-8

标准工具栏：提供了最常用的几种操作按钮，可使用户轻松地完成几个最基本的操作任务。

工具箱：分类存放着 CorelDRAW X8 中最常用的工具，这些工具可以帮助用户完成各种工作。使用工具箱，可以大大简化操作步骤，提高工作效率。

标尺：用于度量图形的尺寸并对图形进行定位，它是进行平面设计工作中不可缺少的辅助工具。

绘图页面：指绘图窗口中带矩形边沿的区域，只有此区域内的图形才能被打印出来。

页面控制栏：可以用于创建新页面并显示 CorelDRAW X8 中文档各页面的内容。

状态栏：可以为用户提供有关当前操作的各种提示信息。

属性栏：显示了所绘制图形的信息，并提供了一系列可对图形进行相关修改操作的工具。

泊坞窗：这是 CorelDRAW X8 中最具特色的窗口，因其可放在绘图窗口边缘而得名。它提供了许多常用的功能，使用户在创作时更加得心应手。

调色板：可以直接对所选定的图形或图形边缘的轮廓线进行颜色填充。

2.3.2 使用菜单

CorelDRAW X8 的菜单栏中共包含“文件”“编辑”“视图”“布局”“对象”“效果”“位图”“文本”“表格”“工具”“窗口”和“帮助”这 12 个大类菜单，如图 2-9 所示。

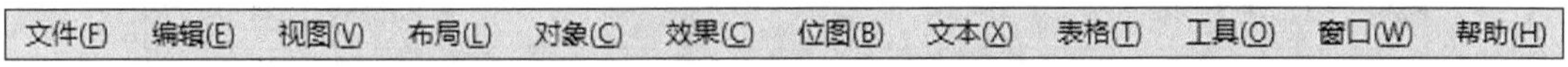

文件(F) 编辑(E) 视图(V) 布局(L) 对象(C) 效果(C) 位图(B) 文本(X) 表格(T) 工具(O) 窗口(W) 帮助(H)

图 2-9

单击每一类菜单的按钮都将弹出其下拉菜单，如单击“编辑”按钮，将弹出图 2-10 所示的“编辑”下拉菜单。

最左边显示的图标和工具栏中具有相同功能的图标作用一致，以便于用户记忆和使用。

最右边显示的组合键则为操作快捷键，以便于用户提高工作效率。

某些命令后带有▸标记，表明该命令还有下一级菜单，将光标停放在命令上即可弹出下拉菜单。

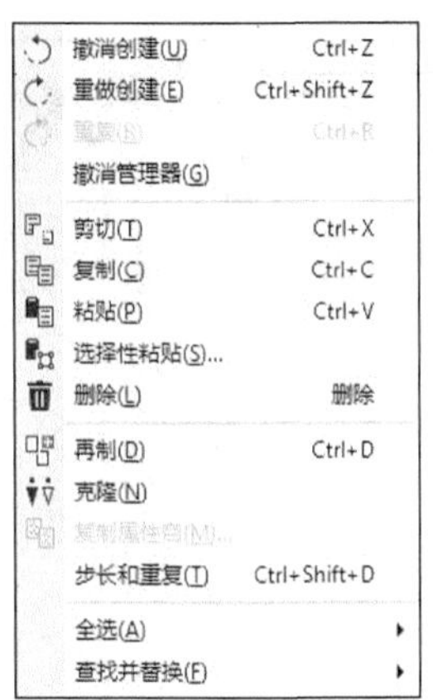

图 2-10

某些命令后带有...标记，单击该命令即会弹出对话框，允许用户在其中进行进一步的设置。

此外，“编辑”下拉菜单中有些命令呈灰色状，表明该命令当前状态下不可使用，需进行一些相关的操作后方可使用。

2.3.3 使用工具栏

位于菜单栏下方的通常是工具栏，CorelDRAW X8 中的标准工具栏如图 2-11 所示。

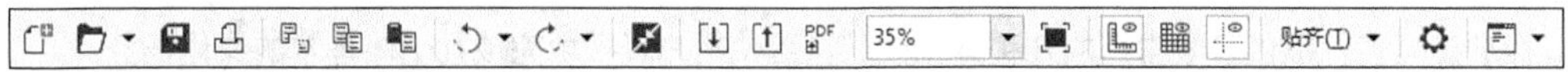

图 2-11

这里存放了最常用的命令按钮，如“新建”“打开”“保存”“打印”“剪切”“复制”“粘贴”“撤销”“重做”“搜索内容”“导入”“导出”“发布为 PDF”“缩放级别”“全屏预览”“显示标尺”“显示网格”“显示辅助线”“贴齐”“选项”和“应用程序启动器”。它们可以使用户便捷地完成以上这些最基本的操作动作。

此外，CorelDRAW X8 还提供了其他一些工具栏，用户可以在“选项”对话框中选择它们。选择“窗口 > 工具栏 > 文本”命令，则可显示“文本”工具栏。“文本”工具栏如图 2-12 所示。

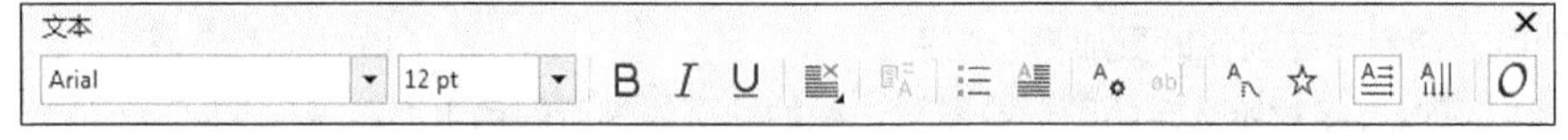

图 2-12

选择“窗口 > 工具栏 > 变换”命令，则可显示“变换”工具栏。“变换”工具栏如图 2-13 所示。

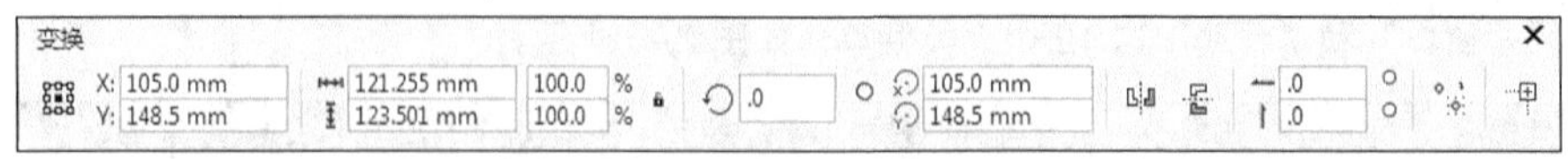

图 2-13

2.3.4 使用工具箱

CorelDRAW X8 的工具箱中放置着在绘制图形时最常用到的一些工具，这些工具是每一个软件使用者都必须掌握的基本操作工具。CorelDRAW X8 的工具箱如图 2-14 所示。

在工具箱中，依次分类排放着“选择”工具、“形状”工具、“裁剪”工具、“缩放”工具、“手绘”工具、“艺术笔”工具、“矩形”工具、“椭圆形”工具、“多边形”工具、“文本”工具、“平行度量”工具、“直线连接器”工具、“阴影”工具、“透明度”工具、“颜色滴管”工具、“交互式填充”工具和“智能填充”工具。

其中，有些工具按钮带有小三角标记◢，表明还有展开工具栏，用光标按住它即可将其展开。例如，按住“阴影”工具，将展开图 2-15 所示的工具栏。

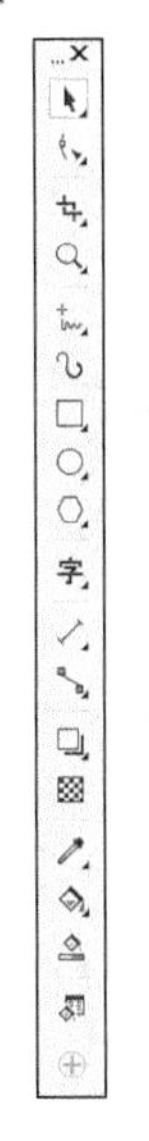

图 2-14

图 2-15

2.3.5 使用泊坞窗

CorelDRAW X8 中的泊坞窗是一个十分有特色的窗口。当打开这一窗口时，它会停靠在绘图窗口的边缘，因此被称为“泊坞窗”。选择“窗口 > 泊坞窗 > 对象属性”命令，或按 Alt+Enter 组合键，即可弹出图 2-16 右侧所示的“对象属性”泊坞窗。

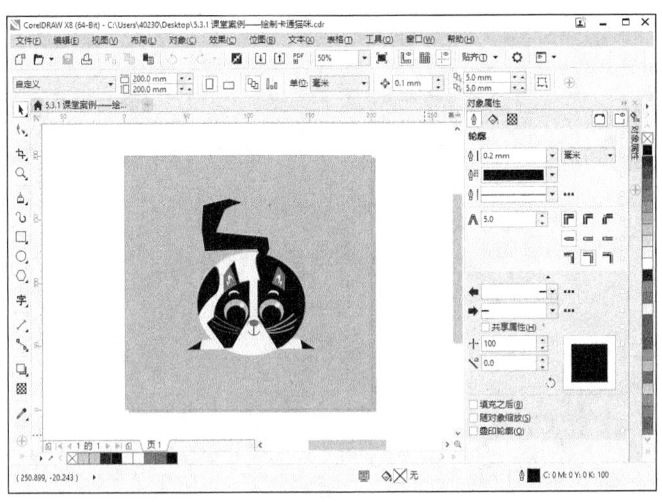

图 2-16

也可以将泊坞窗拖曳出来，放在窗口任意位置，并可通过单击窗口右上角的或按钮将窗口折叠或展开，如图 2-17 所示。因此，它又被称为“卷帘工具”。

CorelDRAW X8 泊坞窗的列表，位于“窗口 > 泊坞窗”子菜单中。选择“泊坞窗”中的各个命令，可以打开相应的泊坞窗。用户可以打开一个或多个泊坞窗，当多个泊坞窗同时打开时，除了活动的泊坞窗之外，其余的泊坞窗将沿着泊坞窗的边沿以标签形式显示，效果如图 2-18 所示。

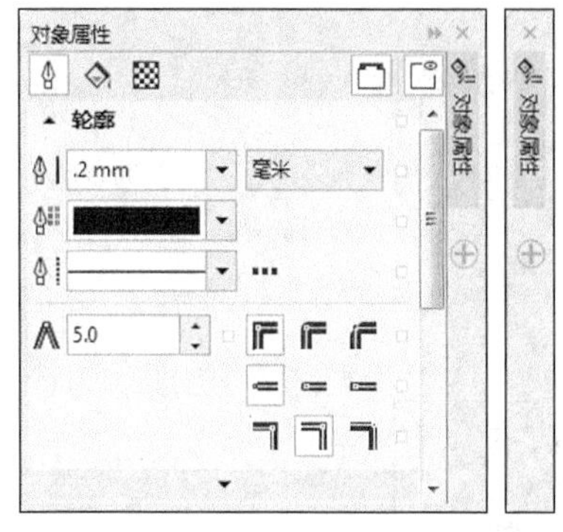

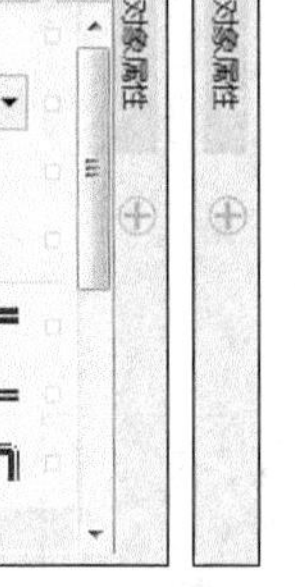

图 2-17

图 2-18

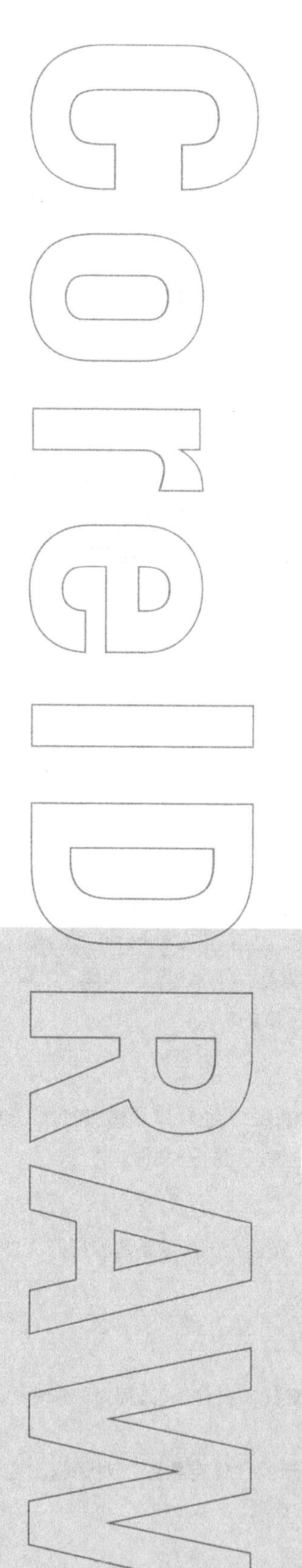

Chapter 3

第3章 CorelDRAW X8的基础操作

本章主要介绍CorelDRAW X8中文件的基本操作方法、改变绘图页面的显示模式和显示比例的方法，以及设置页面布局的方法。通过本章的学习，读者可以初步掌握一些本软件的基础操作。

课堂学习目标

- 熟练掌握文件的基本操作方法
- 掌握绘图页面显示模式的设置方法
- 了解页面布局的设置方法

3.1 文件的基本操作

掌握一些基本的文件操作方法，是开始设计和制作作品所必需的。下面将介绍 CorelDRAW X8 中文件的一些基本操作。

3.1.1 新建和打开文件

1. 使用 CorelDRAW X8 启动时的欢迎屏幕新建和打开文件

启动时的欢迎屏幕如图 3-1 所示。单击“新建文档”图标，可以建立一个新的文档；单击“从模板新建”图标，可以使用系统默认的模板创建文件；单击“打开最近用过的文档”下方的文件名，可以打开最近编辑过的图形文件；单击“打开其他 ...”图标，会弹出图 3-2 所示的“打开绘图”对话框，用户可以从中选择要打开的图形文件。

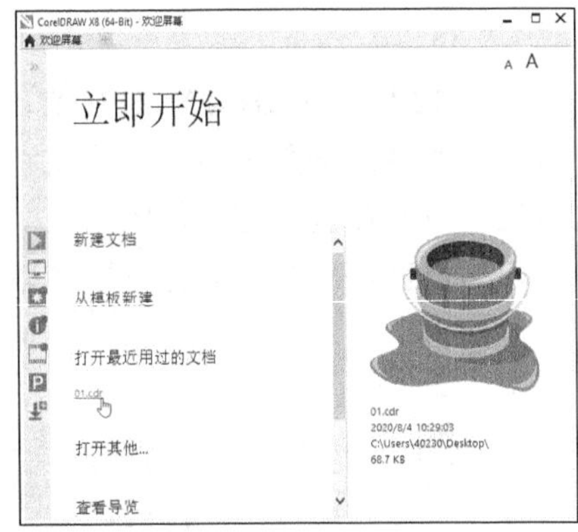

图 3-1

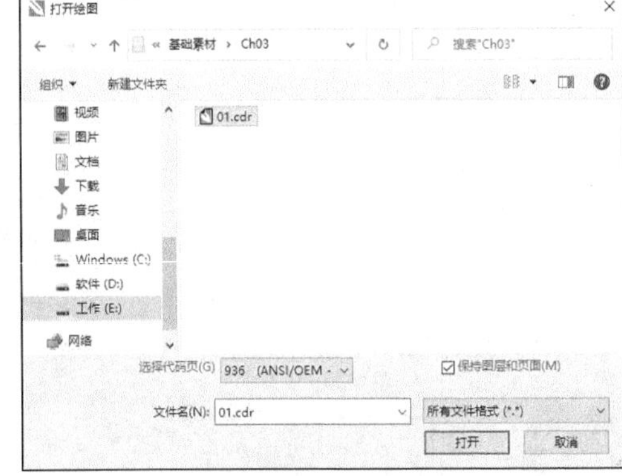

图 3-2

2. 使用命令和快捷键新建和打开文件

选择“文件 > 新建”命令，或按 Ctrl+N 组合键，可新建文件。选择“文件 > 从模板新建”命令，可用系统模板新建文件。选择“文件 > 打开”命令，或按 Ctrl+O 组合键，可打开文件。

3. 使用标准工具栏新建和打开文件

使用 CorelDRAW X8 标准工具栏中的“新建”按钮和“打开”按钮，可新建和打开文件。

3.1.2 保存和关闭文件

1. 使用命令和快捷键保存文件

选择“文件 > 保存”命令，或按 Ctrl+S 组合键，可保存文件。选择“文件 > 另存为”命令，或按 Ctrl+Shift+S 组合键，可更名保存文件。

如果是第一次保存文件，在执行上述操作后，会弹出图 3-3 所示的“保存绘图”对话框。在该对话框中，可以设置“文件路径”“文件名”“保存类型”“版本”等保存选项。

2. 使用标准工具栏保存文件

使用 CorelDRAW X8 标准工具栏中的“保存”按钮，可保存文件。

3. 使用命令、快捷键或按钮关闭文件

选择“文件 > 关闭”命令，或按 Alt+F4 组合键，或单击绘图窗口右上角的“关闭”按钮，可关

闭文件。此时，如果文件未保存，将会弹出图 3–4 所示的提示框，询问用户是否保存文件。单击“是”按钮，可保存文件；单击“否”按钮，则不保存文件；单击“取消”按钮，则会取消关闭操作。

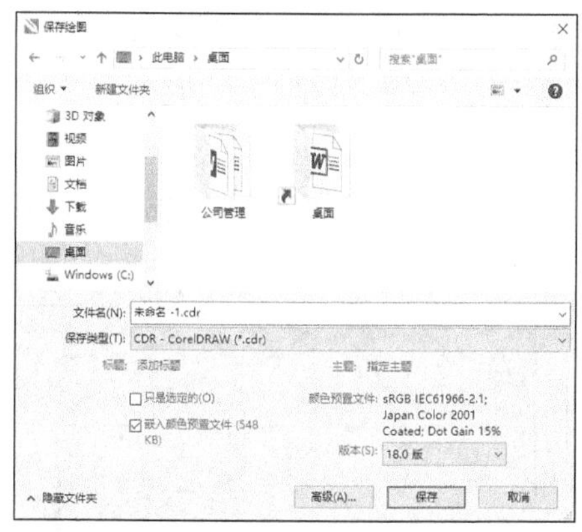

图 3–3

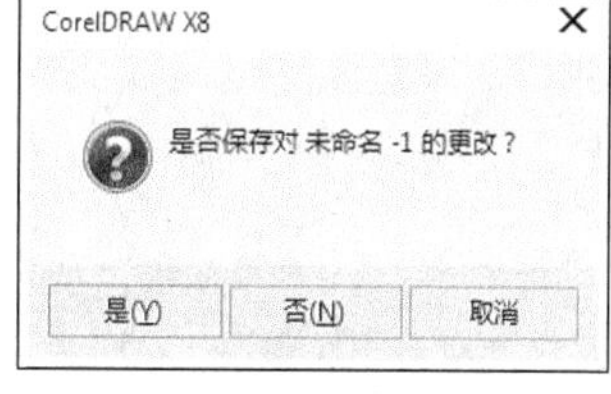

图 3–4

3.1.3　导出文件

1. 使用命令和快捷键导出文件

选择“文件 > 导出”命令，或按 Ctrl+E 组合键，弹出图 3–5 所示的“导出”对话框。在对话框中设置“文件路径”“文件名”“保存类型”等选项后单击“导出”按钮即可将文件导出。

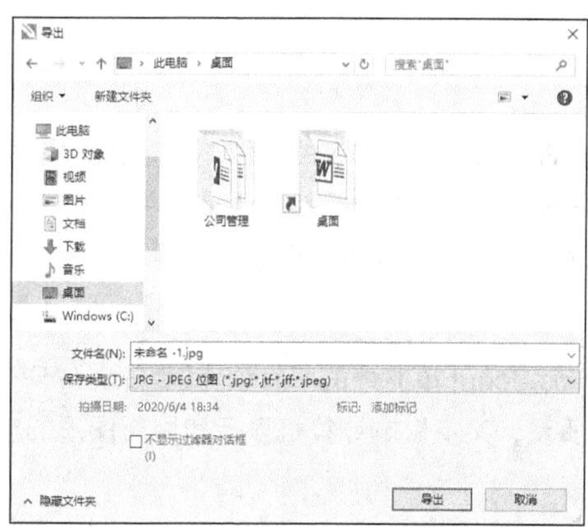

图 3–5

2. 使用标准工具栏导出文件

使用 CorelDRAW X8 标准工具栏中的“导出”按钮 也可以将文件导出。

3.2　绘图页面显示模式的设置

在使用 CorelDRAW X8 绘制图形的过程中，用户可以随时改变绘图页面的显示模式以及显示比例，以利于更加细致地观察所绘图形的整体或局部。

3.2.1　设置视图显示方式

在菜单栏的“视图”菜单下有 6 种视图显示方式：简单线框、线框、草稿、普通、增强和像素。每种显示方式对应的屏幕显示效果都不相同。

1. “简单线框”模式

“简单线框”模式只显示图形对象的轮廓，而不显示绘图中的填充、立体化和调和等操作效果。此外，它还可显示单色的位图图像。“简单线框”模式显示的视图效果如图 3-6 所示。

2. “线框”模式

“线框”模式只显示单色位图图像、立体透视图和调和形状等，而不显示填充效果。“线框”模式显示的视图效果如图 3-7 所示。

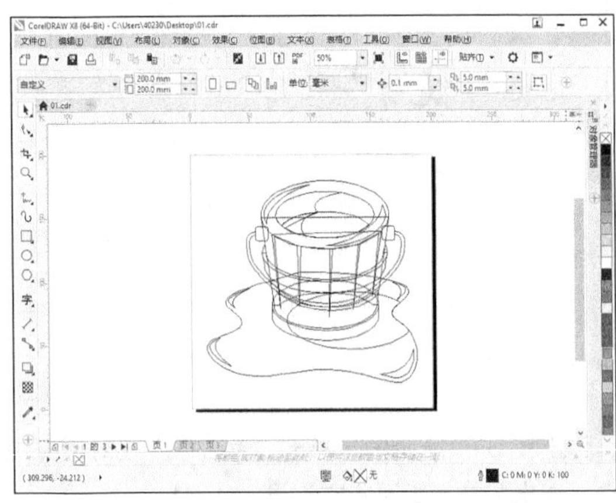

图 3-6

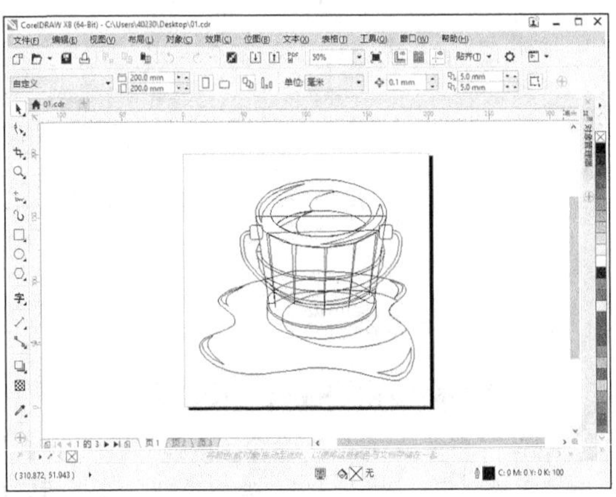

图 3-7

3. “草稿”模式

“草稿”模式可以显示标准的填充和低分辨率的视图。同时在此模式中，利用了特定的样式来表明所填充的内容，如平行线表明是位图填充，双向箭头表明是全色填充，棋盘网格表明是双色填充，“PS”字样表明是 PostScript 填充。“草稿”模式显示的视图效果如图 3-8 所示。

4. “普通”模式

“普通”模式可以显示除 PostScript 填充外的所有填充以及高分辨率的位图图像。它是最常用的显示模式，既能保证图形的显示质量，又不影响计算机显示和刷新图形的速度。“普通”模式显示的视图效果如图 3-9 所示。

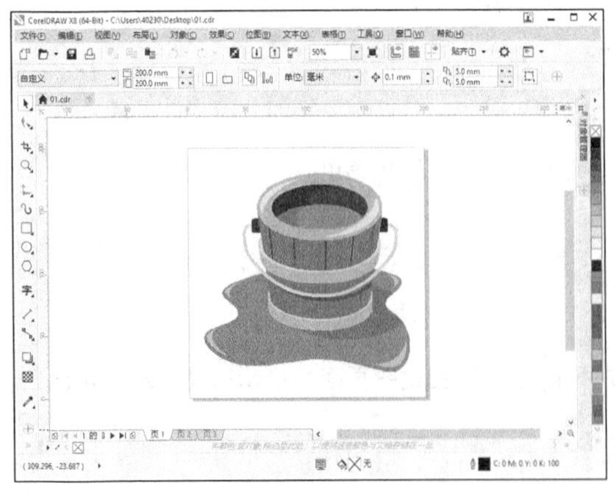

图 3-8

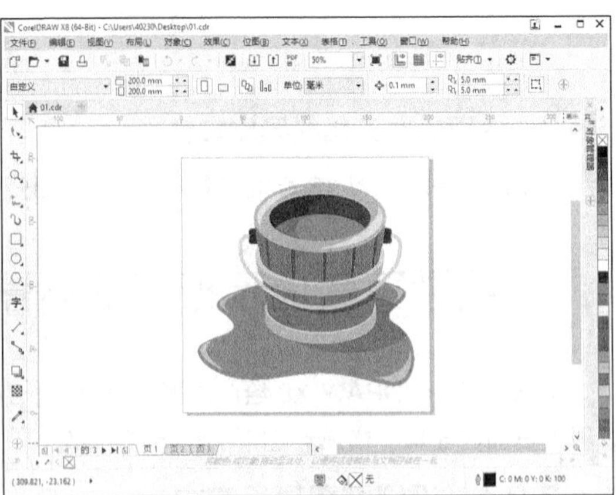

图 3-9

5. “增强”模式

“增强”模式可以显示最好的图形质量，在屏幕上为用户提供最接近实际的图形显示效果。“增强”模式显示的视图效果如图 3–10 所示。

6. “像素”模式

“像素”模式使图像的色彩表现更加丰富，但放大到一定程度时会出现失真现象。“像素”模式显示的视图效果如图 3–11 所示。

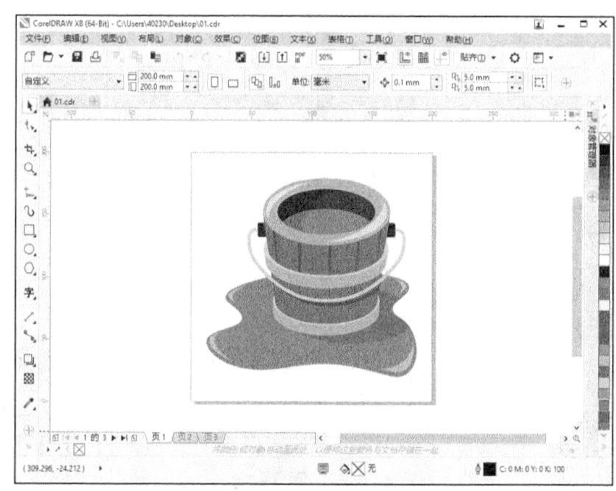

图 3–10

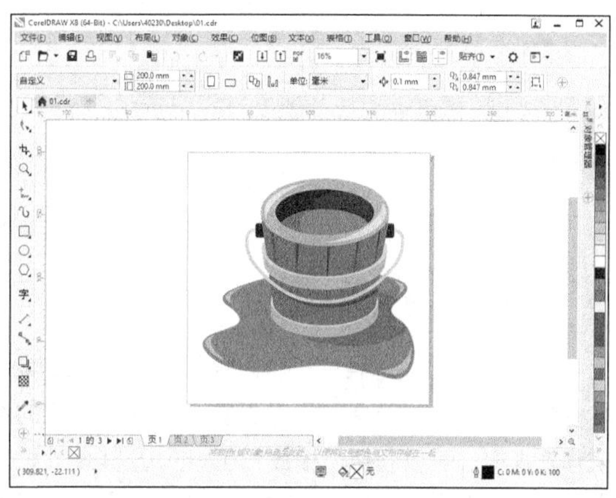

图 3–11

3.2.2 设置预览显示方式

在菜单栏的“视图”菜单下还有 3 种预览显示方式：“全屏预览”模式、“只预览选定的对象”模式和“页面排序器视图”模式。

“全屏预览”模式可以将绘制的图形整屏显示在屏幕上。选择“视图 > 全屏预览”命令或按 F9 键，将进入“全屏预览”模式，如图 3–12 所示。

“只预览选定的对象”模式可以整屏显示所选定的对象。选择“视图 > 只预览选定的对象”命令，将进入“只预览选定的对象”模式，如图 3–13 所示。

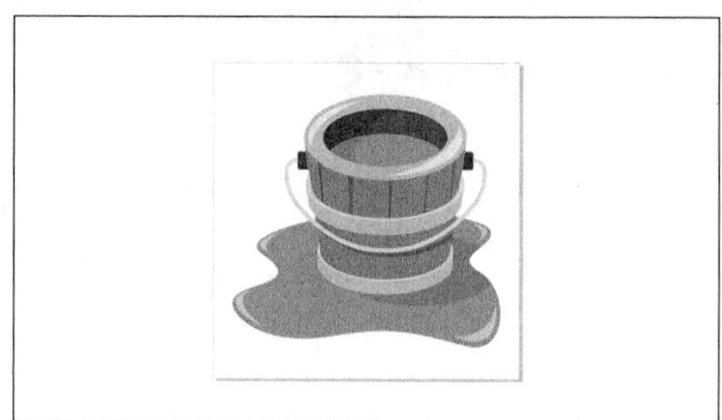

图 3–12

图 3–13

“页面排序器视图”模式可将多个页面同时显示出来。选择“视图 > 页面排序器视图”命令，将进入“页面排序器视图”模式，如图 3–14 所示。

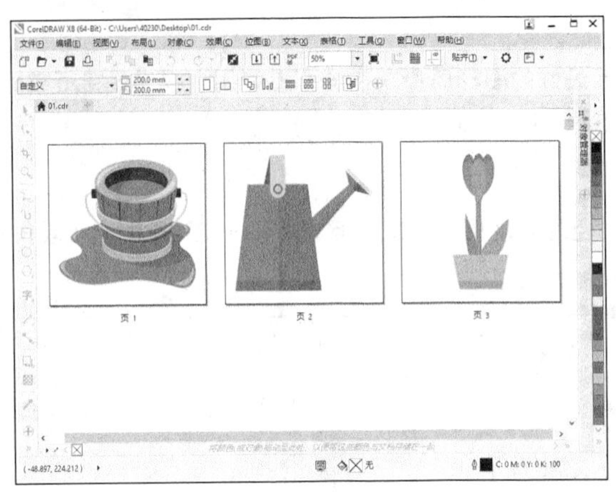

图 3-14

3.2.3 设置显示比例

在绘制图形的过程中，可以利用“缩放”工具、工具栏中的“平移”工具、绘图窗口右侧和下侧的滚动条来移动视窗。可以利用“缩放”工具及其属性栏来改变视窗的显示比例，如图 3-15 所示。在“缩放”工具属性栏中，依次为“缩放级别”选项100%、“放大”按钮、“缩小”按钮、“缩放选定对象”按钮、“缩放全部对象”按钮、“显示页面”按钮、“按页宽显示”按钮和“按页高显示”按钮。

图 3-15

3.2.4 利用视图管理器显示页面

选择“视图 > 视图管理器”命令，或选择“窗口 > 泊坞窗 > 视图管理器”命令，或按 Ctrl+F2 组合键，均可打开“视图管理器”泊坞窗。

通过此泊坞窗，可以保存任何指定的视图显示效果，当以后需要再次显示此画面时，直接在“视图管理器”泊坞窗中选择即可，无须重新操作。使用“视图管理器”泊坞窗进行页面显示的效果如图 3-16 所示。在“视图管理器”泊坞窗中，+按钮用于添加当前查看视图，−按钮用于删除当前查看视图。

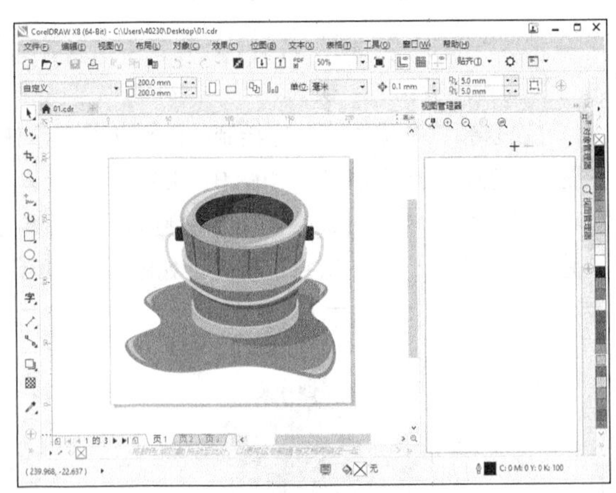

图 3-16

3.3 设置页面布局

通过“选择”工具属性栏可以轻松地进行 CorelDRAW X8 版面的设置。选择“选择”工具，选择“工具 > 选项”命令，或单击标准工具栏中的“选项”按钮，或按 Ctrl+J 组合键，都会弹出“选项”对话框。在该对话框左侧选择“自定义 > 命令栏”选项，再勾选“属性栏”复选框，如图 3-17 所示，然后单击“确定”按钮，则可显示图 3-18 所示的“选择”工具属性栏。在属性栏中，可以设置纸张的类型、大小、高度和宽度及纸张的放置方向等。

图 3-17

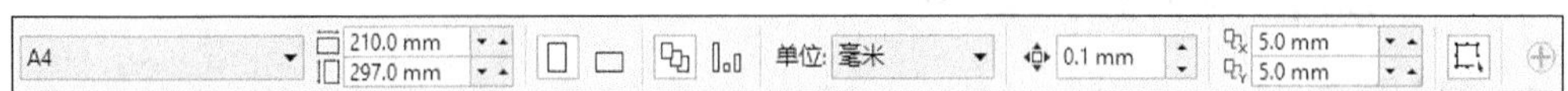

图 3-18

3.3.1 设置页面大小

利用“布局”菜单下的“页面设置”命令，可以进行更详细的设置。选择“布局 > 页面设置”命令，弹出“选项”对话框，如图 3-19 所示。

在“页面尺寸”选项组中可以对页面大小和方向进行设置，此外，还可以设置页面出血、分辨率等选项。

选择“布局”选项时，“选项”对话框如图 3-20 所示，从中可选择版面的样式。

图 3-19

图 3-20

3.3.2 设置页面标签

选择“标签”选项时，“选项”对话框如图 3-21 所示，这里汇集了由 40 多家标签制造商设计的 800 多种标签格式，以供用户选用。

3.3.3 设置页面背景

选择“背景”选项时，“选项”对话框如图 3-22 所示，可以从中选择纯色或位图图像作为绘图页面的背景。

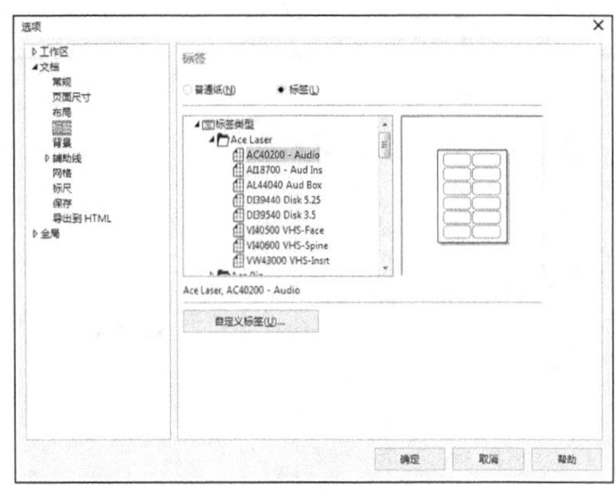

图 3-21

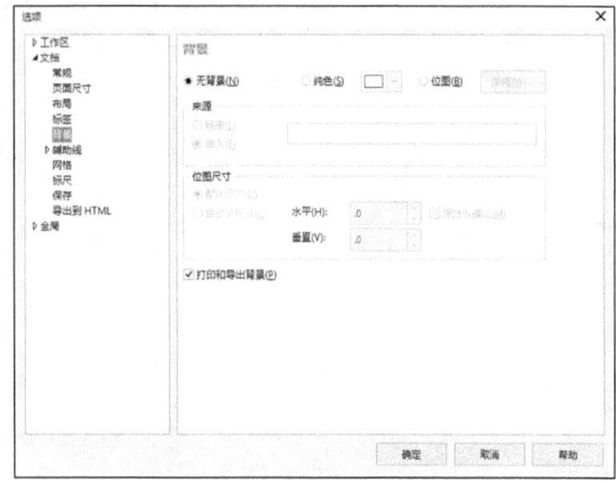

图 3-22

3.3.4 插入、删除与重命名页面

1. 插入页面

选择“布局 > 插入页面”命令，会弹出图 3-23 所示的“插入页面”对话框。在该对话框中，可以设置插入的页面数目、位置、页面大小和方向等。

在 CorelDRAW X8 状态栏的页面标签上单击鼠标右键，会弹出图 3-24 所示的快捷菜单，在快捷菜单中选择插入页面的命令即可插入新页面。

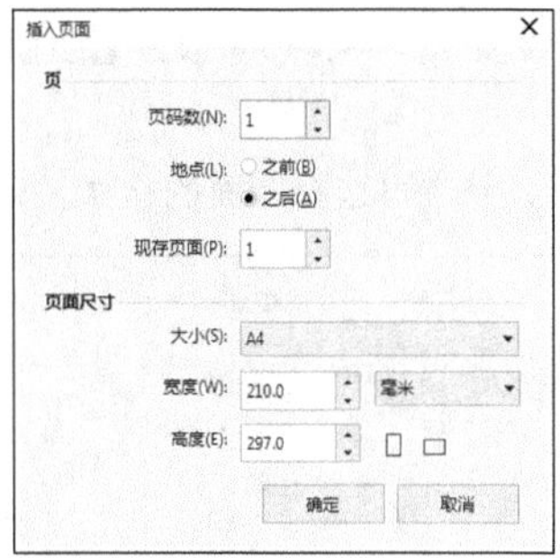

图 3-23

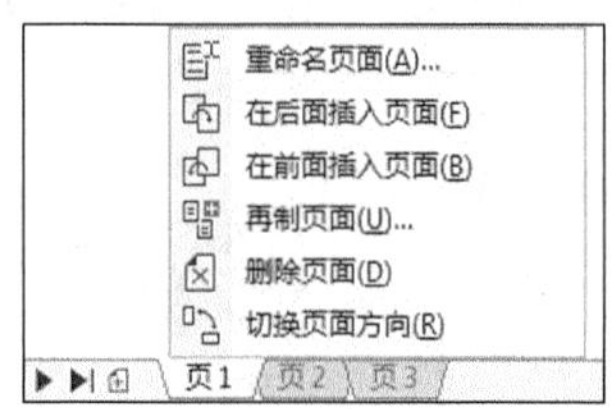

图 3-24

2. 删除页面

选择“布局 > 删除页面”命令，会弹出图 3-25 所示的“删除页面”对话框。在该对话框中，可以设置要删除的页面序号，另外还可以同时删除多个连续的页面。

3. 重命名页面

选择“布局 > 重命名页面”命令，会弹出图 3-26 所示的“重命名页面”对话框。在对话框中的“页名”文本框中输入名称后单击“确定”按钮，即可重命名页面。

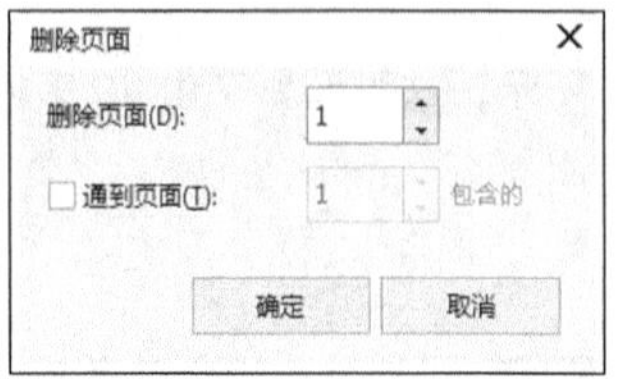

图 3-25

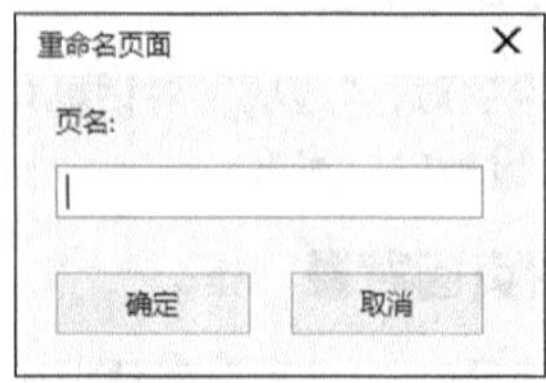

图 3-26

Chapter 4

第4章 绘制和编辑图形

CorelDRAW X8绘制和编辑图形的功能非常强大。本章将详细介绍绘制和编辑图形的多种方法和技巧。通过本章的学习，读者可以掌握绘制与编辑图形的方法和技巧，为进一步学习CorelDRAW X8打下坚实的基础。

课堂学习目标

- 熟练掌握绘制基本图形的方法
- 熟练掌握编辑对象的技巧

4.1 绘制基本图形

使用 CorelDRAW X8 的基本绘图工具可以绘制简单的几何图形。通过本节的讲解和练习，读者可以初步掌握 CorelDRAW X8 基本绘图工具的特性，为今后绘制更复杂、更优质的图形打下坚实的基础。

4.1.1 课堂案例——绘制家电插画

案例学习目标

学习使用几何图形工具绘制家电插画。

案例知识要点

使用矩形工具、转角半径选项、2 点线工具、轮廓笔工具、多边形工具、椭圆形工具和 3 点椭圆形工具绘制微波炉；使用矩形工具、3 点矩形工具和形状工具绘制门框。家电插画的最终效果如图 4-1 所示。

效果所在位置

资源包 > Ch04 > 效果 > 绘制家电插画 .cdr。

图 4-1

绘制家电插画

STEP 1 按 Ctrl+N 组合键，弹出“创建新文档”对话框，设置文档的宽度为 150 mm，高度为 100 mm，取向为横向，原色模式为 CMYK，渲染分辨率为 300 dpi，单击“确定”按钮，创建一个文档。

STEP 2 选择“矩形”工具，在页面中绘制一个矩形，如图 4-2 所示。在其属性栏中将“转角半径”均设为 9.0 mm，如图 4-3 所示。按 Enter 键，效果如图 4-4 所示。

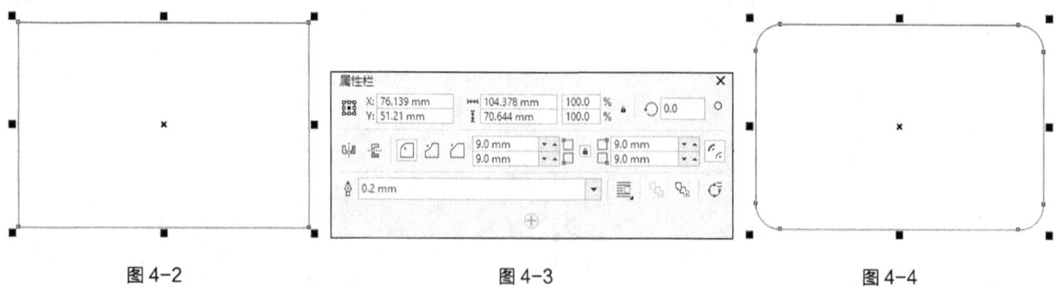

图 4-2　图 4-3　图 4-4

STEP 3 保持图形选取状态。设置图形颜色的 CMYK 值为 60、49、32、0，填充图形并去除图形的轮廓线，效果如图 4-5 所示。

STEP 4 选择“矩形”工具，在适当的位置绘制一个矩形，如图 4-6 所示。设置图形颜色的 CMYK 值为 0、87、53、0，填充图形并去除图形的轮廓线，效果如图 4-7 所示。

图 4-5　　图 4-6　　图 4-7

STEP 5 选择“矩形”工具□，在适当的位置绘制一个矩形，如图 4-8 所示。在其属性栏中将“转角半径”选项均设为 5.0 mm。按 Enter 键，效果如图 4-9 所示。设置图形颜色的 CMYK 值为 100、100、56、27，填充图形并去除图形的轮廓线，效果如图 4-10 所示。用相同的方法分别绘制其他的圆角矩形，并填充相应的颜色，效果如图 4-11 所示。

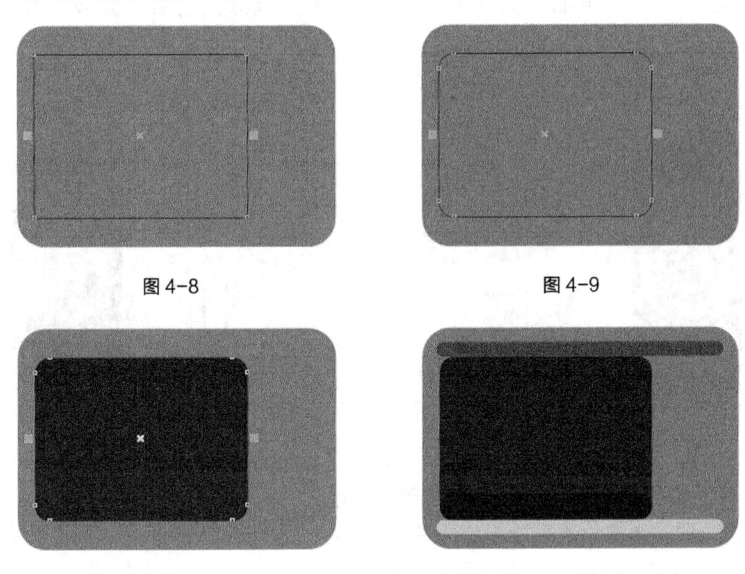

图 4-8　　图 4-9

图 4-10　　图 4-11

STEP 6 选择“椭圆形”工具○，按住 Ctrl 键的同时，在适当的位置绘制一个圆形，设置图形颜色的 CMYK 值为 100、100、62、49，填充图形并去除图形的轮廓线，效果如图 4-12 所示。按 Shift+PageDown 组合键，将圆形移至图层后面，效果如图 4-13 所示。

STEP 7 按数字键盘上的 + 键复制圆形。选择“选择”工具，按住 Shift 键的同时，水平向右拖曳复制的圆形到适当的位置，效果如图 4-14 所示。

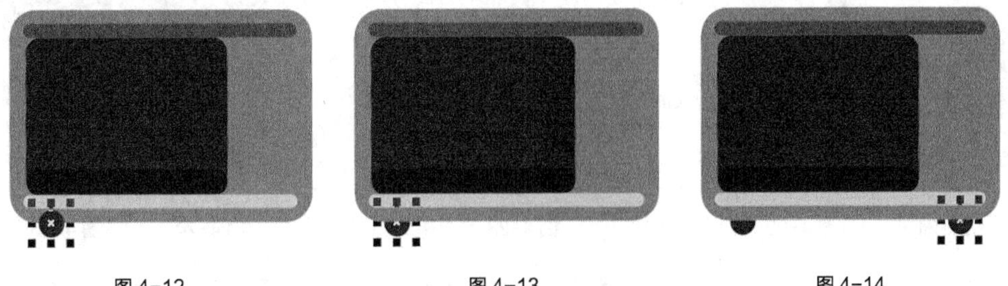

图 4-12　　图 4-13　　图 4-14

STEP 8 选择“矩形”工具□，在适当的位置绘制一个矩形，如图 4-15 所示。在其属性栏中将“转角半径”选项均设为 4.5 mm。按 Enter 键，效果如图 4-16 所示。设置图形颜色的 CMYK 值为 53、0、29、0，填充图形并去除图形的轮廓线，效果如图 4-17 所示。

图 4-15　　图 4-16　　图 4-17

STEP 9 选择“2 点线”工具，按住 Ctrl 键的同时，在适当的位置绘制一条直线，如图 4-18 所示。按 F12 键，弹出“轮廓笔”对话框，在“颜色”下拉列表框中设置轮廓线颜色的 CMYK 值为 0、65、26、0，其他选项的设置如图 4-19 所示。单击“确定”按钮，效果如图 4-20 所示。

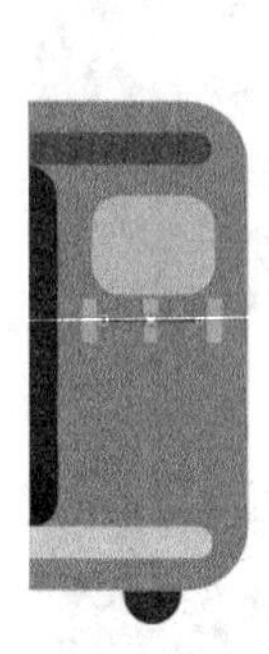

图 4-18

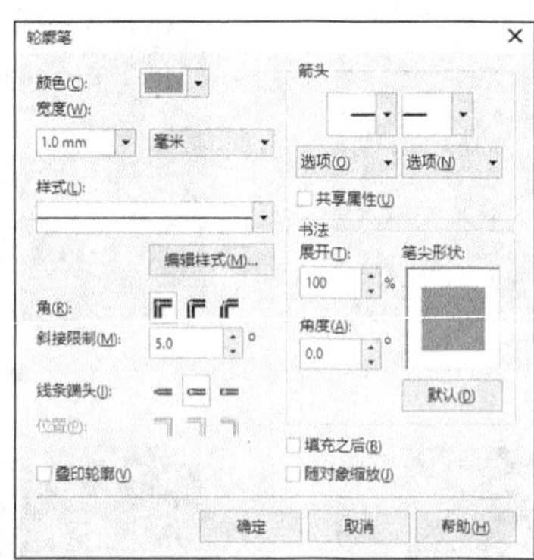

图 4-19

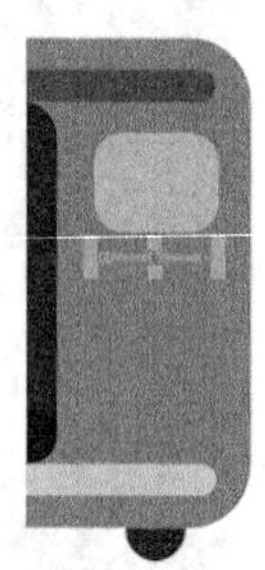

图 4-20

STEP 10 选择“选择”工具，按数字键盘上的 + 键复制直线。按住 Shift 键的同时，垂直向下拖曳复制的直线到适当的位置，效果如图 4-21 所示。在其属性栏中的“轮廓宽度”下拉列表框中设置数值为 2.0 mm，按 Enter 键，效果如图 4-22 所示。

STEP 11 选择“多边形”工具，其属性栏中的设置如图 4-23 所示。然后按住 Ctrl 键的同时，在适当的位置绘制一个多边形，效果如图 4-24 所示。设置图形颜色的 CMYK 值为 100、100、56、27，填充图形，并去除图形的轮廓线，效果如图 4-25 所示。

图 4-21　　图 4-22

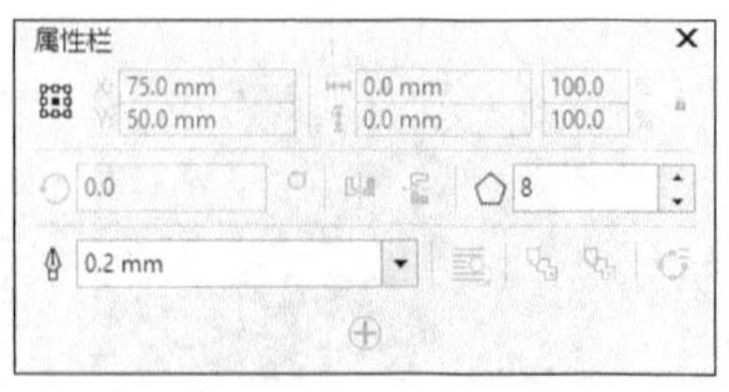

图 4-23

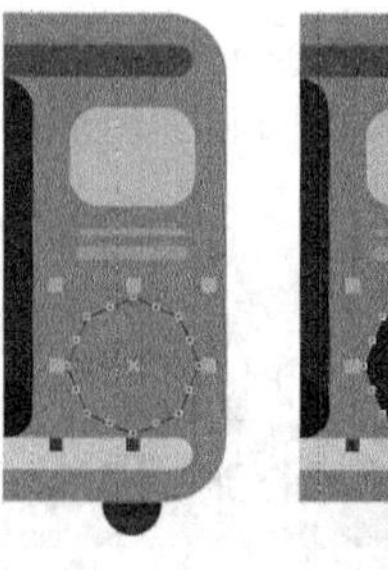

图 4-24　　图 4-25

STEP 12 选择“椭圆形”工具，按住 Ctrl 键的同时，在适当的位置绘制一个圆形，在“CMYK 调色板”中的“红”色块上单击鼠标左键，填充图形并去除图形的轮廓线，效果如图 4-26 所示。

STEP 13 选择“3 点椭圆形”工具，在适当的位置拖曳鼠标绘制一个倾斜的椭圆形，如

图 4-27 所示。设置图形颜色的 CMYK 值为 0、100、100、60，填充图形并去除图形的轮廓线，如图 4-28 所示。

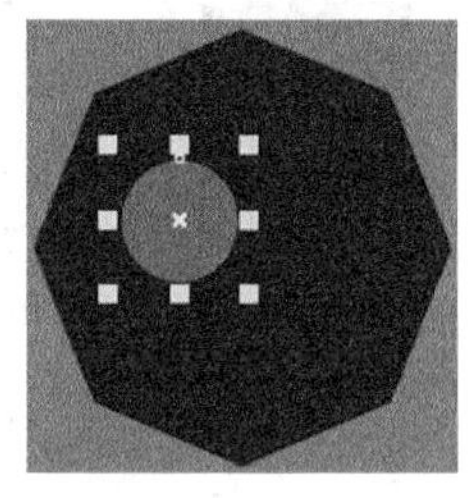
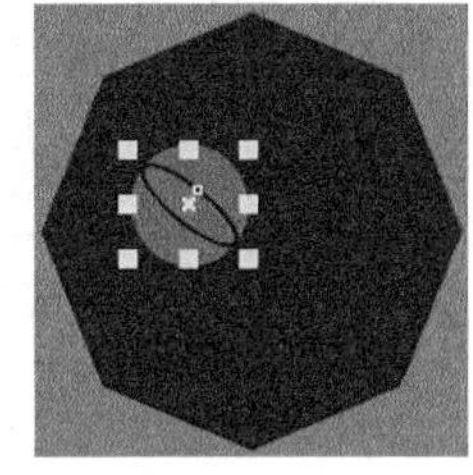
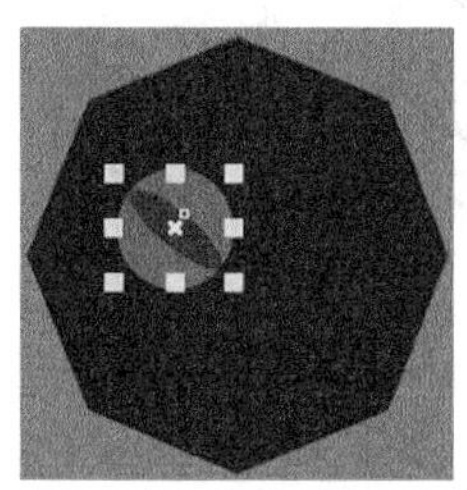

图 4-26　　图 4-27　　图 4-28

STEP 14 选择"矩形"工具□，在适当的位置绘制一个矩形，如图 4-29 所示。在其属性栏中将"转角半径"选项均设为 5.0 mm。按 Enter 键，效果如图 4-30 所示。单击属性栏中的"转换为曲线"按钮，将图形转换为曲线，如图 4-31 所示。

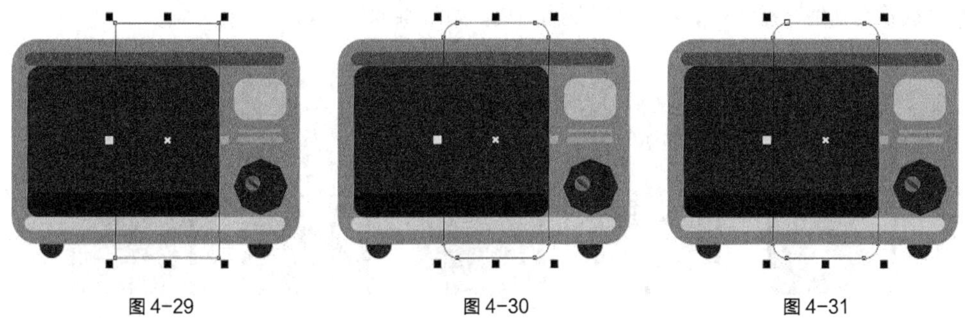

图 4-29　　图 4-30　　图 4-31

STEP 15 选择"形状"工具，用圈选的方法选取右上角的节点，并向下拖曳选中的节点到适当的位置，效果如图 4-32 所示。用相同的方法调整右下角的节点到适当的位置，效果如图 4-33 所示。选择"选择"工具，选取图形，设置图形颜色的 CMYK 值为 47、39、23、0，填充图形并去除图形的轮廓线，效果如图 4-34 所示。

图 4-32　　图 4-33　　图 4-34

STEP 16 选择"矩形"工具□，在适当的位置绘制一个矩形，如图 4-35 所示。在其属性栏中将"转角半径"选项均设为 4.0 mm，按 Enter 键，效果如图 4-36 所示。

STEP 17 保持图形选取状态。设置图形颜色的 CMYK 值为 24、19、11、0，填充图形并去除图形的轮廓线，效果如图 4-37 所示。用相同的方法再绘制一个圆角矩形，并填充相应的颜色，如图 4-38 所示。

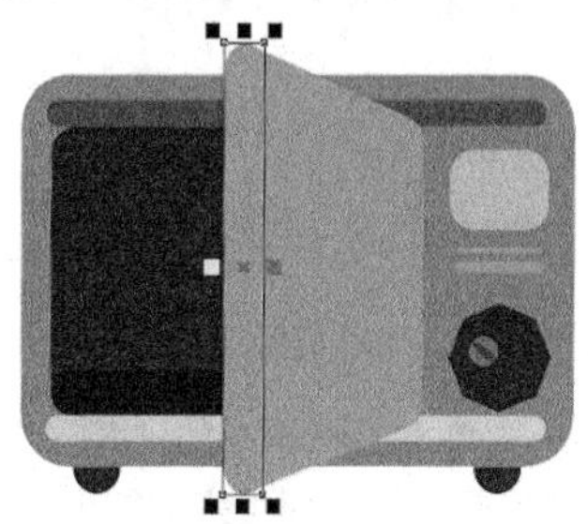

图 4-35

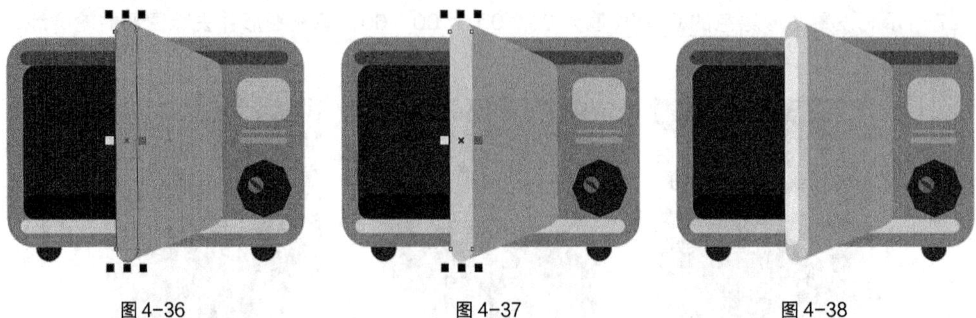
图 4-36　　图 4-37　　图 4-38

STEP 18 选择“3 点矩形”工具，在适当的位置拖曳鼠标绘制一个倾斜矩形，如图 4-39 所示。在属性栏中将“转角半径”选项均设为 2.0 mm，按 Enter 键，效果如图 4-40 所示。设置图形颜色的 CMYK 值为 11、7、6、0，填充图形并去除图形的轮廓线，效果如图 4-41 所示。

STEP 19 选择“矩形”工具，在适当的位置绘制一个矩形，如图 4-42 所示。单击属性栏中的“转换为曲线”按钮，将图形转换为曲线，如图 4-43 所示。

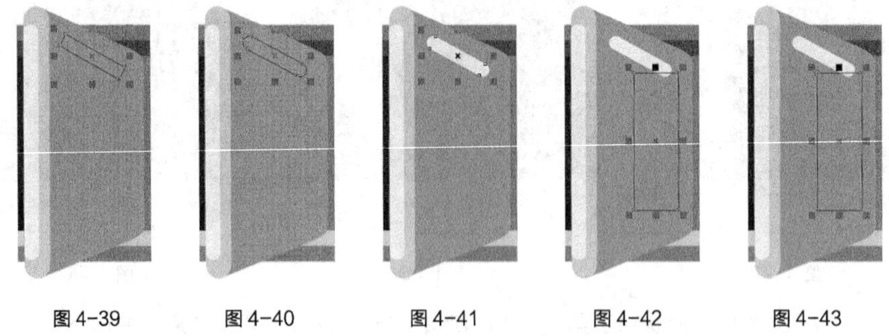
图 4-39　　图 4-40　　图 4-41　　图 4-42　　图 4-43

STEP 20 选择“形状”工具，选中并向下拖曳右上角的节点到适当的位置，效果如图 4-44 所示。用相同的方法调整右下角的节点，效果如图 4-45 所示。

STEP 21 选择“选择”工具选取图形，设置图形颜色的 CMYK 值为 100、100、62、49，填充图形并去除图形的轮廓线，效果如图 4-46 所示。至此，家电插画绘制完成，效果如图 4-47 所示。

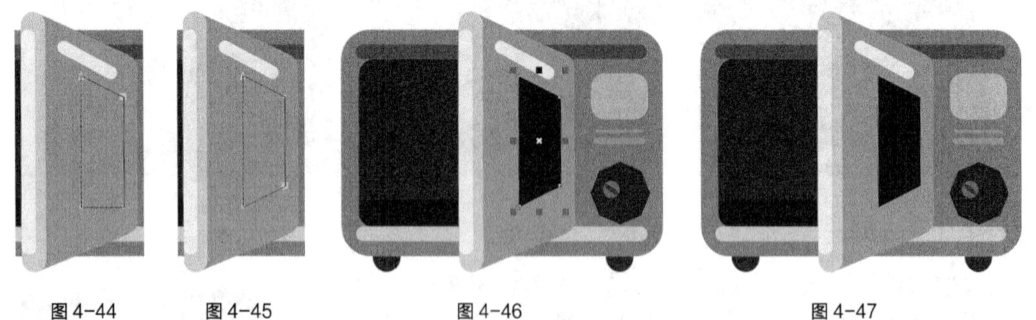
图 4-44　　图 4-45　　图 4-46　　图 4-47

4.1.2 绘制矩形

1. 绘制直角矩形

单击工具箱中的“矩形”工具，在绘图页面中按住鼠标左键不放，拖曳鼠标光标到需要的位置后松开鼠标，即可完成绘制，效果如图 4-48 所示。绘制矩形的属性栏如图 4-49 所示。

按 Esc 键，取消矩形的选取状态，如图 4-50 所示。

选择“选择”工具，在矩形上单击鼠标左键，可选择刚绘制好的矩形。

图 4-48 图 4-49 图 4-50

按 F6 键，快速选择“矩形”工具，可在绘图页面中适当的位置绘制矩形。

按 Ctrl 键，可在绘图页面中绘制正方形。

按 Shift 键，可在绘图页面中以当前点为中心绘制矩形。

按 Shift+Ctrl 组合键，可在绘图页面中以当前点为中心绘制正方形。

双击工具箱中的“矩形”工具，可以绘制出一个和绘图页面大小一样的矩形。

2. 使用“矩形”工具绘制圆角矩形

在绘图页面中绘制一个矩形，如图 4-51 所示。在其属性栏中，如果先将“转角半径”后的小锁图标选定，则改变“转角半径”时，4 个角的角圆滑度数值将进行相同的改变。设定“转角半径”的值如图 4-52 所示。按 Enter 键，效果如图 4-53 所示。

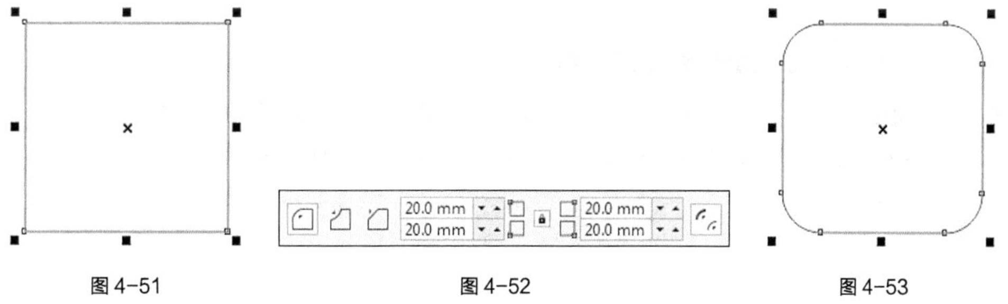

图 4-51 图 4-52 图 4-53

如果不选定小锁图标，则可以单独改变一个角的角圆滑度数值。在其属性栏中，分别设定“转角半径”的值如图 4-54 所示。按 Enter 键，效果如图 4-55 所示，如果要将圆角矩形还原成直角矩形，可以将角圆滑度数值设定为“0”。

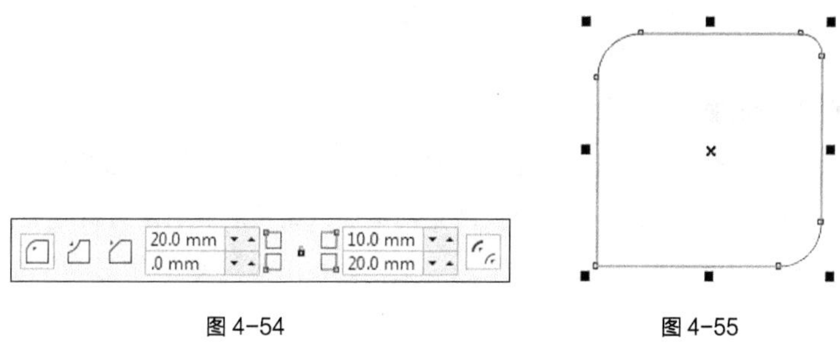

图 4-54 图 4-55

3. 使用鼠标拖曳矩形的节点绘制圆角矩形

在绘图页面中绘制一个矩形，按F10键快速选择“形状”工具，选中矩形边角的节点，如图4-56所示。按住鼠标左键拖曳矩形边角的节点，可以改变边角的圆滑程度，如图 4-57 所示。松开鼠标左键，圆角矩形的效果如图 4-58 所示。

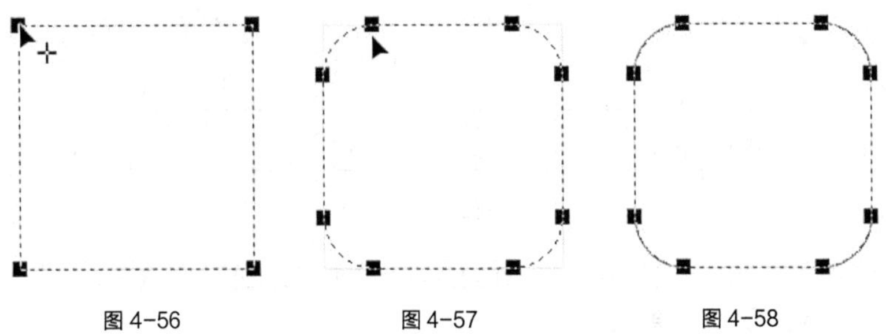

图 4-56　　图 4-57　　图 4-58

4. 使用“矩形”工具绘制扇形角图形

在绘图页面中绘制一个矩形，如图 4-59 所示。在其属性栏中单击“扇形角”按钮，在“转角半径”数值框中设置值为 20mm，如图 4-60 所示。按 Enter 键，效果如图 4-61 所示。

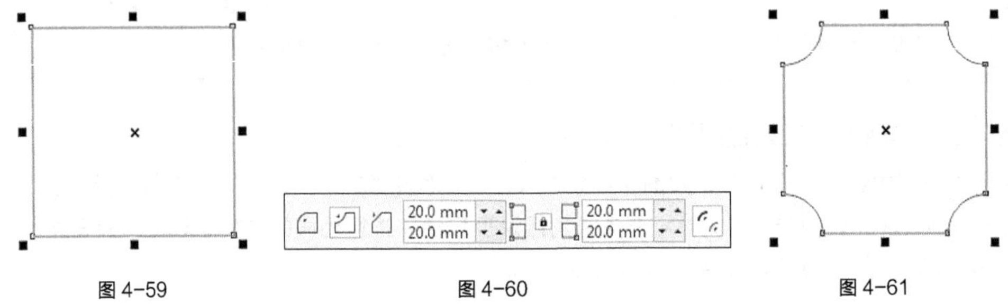

图 4-59　　图 4-60　　图 4-61

5. 使用“矩形”工具绘制倒棱角图形

在绘图页面中绘制一个矩形，如图 4-62 所示。在其属性栏中单击“倒棱角”按钮，在“转角半径”数值框中设置值为 20mm，如图 4-63 所示。按 Enter 键，效果如图 4-64 所示。

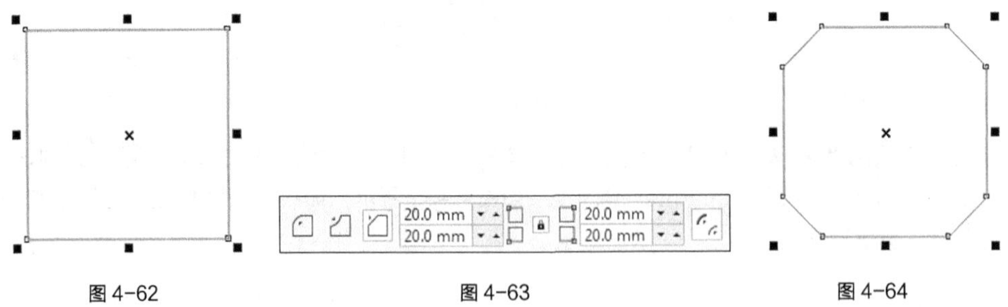

图 4-62　　图 4-63　　图 4-64

6. 使用角缩放按钮调整图形

在绘图页面中绘制一个圆角矩形，其属性栏和效果如图 4-65 所示。在属性栏中单击“相对角缩放”按钮，拖曳控制手柄调整图形的大小，圆角的半径根据图形的调整进行改变，其属性栏和效果如图 4-66 所示。

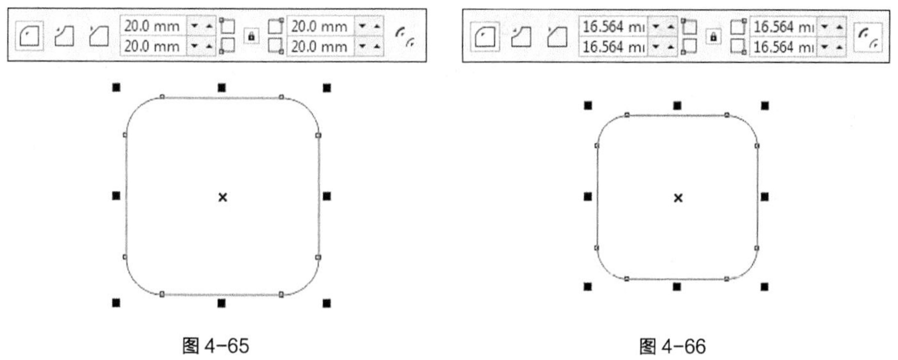

图 4-65　　图 4-66

7. 绘制任意角度放置的矩形

选择"矩形"工具，再选择展开工具栏中的"3 点矩形"工具，在绘图页面中按住鼠标左键不放，拖曳鼠标光标到需要的位置，可绘制出一条任意方向的线段作为矩形的一条边，如图 4-67 所示。松开鼠标左键，再拖曳鼠标到需要的位置，确定矩形的另一条边，如图 4-68 所示。单击鼠标左键，有角度的矩形就绘制完成了，效果如图 4-69 所示。

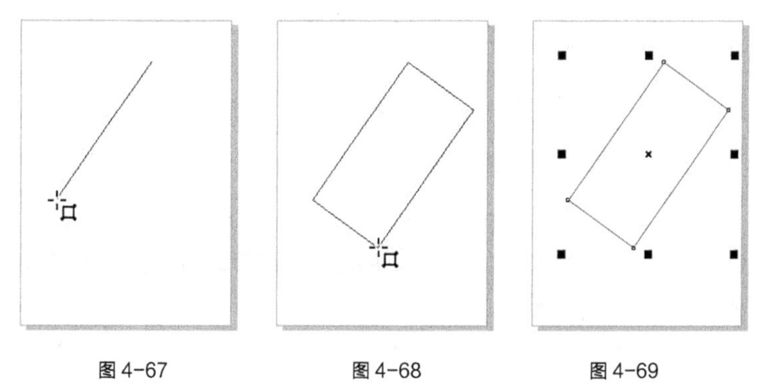

图 4-67　　图 4-68　　图 4-69

4.1.3 绘制椭圆形

1. 绘制椭圆形

选择"椭圆形"工具，在绘图页面中按住鼠标左键不放，拖曳鼠标光标到需要的位置后松开鼠标左键，椭圆形绘制完成，如图 4-70 所示，椭圆形的属性栏如图 4-71 所示。

按住 Ctrl 键，可在绘图页面中适当的位置绘制圆形，如图 4-72 所示。

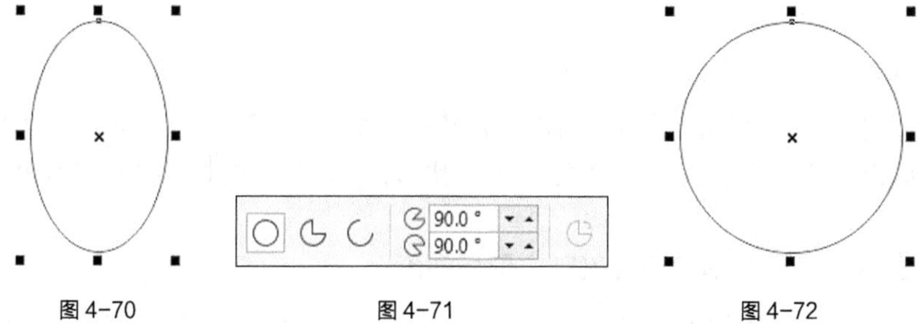

图 4-70　　图 4-71　　图 4-72

按 F7 键快速选择"椭圆形"工具，可在绘图页面中适当的位置绘制椭圆形。

按住 Shift 键，可在绘图页面中以当前点为中心绘制椭圆形。

同时按住 Shift+Ctrl 组合键，可在绘图页面中以当前点为中心绘制圆形。

2. 使用“椭圆”工具绘制饼形和弧形

绘制一个圆形，如图 4-73 所示。单击“椭圆形”工具属性栏（见图 4-74）中的“饼图”按钮，可将圆形转换为饼图，效果如图 4-75 所示。

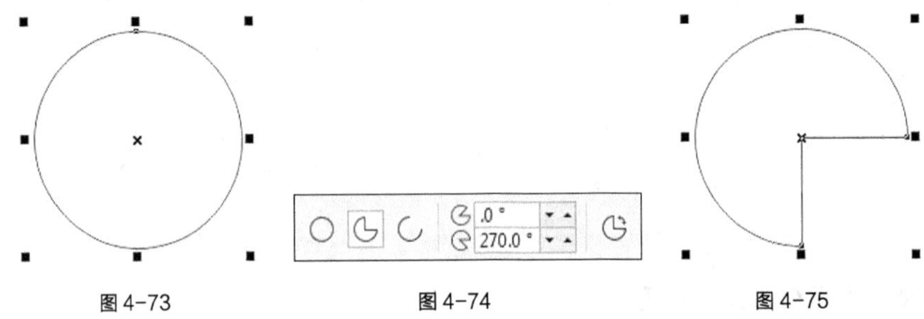

图 4-73　图 4-74　图 4-75

单击“椭圆形”工具属性栏（见图 4-76）中的“弧”按钮，可将圆形转换为弧形，效果如图 4-77 所示。

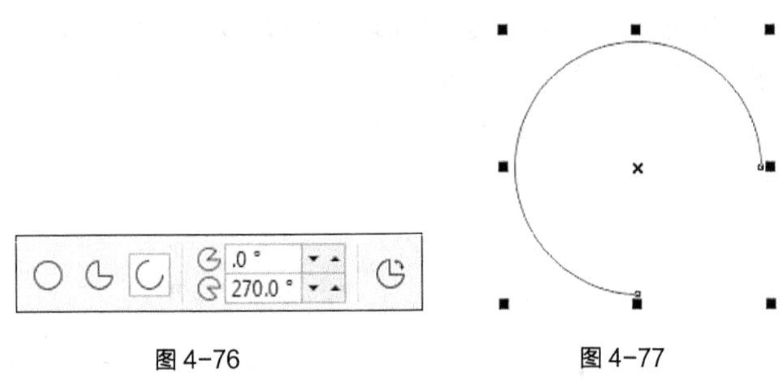

图 4-76　图 4-77

在“起始和结束角度”数值框中设置饼形、弧形的起始角度和终止角度，按 Enter 键，可以获得饼形、弧形角度的精确值，如图 4-78 所示。

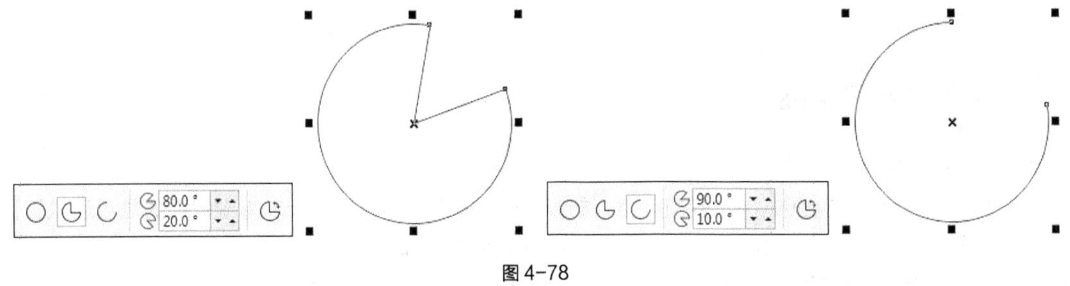

图 4-78

椭圆形在选中状态下，在“椭圆形”工具属性栏中单击“饼图”或“弧”按钮，可以使图形在饼形和弧形之间转换。单击属性栏中的“更改方向”按钮，可以将饼形或弧形进行 180° 的镜像。

3. 使用鼠标拖曳椭圆形的节点绘制饼形和弧形

绘制一个圆形，按 F10 键快速选择“形状”工具，单击圆形轮廓线上的节点并按住鼠标左键不放，如图 4-79 所示。向圆形内拖曳节点，如图 4-80 所示。松开鼠标左键，圆形变成饼形，效果如图 4-81 所示。

注意，若向圆形外拖曳轮廓线上的节点，则可使圆形变成弧形。

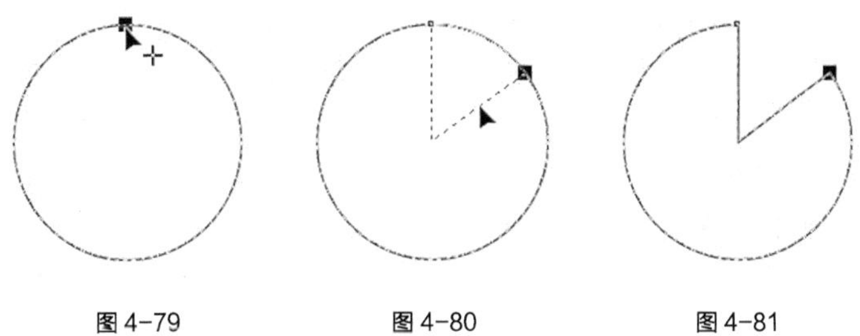

图 4-79　　图 4-80　　图 4-81

4. 绘制任意角度放置的椭圆形

选择“椭圆形”工具，再选择展开工具栏中的“3 点椭圆形”工具，在绘图页面中按住鼠标左键不放，拖曳鼠标光标到需要的位置，可绘制一条任意方向的线段作为椭圆形的一个轴，如图 4-82 所示。松开鼠标左键，再拖曳鼠标到需要的位置，即可确定椭圆形的形状，如图 4-83 所示。单击鼠标左键，有角度的椭圆形绘制完成，效果如图 4-84 所示。

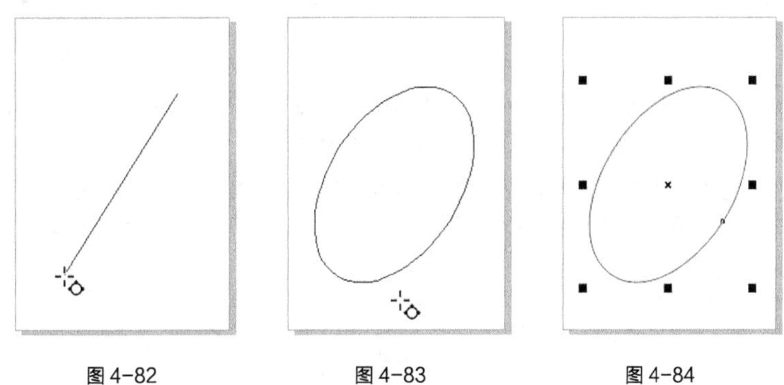

图 4-82　　图 4-83　　图 4-84

4.1.4 课堂案例——绘制旅行插画

案例学习目标

学习使用几何绘图工具、基本形状工具、螺纹工具和填充工具绘制旅行插画。

案例知识要点

使用矩形工具、转角半径选项、形状工具、轮廓笔工具和滴管工具绘制机身、机翼及螺旋桨；使用基本形状工具绘制圆环；使用螺纹工具绘制装饰图案；使用 2 点线工具、椭圆形工具和变换泊坞窗绘制云彩。旅行插画的最终效果如图 4-85 所示。

效果所在位置

资源包 > Ch04 > 效果 > 绘制旅行插画 .cdr。

图 4-85

绘制旅行插画

STEP 1 按 Ctrl+N 组合键，弹出“创建新文档”对话框，设置文档的宽度为 100 mm，高度为 100 mm，取向为纵向，原色模式为 CMYK，渲染分辨率为 300 dpi，单击“确定”按钮，创建一个文档。

STEP 2 选择“矩形”工具，在页面中绘制一个矩形，如图 4-86 所示。在属性栏中将“转角半径”选项均设为 10.0 mm，如图 4-87 所示。按 Enter 键，效果如图 4-88 所示。单击属性栏中的“转换为曲线”按钮，将图形转换为曲线，如图 4-89 所示。

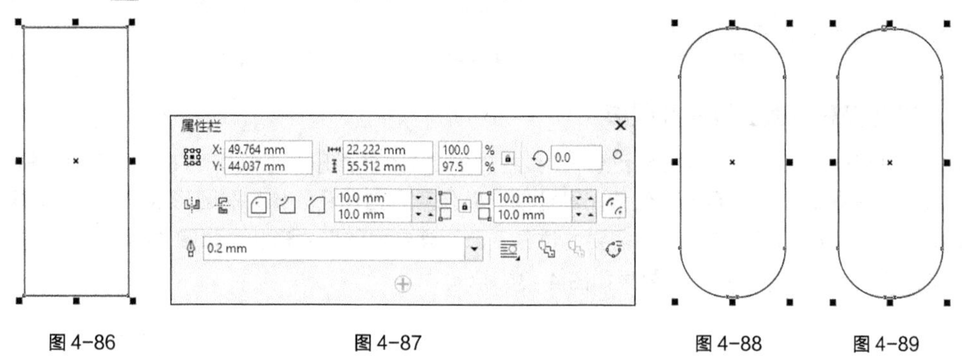

图 4-86　图 4-87　图 4-88　图 4-89

STEP 3 选择“形状”工具，选中并向左拖曳右下角的节点到适当的位置，效果如图 4-90 所示。用相同的方法调整左下角的节点，效果如图 4-91 所示。

STEP 4 选择“选择”工具，填充图形为白色。按 F12 键，弹出“轮廓笔”对话框，在“颜色”下拉列表框中设置轮廓线颜色的 CMYK 值为 63、94、100、59，其他选项的设置如图 4-92 所示。单击“确定”按钮，效果如图 4-93 所示。

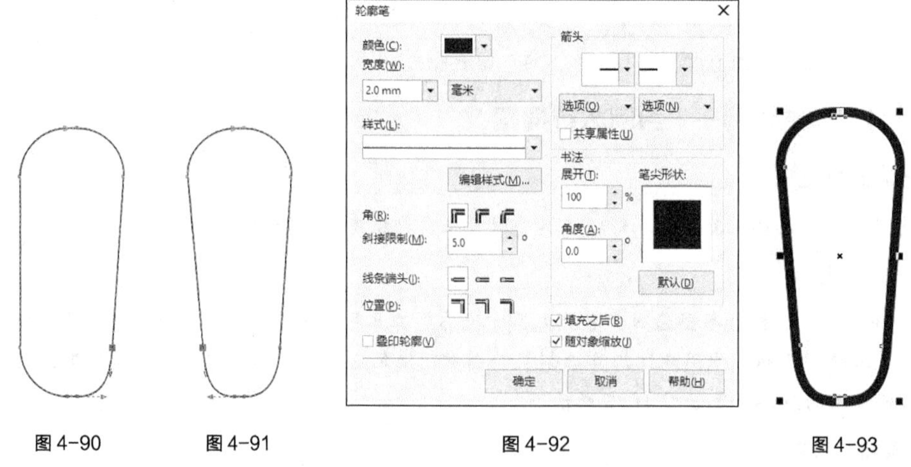

图 4-90　图 4-91　图 4-92　图 4-93

STEP 5 选择“矩形”工具，在适当的位置绘制一个矩形，如图 4-94 所示。在属性栏中将“转角半径”均设为 10.0 mm，按 Enter 键，效果如图 4-95 所示。

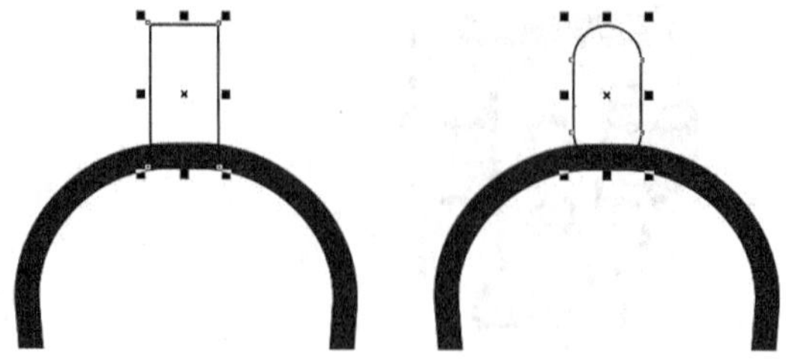

图 4-94　图 4-95

STEP 6 按 F12 键，弹出“轮廓笔”对话框，在“颜色”下拉列表框中设置轮廓线颜色的 CMYK 值为 63、94、100、59，其他选项的设置如图 4-96 所示。单击“确定”按钮，效果如图 4-97 所示。

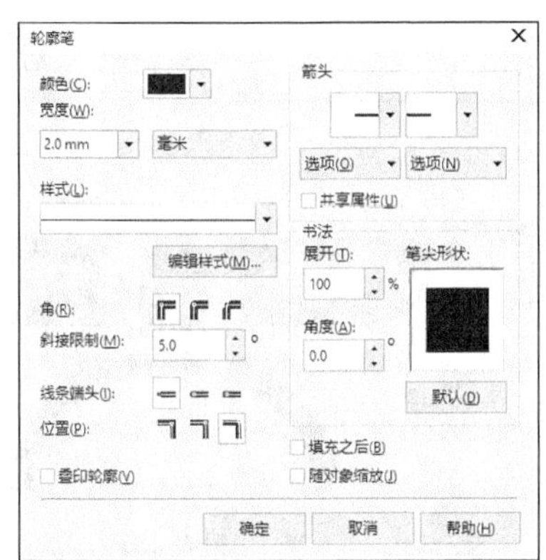

图 4-96

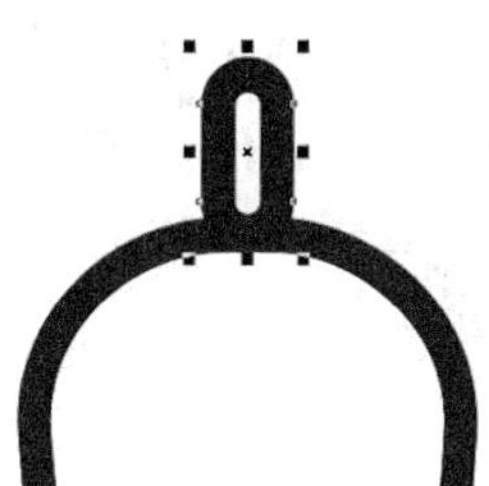

图 4-97

STEP 7 保持图形选取状态。设置图形颜色的 CMYK 值为 43、20、0、0，填充图形，效果如图 4-98 所示。按 Ctrl+PageDown 组合键，将图形向后移一层，效果如图 4-99 所示。

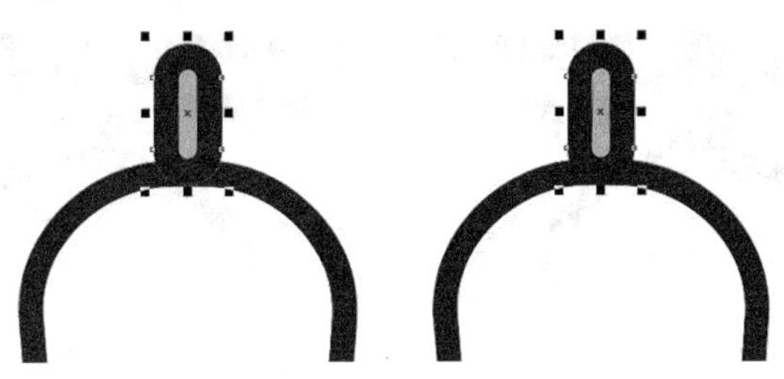

图 4-98　　图 4-99

STEP 8 选择“矩形”工具，在适当的位置绘制一个矩形，如图 4-100 所示。选择“属性滴管”工具，将光标放置在右侧圆角矩形上，光标变为图标，如图 4-101 所示。在圆角矩形上单击鼠标左键吸取属性，光标变为图标，在需要的图形上单击鼠标左键填充图形，效果如图 4-102 所示。

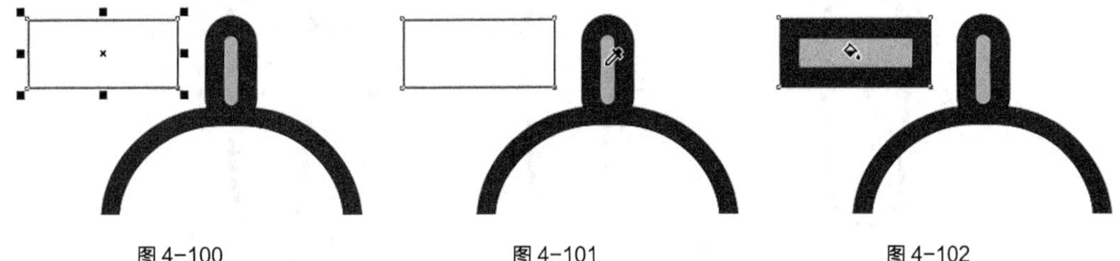

图 4-100　　图 4-101　　图 4-102

STEP 9 选择“选择”工具，设置图形颜色的 CMYK 值为 29、6、14、0，填充图形，效果如图 4-103 所示。在属性栏中将“转角半径”设为 0 mm 和 5.0 mm，如图 4-104 所示。按 Enter 键，效果如图 4-105 所示。

STEP 10 按数字键盘上的 + 键复制图形，按住 Shift 键的同时，水平向右拖曳复制的图形到适当的位置，效果如图 4-106 所示。单击属性栏中的“水平镜像”按钮水平翻转图形，效果如图 4-107 所示。

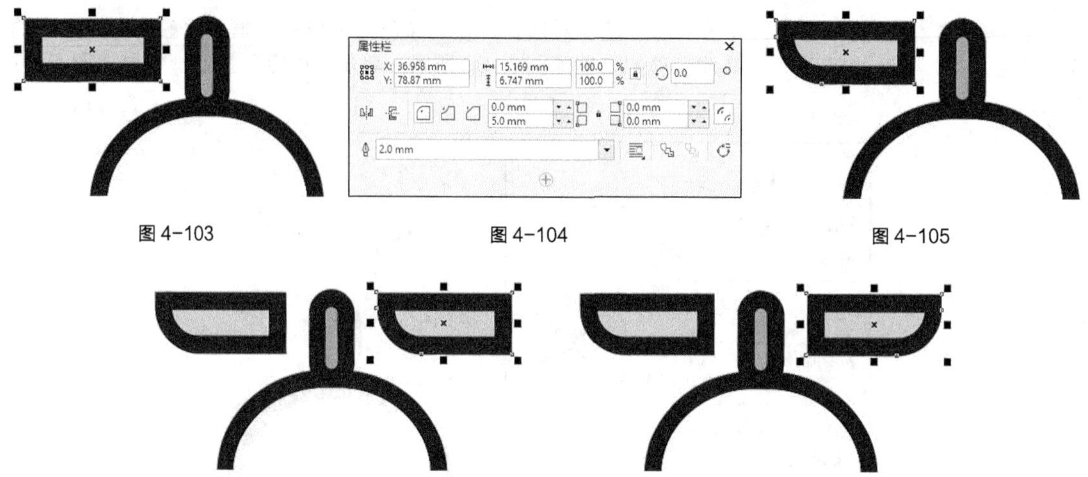

图 4-103　　图 4-104　　图 4-105

图 4-106　　图 4-107

STEP 11 选择“矩形”工具，在适当的位置绘制一个矩形，设置图形颜色的 CMYK 值为 63、94、100、59，填充图形并去除图形的轮廓线，效果如图 4-108 所示。按 Shift+PageDown 组合键，将图形移至图层后面，效果如图 4-109 所示。

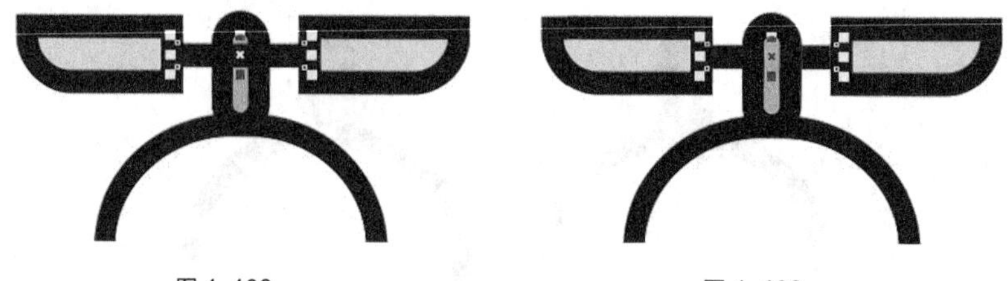

图 4-108　　图 4-109

STEP 12 选择“矩形”工具，在适当的位置绘制一个矩形，如图 4-110 所示。选择“属性滴管”工具，将光标放置在下方圆角矩形上，光标变为图标，如图 4-111 所示。在圆角矩形上单击鼠标左键吸取属性，光标变为图标，在需要的图形上单击鼠标左键填充图形，效果如图 4-112 所示。

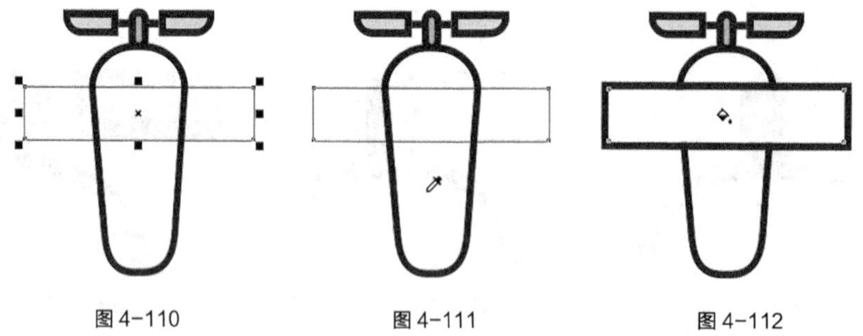

图 4-110　　图 4-111　　图 4-112

STEP 13 选择“选择”工具，在属性栏中将“转角半径”设为 3.0 mm 和 10.0 mm，如图 4-113 所示。按 Enter 键，效果如图 4-114 所示。设置图形颜色的 CMYK 值为 43、20、0、0，填充图形，效果如图 4-115 所示。

STEP 14 按 Shift+PageDown 组合键，将图形移至图层后面，效果如图 4-116 所示。按数字键盘上的 + 键复制图形，选择“选择”工具，按住 Shift 键的同时，垂直向下拖曳复制的图形到适当的位置，效果如图 4-117 所示。设置图形颜色的 CMYK 值为 29、6、14、0，填充图形，效果如图 4-118 所示。用相同的方法分别绘制飞机尾部，效果如图 4-119 所示。

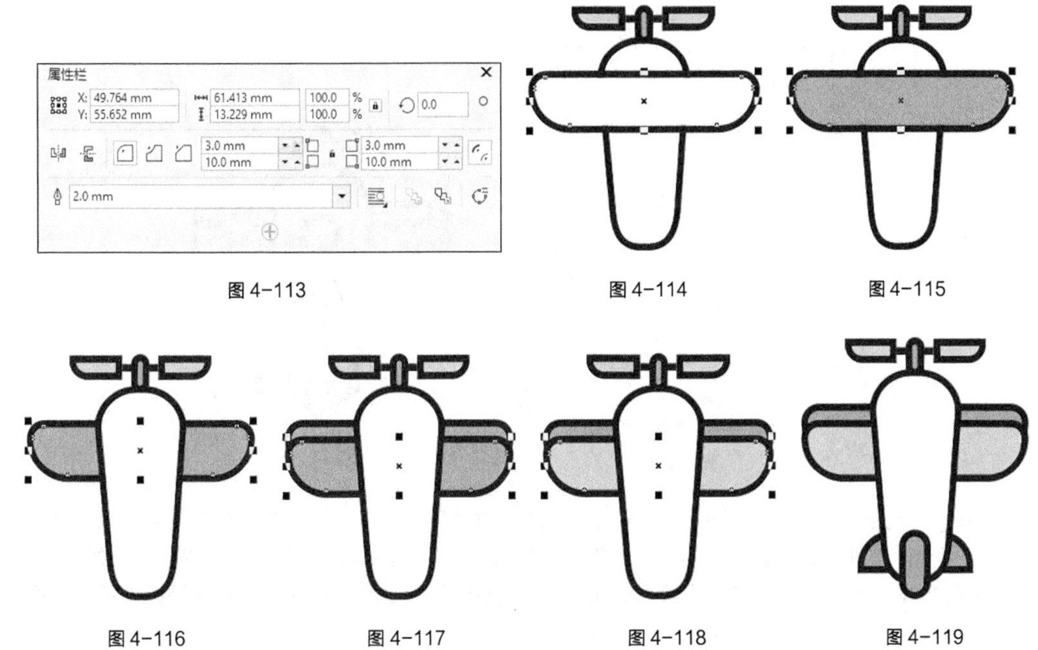

图 4-113　　图 4-114　　图 4-115

图 4-116　　图 4-117　　图 4-118　　图 4-119

STEP 15 选择“基本形状”工具，单击属性栏中的“完美形状”按钮，在弹出的下拉列表中选择需要的形状，如图 4-120 所示。在适当的位置拖曳鼠标绘制图形，如图 4-121 所示。设置图形颜色的 CMYK 值为 63、94、100、59，填充图形并去除图形的轮廓线，效果如图 4-122 所示。

图 4-120　　图 4-121　　图 4-122

STEP 16 选择“螺纹”工具，在属性栏中的设置如图 4-123 所示，在适当的位置绘制一条螺旋线，如图 4-124 所示。

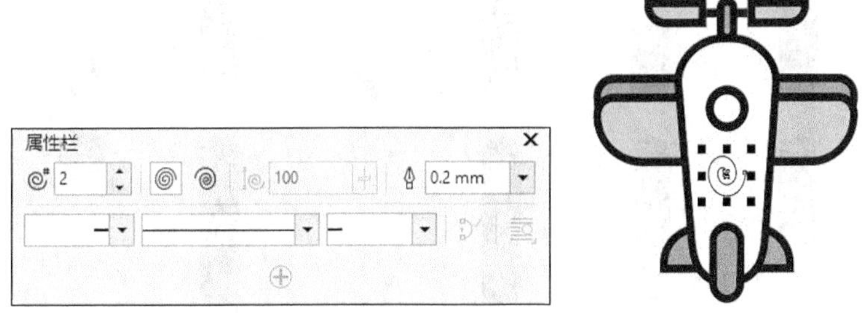

图 4-123　　图 4-124

STEP 17 按 F12 键，弹出“轮廓笔”对话框，在“颜色”下拉列表框中设置轮廓线颜色的 CMYK 值为 63、94、100、59，其他选项的设置如图 4-125 所示。单击“确定”按钮，效果如图 4-126 所示。

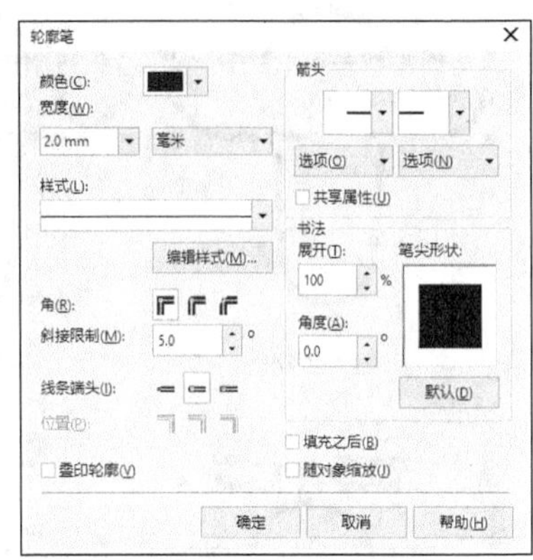

图 4-125

图 4-126

STEP 18 选择“2 点线”工具，按住 Ctrl 键的同时，在适当的位置绘制一条竖线，如图 4-127 所示。选择“属性滴管”工具，将光标放置在右侧螺旋线上，光标变为图标，如图 4-128 所示。在螺旋线上单击鼠标左键吸取属性，光标变为图标，在需要的图形上单击鼠标左键填充图形，效果如图 4-129 所示。

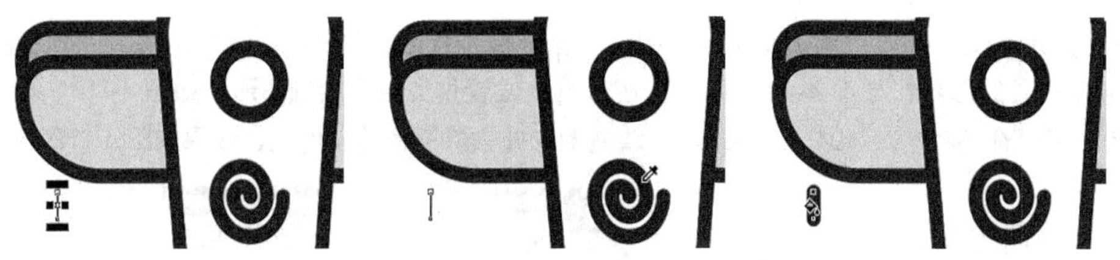

图 4-127　　图 4-128　　图 4-129

STEP 19 选择“选择”工具，按数字键盘上的 + 键复制竖线，按住 Shift 键的同时，垂直向下拖曳复制的竖线到适当的位置，效果如图 4-130 所示。向下拖曳竖线下端中间的控制手柄到适当的位置，并调整竖线长度，效果如图 4-131 所示。

STEP 20 选择“椭圆形”工具，按住 Ctrl 键的同时，在适当的位置绘制一个圆形，设置图形颜色的 CMYK 值为 63、94、100、59，填充图形并去除图形的轮廓线，效果如图 4-132 所示。

STEP 21 按数字键盘上的 + 键复制竖线。选择“选择”工具，按住 Shift 键的同时，垂直向下拖曳复制的圆形到适当的位置，效果如图 4-133 所示。

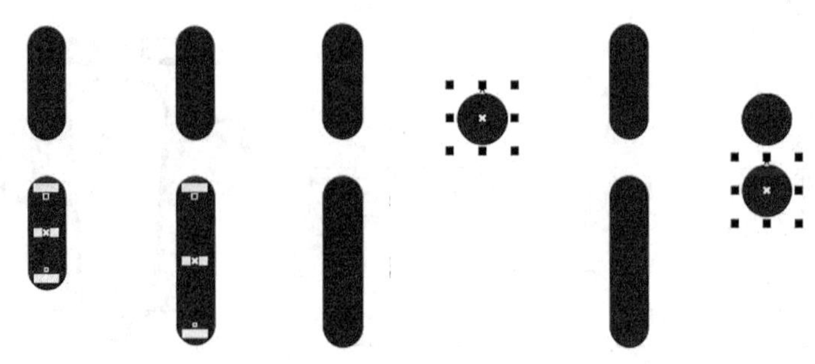

图 4-130　　图 4-131　　图 4-132　　图 4-133

STEP 22 用圈选的方法将竖线和圆形同时选取，如图 4–134 所示，按数字键盘上的 + 键复制竖线和圆形。按住 Shift 键的同时，水平向右拖曳复制的竖线和圆形到适当的位置，效果如图 4–135 所示。

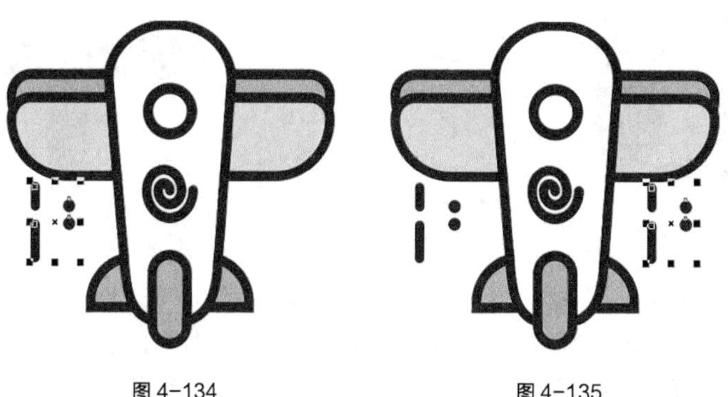

图 4–134　　图 4–135

STEP 23 单击属性栏中的“水平镜像”按钮水平翻转图形，效果如图 4–136 所示。用圈选的方法将右侧竖线同时选取，如图 4–137 所示，单击属性栏中的“垂直镜像”按钮垂直翻转竖线，效果如图 4–138 所示。

图 4–136　　图 4–137　　图 4–138

STEP 24 选择“选择”工具，选取需要的竖线，如图 4–139 所示。按住鼠标左键向右上方拖曳竖线，并在适当的位置上单击鼠标右键复制竖线，效果如图 4–140 所示。

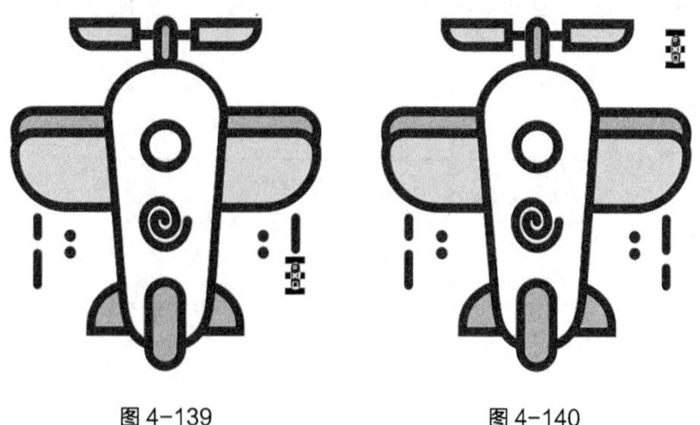

图 4–139　　图 4–140

STEP 25 再次单击复制的竖线，使其处于旋转状态，如图 4–141 所示。向下拖曳旋转中心至适当的位置，如图 4–142 所示。按 Alt+F8 组合键，弹出“变换”泊坞窗，各选项的设置如图 4–143 所示。单击“应用”按钮 应用 ，效果如图 4–144 所示。

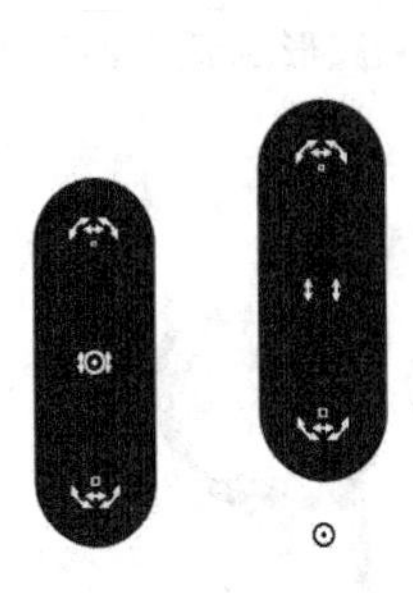

图 4-141　图 4-142

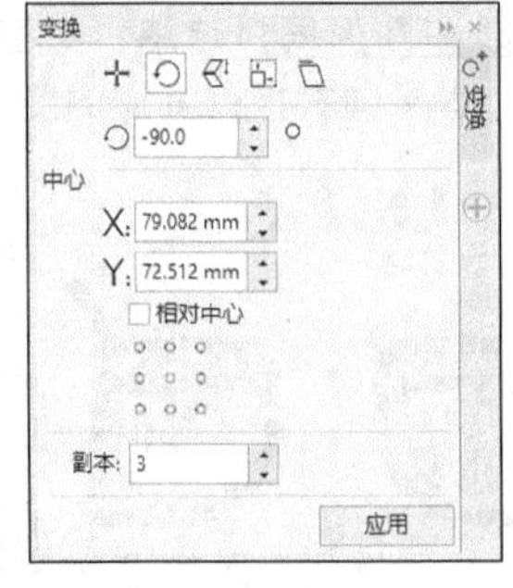

图 4-143

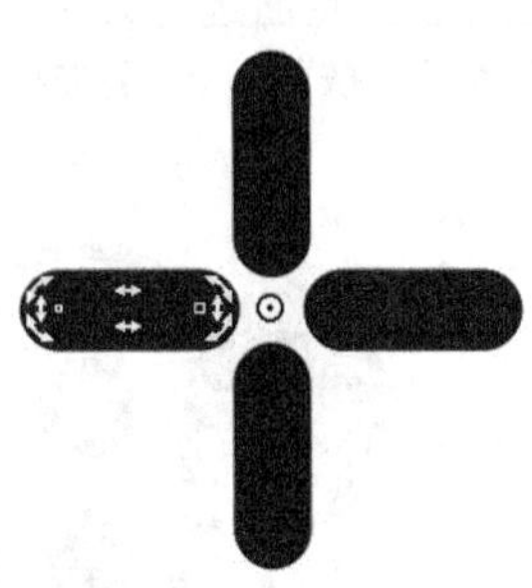

图 4-144

STEP 26 选择“椭圆形”工具，按住 Ctrl 键的同时，在适当的位置绘制一个圆形，设置图形颜色的 CMYK 值为 0、19、13、0，填充图形并去除图形的轮廓线，效果如图 4-145 所示。按 Shift+PageDown 组合键，将圆形移至图层后面，效果如图 4-146 所示。至此，旅行插画绘制完成，效果如图 4-147 所示。

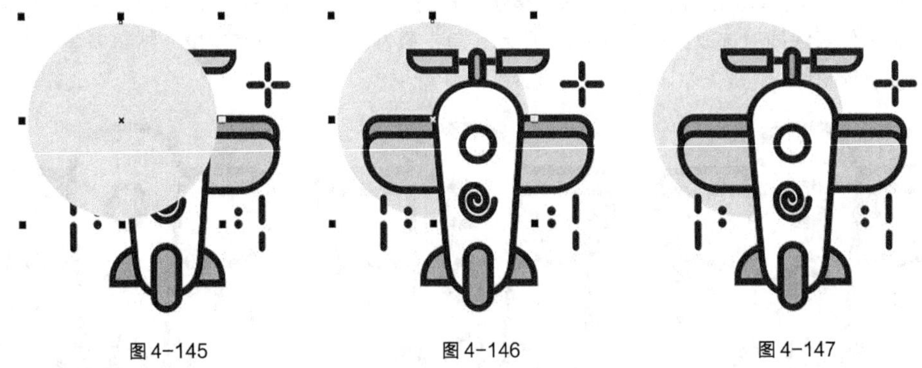

图 4-145　图 4-146　图 4-147

4.1.5 绘制多边形和星形

1. 绘制多边形

选择“多边形”工具，在绘图页面中按住鼠标左键不放，拖曳鼠标光标到需要的位置后松开鼠标左键，多边形绘制完成，如图 4-148 所示。“多边形”属性栏如图 4-149 所示。

设置“多边形”属性栏中的“点数或边数” 5 数值为 9，如图 4-150 所示。按 Enter 键，多边形效果如图 4-151 所示。

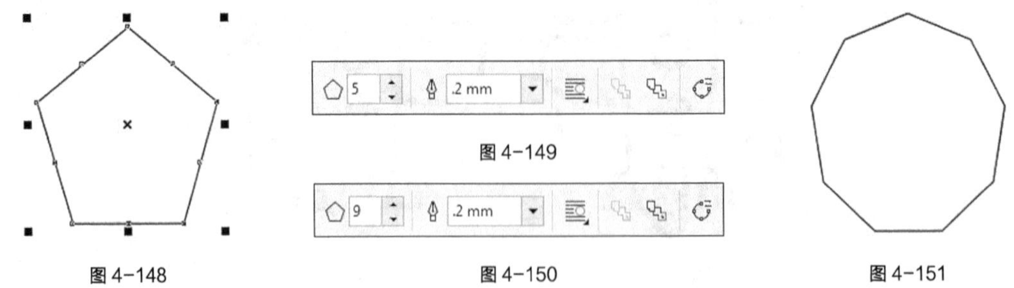

图 4-148　图 4-149　图 4-150　图 4-151

2. 绘制星形

选择“多边形”工具，再选择展开工具栏中的“星形”工具，在绘图页面中按住鼠标左键不放，拖曳鼠标光标到需要的位置后松开鼠标左键，星形绘制完成，如图 4-152 所示。“星形”属性栏如

图 4-153 所示。设置“星形”属性栏中的“点数或边数”☆5 数值为 8，“锐度”▲53 数值为 30，如图 4-154 所示。按 Enter 键，星形效果如图 4-155 所示。

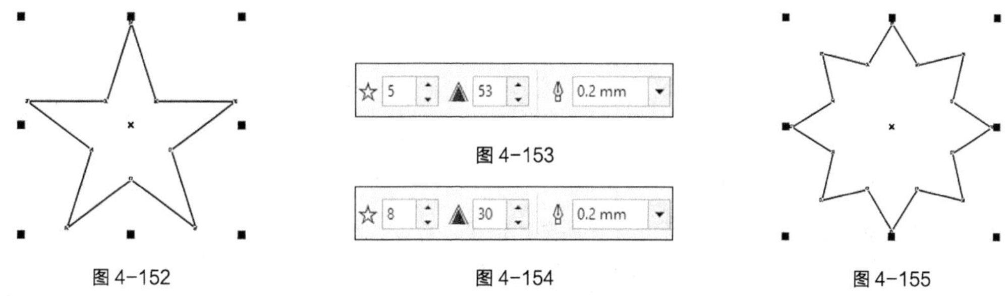

图 4-152　图 4-153　图 4-154　图 4-155

3. 绘制复杂星形

选择“多边形”工具，再选择展开工具栏中的“复杂星形”工具，在绘图页面中按住鼠标左键不放，拖曳鼠标光标到需要的位置后松开鼠标左键，星形绘制完成，如图 4-156 所示，其属性栏如图 4-157 所示。设置“复杂星形”属性栏中的“点数或边数”9 数值为 12，“锐度”▲2 数值为 4，如图 4-158 所示。按 Enter 键，多边形效果如图 4-159 所示。

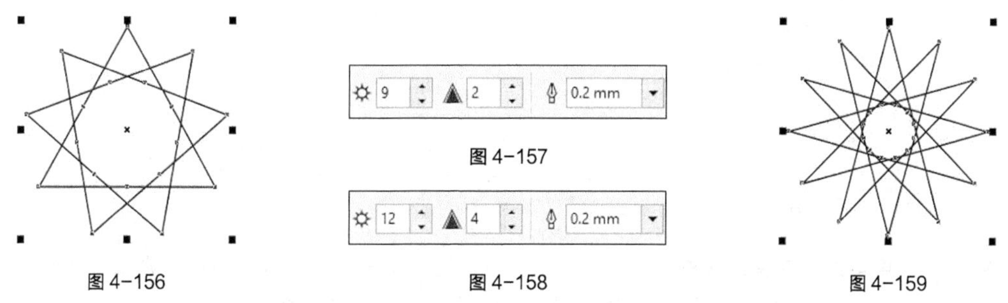

图 4-156　图 4-157　图 4-158　图 4-159

4. 使用鼠标拖曳多边形的节点绘制星形

绘制一个多边形，如图 4-160 所示。选择“形状”工具，单击轮廓线上的节点并按住鼠标左键不放，如图 4-161 所示。向多边形内或外拖曳轮廓线上的节点，如图 4-162 所示，则可以将多边形改变为星形，效果如图 4-163 所示。

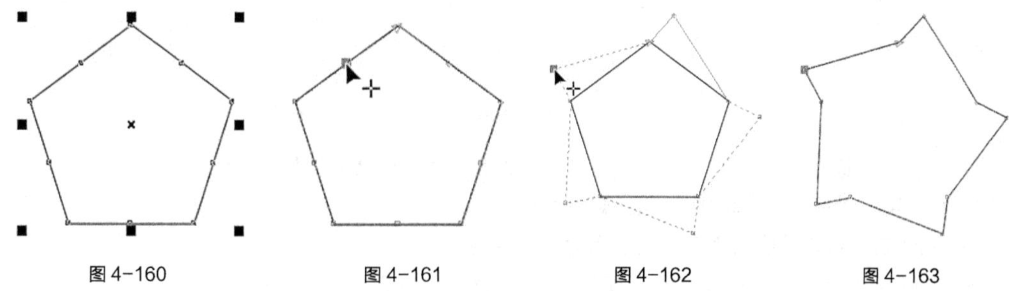

图 4-160　图 4-161　图 4-162　图 4-163

4.1.6 绘制螺纹

1. 绘制对称式螺纹

选择“螺纹”工具，在绘图页面中按住鼠标左键不放，从左上角向右下角拖曳鼠标光标到需要的位置后松开鼠标左键，对称式螺旋线绘制完成，如图 4-164 所示，其属性栏如图 4-165 所示。

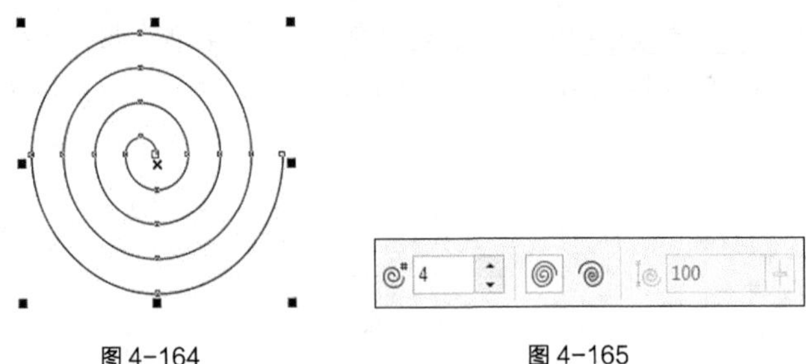

图 4-164　　图 4-165

如果从右下角向左上角拖曳鼠标光标到需要的位置，可以绘制出反向的对称式螺旋线。在 4 框中可以重新设定螺旋线的圈数，从而绘制出需要的螺旋线效果。

2. 绘制对数螺纹

选择“螺纹”工具，在属性栏中单击“对数螺纹”按钮，在绘图页面中按住鼠标左键不放，从左上角向右下角拖曳鼠标光标到需要的位置后松开鼠标左键，对数式螺旋线绘制完成，如图 4-166 所示，其属性栏如图 4-167 所示。

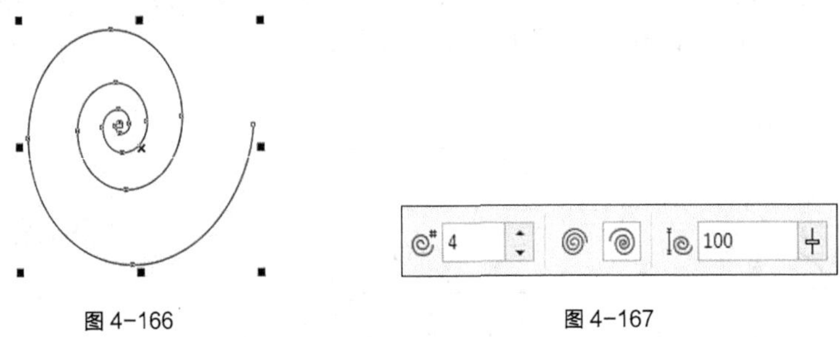

图 4-166　　图 4-167

在 100 中可以重新设定螺旋线的扩展参数，将数值分别设定为 80 和 20 时，则螺旋线向外扩展的幅度会逐渐变小，如图 4-168 所示。当数值为 1 时，将绘制出对称式螺旋线。

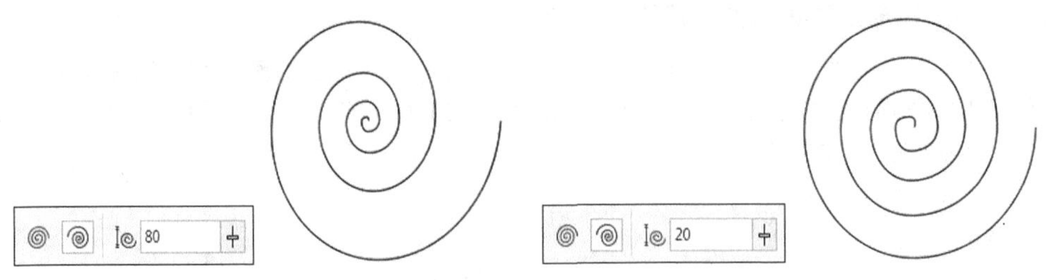

图 4-168

按 A 键，快速选择“螺纹”工具，可在绘图页面中适当的位置绘制螺旋线。

按住 Ctrl 键，可在绘图页面中绘制正圆螺旋线。

按住 Shift 键，可在绘图页面中以当前点为中心绘制螺旋线。

按住 Shift+Ctrl 组合键，可在绘图页面中以当前点为中心绘制正圆螺旋线。

4.1.7　形状的绘制与调整

1. 绘制基本形状

选择“基本形状”工具，在属性栏中单击“完美形状”按钮，在弹出的面板中选择需要的基本图形，如图 4-169 所示。

在绘图页面中按住鼠标左键不放，从左上角向右下角拖曳鼠标光标到需要的位置后松开鼠标左键，基本图形绘制完成，效果如图 4–170 所示。

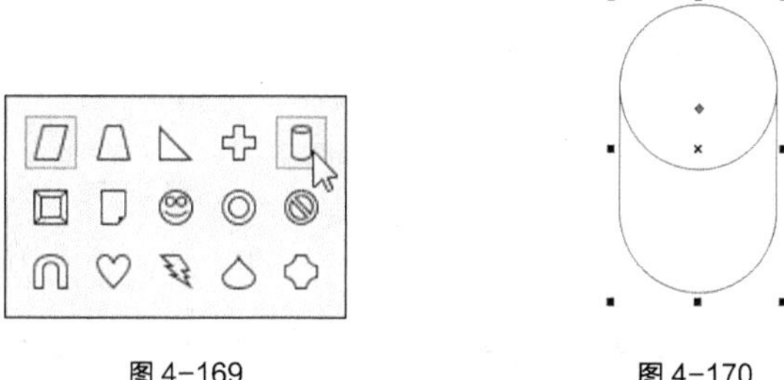

图 4–169　　图 4–170

2. 绘制箭头形状

选择“箭头形状”工具，在属性栏中单击“完美形状”按钮，在弹出的面板中选择需要的箭头图形，如图 4–171 所示。

在绘图页面中按住鼠标左键不放，从左上角向右下角拖曳鼠标光标到需要的位置后松开鼠标左键，箭头图形绘制完成，如图 4–172 所示。

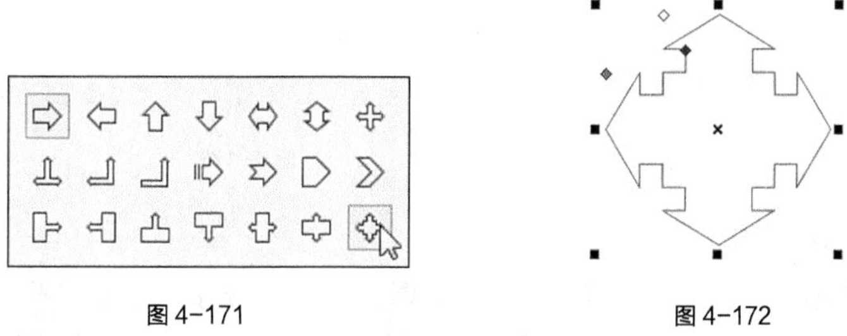

图 4–171　　图 4–172

3. 绘制流程图形状

选择“流程图形状”工具，在属性栏中单击“完美形状”按钮，在弹出的面板中选择需要的流程图图形，如图 4–173 所示。

在绘图页面中按住鼠标左键不放，从左上角向右下角拖曳鼠标光标到需要的位置后松开鼠标左键，流程图图形绘制完成，如图 4–174 所示。

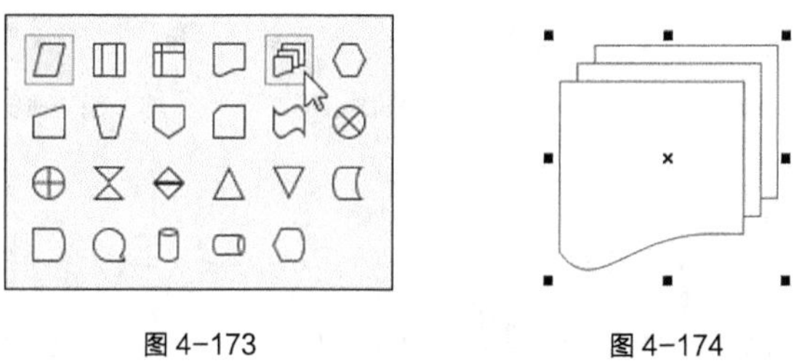

图 4–173　　图 4–174

4. 绘制标题形状

选择“标题形状”工具，在属性栏中单击“完美形状”按钮，在弹出的面板中选择需要的标题图形，如图 4–175 所示。

在绘图页面中按住鼠标左键不放，从左上角向右下角拖曳鼠标光标到需要的位置后松开鼠标左键，标题图形绘制完成，如图 4–176 所示。

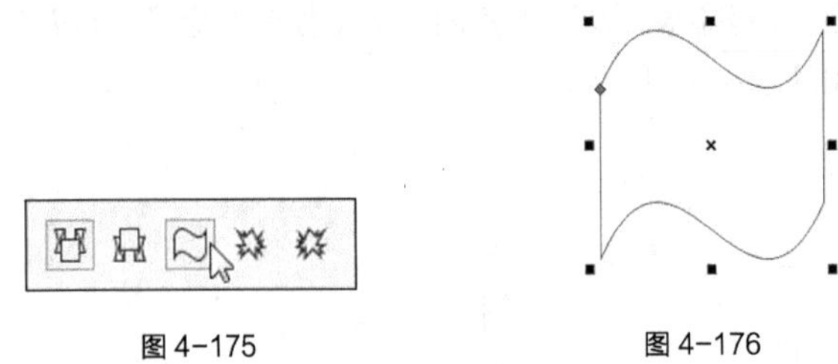

图 4-175　　图 4-176

5. 绘制标注形状

选择“标注形状”工具，在属性栏中单击“完美形状”按钮，在弹出的面板中选择需要的标注图形，如图 4-177 所示。

在绘图页面中按住鼠标左键不放，从左上角向右下角拖曳鼠标光标到需要的位置后松开鼠标左键，标注图形绘制完成，如图 4-178 所示。

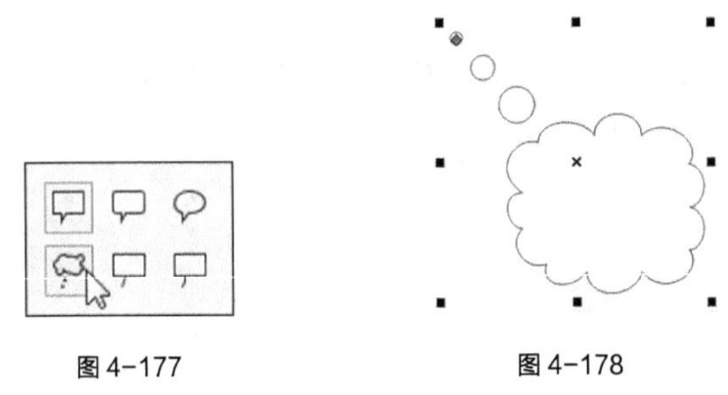

图 4-177　　图 4-178

6. 调整基本形状

绘制一个基本形状，如图 4-179 所示。单击要调整的基本图形的红色菱形符号，并按住鼠标左键不放将其拖曳到需要的位置，如图 4-180 所示。得到需要的形状后，松开鼠标左键，效果如图 4-181 所示。

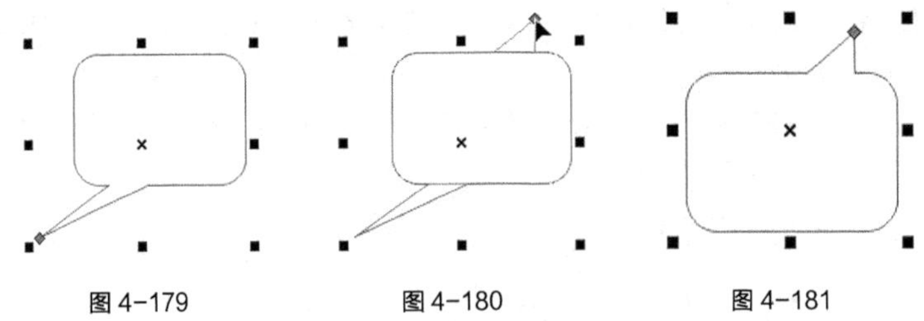

图 4-179　　图 4-180　　图 4-181

提示

在流程图形状中没有红色菱形符号，所以不能对它进行调整。

4.2 编辑对象

在 CorelDRAW X8 中，可以使用强大的图形对象编辑功能对图形对象进行编辑，其中包括对象的多种选取方式，对象的缩放、移动、镜像、复制和删除以及对象的调整。本节将讲解多种编辑图形对象的方法和技巧。

4.2.1 课堂案例——绘制咖啡馆插画

案例学习目标

学习使用图形绘制工具和对象编辑方法绘制咖啡馆插画。

案例知识要点

使用矩形工具、多边形工具、椭圆形工具、贝塞尔工具和复制 / 粘贴命令绘制太阳伞；使用矩形工具、形状工具和填充工具绘制咖啡杯；使用文本工具添加文字。咖啡馆插画的最终效果如图 4-182 所示。

效果所在位置

资源包 > Ch04 > 效果 > 绘制咖啡馆插画 .cdr。

图 4-182

绘制咖啡馆插画

STEP 1 按 Ctrl+O 组合键，打开资源包中的“Ch04 > 素材 > 绘制咖啡馆插画 > 01”文件，如图 4-183 所示。

STEP 2 选择“矩形”工具，在页面外绘制一个矩形，设置图形颜色的 CMYK 值为 57、55、51、0，填充图形并去除图形的轮廓线，效果如图 4-184 所示。再绘制一个矩形，填充图形为白色，并去除图形的轮廓线，效果如图 4-185 所示。

STEP 3 选择“矩形”工具，在矩形上方绘制一个矩形，设置图形颜色的 CMYK 值为 57、55、51、0，填充图形并去除图形的轮廓线，效果如图 4-186 所示。

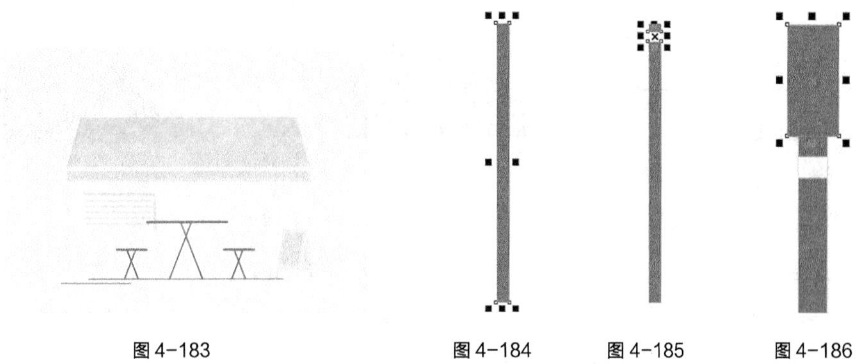

图 4-183　图 4-184　图 4-185　图 4-186

STEP 4 选择“多边形”工具，其属性栏中的设置如图 4-187 所示。在适当的位置绘制一个三角形，如图 4-188 所示。

STEP 5 保持图形选取状态。设置图形颜色的 CMYK 值为 55、85、0、0，填充图形并去除图形的轮廓线，效果如图 4-189 所示。

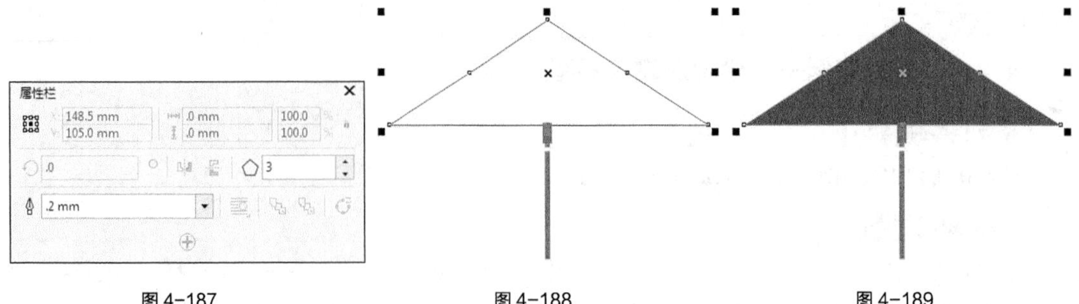

图 4-187　　图 4-188　　图 4-189

STEP 6 按数字键盘上的 + 键复制三角形。选择“选择”工具，按住 Shift 键的同时，向左拖曳三角形右边中间的控制手柄到适当的位置，缩小图形。设置图形颜色的 CMYK 值为 58、89、0、0，填充图形，效果如图 4-190 所示。按数字键盘上的 + 键再复制一个三角形。向上拖曳三角形下边中间的控制手柄到适当的位置，缩小图形。填充图形为黑色，效果如图 4-191 所示。按 Ctrl+C 组合键复制图形。

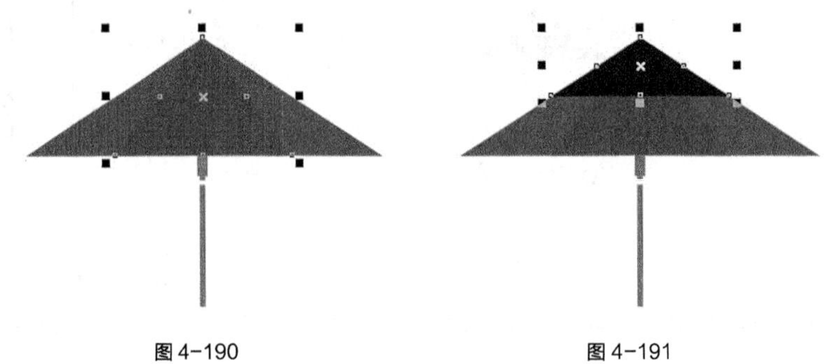

图 4-190　　图 4-191

STEP 7 选择“透明度”工具，在其属性栏中单击“均匀透明度”按钮，其他选项的设置如图 4-192 所示。按 Enter 键，效果如图 4-193 所示。

STEP 8 按 Ctrl+V 组合键粘贴图形。选择“选择”工具，按住 Shift 键的同时，垂直向上拖曳复制的三角形到适当的位置。设置图形颜色的 CMYK 值为 55、85、0、0，填充图形，效果如图 4-194 所示。

图 4-192　　图 4-193　　图 4-194

STEP 9 选择“椭圆形”工具，按住 Ctrl 键的同时，在适当的位置绘制一个圆形，设置图形颜色的 CMYK 值为 57、55、51、0，填充图形，并去除图形的轮廓线，效果如图 4-195 所示。按 Shift+PageDown 组合键，将图形置于底层，效果如图 4-196 所示。

STEP 10 选择“椭圆形”工具，按住 Ctrl 键的同时，在适当的位置再绘制一个圆形，设置图形颜色的 CMYK 值为 55、85、0、0，填充图形并去除图形的轮廓线，效果如图 4-197 所示。

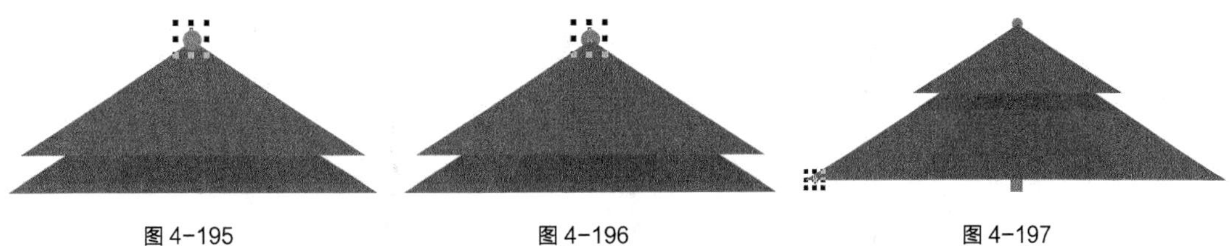

图 4-195　　图 4-196　　图 4-197

STEP 11 按数字键盘上的 + 键复制圆形。选择“选择”工具，按住 Shift 键的同时，水平向右拖曳复制的圆形到适当的位置，效果如图 4-198 所示。连续按 Ctrl+D 组合键，按需要再复制图形，效果如图 4-199 所示。

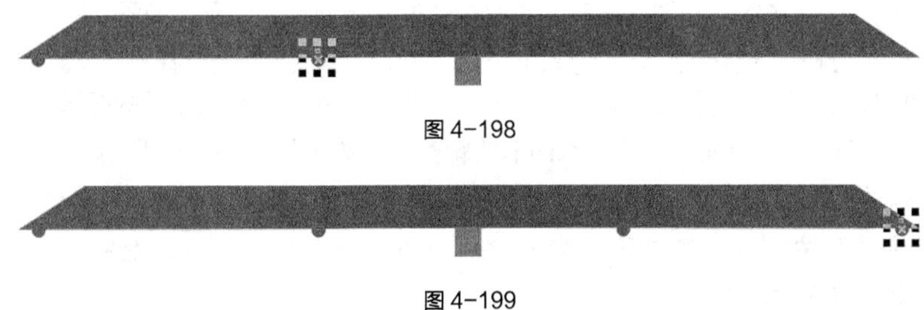

图 4-198

图 4-199

STEP 12 选择“选择”工具，用圈选的方法将所绘制的圆形同时选取，按 Shift+PageDown 组合键，将图形置于底层，效果如图 4-200 所示。

图 4-200

STEP 13 选择“贝塞尔”工具，在适当的位置绘制一条曲线，如图 4-201 所示。按 F12 键，弹出“轮廓笔”对话框，在“颜色”下拉列表框中设置轮廓线颜色的 CMYK 值为 40、0、100、0，其他选项的设置如图 4-202 所示。单击“确定”按钮，效果如图 4-203 所示。

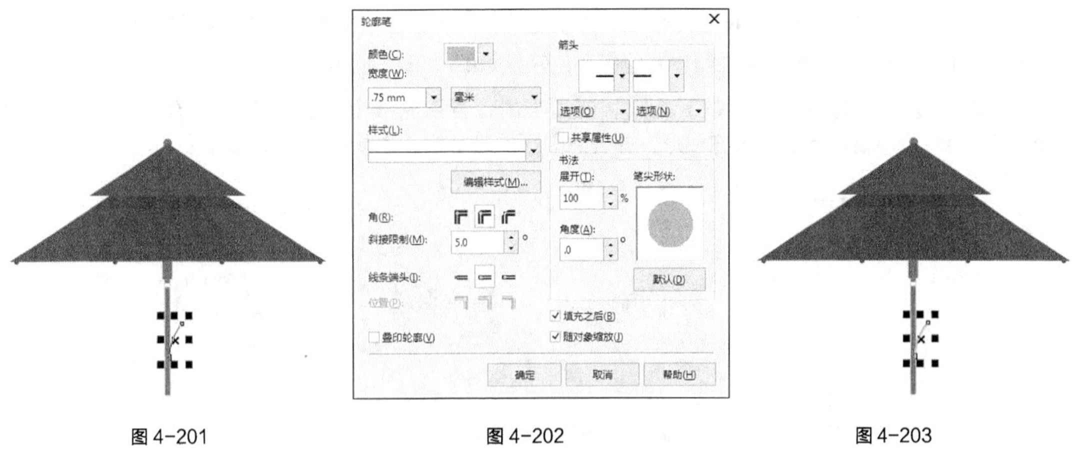

图 4-201　　图 4-202　　图 4-203

STEP 14 按 Shift+PageDown 组合键，将图形置于底层，效果如图 4-204 所示。选择“3 点椭圆形”工具，在适当的位置拖曳光标绘制一个椭圆形，在“CMYK 调色板”中的“黄”色块上单击鼠标左键填充图形，并去除图形的轮廓线，效果如图 4-205 所示。用相同的方法绘制其他椭圆形，并填充相应的颜色，效果如图 4-206 所示。

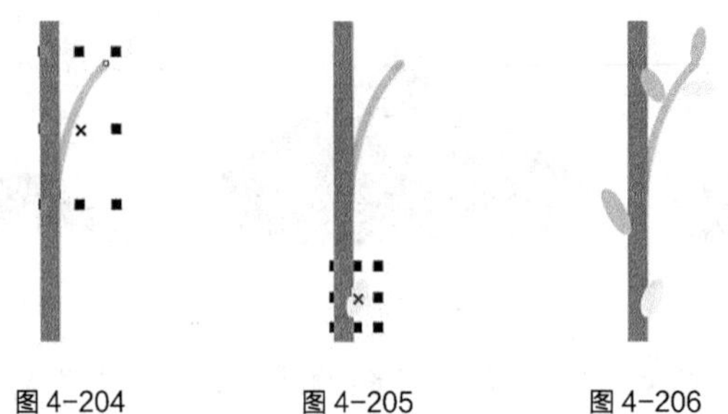

图 4-204　　图 4-205　　图 4-206

STEP 15 选择“贝塞尔”工具，在适当的位置分别绘制不规则图形，如图 4-207 所示。选择“椭圆形”工具，按住 Ctrl 键的同时，在适当的位置绘制一个圆形，如图 4-208 所示。

STEP 16 选择“选择”工具选取需要的图形，设置图形颜色的CMYK值为9、76、41、0，填充图形并去除图形的轮廓线，效果如图 4-209 所示。用圈选的方法选取需要的图形，设置图形颜色的 CMYK 值为 55、85、0、0，填充图形并去除图形的轮廓线，效果如图 4-210 所示。

STEP 17 选择“矩形”工具，在适当的位置绘制一个矩形，如图 4-211 所示。单击属性栏中的“转换为曲线”按钮，将图形转换为曲线。选择“形状”工具，选中并向右拖曳左下方的节点到适当的位置，效果如图 4-212 所示。

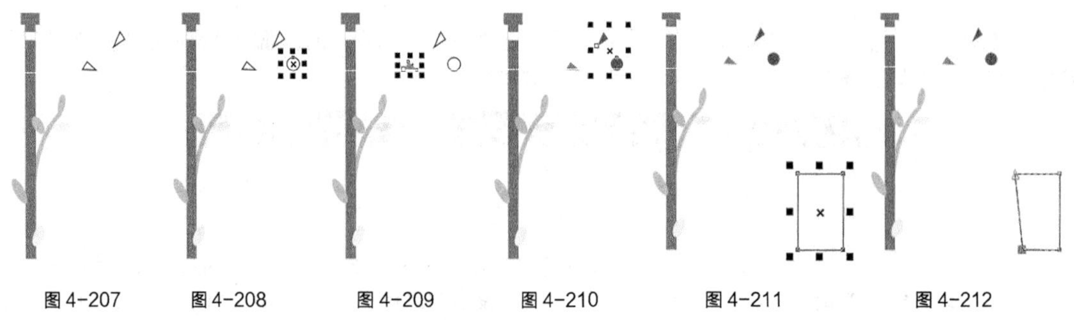

图 4-207　　图 4-208　　图 4-209　　图 4-210　　图 4-211　　图 4-212

STEP 18 用相同的方法调整右下方的节点，效果如图 4-213 所示。选择“选择”工具选取图形，在“CMYK 调色板”中的“10% 黑”色块上单击鼠标左键填充图形，并去除图形的轮廓线，效果如图 4-214 所示。用相同的方法制作其他图形，效果如图 4-215 所示。

STEP 19 选择“矩形”工具，在适当的位置绘制一个矩形，在“CMYK 调色板”中的“30% 黑”色块上单击鼠标左键填充图形，并去除图形的轮廓线，效果如图 4-216 所示。

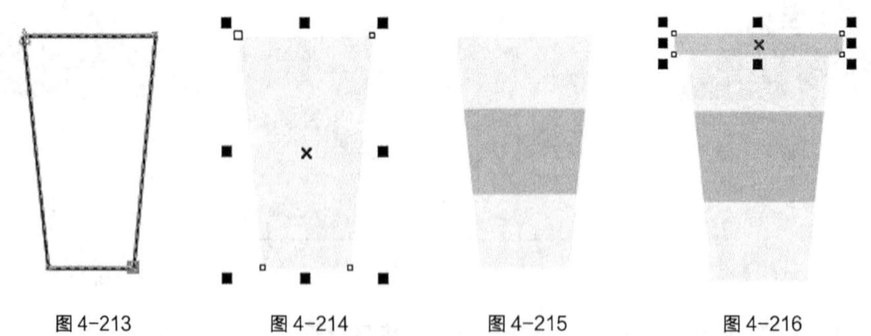

图 4-213　　图 4-214　　图 4-215　　图 4-216

STEP 20 选择“矩形”工具，在矩形上方再绘制一个矩形，如图 4-217 所示。单击属性栏中的“转换为曲线”按钮，将图形转换为曲线。选择“形状”工具，选中并向右拖曳左上方的节点到适当的位置，效果如图 4-218 所示。

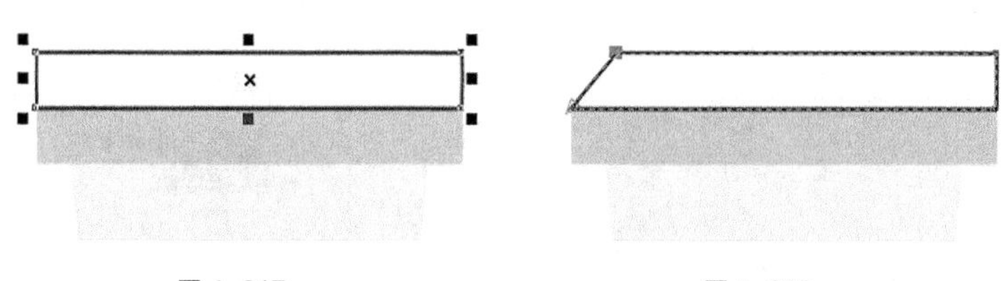

图 4-217　　图 4-218

STEP 21 用相同的方法调整右上方的节点，效果如图 4-219 所示。选择“选择”工具选取图形，在“CMYK 调色板”中的“70% 黑”色块上单击鼠标左键填充图形，并去除图形的轮廓线，效果如图 4-220 所示。

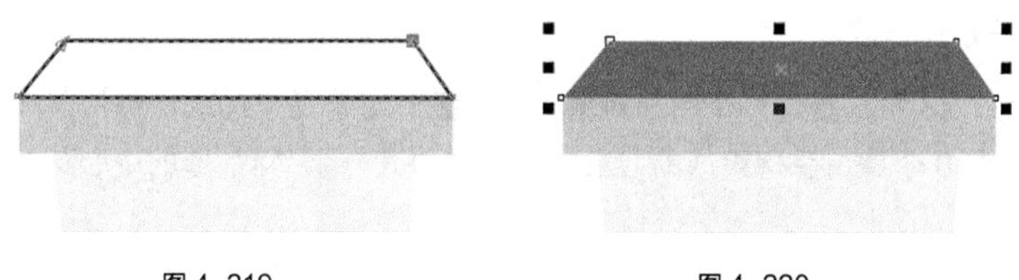

图 4-219　　图 4-220

STEP 22 选择“选择”工具，用圈选的方法将所绘制的图形全部选取，按 Ctrl+G 组合键将其群组，并拖曳群组图形到页面中适当的位置，效果如图 4-221 所示。

STEP 23 选择“文本”工具，在适当的位置输入需要的文字，选择“选择”工具，在其属性栏中选取适当的字体并设置文字大小，效果如图 4-222 所示。

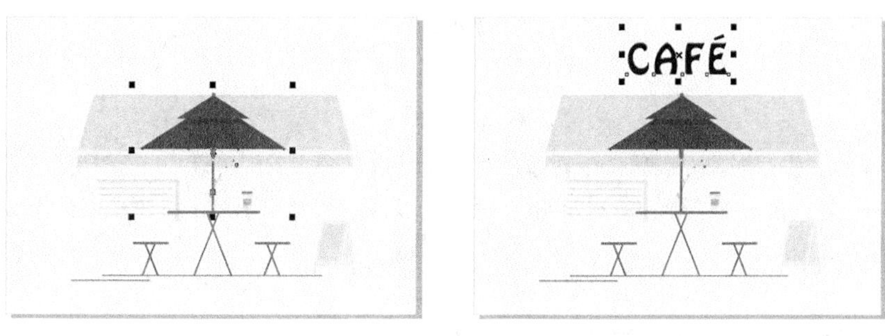

图 4-221　　图 4-222

STEP 24 保持文字选取状态。设置文字颜色的 CMYK 值为 9、76、41、0，填充文字，效果如图 4-223 所示。按 Ctrl+Q 组合键将文字转换为曲线，如图 4-224 所示。

图 4-223　　图 4-224

STEP 25 选择“形状”工具，用圈选的方法将文字“E”上方需要的节点同时选取，如图 4-225 所示，按 Delete 键将其删除。至此咖啡馆插画绘制完成，效果如图 4-226 所示。

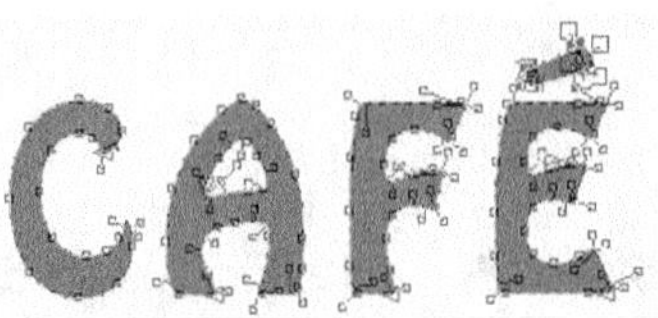

图 4-225

图 4-226

4.2.2 对象的选取

在 CorelDRAW X8 中，新建一个图形对象时，该图形对象是呈选取状态的，即对象的周围出现了圈选框，圈选框是由 8 个控制手柄组成的，且对象的中心有一个“X”形的中心标记。对象的选取状态如图 4-227 所示。

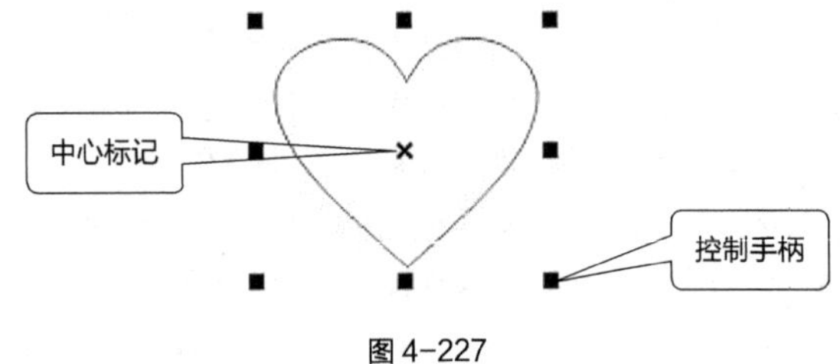

图 4-227

在 CorelDRAW X8 中，如果要编辑一个对象，首先要选取这个对象。当选取多个图形对象时，多个图形对象共有一个圈选框。如果要取消对象的选取状态，只要在绘图页面中的其他位置单击鼠标左键或按 Esc 键即可。

1．用鼠标点选的方法选取对象

选择“选择”工具，在要选取的图形对象上单击鼠标左键，即可以选取该对象。

若要选取多个图形对象，可在按住 Shift 键的同时依次单击所要选取的对象，同时选取的效果如图 4-228 所示。

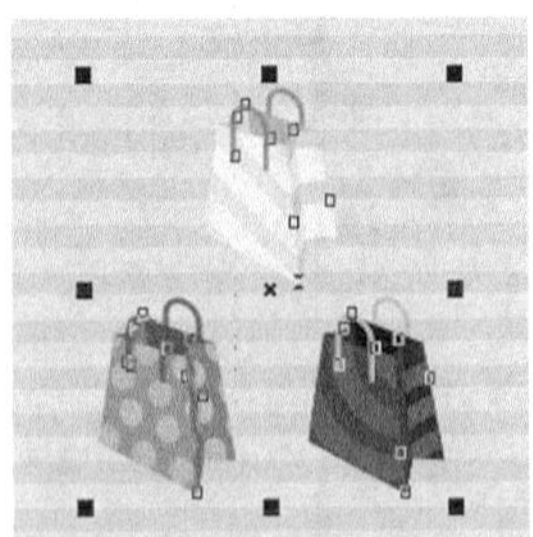

图 4-228

2．用鼠标圈选的方法选取对象

选择“选择”工具，在绘图页面中要选取的图形对象外围单击鼠标左键并拖曳鼠标光标，拖曳后会出现一个蓝色的虚线圈选框，如图 4-229 所示。在圈选框完全圈选住对象后松开鼠标左键，被圈选的对象即处于选取状态，如图 4-230 所示。用圈选的方法可以同时选取一个或多个对象。

若在圈选的同时按住 Alt 键，则蓝色的虚线圈选框接触到的所有对象都将被选取，如图 4-231 所示。

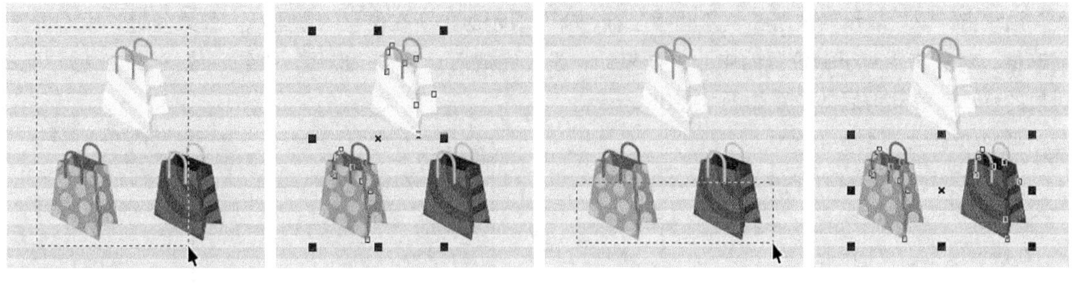

图 4-229　　图 4-230　　图 4-231

3. 使用命令选取对象

用户可以选择“编辑 > 全选”子菜单下的各个命令来选取对象；按 Ctrl+A 组合键，则可以选取绘图页面中的全部对象。

提示

当绘图页面中有多个对象时，按空格键，快速选择“选择”工具，连续按 Tab 键，可以依次选择下一个对象。按住 Shift 键，再连续按 Tab 键，可以依次选择上一个对象。按住 Ctrl 键，用光标点选可以选取群组中的单个对象。

4.2.3 对象的移动

1. 使用工具和键盘移动对象

选取要移动的对象，如图 4-232 所示。使用“选择”工具或其他的绘图工具，将鼠标的光标移到对象的中心控制点，光标将变为十字箭头形状，如图 4-233 所示。按住鼠标左键不放，拖曳对象到需要的位置后松开鼠标左键，完成对象的移动，如图 4-234 所示。

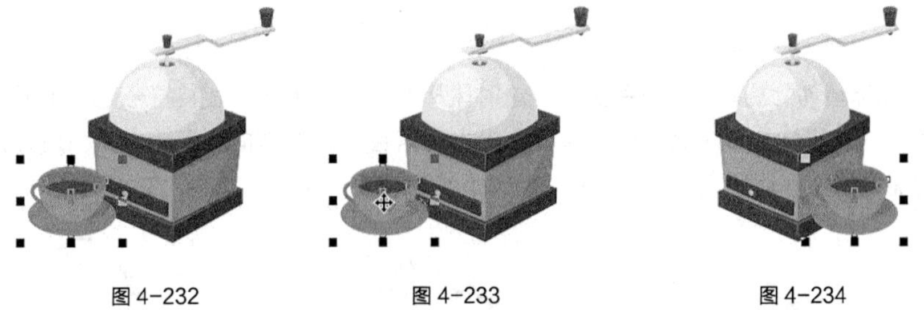

图 4-232　　图 4-233　　图 4-234

选取要移动的对象，用键盘上的方向键可以微调对象的位置，系统使用默认值时，对象将以 0.1 英寸的增量移动。选择“选择”工具后不选取任何对象，在属性栏中的 .1 mm 框中可以重新设定每次微调移动的距离。

2. 使用属性栏移动对象

选取要移动的对象，在属性栏的“对象位置” X: 45.068 mm Y: 93.79 mm 框中输入对象要移动到的新位置的横坐标和纵坐标，即可移动对象。

3. 使用“变换”泊坞窗移动对象

选取要移动的对象，选择“窗口 > 泊坞窗 > 变换 > 位置”命令，或按 Alt+F7 组合键，将弹出“变换”泊坞窗，“X”表示对象所在位置的横坐标，“Y”表示对象所在位置的纵坐标。如果勾选“相对位置”复选框，对象将相对于原位置的中心进行移动。设置完成后，单击“应用”按钮，或按 Enter 键，完成对象的移动。移动前后的位置如图 4-235 所示。

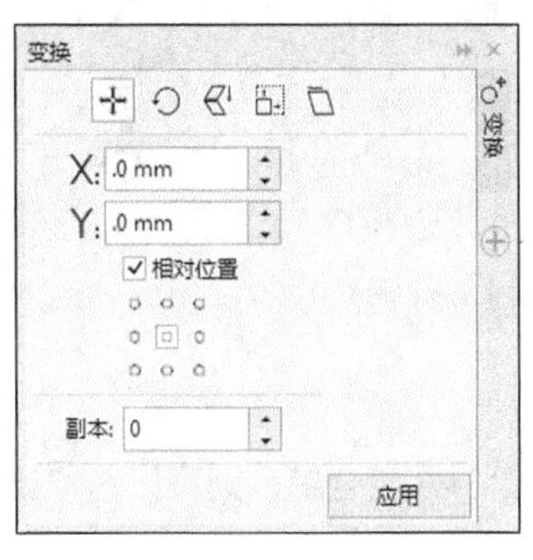

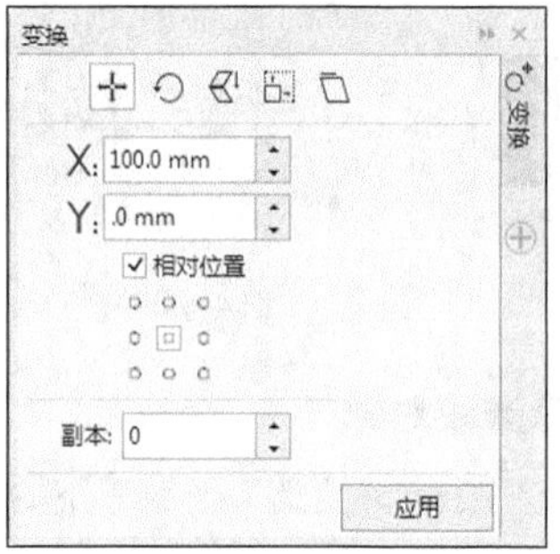

图 4-235

设置好数值后，在“副本”选项中输入数值 1，可以在移动的新位置处复制生成一个新的对象。

4.2.4 对象的旋转

1. 使用鼠标旋转对象

使用“选择”工具选取要旋转的对象，对象的周围出现控制手柄。再次单击对象，这时对象的周围出现旋转和倾斜控制手柄，如图 4-236 所示。

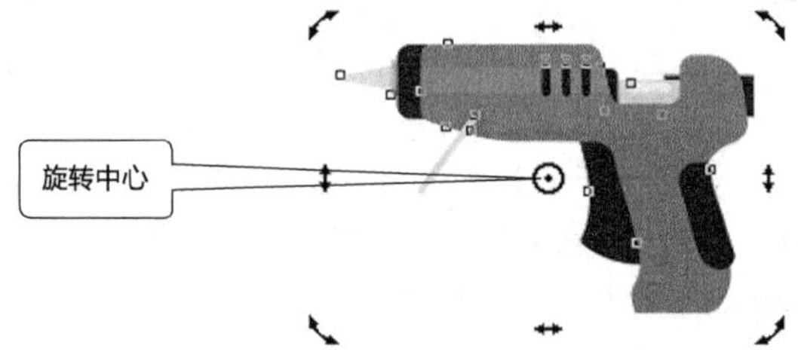

图 4-236

将鼠标的光标移动到旋转 / 控制手柄上，这时鼠标的光标变为一个旋转符号，如图 4-237 所示。按住鼠标左键，拖曳鼠标旋转对象，旋转时对象会出现蓝色的虚线框指示旋转方向和角度，如图 4-238 所示。旋转到需要的角度后，松开鼠标左键，完成对象的旋转，效果如图 4-239 所示。

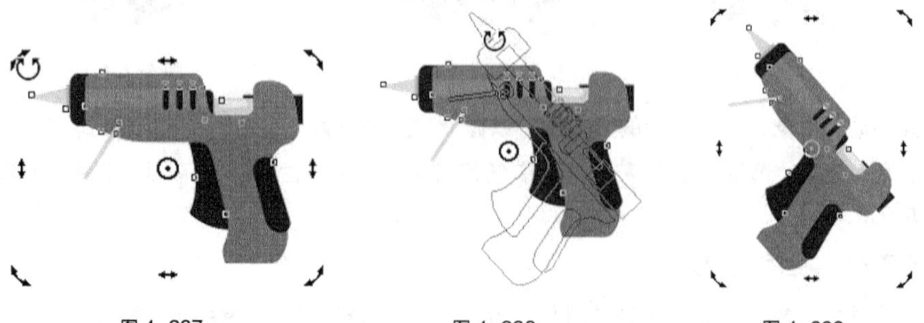

图 4-237　　图 4-238　　图 4-239

对象是围绕旋转中心⊙旋转的，默认的旋转中心⊙是对象的中心点，将鼠标指针移动到旋转中心上，按住鼠标左键拖曳旋转中心⊙到需要的位置，松开鼠标左键，完成对旋转中心的移动。

2. 使用属性栏旋转对象

选取要旋转的对象，如图 4-240 所示。在属性栏中的“旋转角度” .0 °框中输入旋转的角度数值为 30.0，如图 4-241 所示，按 Enter 键，效果如图 4-242 所示。

图 4-240　　图 4-241　　图 4-242

3. 使用“变换”泊坞窗旋转对象

选取要旋转的对象，如图 4-243 所示。选择“窗口 > 泊坞窗 > 变换 > 旋转”命令，或按 Alt+F8 组合键，弹出“变换”泊坞窗，设置参数如图 4-244 所示。也可以在已打开的“变换”泊坞窗中单击“旋转”按钮。

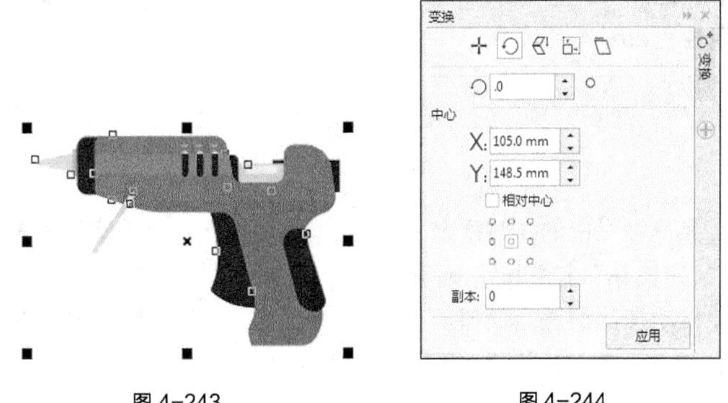

图 4-243　　图 4-244

在“变换”泊坞窗的“角度”数值框中直接输入旋转的角度数值，旋转角度数值可以是正值也可以是负值。在“中心”设置区域输入旋转中心的坐标位置。勾选“相对中心”复选框，对象的旋转将围绕选中的旋转中心旋转。“变换”泊坞窗如图 4-245 所示进行设置，设置完成后，单击“应用”按钮，对象旋转的效果如图 4-246 所示。

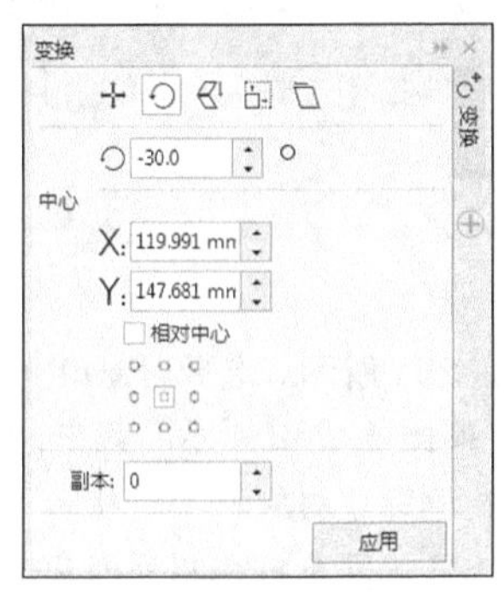

图 4-245　　图 4-246

4.2.5 对象的缩放

1. 使用鼠标缩放对象

使用“选择”工具选取要缩放的对象，对象的周围出现控制手柄。

用鼠标拖曳控制手柄可以缩放对象。拖曳对角线上的控制手柄可以按比例缩放对象，如图 4-247 所示。拖曳中间的控制手柄可以不按比例缩放对象，如图 4-248 所示。

图 4-247　　图 4-248

拖曳对角线上的控制手柄时，按住 Ctrl 键，对象会以 100% 的比例缩放。同时按下 Shift+Ctrl 组合键，对象会以 100% 的比例从中心缩放。

2. 使用“自由变换”工具缩放对象

选取要缩放的对象，选择“选择”工具，再选择展开工具栏中的“自由变换”工具，选中“自由缩放”按钮，其属性栏如图 4-249 所示。

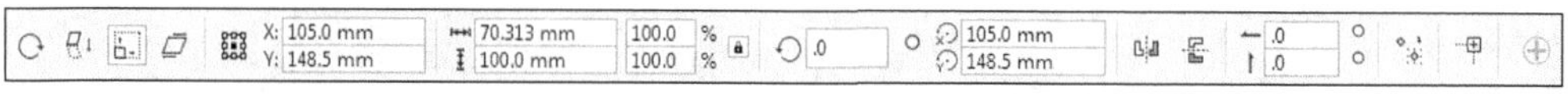

图 4-249

在“自由变换”工具属性栏中的“对象大小”中输入对象的宽度和高度。如果选择了“缩放因子”中的“锁定比率”按钮，则宽度和高度将按比例缩放，只要改变了宽度和高度中的一个值，另一个值就会自动按比例进行调整。在“自由变换”工具属性栏中调整好宽度和高度后，按 Enter 键即可完成对象的缩放。缩放的效果如图 4-250 所示。

图 4-250

3. 使用“变换”泊坞窗缩放对象

使用“选择”工具选取要缩放的对象，如图 4-251 所示。选择“窗口 > 泊坞窗 > 变换 > 大小”命令，或按 Alt+F10 组合键，弹出“变换”泊坞窗，如图 4-252 所示。其中，“X”表示宽度，“Y”表示高度。如果不勾选“按比例”复选框，就可以不按比例缩放对象。

在“变换”泊坞窗中，图 4-253 所示的是可供选择的圈选框控制手柄 9 个点的位置，单击其中某个点即以此点为基准点进行缩放，这个点可以决定缩放后图形与原图形的相对位置。

图 4-251

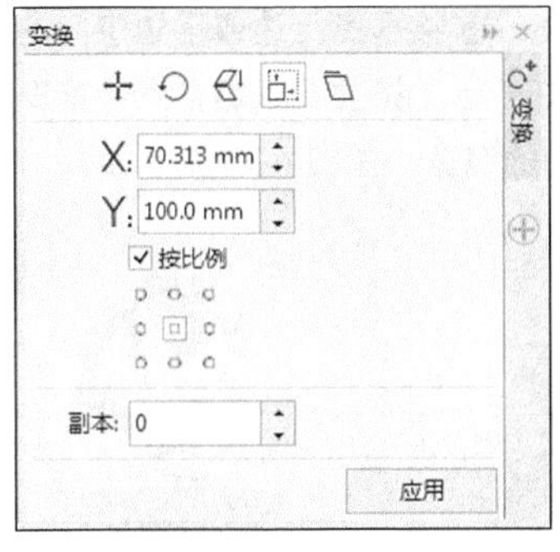

图 4-252

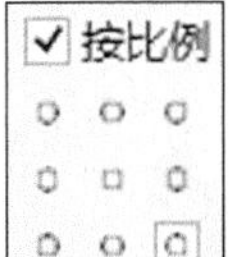

图 4-253

设置好需要的数值，如图 4-254 所示，单击“应用”按钮完成对象的缩放，效果如图 4-255 所示。若设置了“副本”选项，则可以复制生成多个缩放好的对象。

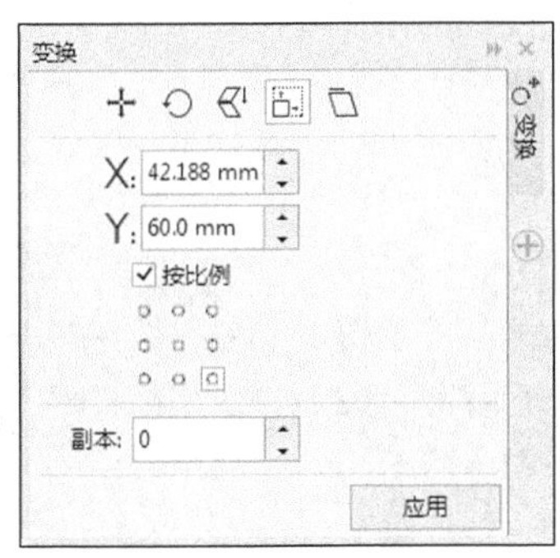

图 4-254

图 4-255

选择“窗口 > 泊坞窗 > 变换 > 缩放和镜像”命令，或按 Alt+F9 组合键，在弹出的“变换”泊坞窗中可以对对象进行缩放。

4.2.6 对象的镜像

镜像效果经常被应用于设计作品中。在 CorelDRAW X8 中，可以使用多种方法使对象沿水平、垂直或对角线的方向做镜像翻转。

1. 使用鼠标镜像对象

使用“选择”工具选取要镜像的对象，如图 4-256 所示。按住鼠标左键直接拖曳控制手柄到相对的边，直到显示对象的蓝色虚线框，如图 4-257 所示，松开鼠标左键就可以得到不规则的镜像对象了，效果如图 4-258 所示。

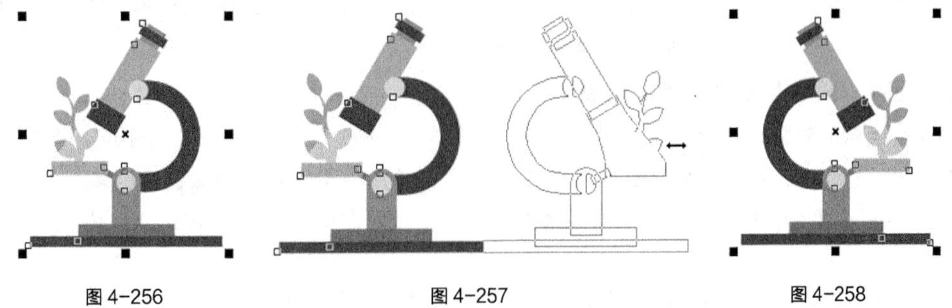

图 4-256　　图 4-257　　图 4-258

按住 Ctrl 键，直接拖曳左边或右边中间的控制手柄到相对的边，可以完成保持原对象比例的水平镜像，如图 4-259 所示。按住 Ctrl 键，直接拖曳上边或下边中间的控制手柄到相对的边，可以完成保持原对象比例的垂直镜像，如图 4-260 所示。按住 Ctrl 键，直接拖曳边角上的控制手柄到相对的边，可以完成保持原对象比例的沿对角线方向的镜像，如图 4-261 所示。

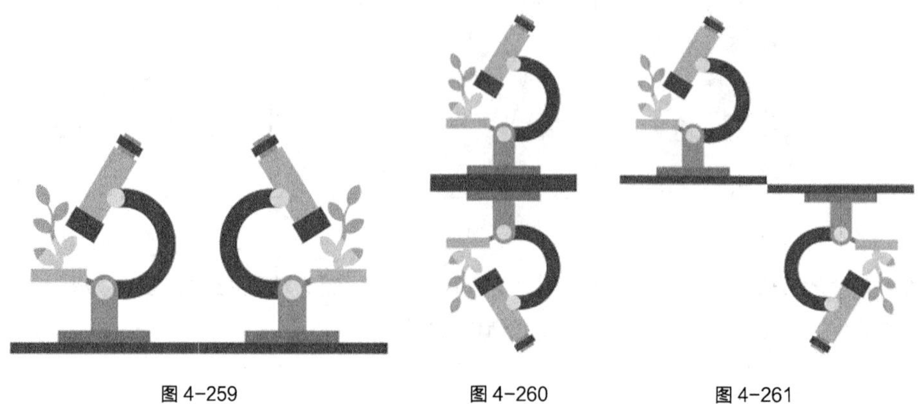

图 4-259　　图 4-260　　图 4-261

提示

在镜像的过程中，只能使对象本身产生镜像。如果想产生图 4-259 ~ 图 4-261 所示的效果，就要在镜像的位置生成一个复制对象。方法很简单，在松开鼠标左键之前按下鼠标右键，就可以在镜像的位置生成一个复制对象。

2. 使用属性栏镜像对象

选取要镜像的对象，如图 4-262 所示，其属性栏如图 4-263 所示。

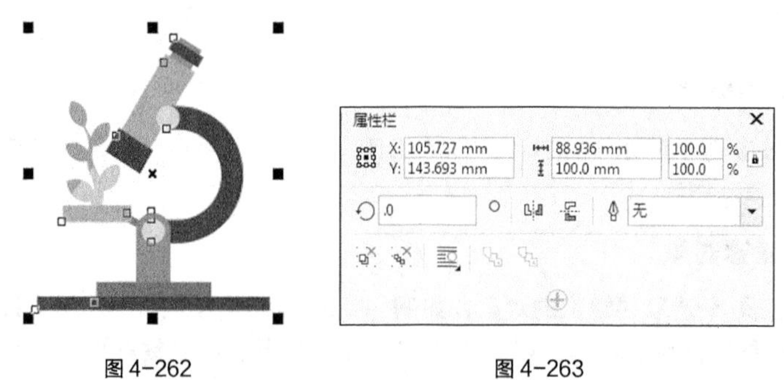

图 4-262　　图 4-263

单击属性栏中的“水平镜像”按钮，可以使对象沿水平方向做镜像翻转；单击属性栏中的“垂直镜像”按钮，可以使对象沿垂直方向做镜像翻转。

3. 使用“变换”泊坞窗镜像对象

选取要镜像的对象，选择“窗口 > 泊坞窗 > 变换 > 缩放和镜像”命令，或按 Alt+F9 组合键，弹出“变换”泊坞窗，单击“水平镜像”按钮，可以使对象沿水平方向做镜像翻转。单击“垂直镜像”按钮，可以使对象沿垂直方向做镜像翻转。设置好需要的数值，单击“应用”按钮即可看到镜像效果。

还可以设置产生一个变形的镜像对象。将“变换”泊坞窗进行图 4-264 所示的参数设定后，单击“应用到再制”按钮，即可生成一个变形的镜像对象，效果如图 4-265 所示。

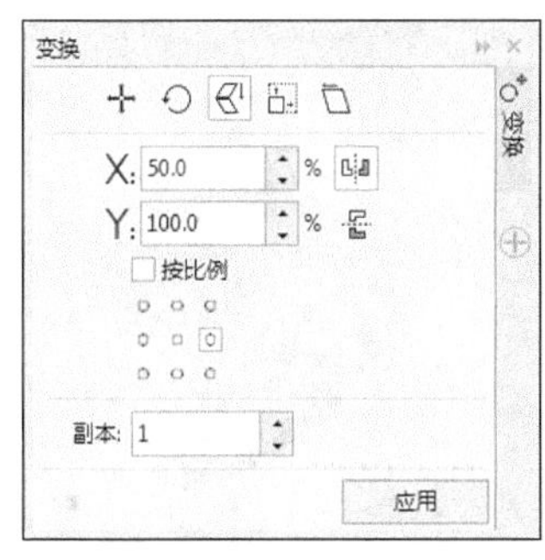

图 4-264

图 4-265

4.2.7 对象的倾斜

1. 使用鼠标倾斜对象

选取要倾斜的对象，对象的周围出现控制手柄。再次单击对象，这时对象的周围会出现旋转和倾斜控制手柄，如图 4-266 所示。

将鼠标的光标移动到倾斜控制手柄上，光标变为倾斜符号，如图 4-267 所示。按住鼠标左键，拖曳鼠标变形对象，倾斜变形时对象会出现蓝色的虚线框指示倾斜变形的方向和角度，如图 4-268 所示。倾斜到需要的角度后，松开鼠标左键，对象倾斜变形的效果如图 4-269 所示。

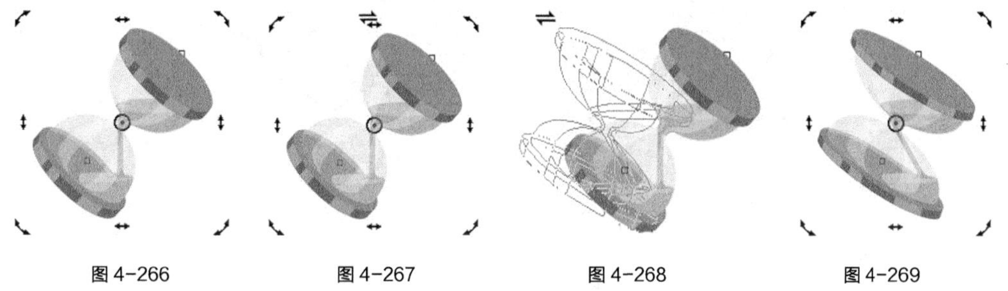

图 4-266　　图 4-267　　图 4-268　　图 4-269

2. 使用“变换”泊坞窗倾斜对象

选取要倾斜的对象，如图 4-270 所示。选择“窗口 > 泊坞窗 > 变换 > 倾斜”命令，弹出“变换”泊坞窗，如图 4-271 所示。也可以在已打开的“变换”泊坞窗中单击“倾斜”按钮。

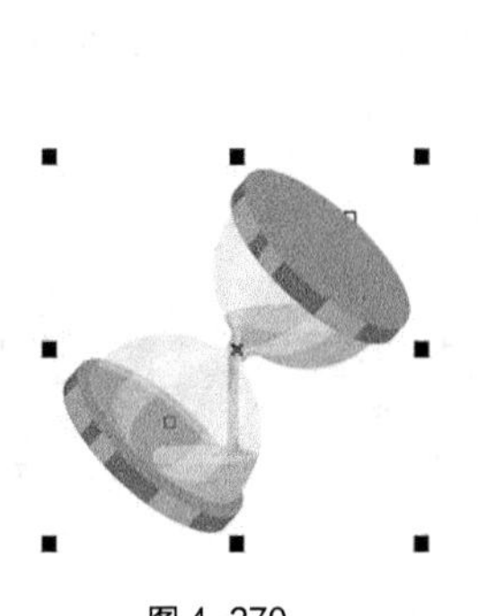

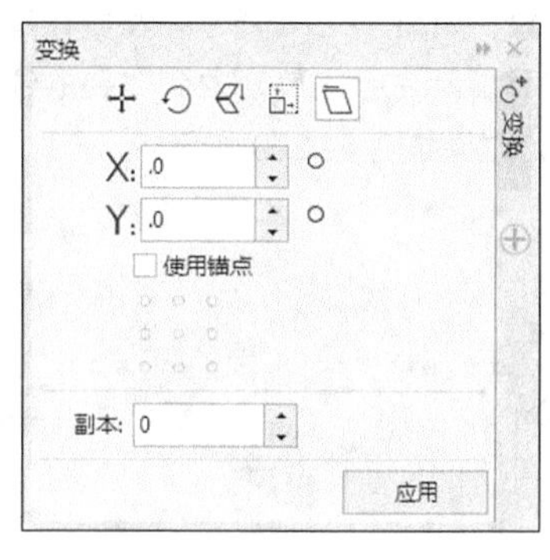

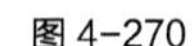

图 4-270　　图 4-271

在“变换”泊坞窗中设定倾斜变形对象的数值，如图 4-272 所示，单击“应用”按钮，对象产生倾斜变形，效果如图 4-273 所示。

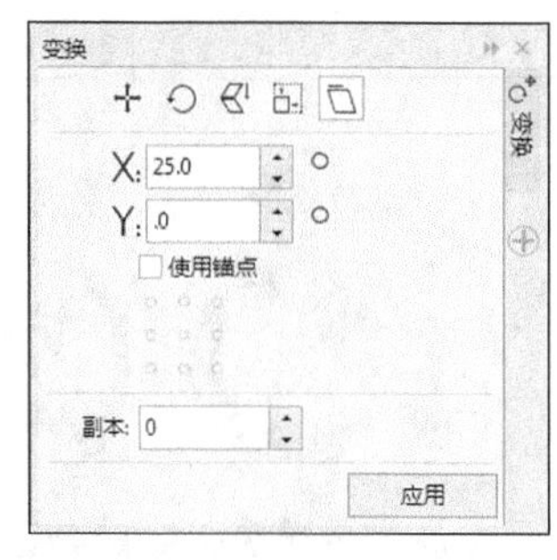

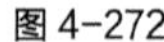
图 4-272

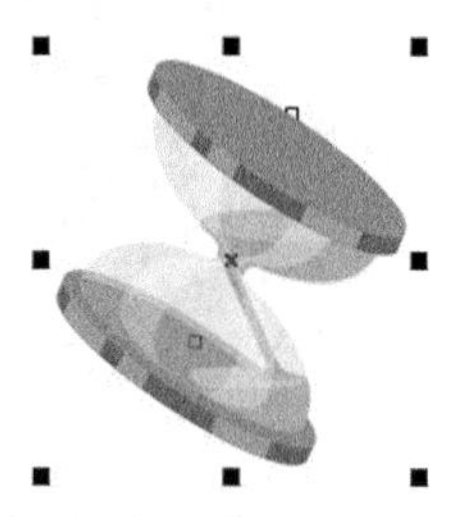
图 4-273

4.2.8 对象的复制

1. 使用命令复制对象

选取要复制的对象，如图 4-274 所示。选择“编辑 > 复制”命令，或按 Ctrl+C 组合键，对象的副本将被放置在剪贴板中。选择“编辑 > 粘贴”命令，或按 Ctrl+V 组合键，对象的副本被粘贴到原对象的上面，位置和原对象是相同的。用鼠标移动对象，可以显示复制的对象，如图 4-275 所示。

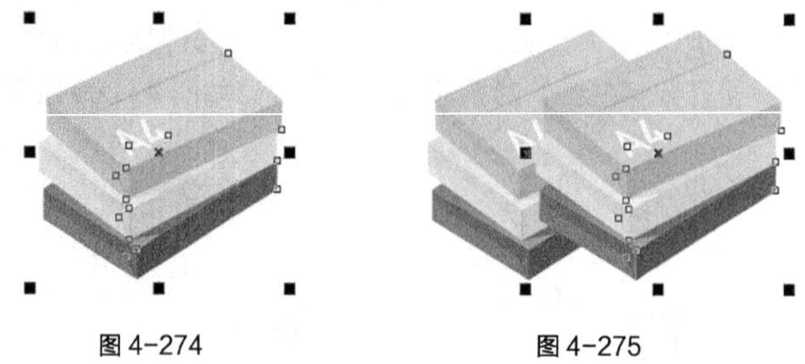
图 4-274　　图 4-275

选择“编辑 > 剪切”命令，或按 Ctrl+X 组合键，对象将从绘图页面中删除并被放置在剪贴板上。

2. 使用鼠标拖曳方式复制对象

选取要复制的对象，如图 4-276 所示。将鼠标指针移动到对象的中心点上，光标变为移动光标✥，如图 4-277 所示。按住鼠标左键拖曳对象到需要的位置，如图 4-278 所示。在位置合适后单击鼠标右键，对象的复制完成，效果如图 4-279 所示。

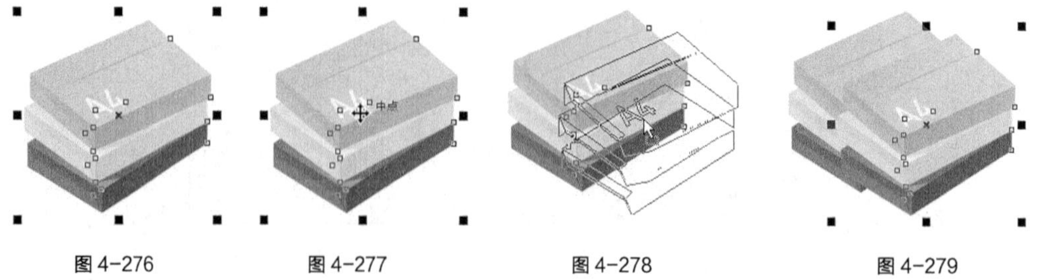

图 4-276　　图 4-277　　图 4-278　　图 4-279

选取要复制的对象，用鼠标右键单击并拖曳对象到需要的位置，松开鼠标右键后会弹出如图 4-280 所示的快捷菜单，选择“复制”命令，对象的复制完成，如图 4-281 所示。

使用“选择”工具选取要复制的对象，在数字键盘上按 + 键，可以快速复制对象。

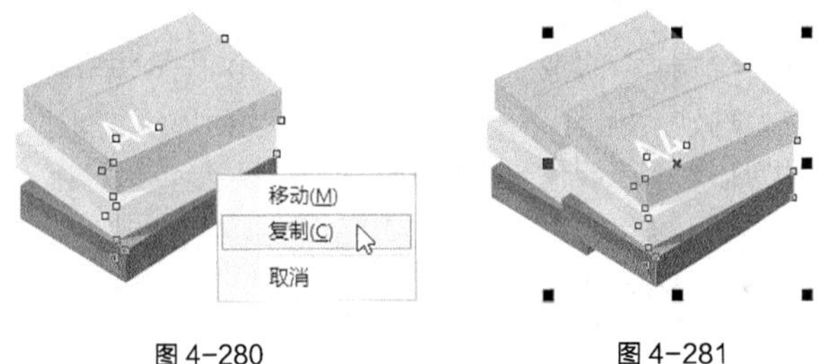

图 4-280　　图 4-281

可以在两个不同的绘图页面中复制对象，使用鼠标左键拖曳其中一个绘图页面中的对象到另一个绘图页面中，在松开鼠标左键前单击鼠标右键即可复制对象。

3. 使用命令复制对象属性

选取要复制属性的对象，如图 4-282 所示。选择“编辑 > 复制属性自”命令，弹出“复制属性”对话框，在对话框中勾选“填充”复选框，如图 4-283 所示，单击“确定”按钮，鼠标光标显示为黑色箭头，在要复制其属性的对象上单击鼠标，如图 4-284 所示，对象的属性复制完成，效果如图 4-285 所示。

图 4-282

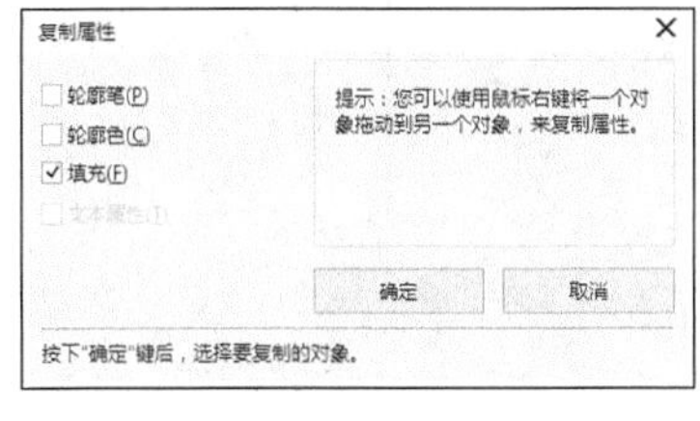

图 4-283

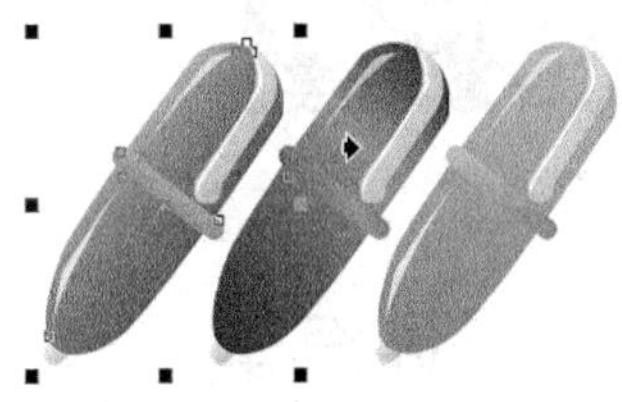

图 4-284

图 4-285

4.2.9 对象的删除

在 CorelDRAW X8 中，可以方便快捷地删除对象。下面介绍删除不需要的对象的方法。

选取要删除的对象，选择“编辑 > 删除”命令，或按 Delete 键，即可将选取的对象删除。

如果想删除多个或全部对象，首先要选取这些对象，然后执行“删除”命令或按 Delete 键。

4.2.10 撤销和恢复对象的操作

在进行设计制作的过程中，可能经常会出现错误的操作。下面介绍撤销和恢复对象的操作方法。

撤销对对象的操作：选择“编辑 > 撤销”命令，如图 4-286 所示，或按 Ctrl+Z 组合键，即可撤销上一次的操作。

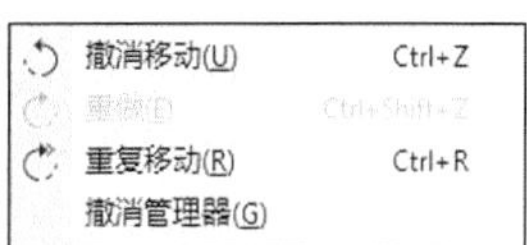

图 4-286

单击标准工具栏中的“撤销”按钮，也可以撤销上一次的操作。单击“撤销”按钮右侧的按钮，在弹出的下拉列表中可以对多个操作步骤进行撤销。

恢复对对象的操作：选择“编辑 > 重做”命令，或按 Ctrl+Shift+Z 组合键，即可恢复上一次的操作。

单击标准工具栏中的“重做”按钮，也可以恢复上一次的操作。单击“重做”按钮右侧的按钮，在弹出的下拉列表中可以对多个操作步骤进行恢复。

4.3 课堂练习——绘制收音机图标

练习知识要点

使用矩形工具、椭圆形工具、3 点椭圆形工具、基本形状工具和变换泊坞窗绘制收音机图标，最终效果如图 4-287 所示。

效果所在位置

资源包 > Ch04 > 效果 > 绘制收音机图标 .cdr。

图 4-287

绘制收音机图标

4.4 课后习题——绘制卡通汽车

习题知识要点

使用矩形工具、椭圆形工具、变换泊坞窗、置于图文框内部命令和水平镜像按钮绘制卡通汽车，最终效果如图 4-288 所示。

效果所在位置

资源包 > Ch04 > 效果 > 绘制卡通汽车 .cdr。

图 4-288

绘制卡通汽车

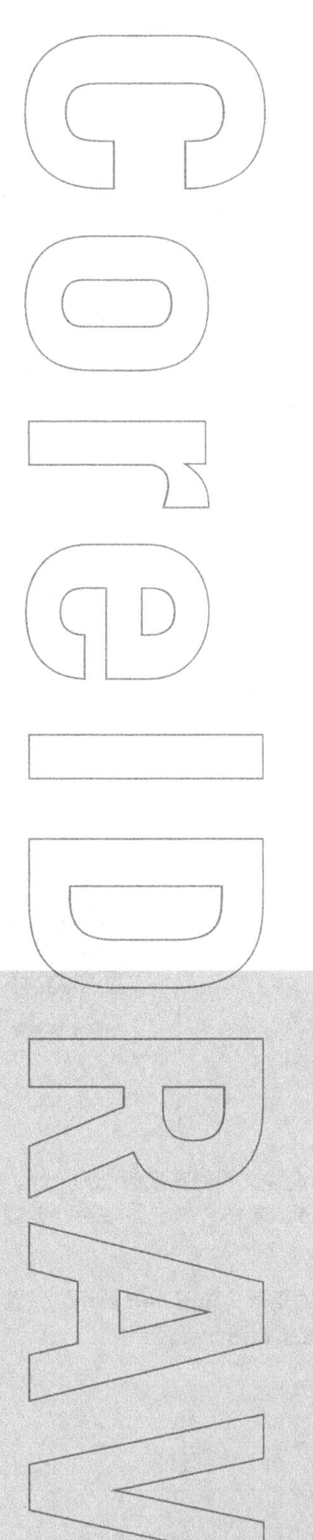

Chapter

5

第5章 绘制和编辑曲线

绘制曲线是进行图形作品绘制的基础，而应用造型功能可以制作出复杂多变的全新图形。通过本章的学习，读者可以更好地掌握绘制曲线和编辑图形的方法，为绘制出更复杂、更绚丽的作品打好基础。

课堂学习目标

- 熟练掌握绘制曲线的方法
- 熟练掌握编辑曲线的方法
- 熟练掌握对象的造型方法

5.1 绘制曲线

在 CorelDRAW X8 中，绘制出的作品都是由几何对象构成的，而几何对象的构成元素有直线和曲线。下面通过学习绘制直线和曲线，进一步掌握 CorelDRAW X8 强大的绘图功能。

5.1.1 课堂案例——绘制 T 恤图案

案例学习目标

学习使用贝塞尔工具绘制 T 恤图案。

案例知识要点

使用矩形工具、贝塞尔工具、椭圆形工具、水平镜像按钮和填充工具绘制人物；使用椭圆形工具、形状工具绘制镜片。最终的 T 恤图案效果如图 5-1 所示。

效果所在位置

资源包 > Ch05 > 效果 > 绘制 T 恤图案 .cdr。

图 5-1

绘制 T 恤图案

STEP 1 按 Ctrl+N 组合键，弹出“创建新文档”对话框，设置文档的宽度为 200 mm，高度为 200 mm，取向为纵向，原色模式为 CMYK，渲染分辨率为 300 dpi，单击“确定”按钮，创建一个文档。

STEP 2 双击“矩形”工具，绘制一个与页面大小相等的矩形，如图 5-2 所示。设置图形颜色的 CMYK 值为 0、12、26、0，填充图形并去除图形的轮廓线，效果如图 5-3 所示。

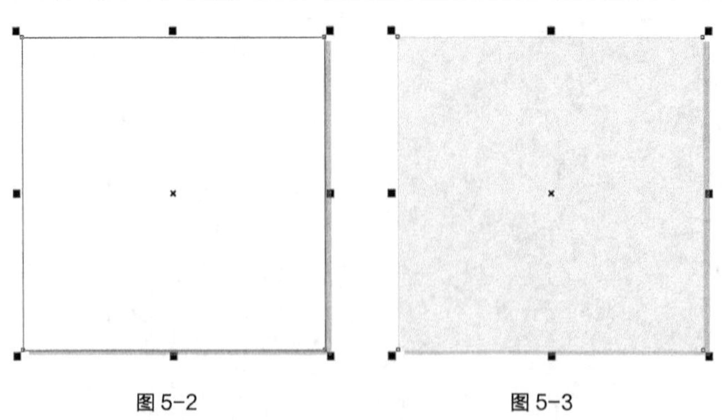

图 5-2　　图 5-3

STEP 3 选择“贝塞尔”工具，在页面中绘制一个不规则图形，如图 5-4 所示。设置图形颜色的 CMYK 值为 2、0、7、0，填充图形并去除图形的轮廓线，效果如图 5-5 所示。选择“贝塞尔”工具，在适当的位置分别绘制 2 个不规则图形，如图 5-6 所示。

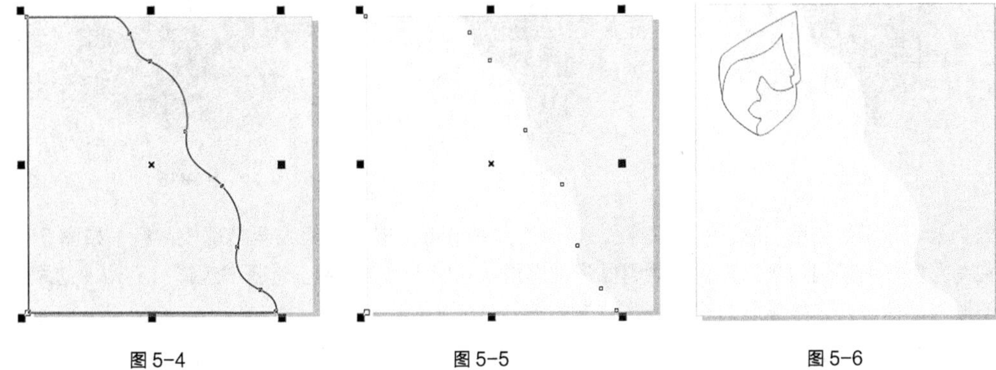

图 5-4　　图 5-5　　图 5-6

STEP 4 选择“选择”工具选取需要的图形，设置图形颜色的 CMYK 值为 0、17、20、0，填充图形并去除图形的轮廓线，效果如图 5-7 所示。选取需要的图形，设置图形颜色的 CMYK 值为 4、21、24、0，填充图形并去除图形的轮廓线，效果如图 5-8 所示。

STEP 5 选择“贝塞尔”工具，在适当的位置绘制一个不规则图形，如图 5-9 所示。设置图形颜色的 CMYK 值为 4、71、34、0，填充图形并去除图形的轮廓线，效果如图 5-10 所示。

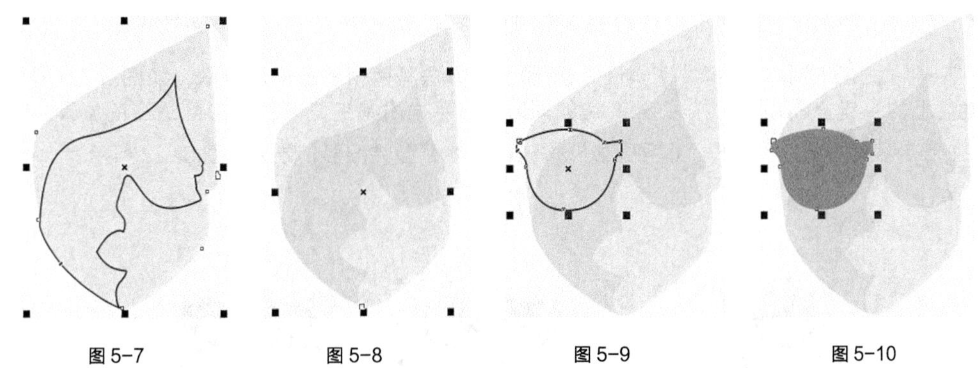

图 5-7　　图 5-8　　图 5-9　　图 5-10

STEP 6 选择“椭圆形”工具，按住 Ctrl 键的同时，在适当的位置绘制一个圆形，如图 5-11 所示。单击属性栏中的“转换为曲线”按钮，将图形转换为曲线，如图 5-12 所示。选择“形状”工具，选中并向右拖曳右侧的节点到适当的位置，效果如图 5-13 所示。

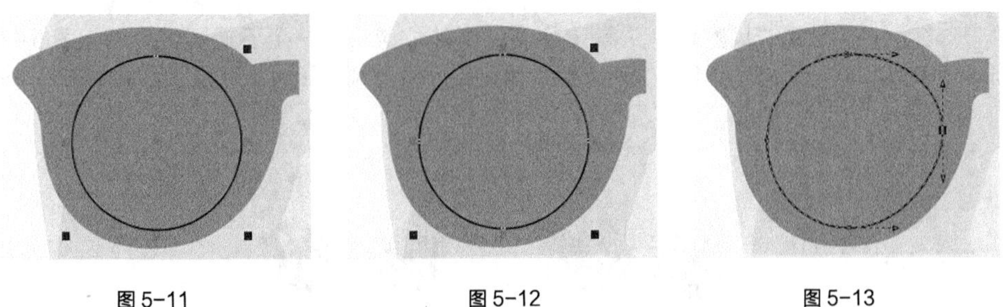

图 5-11　　图 5-12　　图 5-13

STEP 7 使用“形状”工具，在适当的位置双击鼠标左键添加一个节点，如图 5-14 所示。选中并向左拖曳添加的节点到适当的位置，效果如图 5-15 所示。在左侧不需要的节点上双击鼠标左键，可删除该节点，如图 5-16 所示。

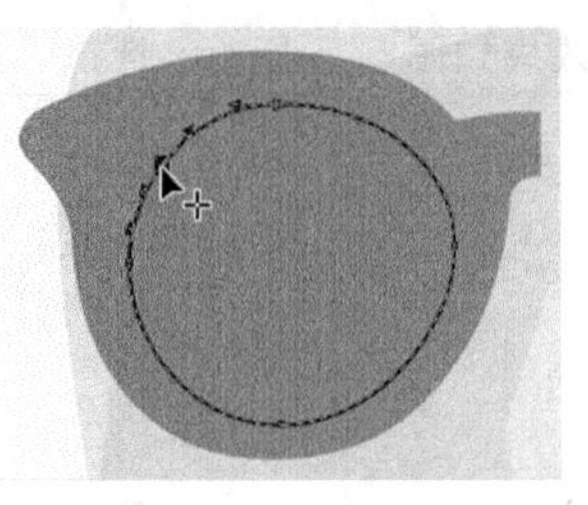

图 5-14

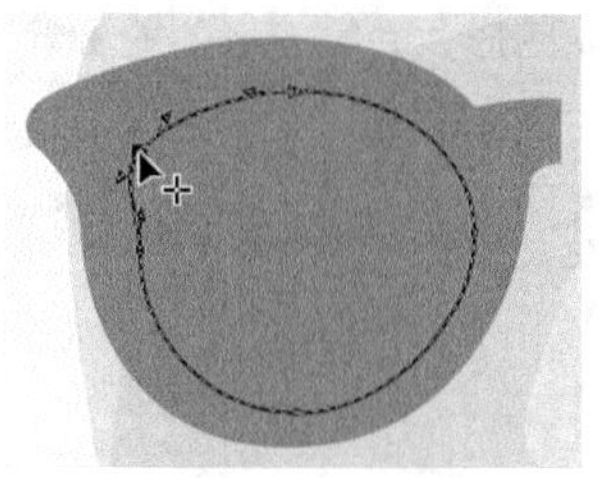

图 5-15

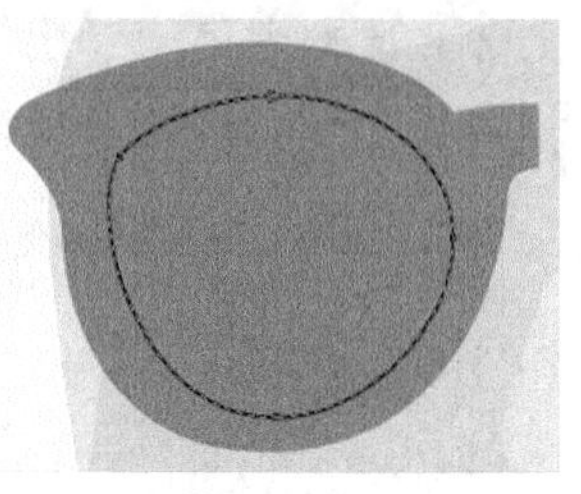

图 5-16

STEP 8 使用“形状”工具，选中添加的节点，节点的两端会出现控制线，如图 5-17 所示。拖曳左侧控制线到适当的位置，调整圆形的弧度，如图 5-18 所示。选择“选择”工具选取图形，填充图形为黑色，并去除图形的轮廓线，效果如图 5-19 所示。

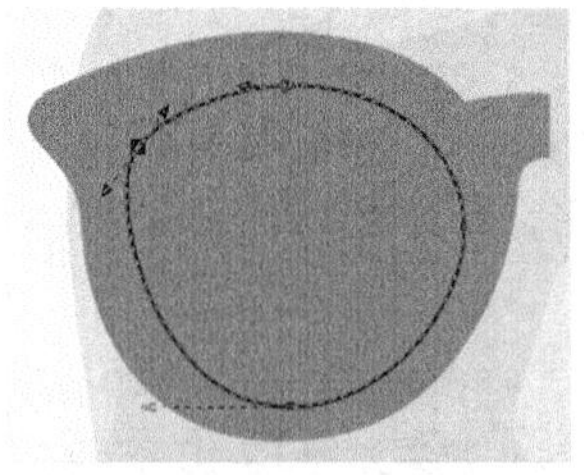

图 5-17

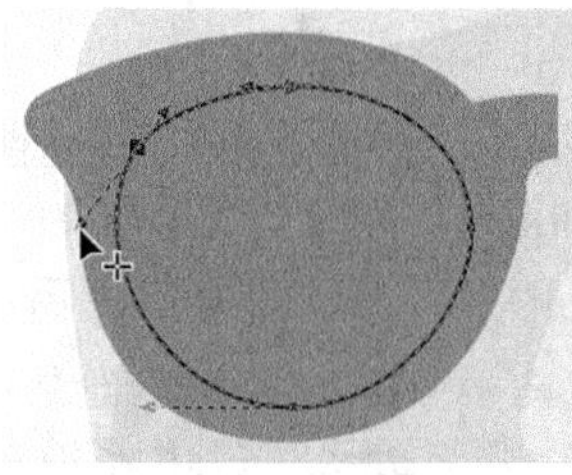

图 5-18

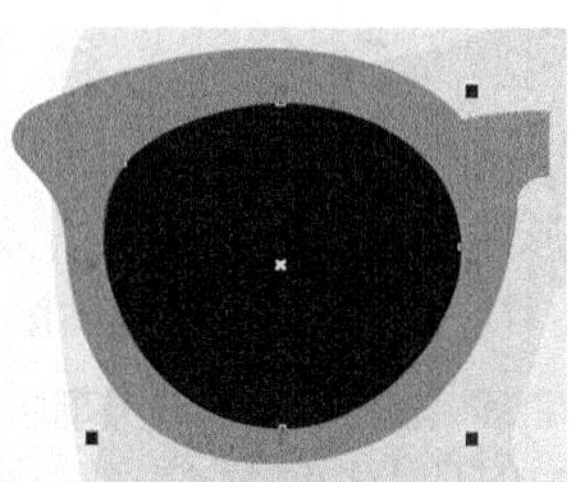

图 5-19

STEP 9 选择“选择”工具，用圈选的方法将两个图形同时选取，如图 5-20 所示，按数字键盘上的 + 键复制图形。按住 Shift 键的同时，水平向右拖曳复制的图形到适当的位置，效果如图 5-21 所示。单击属性栏中的“水平镜像”按钮，水平翻转图形，效果如图 5-22 所示。

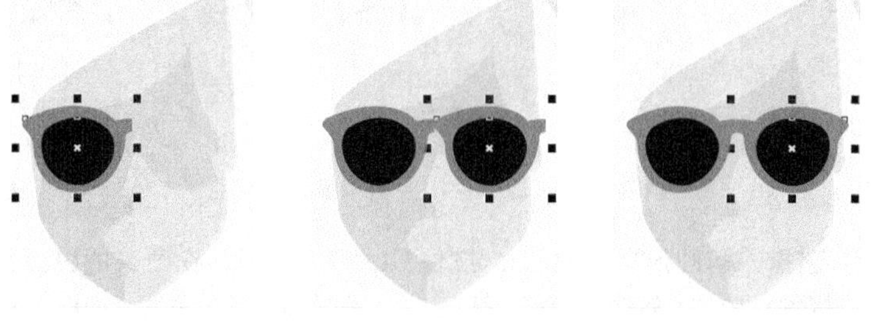

图 5-20　　图 5-21　　图 5-22

STEP 10 选择“贝塞尔”工具，在适当的位置绘制一个不规则图形，如图 5-23 所示。设置图形颜色的 CMYK 值为 27、100、50、11，填充图形并去除图形的轮廓线，效果如图 5-24 所示。

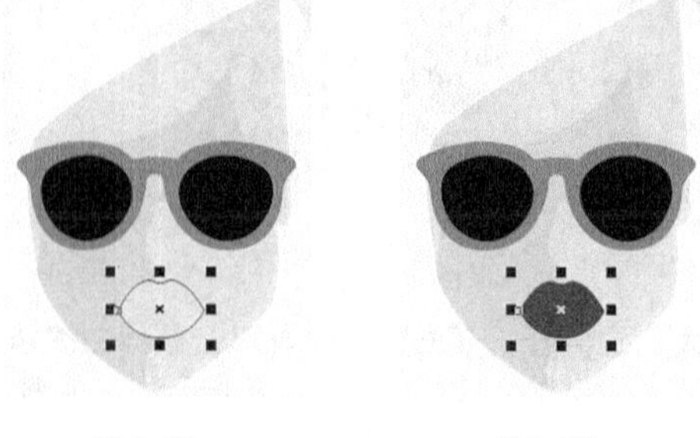

图 5-23　　图 5-24

STEP 11 选择"贝塞尔"工具，在适当的位置绘制一个不规则图形，如图5-25所示。设置图形颜色的CMYK值为29、100、53、16，填充图形并去除图形的轮廓线，效果如图5-26所示。用相同的方法绘制牙齿和口腔，并填充相应的颜色，效果如图5-27所示。

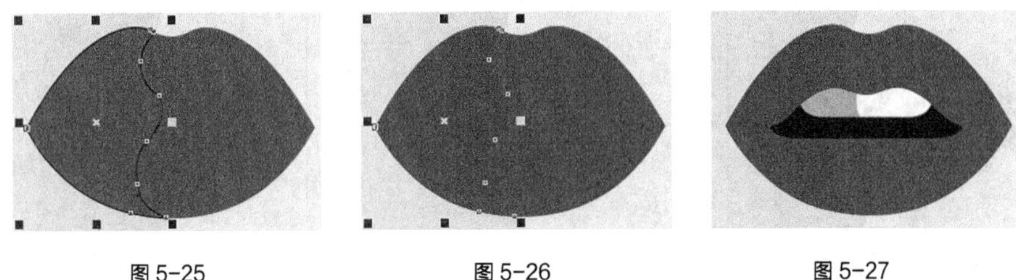

图5-25　　图5-26　　图5-27

STEP 12 选择"贝塞尔"工具，在适当的位置绘制一个不规则图形，填充图形为黑色，并去除图形的轮廓线，效果如图5-28所示。

STEP 13 选择"选择"工具，按数字键盘上的+键复制图形。按住Shift键的同时，水平向右拖曳复制的图形到适当的位置，效果如图5-29所示。单击属性栏中的"水平镜像"按钮，水平翻转图形，效果如图5-30所示。

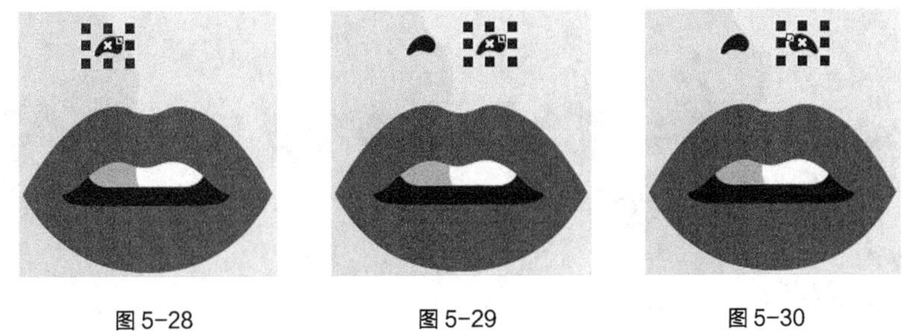

图5-28　　图5-29　　图5-30

STEP 14 选择"贝塞尔"工具，在适当的位置绘制一个不规则图形，如图5-31所示。设置图形颜色的CMYK值为1、29、17、0，填充图形并去除图形的轮廓线，效果如图5-32所示。

STEP 15 连续按Ctrl+PageDown组合键，将图形向后移至适当的位置，效果如图5-33所示。用相同的方法绘制其他图形，并填充相应的颜色，效果如图5-34所示。

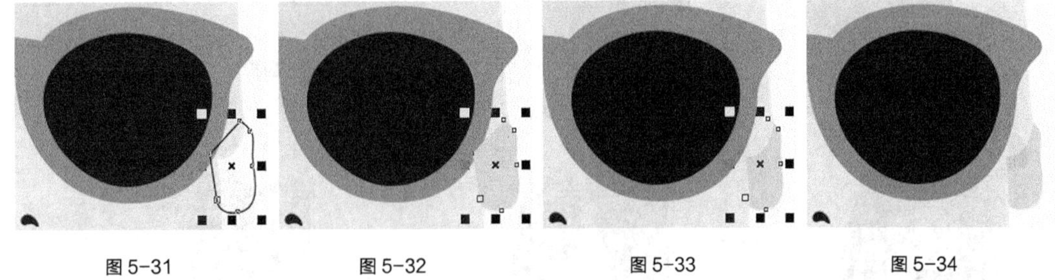

图5-31　　图5-32　　图5-33　　图5-34

STEP 16 选择"椭圆形"工具，按住Ctrl键的同时，在适当的位置绘制一个圆形，效果如图5-35所示，

STEP 17 按F12键，弹出"轮廓笔"对话框，在"颜色"下拉列表框中设置轮廓线颜色的CMYK值为0、40、100、0，其他选项的设置如图5-36所示。单击"确定"按钮，效果如图5-37所示。

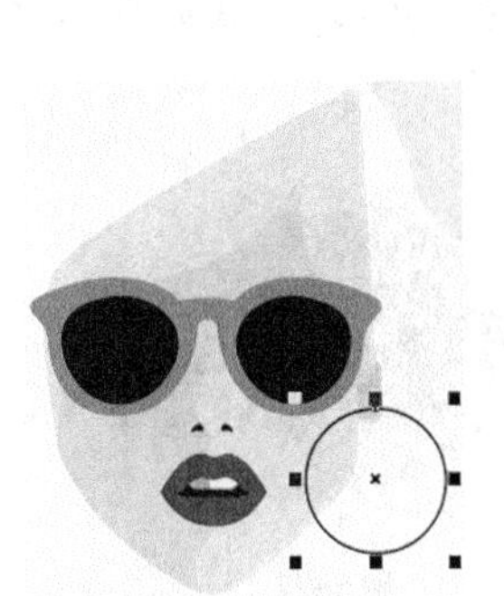

图 5-35

图 5-36

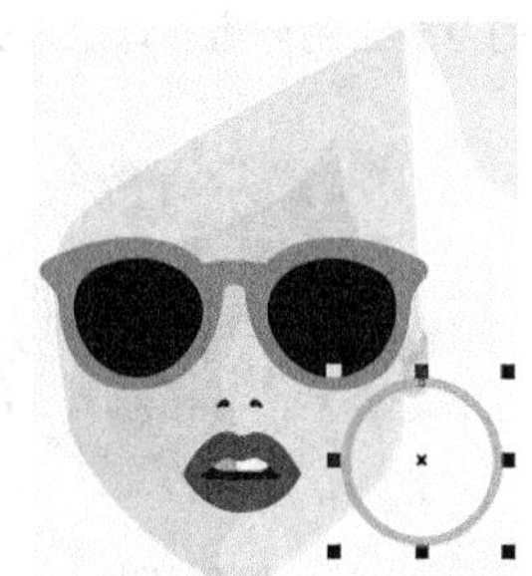

图 5-37

STEP 18 连续按 Ctrl+PageDown 组合键，将图形向后移至适当的位置，效果如图 5-38 所示。选择“贝塞尔”工具，在适当的位置绘制一个不规则图形，如图 5-39 所示。设置图形颜色的 CMYK 值为 5、4、12、0，填充图形并去除图形的轮廓线，效果如图 5-40 所示。连续按 Ctrl+PageDown 组合键，将图形向后移至适当的位置，效果如图 5-41 所示。

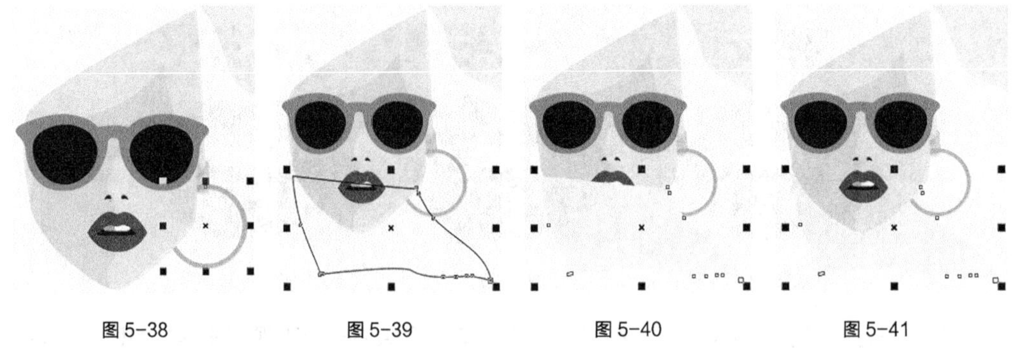

图 5-38　　图 5-39　　图 5-40　　图 5-41

STEP 19 用相同的方法绘制身体的其他部分，并填充相应的颜色，效果如图 5-42 所示。选择“贝塞尔”工具，在页面中绘制一个不规则图形，如图 5-43 所示。设置图形颜色的 CMYK 值为 2、0、7、0，填充图形并去除图形的轮廓线，效果如图 5-44 所示。

图 5-42

图 5-43

图 5-44

STEP 20 使用“贝塞尔”工具，为头发绘制白色高光，效果如图 5-45 所示。按 Ctrl+I 组合键，弹出“导入”对话框，选择资源包中的“Ch05 > 素材 > 绘制 T 恤图案 > 01”文件，单击“导入”按钮，在页面中单击导入图形。选择“选择”工具，拖曳图形到适当的位置，效果如图 5-46 所示。

图 5-45

图 5-46

STEP 21 连续按 Ctrl+PageDown 组合键，将图形向后移至适当的位置，效果如图 5-47 所示。至此，T 恤图案绘制完成，效果如图 5-48 所示。

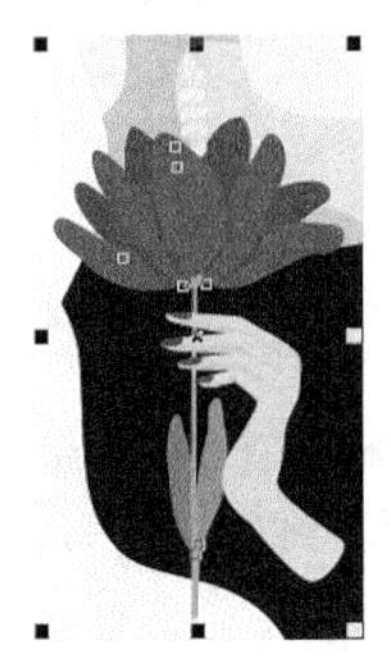

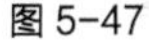

图 5-47

图 5-48

5.1.2 认识曲线

在 CorelDRAW X8 中，曲线是矢量图形的组成部分。可以使用绘图工具绘制曲线，也可以将任何的矩形、多边形、椭圆以及文本对象转换成曲线。下面对曲线的节点、线段、控制线和控制点等概念进行讲解。

节点：构成曲线的基本要素，可以通过定位、调整节点、调整节点上的控制点来绘制和改变曲线的形状。通过在曲线上增加和删除节点使曲线的绘制更加简便。通过转换节点的性质，可以将直线和曲线的节点相互转换，使直线段转换为曲线段或曲线段转换为直线段。

线段：即两个节点之间的部分。线段包括直线段和曲线段，直线段在转换成曲线段后，可以进行曲线特性的操作，如图 5-49 所示。

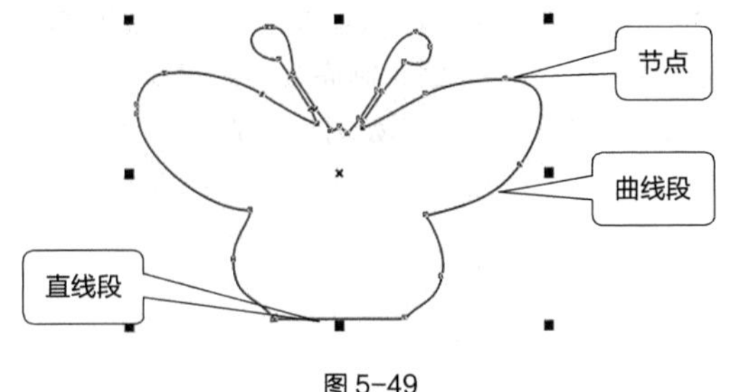

图 5-49

控制线：在绘制曲线的过程中，节点的两端会出现蓝色的虚线。选择“形状”工具，在已经绘制好的曲线的节点上单击鼠标左键，则节点的两端就会出现控制线。

提示

直线的节点没有控制线。直线段转换为曲线段后，节点上会出现控制线。

控制点：在绘制曲线的过程中，节点的两端会出现控制线，在控制线的两端是控制点。通过拖曳或移动控制点可以调整曲线的弯曲程度，如图 5-50 所示。

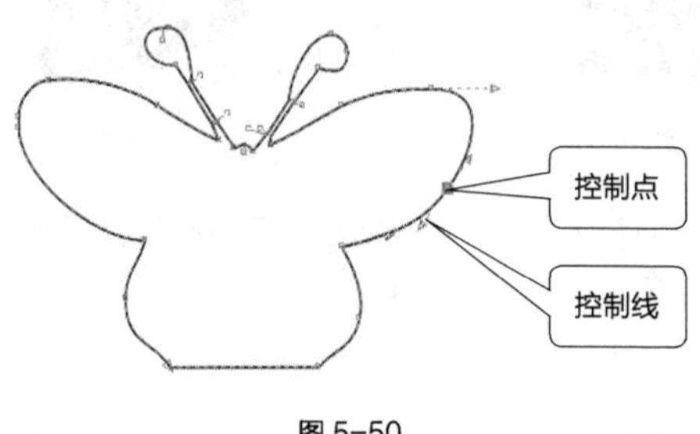

图 5-50

5.1.3 手绘工具

1. 绘制直线

选择“手绘”工具，在绘图页面中单击鼠标左键以确定直线的起点，此时鼠标光标变为十字形图标，如图 5-51 所示。松开鼠标左键，拖曳光标到直线的终点位置后，再单击鼠标左键，一条直线绘制完成，如图 5-52 所示。

选择“手绘”工具，在绘图页面中单击鼠标左键以确定直线的起点，在绘制过程中，确定其他节点时都要双击鼠标左键，在要闭合的终点上单击鼠标左键，完成直线式闭合图形的绘制，如图 5-53 所示。

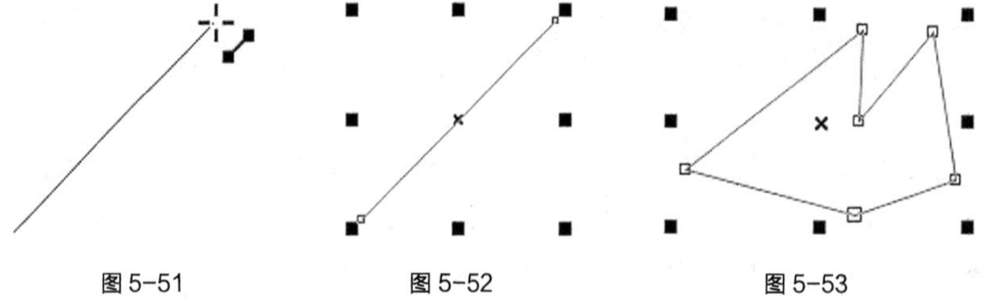

图 5-51　　图 5-52　　图 5-53

2. 绘制曲线

选择“手绘”工具，在绘图页面中单击鼠标左键以确定曲线的起点，同时按住鼠标左键并拖曳鼠标绘制需要的曲线，松开鼠标左键，一条曲线绘制完成，效果如图 5-54 所示。拖曳鼠标，使曲线的起点和终点位置重合，一条闭合的曲线绘制完成，如图 5-55 所示。

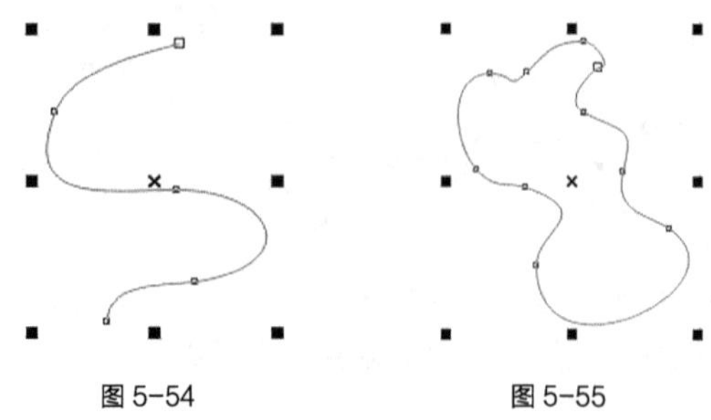

图 5-54　　图 5-55

3. 绘制直线和曲线的混合图形

“手绘”工具可以在绘图页面中绘制出直线和曲线的混合图形，其具体操作步骤如下。

选择“手绘”工具，在绘图页面中单击鼠标左键确定曲线的起点，同时按住鼠标左键并拖曳鼠标绘制需要的曲线，松开鼠标左键，一条曲线绘制完成，如图 5-56 所示。

在要继续绘制出直线的节点上单击鼠标左键，如图 5-57 所示。再拖曳鼠标并在需要的位置单击鼠标左键，可以绘制出一条直线，效果如图 5-58 所示。

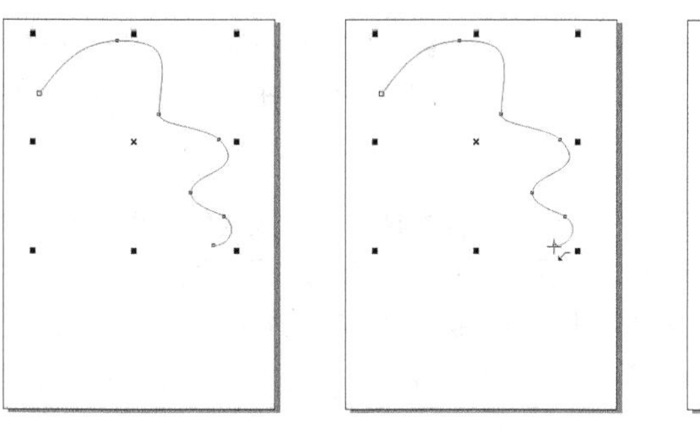

图 5-56　　图 5-57　　图 5-58

将鼠标光标放在要继续绘制的曲线的节点上，如图 5-59 所示。按住鼠标左键不放拖曳鼠标绘制需要的曲线，松开鼠标左键后图形绘制完成，效果如图 5-60 所示。

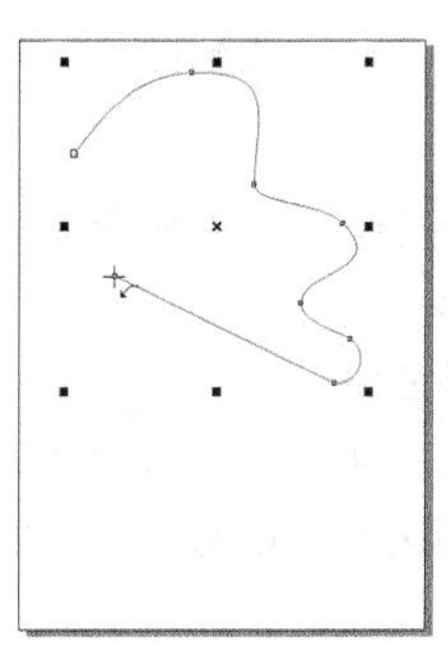

图 5-59

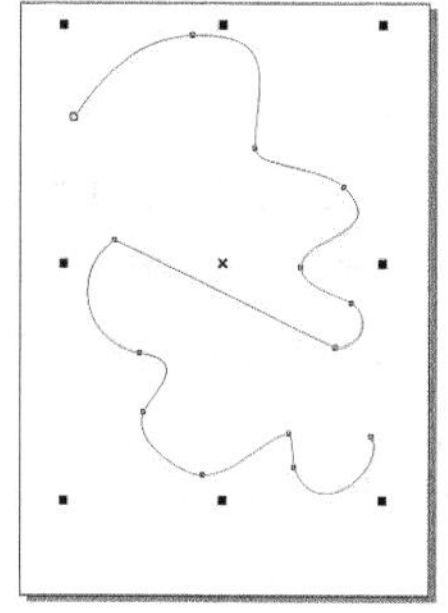

图 5-60

4. 设置手绘工具属性

在 CorelDRAW X8 中，可以根据不同的情况来设定手绘工具的属性以提高工作效率。下面介绍手绘工具属性的设置方法。

双击“手绘”工具，会弹出图 5-61 所示的“选项”对话框。在对话框中的“手绘 / 贝塞尔工具”设置区可以设置手绘工具的属性。

“手绘平滑”选项用于设置手绘过程中曲线的平滑程度，它决定了绘制出的曲线和光标移动轨迹的匹配程度。设定的数值为 0 ~ 100，不同的设置值会有不同的绘制效果。数值设置得越小，平滑的程度越高；数值设置得越大，平滑的程度越低。

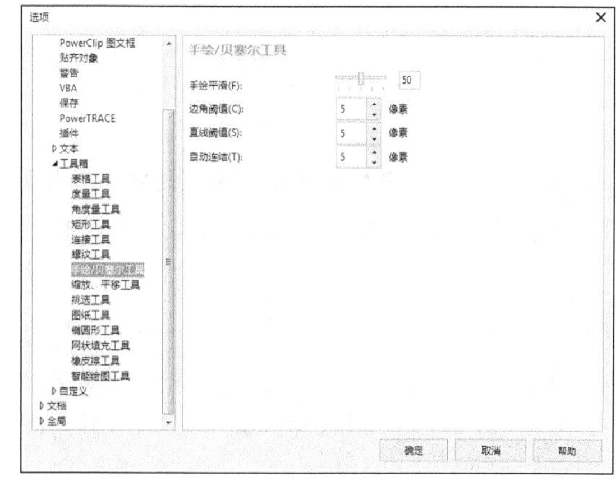

图 5-61

“边角阈值”选项用于设置边角节点的平滑度。数值越大，节点越尖；数值越小，节点越平滑。

“直线阈值”选项用于设置手绘曲线相对于直线路径的偏移量。

“边角阈值”和“直线阈值”的设定值越大，绘制的曲线越接近直线。

“自动连结”选项用于设置在绘图时两个端点自动连接的接近程度。当光标接近设置的半径范围内时，曲线将自动连接成封闭的曲线。

5.1.4 贝塞尔工具

使用“贝塞尔”工具可以绘制平滑、精确的曲线。用户可以通过确定节点和改变控制点的位置来控制曲线的弯曲度，也可以使用节点和控制点对绘制完的直线或曲线进行精确地调整。

1. 绘制直线和折线

选择“贝塞尔”工具，在绘图页面中单击鼠标左键以确定直线的起点，拖曳鼠标光标到需要的位置，再单击鼠标左键以确定直线的终点，即可绘制出一段直线。只要确定下一个节点，就可以绘制出折线的效果。如果想绘制出有多个折角的折线，只要继续确定节点即可，如图 5-62 所示。

如果双击折线上的节点，可删除这个节点，折线的另外两个节点将自动连接，效果如图5-63所示。

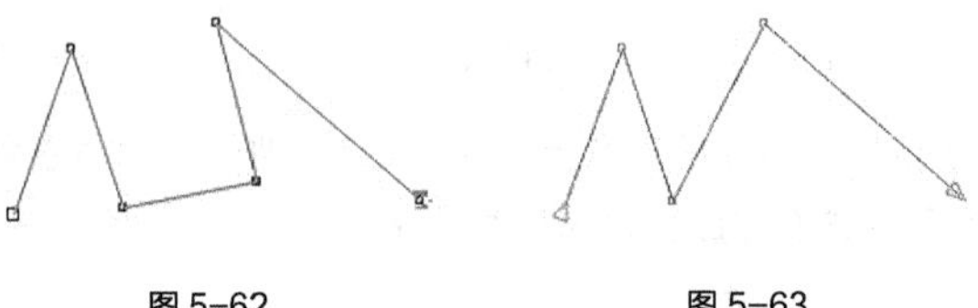

图 5-62　　图 5-63

2. 绘制曲线

选择“贝塞尔”工具，在绘图页面中按住鼠标左键并拖曳光标以确定曲线的起点，松开鼠标左键，这时该节点的两边会出现控制线和控制点，如图 5-64 所示。

将鼠标的光标移动到需要的位置单击并按住鼠标左键，则两个节点间会出现一条曲线段。拖曳鼠标，第 2 个节点的两边出现了控制线和控制点，控制线和控制点会随着光标的移动而发生变化，曲线的形状也会随之发生变化，调整到需要的效果后松开鼠标左键，如图 5-65 所示。

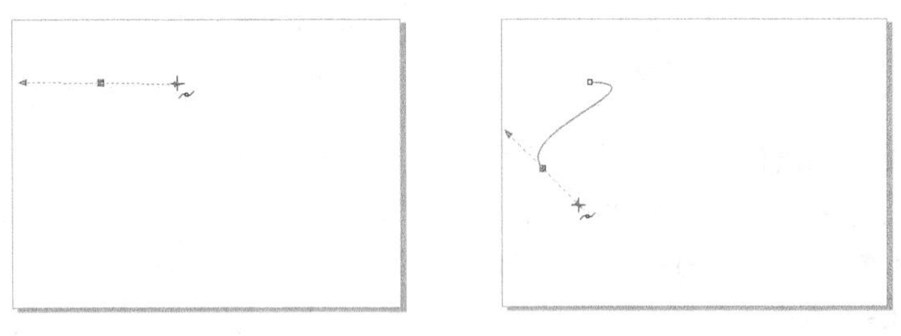

图 5-64　　图 5-65

在下一个需要的位置单击鼠标左键后，将出现一条连续的平滑曲线，如图 5-66 所示。用“形状”工具在第 2 个节点处单击鼠标左键，会出现控制线和控制点，效果如图 5-67 所示。

提示

当确定一个节点后，在这个节点上单击，再单击确定下一个节点后，两节点间会出现一条直线。当确定一个节点后，在这个节点上单击鼠标左键，再单击确定下一个节点并拖曳这个节点后，两节点间会出现一条曲线。

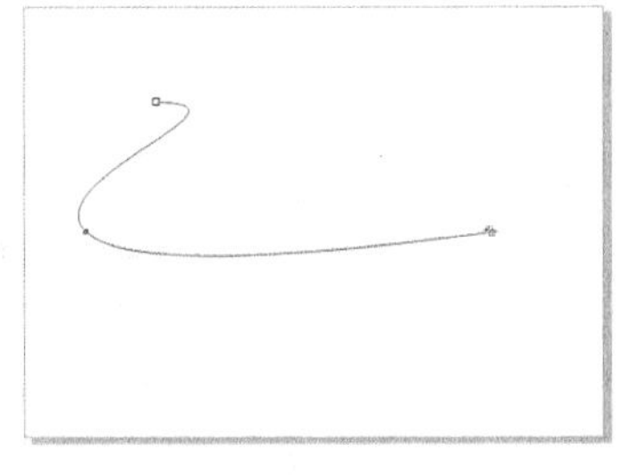

图 5-66

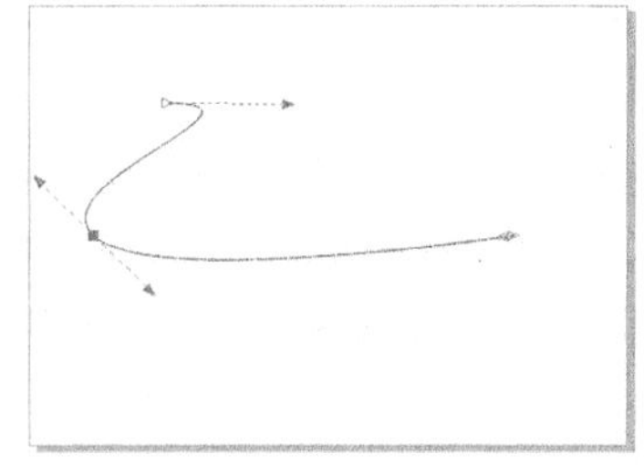

图 5-67

5.1.5 艺术笔工具

在 CorelDRAW X8 中，使用“艺术笔”工具可以绘制出多种精美的线条和图形，可以模仿画笔的真实效果，使画面产生丰富的变化，从而绘制出不同风格的设计作品。

选择“艺术笔”工具，其属性栏如图 5-68 所示，属性栏中有 5 种模式，分别是预设模式、笔刷模式、喷涂模式、书法模式和压力模式。下面具体介绍这 5 种模式。

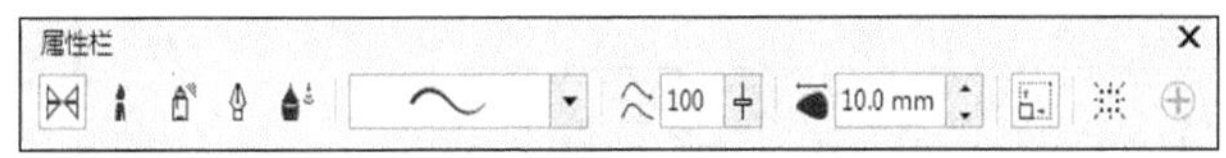

图 5-68

1. 预设模式

预设模式提供了多种线条类型，并且可以改变曲线的宽度。单击属性栏中“预设笔触”右侧的按钮，弹出其下拉列表，如图 5-69 所示。在“线条”列表框中可选择需要的线条类型。

单击属性栏中的“手绘平滑”设置区，弹出滑动条 100，拖曳滑动条或输入数值可以调节绘图时线条的平滑程度。在“笔触宽度” 10.0 mm 框中输入数值可以设置曲线的宽度。选择“预设”模式和线条类型后，鼠标的光标变为图标，在绘图页面中按住鼠标左键并拖曳光标，可以绘制出封闭的线条图形。

2. 笔刷模式

笔刷模式提供了多种颜色样式的画笔，将画笔运用在绘制的曲线上，可以绘制出漂亮的效果。

在属性栏中单击“笔刷模式”按钮，单击属性栏中“笔刷笔触”右侧的按钮，弹出其下拉列表，如图 5-70 所示。在列表框中选择需要的笔刷类型，然后在绘图页面中按住鼠标左键并拖曳光标可以绘制出图形。

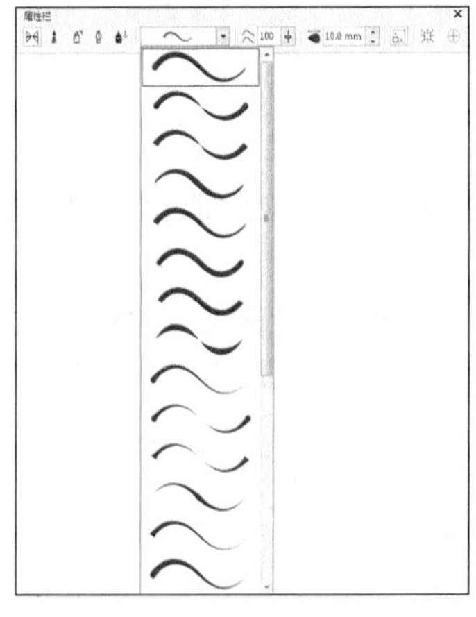

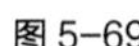

图 5-69

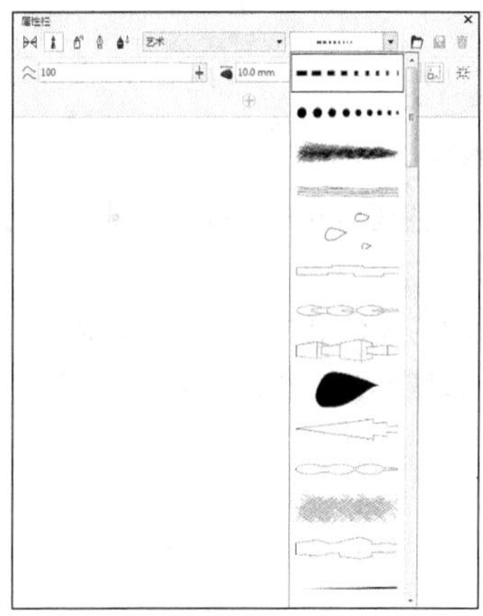

图 5-70

3. 喷涂模式

喷涂模式提供了多种有趣的图形对象，这些图形对象可以应用在绘制的曲线上。用户可以在属性栏的“喷涂列表”下拉列表框中选择喷雾的形状以绘制需要的图形。

在属性栏中单击“喷涂模式”按钮，如图 5-71 所示。单击属性栏中“喷射图样”右侧的按钮，弹出其下拉列表，在列表框中可选择需要的喷涂类型，如图 5-72 所示。单击属性栏中“喷涂顺序” 顺序 右侧的按钮，弹出下拉列表，可以选择喷出图形的顺序。选择“随机”选项，喷出的图形将会随机分布；选择“顺序”选项，喷出的图形将会以方形区域分布；选择“按方向”选项，喷出的图形将会随光标拖曳的路径分布。在绘图页面中按住鼠标左键并拖曳光标可以绘制出图形。

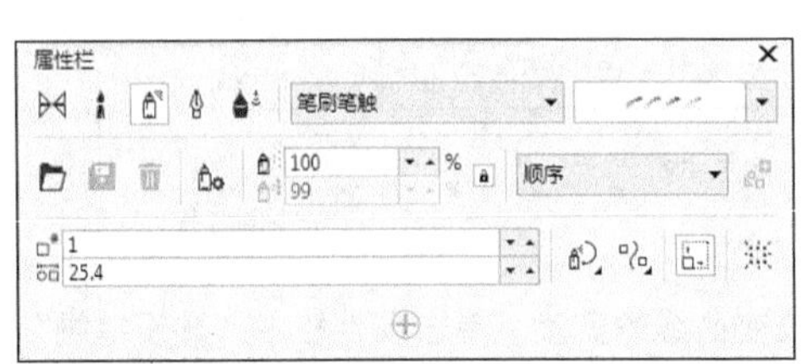

图 5-71

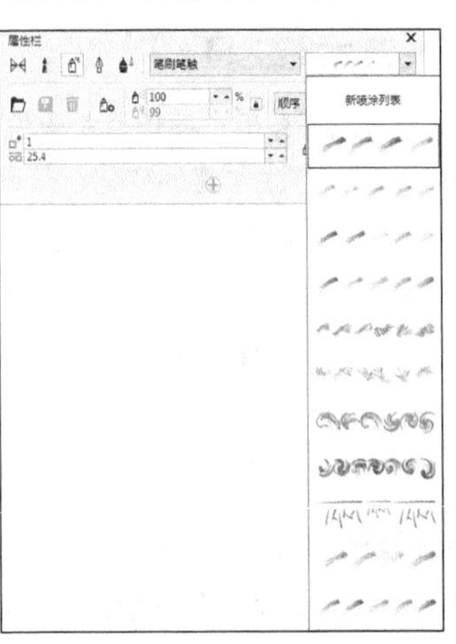

图 5-72

4. 书法模式

使用书法模式可以绘制出类似书法笔的效果，也可以改变曲线的粗细。

在属性栏中单击“书法模式”按钮，如图 5-73 所示。在属性栏的“书法的角度” 45.0 ° 框中，可以设置“笔触”和“笔尖”的角度。如果角度值设为 0°，则书法笔垂直方向画出的线条最粗，笔尖是水平的；如果角度值设为 90°，则书法笔水平方向画出的线条最粗，笔尖是垂直的。在绘图页面中按住鼠标左键并拖曳光标可以绘制出图形。

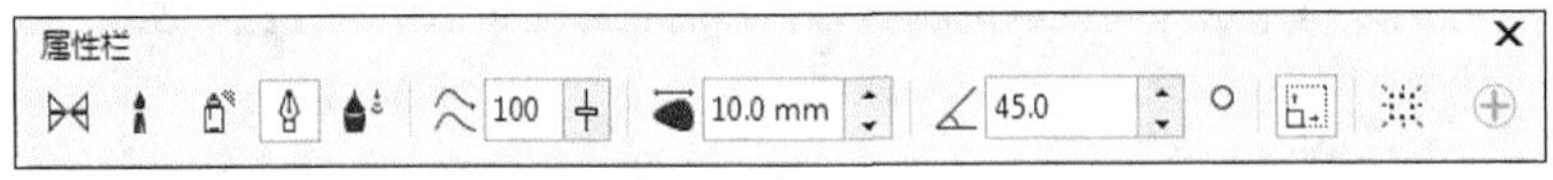

图 5-73

5. 压力模式

压力模式可以用压力感应笔或键盘输入的方式改变线条的粗细，应用好这个功能可以绘制出特殊的图形效果。

在属性栏的“预设笔触列表”模式中选择需要的画笔，单击“压力模式”按钮，如图 5-74 所示。在压力模式中设置压力感应笔的平滑度和画笔的宽度后，再在绘图页面中按住鼠标左键并拖曳光标可以绘制出图形。

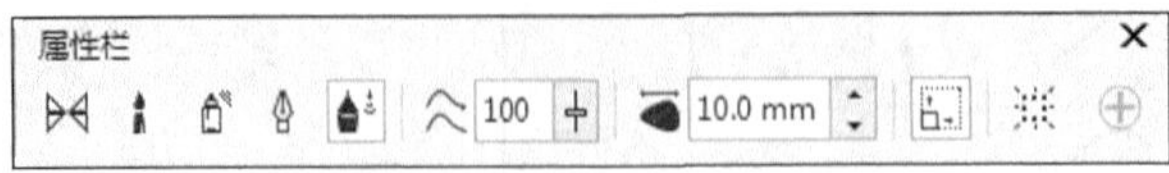

图 5-74

5.1.6 钢笔工具

使用“钢笔”工具可以绘制出多种精美的曲线和图形，还可以对已绘制的曲线和图形进行编辑和修改。在 CorelDRAW X8 中绘制的各种复杂图形都可以通过钢笔工具来完成。

1. 绘制直线和折线

选择“钢笔”工具，在绘图页面中单击鼠标确定直线的起点，拖曳鼠标光标到需要的位置，再单击鼠标确定直线的终点，即可绘制出一段直线，效果如图 5-75 所示。再继续单击确定下一个节点，就可以绘制出折线的效果。如果想绘制出有多个折角的折线，只要继续单击鼠标确定节点就可以了，折线的效果如图 5-76 所示。要结束绘制，按 Esc 键或单击“钢笔”工具即可。

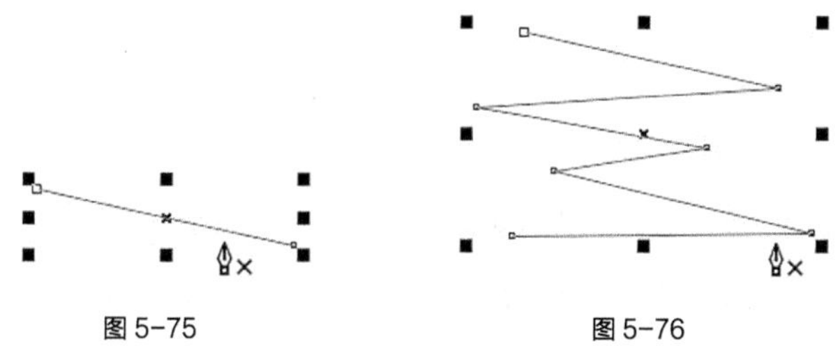

图 5-75　图 5-76

2. 绘制曲线

选择“钢笔”工具，在绘图页面中单击鼠标确定曲线的起点，松开鼠标左键，将鼠标的光标移动到需要的位置再单击并按住左键不动，则两个节点间出现了一条直线段，如图 5-77 所示。拖曳鼠标，第 2 个节点的两边出现控制线和控制点，控制线和控制点会随着鼠标的移动而发生变化，直线也变为了曲线的形状，如图 5-78 所示。调整到需要的效果后松开鼠标左键，得到的曲线效果如图 5-79 所示。

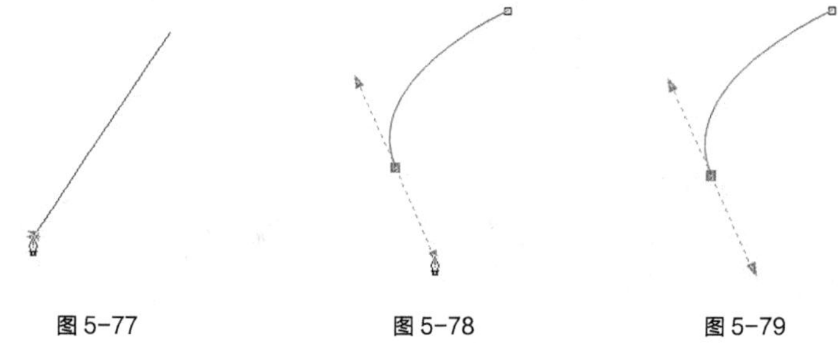

图 5-77　图 5-78　图 5-79

使用相同的方法可以继续绘制曲线，如图 5-80 和图 5-81 所示。绘制完成后的曲线如图 5-82 所示。

如果想在曲线后绘制出直线，按住 C 键，在要继续绘制出直线的节点上按住鼠标左键并拖曳鼠标，这时会出现节点的控制点。松开 C 键，将控制点拖曳到下一个节点的位置，如图 5-83 所示。松开鼠标左键，再单击鼠标，可以绘制出一段直线，效果如图 5-84 所示。

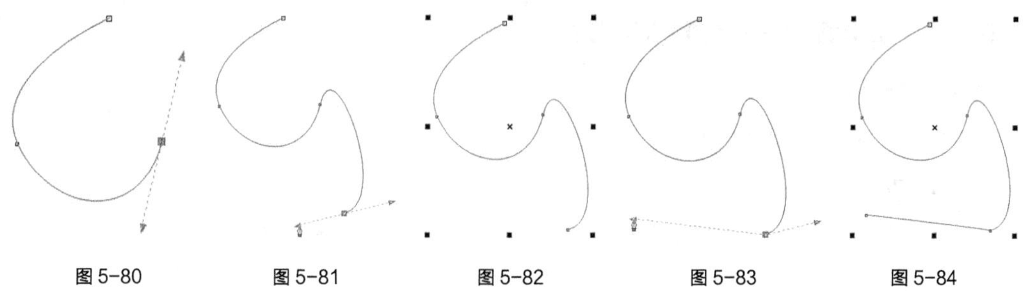

图 5-80　图 5-81　图 5-82　图 5-83　图 5-84

3. 编辑曲线

在“钢笔”工具属性栏中选择“自动添加或删除节点”按钮，曲线绘制的过程变为自动添加 / 删除节点模式。

将“钢笔”工具的光标移动到节点上，光标变为删除节点图标，效果如图 5-85 所示。单击鼠标可以删除节点，效果如图 5-86 所示。将“钢笔”工具的光标移动到曲线上，光标变为添加节点图标，如图 5-87 所示。单击鼠标可以添加节点，效果如图 5-88 所示。

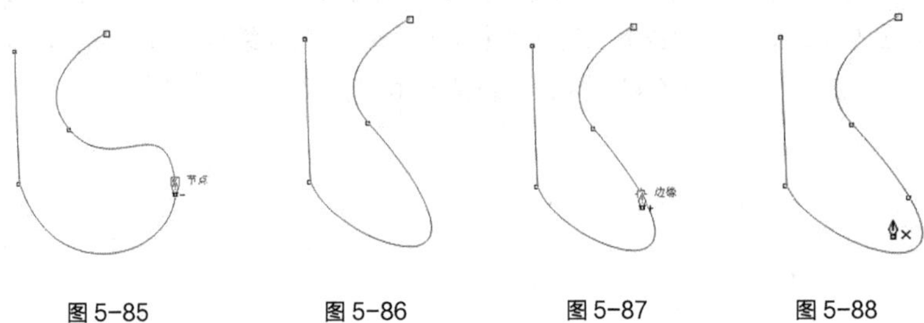

图 5-85　　图 5-86　　图 5-87　　图 5-88

将“钢笔”工具的光标移动到曲线的起始点，光标变为闭合曲线图标，如图 5-89 所示。单击鼠标可以闭合曲线，效果如图 5-90 所示。

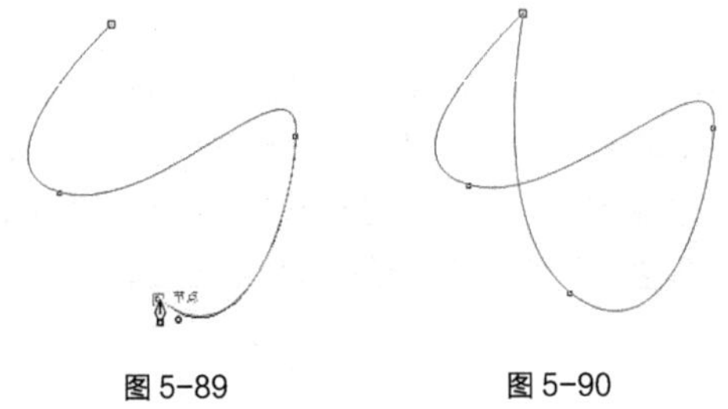

图 5-89　　图 5-90

提 示

绘制曲线的过程中，按住 Alt 键，可以编辑曲线段、进行节点的转换，以及移动和调整曲线等；松开 Alt 键后可以继续进行曲线的绘制。

5.2 编辑曲线

在 CorelDRAW X8 中，完成曲线或图形的绘制后，可能还需要进一步地调整曲线或图形以达到设计方面的要求，这时就需要使用 CorelDRAW X8 的编辑曲线功能来进行更完善的编辑。

5.2.1 课堂案例——绘制卡通形象

案例学习目标

学习使用编辑曲线工具绘制卡通形象。

案例知识要点

使用椭圆形工具、转换为曲线命令和形状工具绘制并编辑图形；使用椭圆形工具、矩形工具、贝塞尔工具和置于图文框内部命令绘制五官及身体部分。最终的卡通形象效果如图 5-91 所示。

效果所在位置

资源包 > Ch05 > 效果 > 绘制卡通形象 .cdr。

图 5-91

绘制卡通形象

STEP 1 按 Ctrl+N 组合键，新建一个 A4 页面。双击“矩形”工具，绘制一个与页面大小相等的矩形，在“CMYK 调色板”中的“20% 黑”色块上单击鼠标左键填充图形；在“无填充”按钮上单击鼠标右键去除图形的轮廓线，效果如图 5-92 所示。选择“椭圆形”工具，在适当的位置绘制一个椭圆形，如图 5-93 所示。

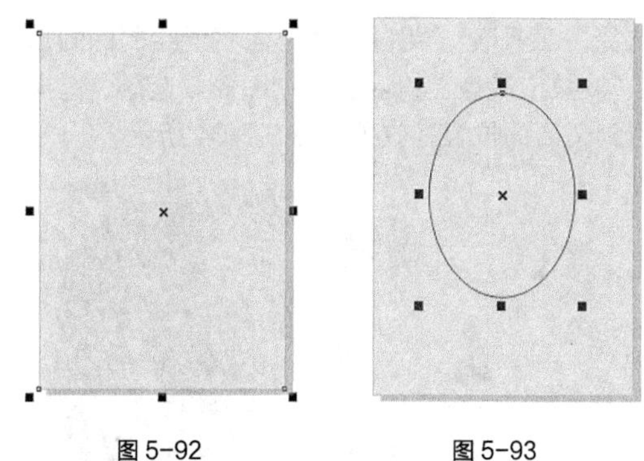

图 5-92　　图 5-93

STEP 2 单击属性栏中的“转换为曲线”按钮，将图形转换为曲线，如图 5-94 所示。选择“形状”工具，选取需要的节点，节点上出现控制线，单击属性栏中的“平滑节点”按钮，将节点转换为平滑节点，如图 5-95 所示。

STEP 3 选取右下侧的控制线并将其拖曳到适当的位置，效果如图 5-96 所示。用相同的方法调整其他节点的控制线，效果如图 5-97 所示。

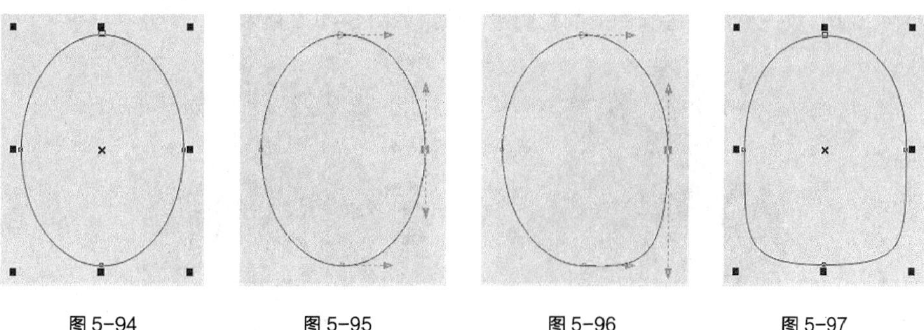

图 5-94　　图 5-95　　图 5-96　　图 5-97

STEP 4 选择“选择”工具选取图形，设置图形颜色的CMYK值为0、86、55、0，填充图形并去除图形的轮廓线，效果如图5-98所示。

STEP 5 选择“椭圆形”工具，按住Ctrl键的同时，在适当的位置绘制一个圆形，如图5-99所示。在“CMYK调色板”中的“20%黑”色块上单击鼠标左键填充图形，并去除图形的轮廓线，效果如图5-100所示。

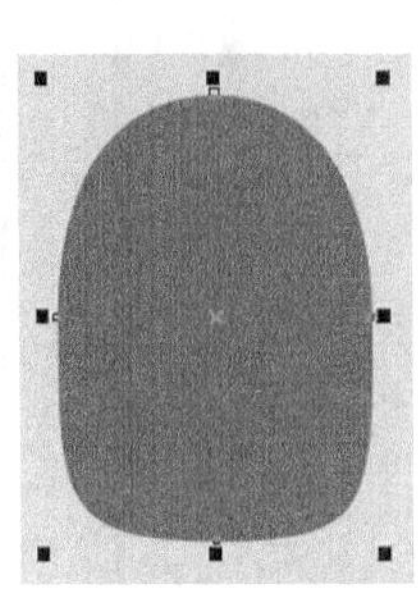
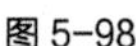
图5-98

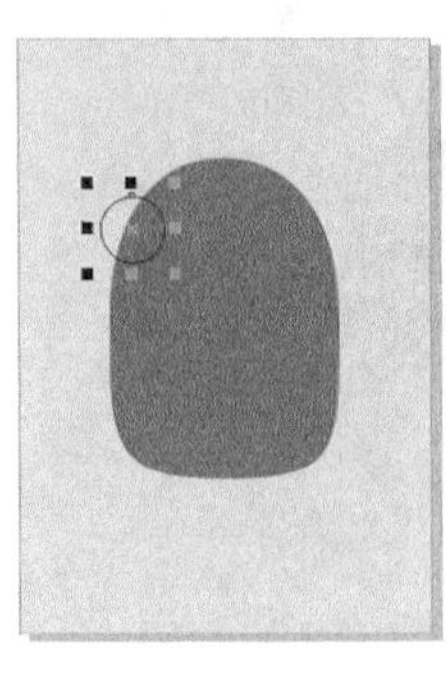
图5-99

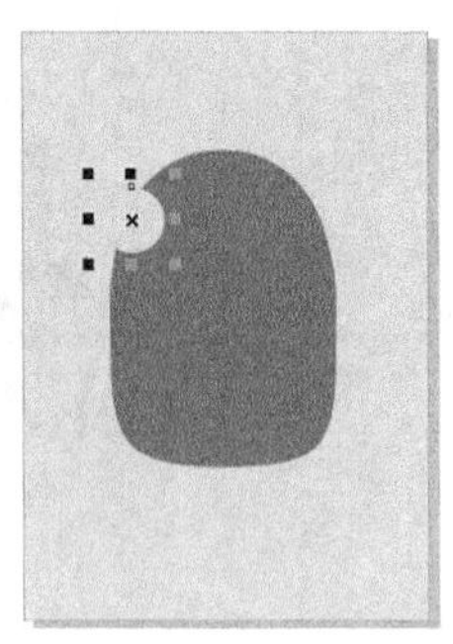
图5-100

STEP 6 按数字键盘上的+键复制圆形。选择“选择”工具，向左上角微调圆形到适当的位置，并填充图形为白色，效果如图5-101所示。用相同的方法再复制其他圆形，并调整其大小，填充相应的颜色，效果如图5-102所示。

STEP 7 选择“选择”工具，用圈选的方法将所绘制的圆形全部选取，按Ctrl+G组合键将其群组，如图5-103所示。按数字键盘上的+键复制图形。选择“选择”工具，按住Shift键的同时，水平向右拖曳复制的图形到适当的位置，效果如图5-104所示。

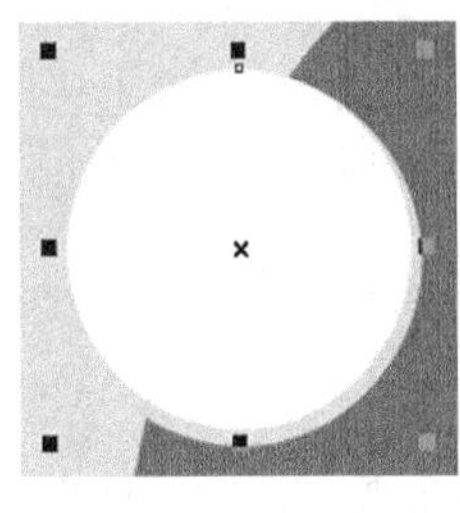
图5-101

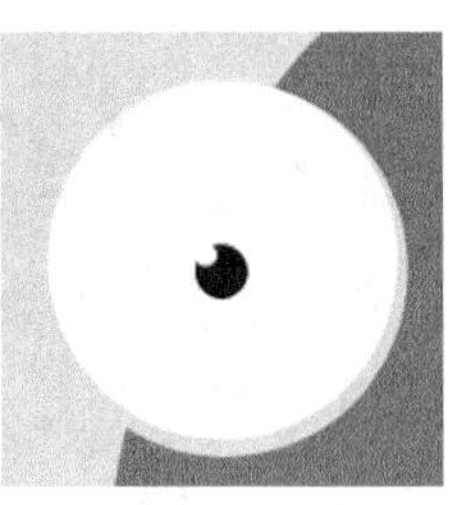
图5-102

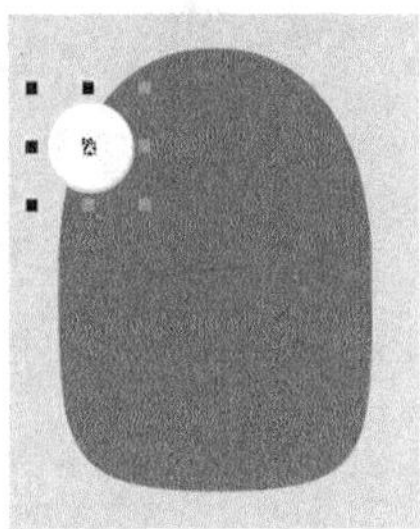
图5-103

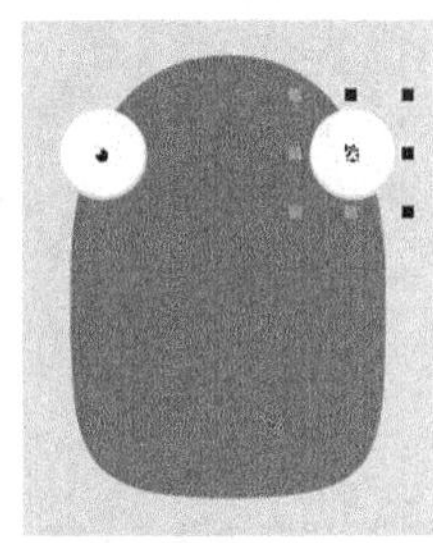
图5-104

STEP 8 选择“贝塞尔”工具，在适当的位置绘制一个不规则图形，设置图形颜色的CMYK值为81、100、56、30，填充图形并去除图形的轮廓线，效果如图5-105所示。

STEP 9 选择“椭圆形”工具，在适当的位置绘制一个椭圆形，设置图形颜色的CMYK值为67、84、0、0，填充图形并去除图形的轮廓线，效果如图5-106所示。

图5-105

图5-106

STEP 10 选择“矩形”工具，在适当的位置绘制一个矩形，填充图形为白色，并去除图形的轮廓线，效果如图 5-107 所示。在属性栏中将“转角半径”均设为 10mm，按 Enter 键，效果如图 5-108 所示。

图 5-107

图 5-108

STEP 11 选择“选择”工具，按住 Shift 键的同时，单击椭圆形将其同时选取，如图 5-109 所示。选择“对象 > PowerClip > 置于图文框内部”命令，鼠标光标变为黑色箭头，在不规则图形上单击，如图 5-110 所示，将图形置入不规则图形框中，如图 5-111 所示。

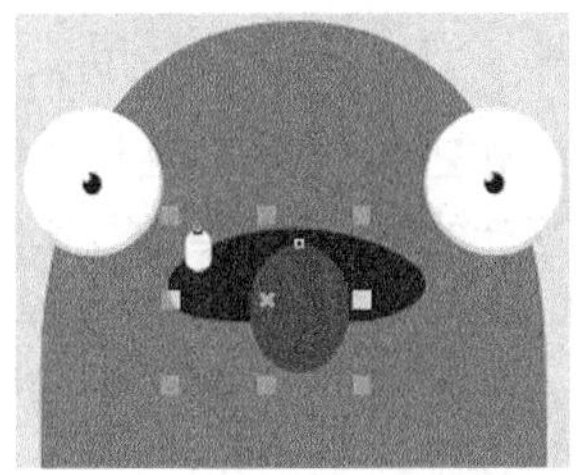

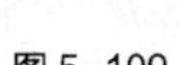

图 5-109

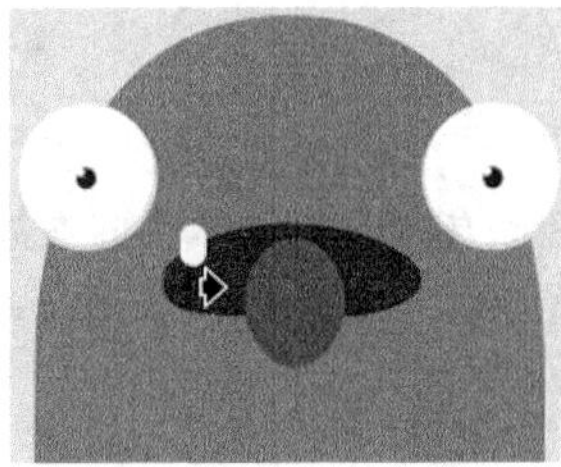

图 5-110

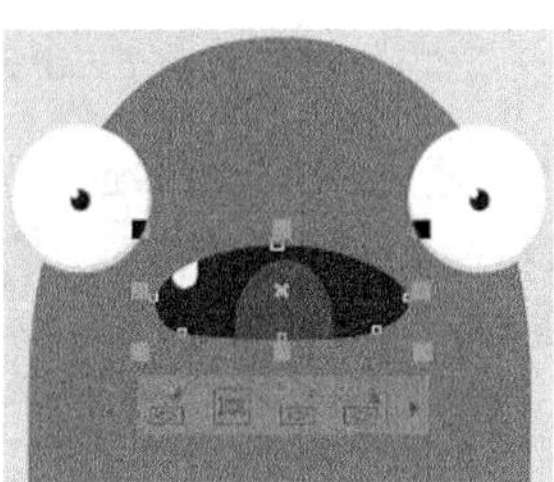

图 5-111

STEP 12 选择“矩形”工具，在适当的位置绘制一个矩形，设置图形颜色的 CMYK 值为 0、65、40、0，填充图形并去除图形的轮廓线，效果如图 5-112 所示。在属性栏中将“转角半径”均设为 137mm，按 Enter 键，效果如图 5-113 所示。用相同的方法再绘制一个矩形，并填充相应的颜色，效果如图 5-114 所示。

图 5-112

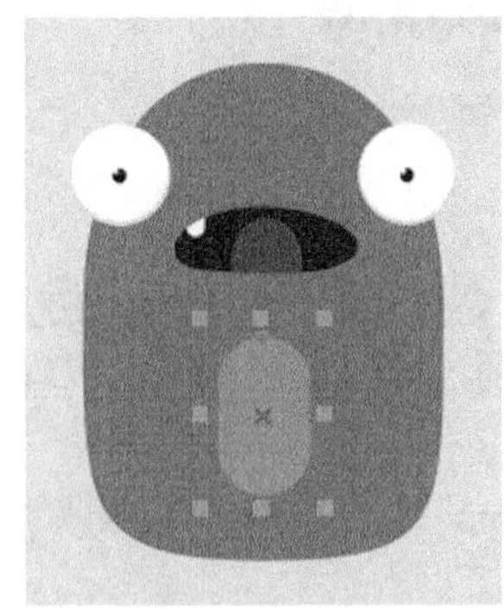

图 5-113

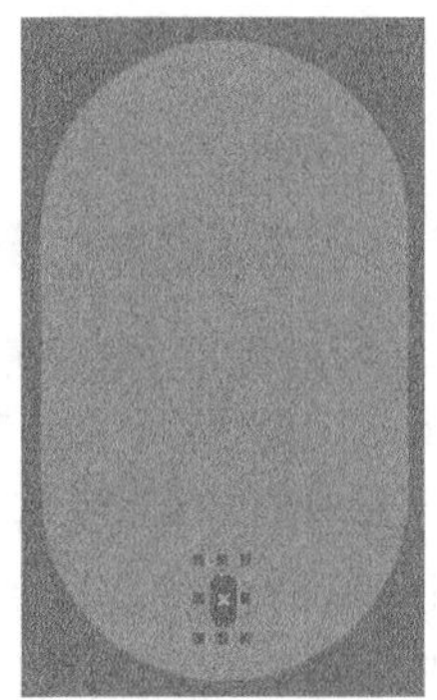

图 5-114

STEP 13 选择“椭圆形”工具，按住 Ctrl 键的同时，在适当的位置绘制一个圆形，设置图形颜色的 CMYK 值为 0、92、70、0，填充图形并去除图形的轮廓线，效果如图 5-115 所示。

STEP 14 按数字键盘上的 + 键复制图形。选择“选择”工具，按住 Shift 键的同时，水平向右拖曳复制的图形到适当的位置，效果如图 5-116 所示。

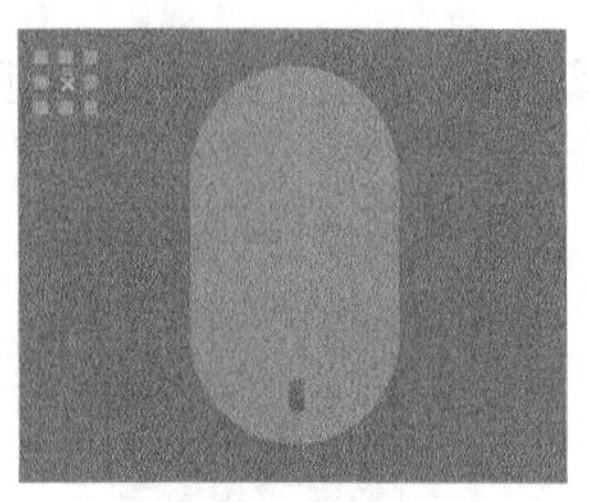

图 5-115　　图 5-116

STEP 15 选择“贝塞尔”工具，在适当的位置绘制一个不规则图形，如图 5-117 所示。设置图形颜色的 CMYK 值为 0、86、55、0，填充图形并去除图形的轮廓线，效果如图 5-118 所示。

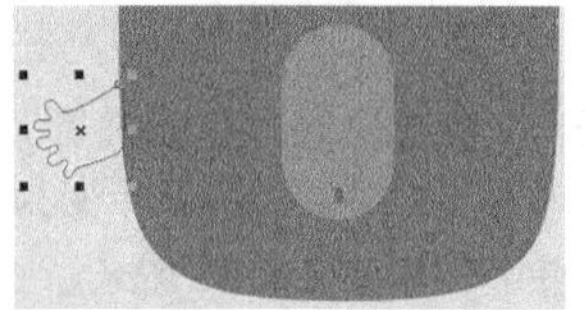

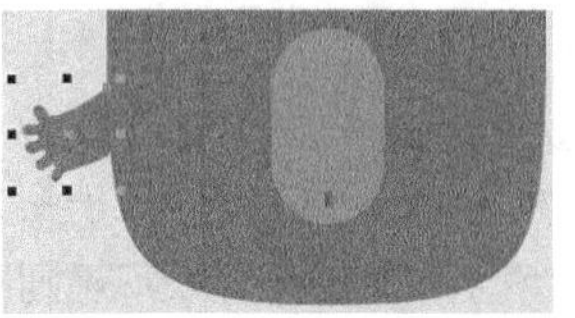

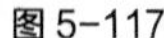

图 5-117　　图 5-118

STEP 16 选择“选择”工具，按数字键盘上的 + 键复制图形。单击属性栏中的“水平镜像”按钮，水平翻转图形。按住 Shift 键的同时，水平向右拖曳翻转的图形到适当的位置，效果如图 5-119 所示。用相同的方法绘制卡通形象的双脚，效果如图 5-120 所示。至此，卡通形象绘制完成。

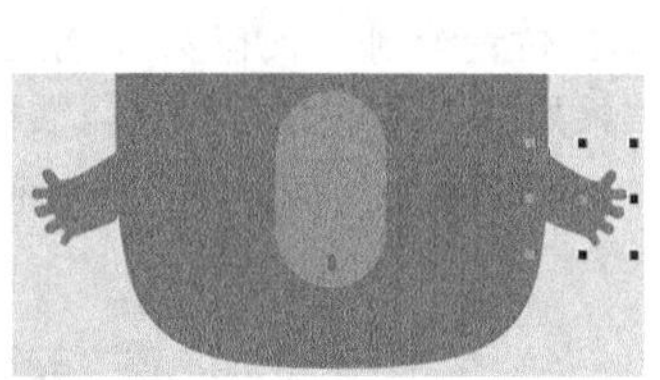

图 5-119　　图 5-120

5.2.2　编辑曲线的节点

节点是构成图形对象的基本要素，用“形状”工具选择曲线或图形对象后，会显示曲线或图形的全部节点。通过移动节点和节点的控制点、控制线，可以编辑曲线或图形的形状，还可以通过增加和删除节点来进一步编辑曲线或图形。

绘制一条曲线，如图 5-121 所示。使用“形状”工具，单击选中曲线上的节点，如图 5-122 所示，弹出的属性栏如图 5-123 所示。

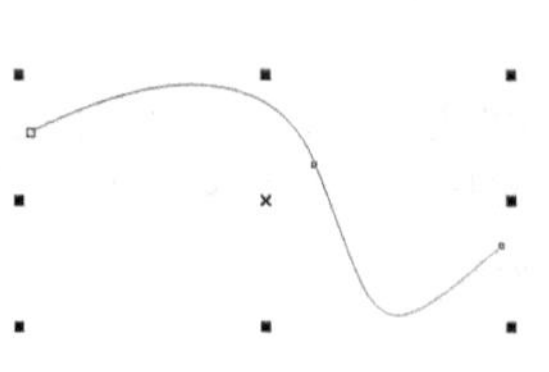

图 5-121　　图 5-122

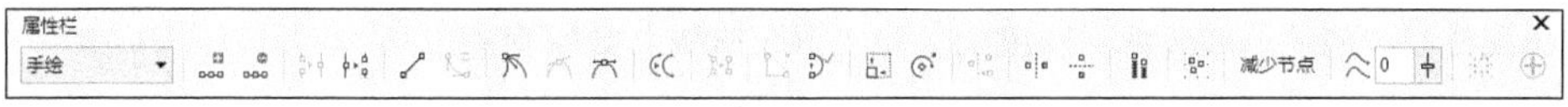

图 5-123

在属性栏中有 3 种节点类型：尖突节点、平滑节点和对称节点。节点类型的不同决定了节点控制点的属性也不同，单击属性栏中的按钮可以转换 3 种节点的类型。

“尖突节点”按钮：尖突节点的控制点是独立的，当移动一个控制点时，另外一个控制点并不移动，从而使得通过尖突节点的曲线能够尖突弯曲。

“平滑节点”按钮：平滑节点的控制点之间是相关的，当移动一个控制点时，另外一个控制点也会随之移动，通过平滑节点连接的线段将产生平滑的过渡。

“对称节点”按钮：对称节点的控制点不仅是相关的，而且控制点和控制线的长度也是相等的，从而使得对称节点两边曲线的曲率也是相等的。

1. 选取并移动节点

绘制一个图形，如图 5-124 所示。选择“形状”工具，单击鼠标左键选取节点，如图 5-125 所示。按住鼠标左键拖曳鼠标，节点被移动，如图 5-126 所示。松开鼠标左键，图形调整的效果如图 5-127 所示。

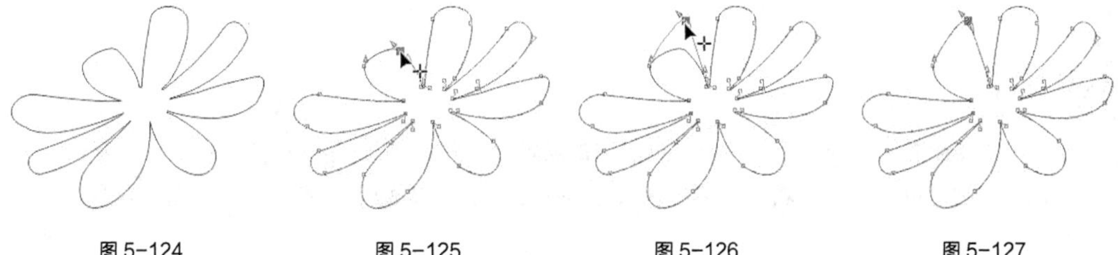

图 5-124　　图 5-125　　图 5-126　　图 5-127

使用“形状”工具选中并拖曳节点上的控制点，如图 5-128 所示。松开鼠标左键，图形调整的效果如图 5-129 所示。

使用“形状”工具圈选图形上的部分节点，如图 5-130 所示。松开鼠标左键，图形中被选中的部分节点如图 5-131 所示。拖曳任意一个被选中的节点，其他被选中的节点也会随之移动。

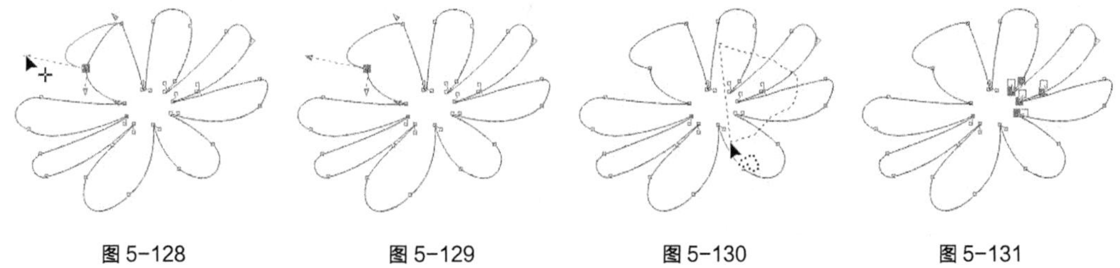

图 5-128　　图 5-129　　图 5-130　　图 5-131

提示

因为在 CorelDRAW X8 中有 3 种节点类型，所以当移动不同类型节点上的控制点时，图形的形状也会有不同形式的变化。

2. 增加或删除节点

绘制一个图形，如图 5-132 所示。使用“形状”工具选择需要增加或删除节点的曲线，在曲线上要增加节点的位置双击鼠标左键，如图 5-133 所示，可以在这个位置增加一个节点，效果如图 5-134 所示。

单击属性栏中的“添加节点”按钮，也可以在曲线上增加节点。

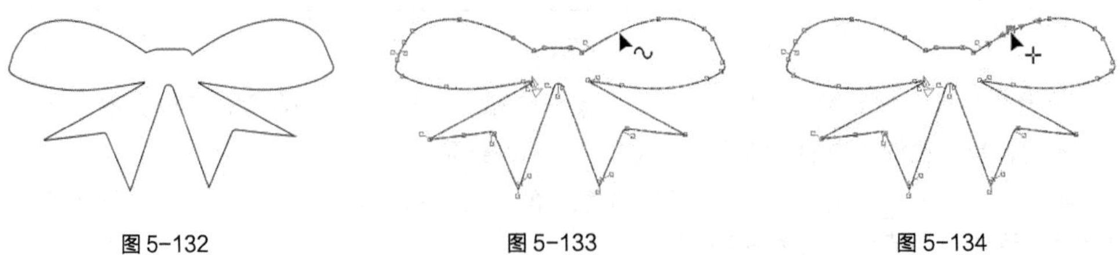

图 5-132　　图 5-133　　图 5-134

将鼠标的光标放在要删除的节点上并双击鼠标左键，如图 5-135 所示，可以删除这个节点，效果如图 5-136 所示。

选中要删除的节点，单击属性栏中的“删除节点”按钮，也可以在曲线上删除选中的节点。

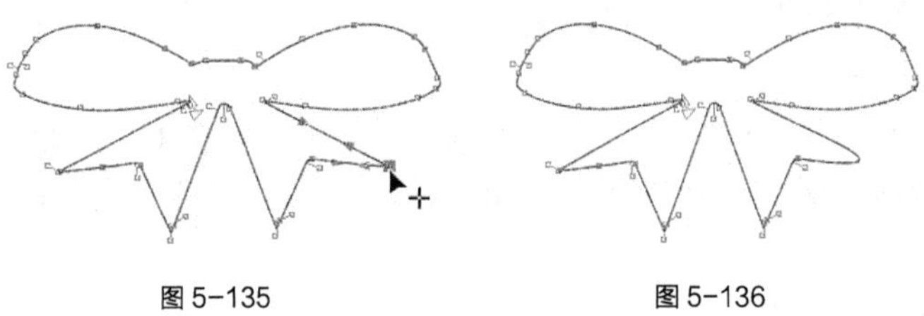

图 5-135　　图 5-136

如果需要在曲线和图形中删除多个节点，可以先按住 Shift 键，再用鼠标选择要删除的多个节点，选择好后按 Delete 键就可以了。当然也可以使用圈选的方法选择需要删除的多个节点，选择好后按 Delete 键即可。

3. 合并和连接节点

绘制一个图形，如图 5-137 所示。选择“形状”工具，按住 Ctrl 键，选取两个需要合并的节点，如图 5-138 所示。单击属性栏中的“连接两个节点”按钮将节点合并，使曲线成为闭合的曲线，如图 5-139 所示。

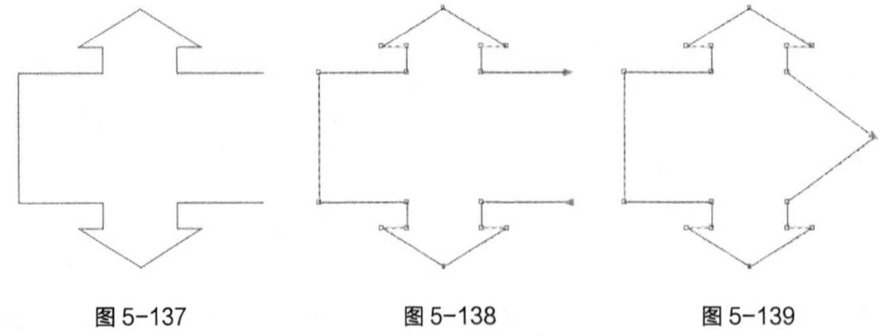

图 5-137　　图 5-138　　图 5-139

使用“形状”工具圈选两个需要连接的节点，单击属性栏中的“闭合曲线”按钮，可以将两个节点以直线连接，使曲线成为闭合的曲线。

4. 断开节点

在曲线中要断开的节点上单击鼠标左键选中该节点，如图 5-140 所示。单击属性栏中的“断开曲线”按钮断开节点，曲线效果如图 5-141 所示。再使用“形状”工具选择并移动节点，曲线的节点被断开，效果如图 5-142 所示。

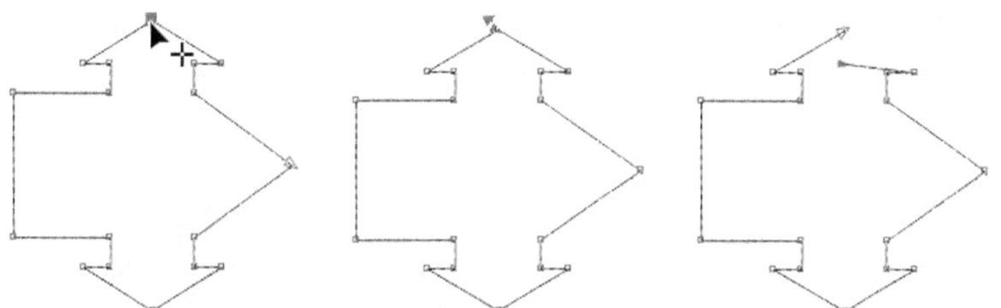

图 5-140　　图 5-141　　图 5-142

在绘制图形的过程中有时需要将开放的路径闭合。选择“对象 > 连接曲线”命令，可以以直线或曲线的方式闭合路径。

5.2.3 编辑曲线的轮廓和端点

通过属性栏可以设置一条曲线的端点和轮廓的样式，这项功能可以帮助用户制作出非常实用的效果。

绘制一条曲线，再使用“选择”工具选取这条曲线，如图 5-143 所示，这时其属性栏如图 5-144 所示。在属性栏中单击“轮廓宽度”右侧的按钮，弹出“轮廓宽度”下拉列表如图 5-145 所示。在其中进行选择，将曲线变宽，效果如图 5-146 所示。也可以在“轮廓宽度”框中输入数值后按 Enter 键，以设置曲线的宽度。

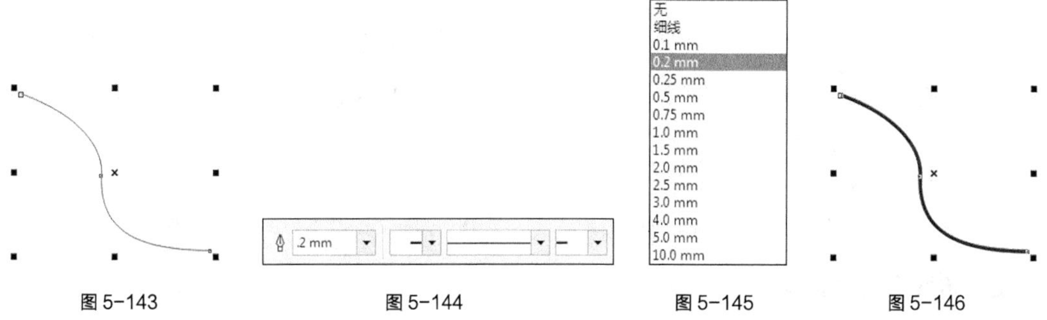

图 5-143　　图 5-144　　图 5-145　　图 5-146

在曲线的属性栏中有 3 个可供用户选择的下拉列表框，按从左到右分别是“起始箭头”、“轮廓样式”和“终止箭头”。单击“起始箭头”右侧的黑色三角按钮，弹出“起始箭头”下拉列表框，如图 5-147 所示。单击需要的箭头样式，则在曲线的起始点处会出现选择的箭头，效果如图 5-148 所示。单击“轮廓样式”右侧的黑色三角按钮，弹出“轮廓样式”下拉列表框，如图 5-149 所示。

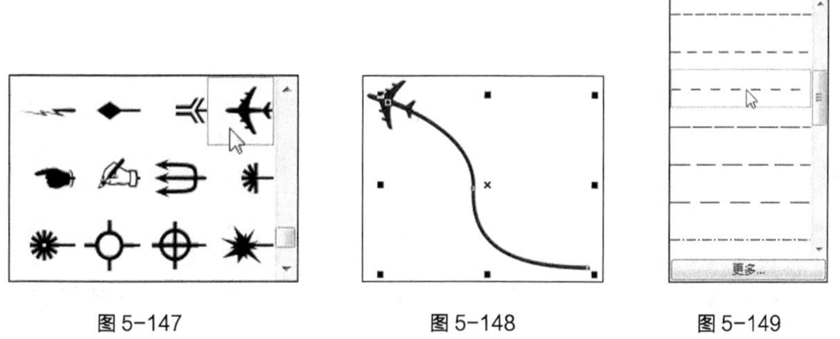

图 5-147　　图 5-148　　图 5-149

单击需要的轮廓样式，则曲线的样式被改变了，效果如图 5-150 所示。单击“终止箭头”右侧的黑色三角按钮，弹出“终止箭头”下拉列表框，如图 5-151 所示。单击需要的箭头样式，则在曲线的终止点处会出现选择的箭头，如图 5-152 所示。

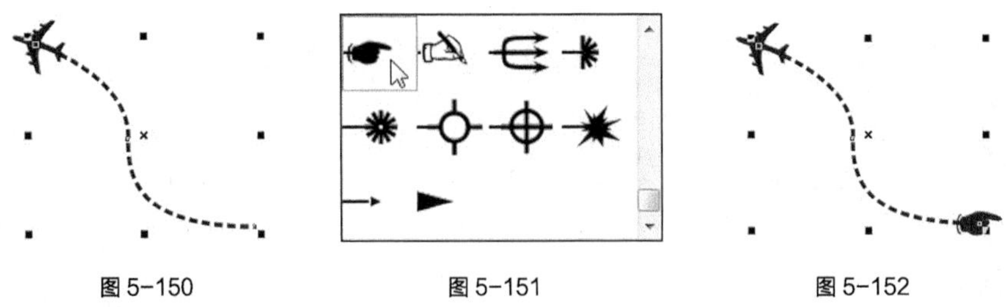

图 5-150　　图 5-151　　图 5-152

5.2.4 编辑和修改几何图形

使用矩形、椭圆形和多边形工具绘制的图形都是简单的几何图形。这类图形有其特殊的属性，图形上的节点比较少，只能对其进行简单的编辑。如果想对其进行更复杂的编辑，就需要将简单的几何图形转换为曲线。

1. 转换为曲线

使用“椭圆形”工具绘制一个椭圆形，如图 5-153 所示。在属性栏中单击“转换为曲线”按钮将椭圆图形转换成曲线图形，在曲线图形上增加了多个节点，如图 5-154 所示。使用“形状”工具拖曳椭圆形上的节点，如图 5-155 所示。松开鼠标左键后可以看到，调整后的图形效果如图 5-156 所示。

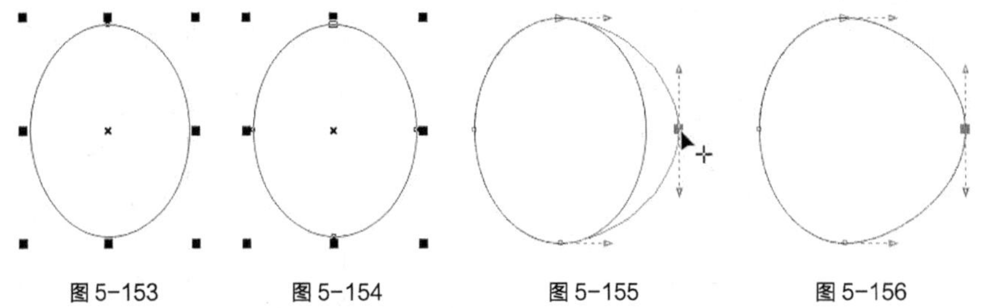

图 5-153　　图 5-154　　图 5-155　　图 5-156

2. 转换直线为曲线

使用“多边形”工具绘制一个多边形，如图 5-157 所示。选择“形状”工具，单击需要选中的节点，如图 5-158 所示。单击属性栏中的“转换为曲线”按钮将直线转换为曲线，可以看到曲线上出现了多个节点，如图 5-159 所示。使用“形状”工具拖曳节点以调整图形，如图 5-160 所示。松开鼠标左键，图形效果如图 5-161 所示。

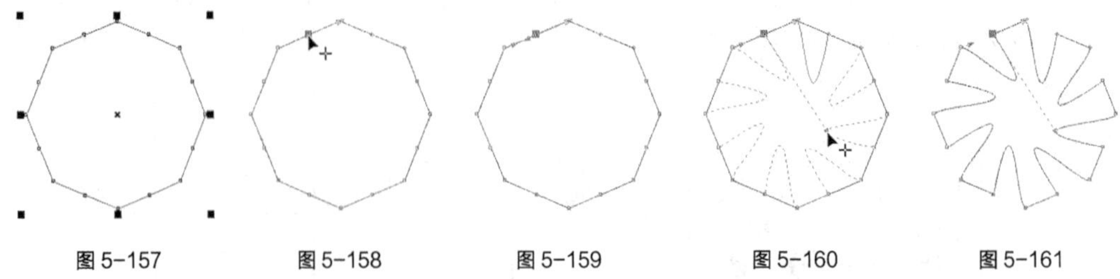

图 5-157　　图 5-158　　图 5-159　　图 5-160　　图 5-161

3. 裁切图形

使用“刻刀”工具可以对单一的图形对象进行裁切，使一个图形被裁切成两个部分。

选择“刻刀”工具，鼠标的光标变为刻刀形状。将光标放到图形上准备裁切的起点位置，待光标变为竖直形状后单击鼠标左键，如图 5-162 所示。移动光标会出现一条裁切线，将鼠标的光标放在裁切的终点位置后单击鼠标左键，如图 5-163 所示，图形裁切完成的效果如图 5-164 所示。使用“选择”工具拖曳裁切后的图形，如图 5-165 所示，裁切的图形被分成了两部分。

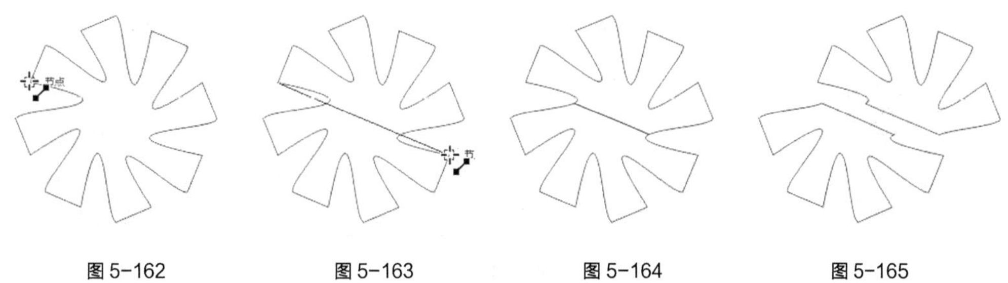

图 5-162　　图 5-163　　图 5-164　　图 5-165

单击“裁切时自动闭合”按钮，在图形被裁切后，裁切的两部分将自动生成闭合的曲线图形，并保留其填充的属性；若不单击此按钮，在图形被裁切后，裁切的两部分将不会自动闭合，同时图形会失去填充属性。

提示

按住 Shift 键，使用“刻刀”工具将以贝塞尔曲线的方式裁切图形。已经经过渐变、群组及特殊效果处理的图形和位图都不能使用刻刀工具来裁切。

4. 擦除图形

使用“橡皮擦”工具可以擦除部分或全部图形，并可以将擦除后图形的剩余部分自动闭合。橡皮擦工具只能对单一的图形对象进行擦除。

绘制一个图形，如图 5-166 所示。选择“橡皮擦”工具，鼠标的光标变为擦除工具图标，单击并按住鼠标左键，拖曳鼠标可以擦除图形，如图 5-167 所示。擦除后的图形效果如图 5-168 所示。

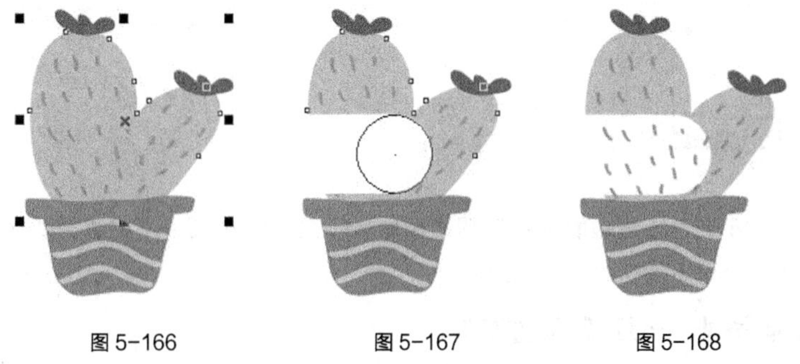

图 5-166　　图 5-167　　图 5-168

“橡皮擦”工具属性栏如图 5-169 所示。用户可在“橡皮擦厚度”1.0 mm框中设置擦除的宽度。单击“减少节点”按钮，可以在擦除时自动平滑边缘；单击“橡皮擦形状”按钮\可以转换橡皮擦的形状为方形或圆形。

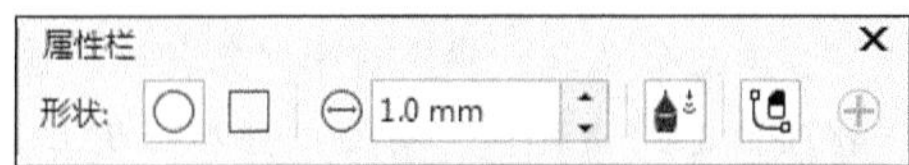

图 5-169

5. 修饰图形

使用“沾染”工具和“粗糙”工具可以修饰已绘制的矢量图形。

绘制一个图形，如图 5-170 所示。选择“沾染”工具，其属性栏如图 5-171 所示。在图上拖曳鼠标，制作出需要的涂抹效果，如图 5-172 所示。

图 5-170　　图 5-171　　图 5-172

绘制一个图形，如图 5-173 所示。选择“粗糙”工具，其属性栏如图 5-174 所示。在图形边缘拖曳，制作出需要的粗糙效果，如图 5-175 所示。

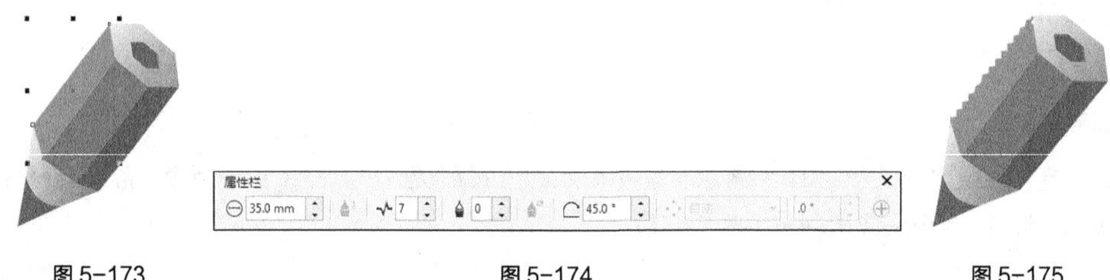

图 5-173　　图 5-174　　图 5-175

提示

“沾染”工具和“粗糙”工具可以应用的矢量对象有：开放/闭合的路径、纯色和交互式渐变填充、交互式透明和交互式阴影效果的对象。不可以应用的矢量对象有：交互式调和、立体化的对象和位图。

5.3 对象的造型

在 CorelDRAW X8 中，造型功能是编辑图形对象非常重要的手段。使用造型功能中的焊接、修剪、相交和简化命令，可以创建出复杂的全新图形。

5.3.1 课堂案例——绘制卡通猫咪

案例学习目标

学习使用图形绘制工具、造型功能绘制卡通猫咪。

案例知识要点

使用椭圆形工具、矩形工具、3点矩形工具、移除前面对象按钮、合并按钮和贝塞尔工具绘制猫咪的头部；使用3点椭圆形工具、移除前面对象按钮、折线工具和形状工具绘制猫咪的五官、腿和尾巴。最终的卡通猫咪效果如图 5-176 所示。

效果所在位置

资源包 > Ch05 > 效果 > 绘制卡通猫咪 .cdr。

图 5-176

1. 绘制猫咪的头部和眼睛

STEP 1 按 Ctrl+N 组合键，弹出“创建新文档”对话框，设置文档的宽度为 200 mm，高度为 200 mm，取向为纵向，原色模式为 CMYK，渲染分辨率为 300 dpi，单击“确定”按钮，创建一个文档。

绘制卡通猫咪 1

STEP 2 选择“椭圆形”工具，在页面中绘制一个椭圆形，如图 5-177 所示。选择“矩形”工具，在适当的位置分别绘制 2 个矩形，如图 5-178 所示。

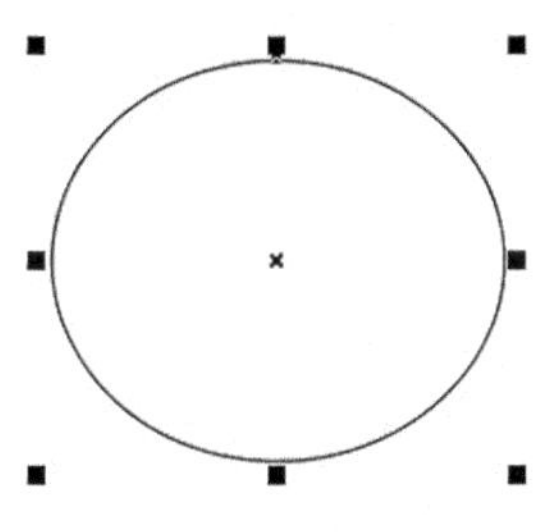

图 5-177

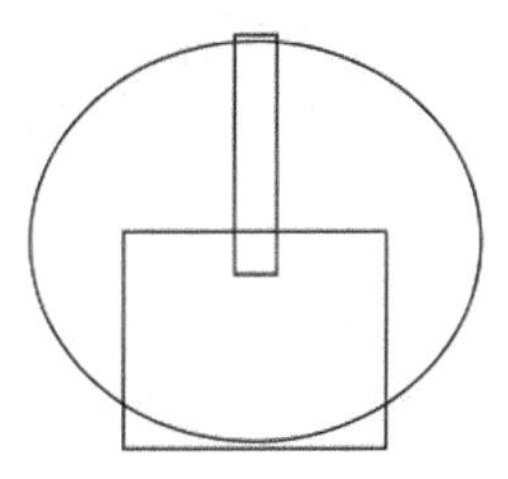

图 5-178

STEP 3 选择“选择”工具选取需要的矩形，单击属性栏中的“转换为曲线”按钮，将图形转换为曲线，如图 5-179 所示。选择“形状”工具，选中并向右拖曳左上角的节点到适当的位置，效果如图 5-180 所示。用相同的方法调整右上角的节点，效果如图 5-181 所示。

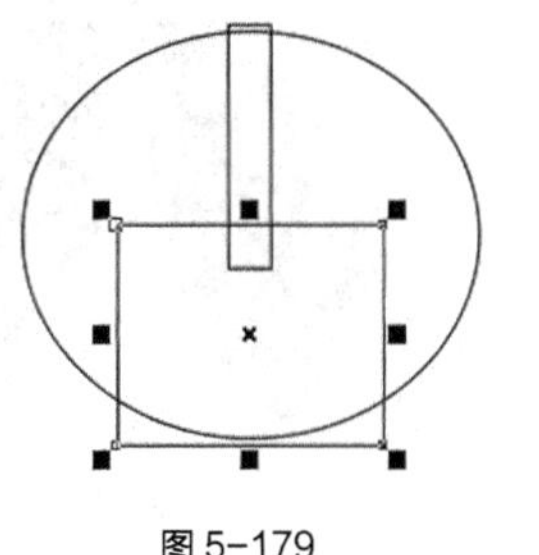

图 5-179

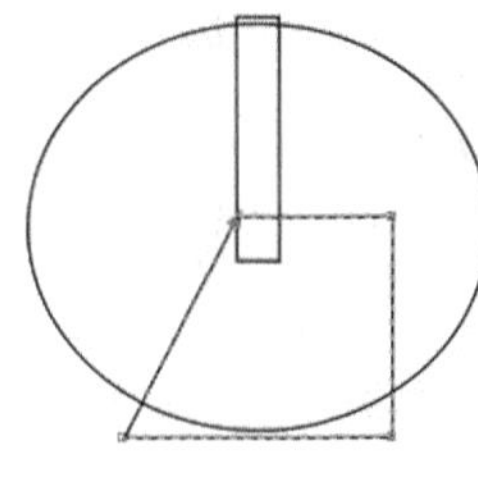

图 5-180

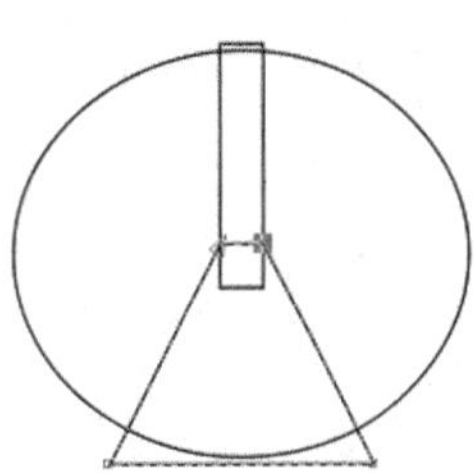

图 5-181

STEP 4 选择“选择”工具，用圈选的方法将所绘制的图形同时选取，如图 5-182 所示，单击属性栏中的“移除前面对象”按钮，将 3 个图形剪切为一个图形，效果如图 5-183 所示。

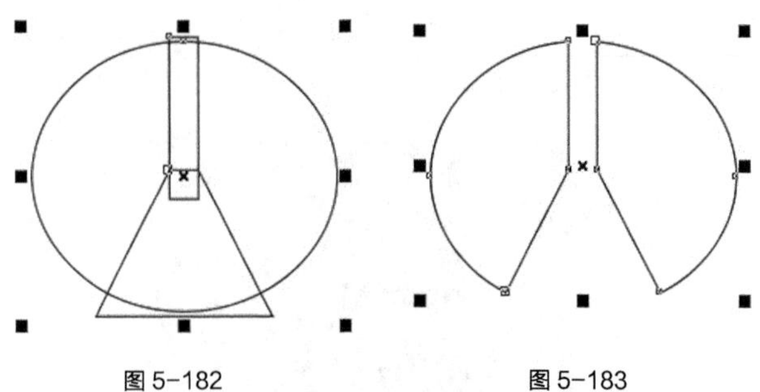

图 5-182　　图 5-183

STEP 5 选择“3 点矩形”工具，在适当的位置拖曳光标绘制一个倾斜矩形，如图 5-184 所示。单击属性栏中的“转换为曲线”按钮，将图形转换为曲线，如图 5-185 所示。

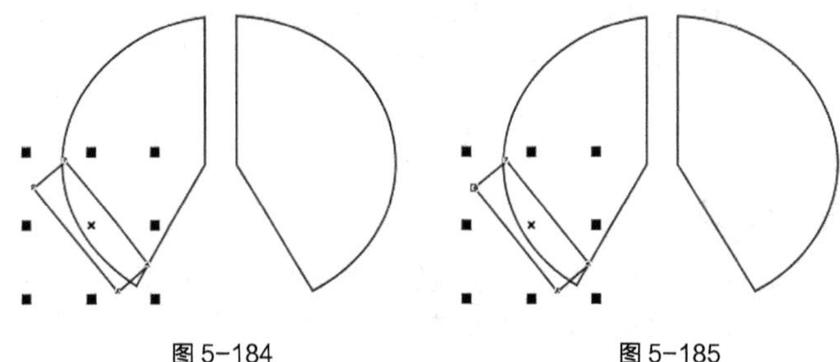

图 5-184　　图 5-185

STEP 6 选择“形状”工具，选中并向下拖曳右上角的节点到适当的位置，效果如图 5-186 所示。用相同的方法调整左下角的节点，效果如图 5-187 所示。

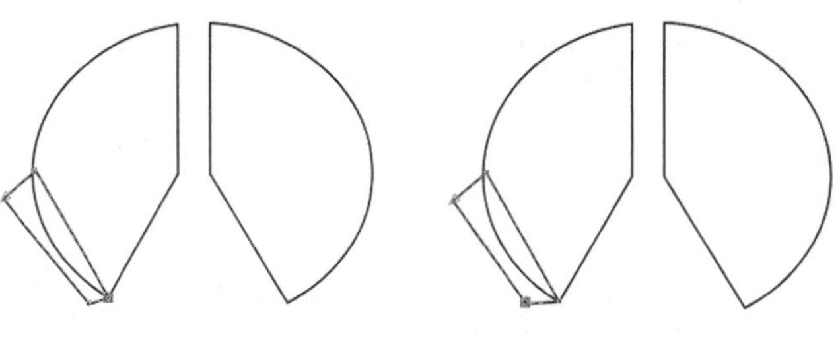

图 5-186　　图 5-187

STEP 7 选择“选择”工具，用圈选的方法将所绘制的图形同时选取，如图 5-188 所示，单击属性栏中的“合并”按钮合并图形，如图 5-189 所示。填充图形为黑色，并去除图形的轮廓线，效果如图 5-190 所示。

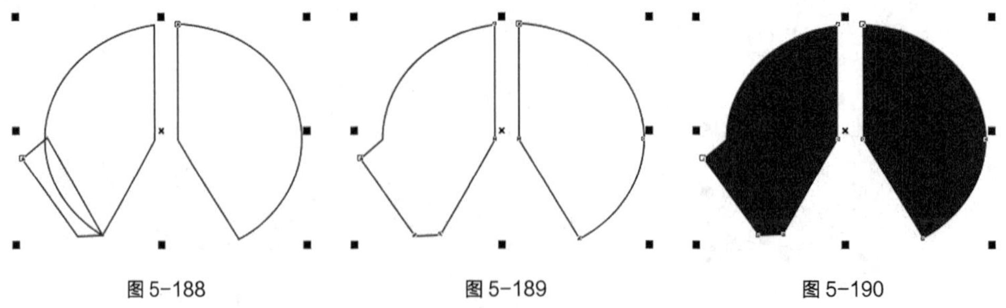

图 5-188　　图 5-189　　图 5-190

STEP 8 选择“椭圆形”工具，在适当的位置绘制一个椭圆形，如图 5-191 所示，设置图形颜色的 CMYK 值为 0、5、10、0，填充图形并去除图形的轮廓线，效果如图 5-192 所示。按

Ctrl+PageDown 组合键，将图形向后移一层，效果如图 5-193 所示。

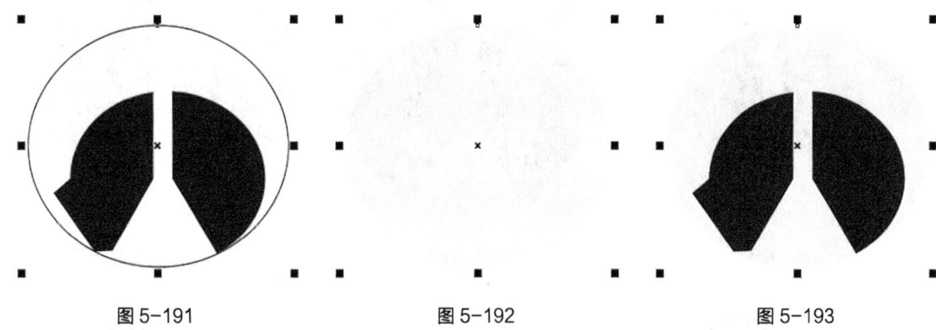

图 5-191　　图 5-192　　图 5-193

STEP 9 选择“贝塞尔”工具，在适当的位置分别绘制不规则图形，如图 5-194 所示。选择“选择”工具，按住 Shift 键的同时，依次单击不规则图形将其同时选取，填充图形为黑色，并去除图形的轮廓线，效果如图 5-195 所示。

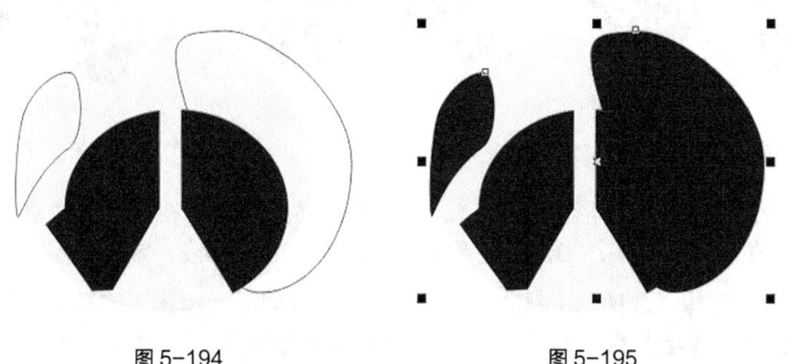

图 5-194　　图 5-195

STEP 10 选择“对象 > PowerClip > 置于图文框内部”命令，鼠标光标变为黑色箭头形状，在矩形上单击鼠标左键，如图 5-196 所示，将图片置入椭圆形中，效果如图 5-197 所示。

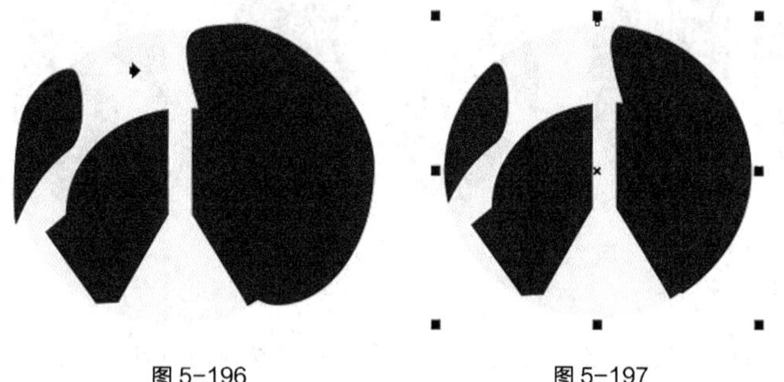

图 5-196　　图 5-197

STEP 11 选择“椭圆形”工具，按住 Ctrl 键的同时，在适当的位置绘制一个圆形，效果如图 5-198 所示。选择“选择”工具，按住 Shift 键的同时，向内拖曳圆形右上角的控制手柄到适当的位置，再单击鼠标右键复制一个圆形，效果如图 5-199 所示。垂直向下拖曳复制的圆形到适当的位置，效果如图 5-200 所示。（为了方便读者观看，这里以白色显示。）

STEP 12 选择“选择”工具，按住 Shift 键的同时，单击大圆形将其同时选取，如图 5-201 所示。单击属性栏中的“移除前面对象”按钮，将两个图形剪切为一个图形，效果如图 5-202 所示。设置图形颜色的 CMYK 值为 44、0、24、0，填充图形并去除图形的轮廓线，效果如图 5-203 所示。

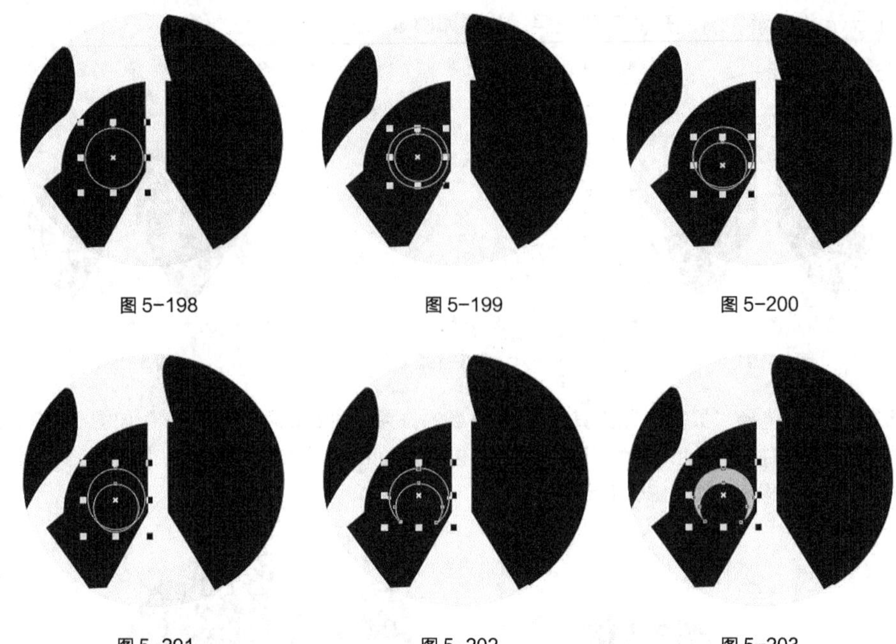

图 5-198　　图 5-199　　图 5-200

图 5-201　　图 5-202　　图 5-203

STEP 13 选择“椭圆形”工具，按住 Ctrl 键的同时，在适当的位置绘制一个圆形，设置图形颜色的 CMYK 值为 0、5、10、0，填充图形并去除图形的轮廓线，效果如图 5-204 所示。

STEP 14 选择“选择”工具，按住 Shift 键的同时，单击下方剪切图形将其同时选取，如图 5-205 所示，按数字键盘上的 + 键复制图形。按住 Shift 键的同时，水平向右拖曳复制的图形到适当的位置，效果如图 5-206 所示。

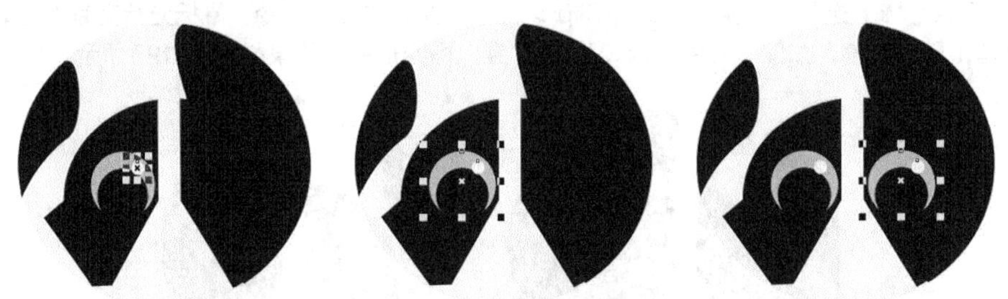

图 5-204　　图 5-205　　图 5-206

STEP 15 选择“椭圆形”工具，在适当的位置分别绘制 2 个椭圆形，如图 5-207 所示。选择“选择”工具，按住 Shift 键的同时，依次单击两个椭圆形将其同时选取，如图 5-208 所示。单击属性栏中的“移除前面对象”按钮，将两个图形剪切为一个图形，效果如图 5-209 所示。

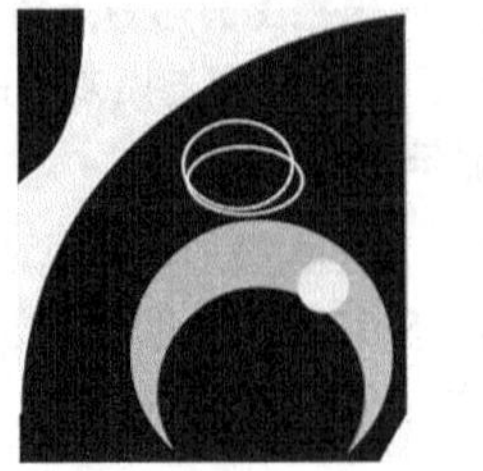

图 5-207

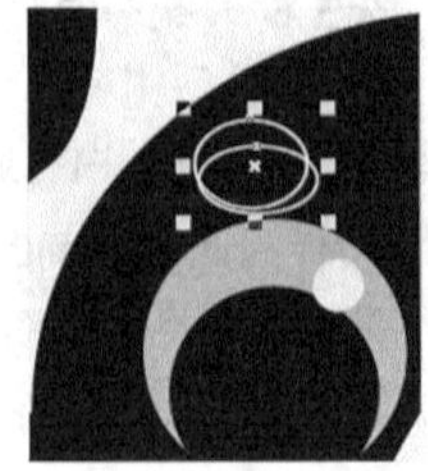

图 5-208

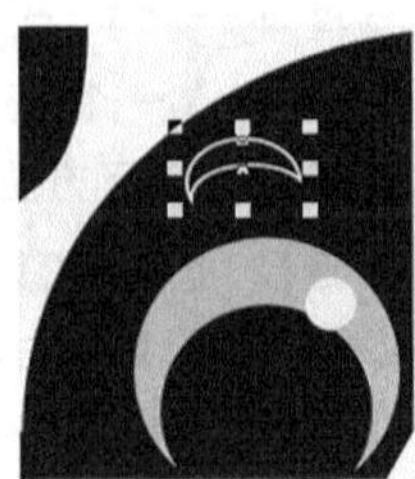

图 5-209

STEP 16 保持图形选取状态，设置图形颜色的 CMYK 值为 0、5、10、0，填充图形并去除图形的轮廓线，效果如图 5-210 所示。

STEP 17 按数字键盘上的 + 键复制图形。选择“选择”工具，按住 Shift 键的同时，水平向右拖曳复制的图形到适当的位置，效果如图 5-211 所示。单击属性栏中的“水平镜像”按钮，水平翻转图形，效果如图 5-212 所示。

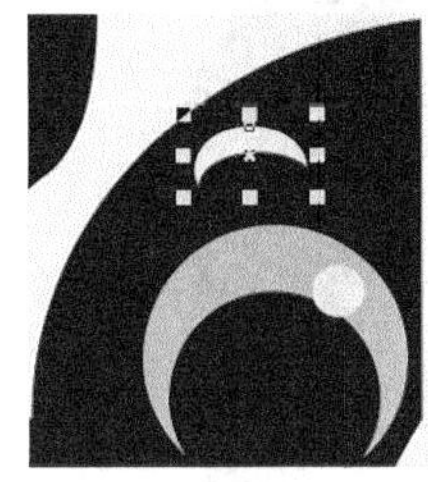

图 5-210

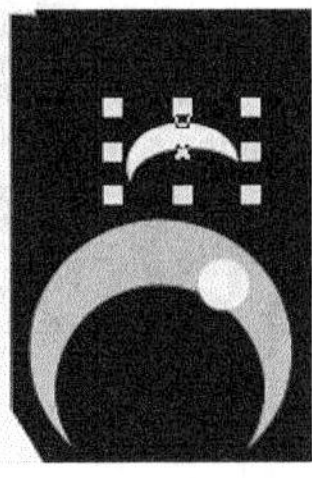

图 5-211

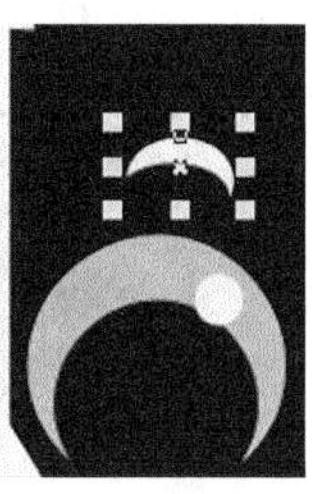

图 5-212

2. 绘制猫咪的胡须和其他元素

绘制卡通猫咪 2

STEP 1 选择“3 点椭圆形”工具，在适当的位置拖曳光标绘制一个倾斜的椭圆形，如图 5-213 所示。按数字键盘上的 + 键复制图形，向上微调复制的图形到适当的位置，效果如图 5-214 所示。

STEP 2 选择“选择”工具，按住 Shift 键的同时，单击原椭圆形将其同时选取，如图 5-215 所示。单击属性栏中的“移除前面对象”按钮，将两个图形剪切为一个图形，效果如图 5-216 所示。

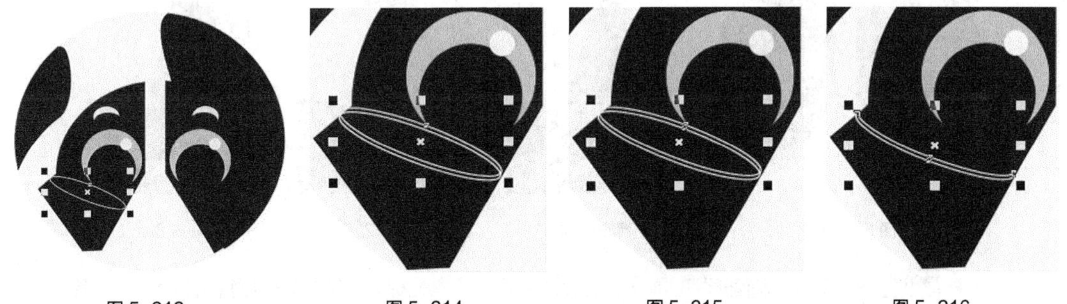

图 5-213　图 5-214　图 5-215　图 5-216

STEP 3 保持图形处于选取状态。设置图形颜色的 CMYK 值为 0、5、10、0，填充图形，效果如图 5-217 所示。用相同的方法制作其他胡须，效果如图 5-218 所示。选择“选择”工具，用圈选的方法将所绘制的胡须同时选取，如图 5-219 所示，按 Ctrl+G 组合键将其群组。

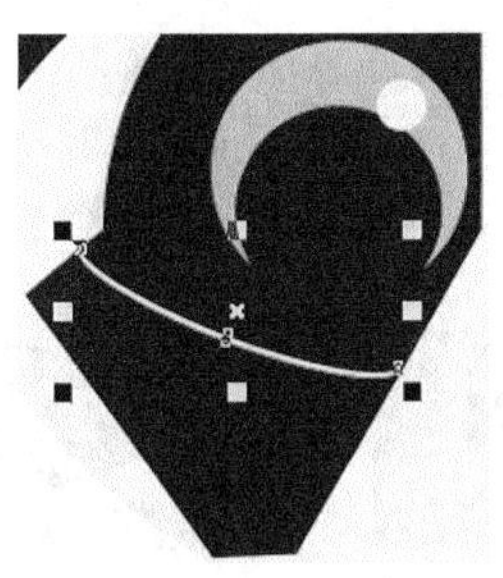

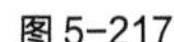

图 5-217

图 5-218

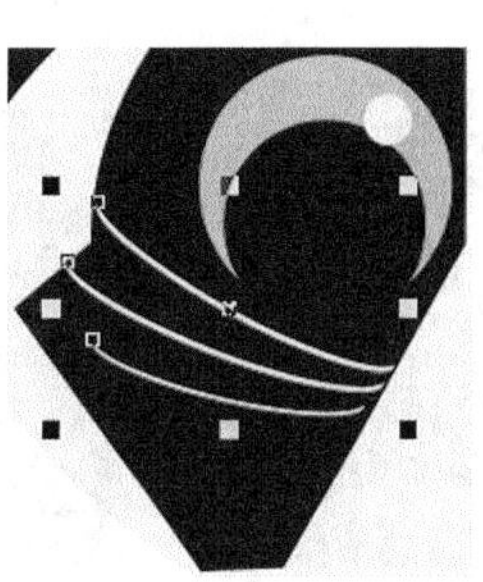

图 5-219

STEP 4 按数字键盘上的 + 键复制图形。选择“选择”工具，按住 Shift 键的同时，水平向右拖曳复制的图形到适当的位置，效果如图 5-220 所示。单击属性栏中的“水平镜像”按钮水平翻转图形，效果如图 5-221 所示。在“无填充”按钮☒上单击鼠标右键，去除图形的轮廓线，效果如图 5-222 所示。

图 5-220　　图 5-221　　图 5-222

STEP 5 选择“折线”工具，在适当的位置分别绘制不规则图形，如图 5-223 所示。选择“选择”工具，选取右侧的图形，并填充图形为黑色，去除图形的轮廓线后效果如图 5-224 所示。（为了方便读者观看，这里以红色显示。）

STEP 6 选取左侧的图形，设置图形颜色的 CMYK 值为 0、88、100、0，填充图形，效果如图 5-225 所示。按住 Shift 键的同时，单击右侧的图形将其同时选取，连续按 Ctrl+PageDown 组合键，将图形向后移至适当的位置，效果如图 5-226 所示。

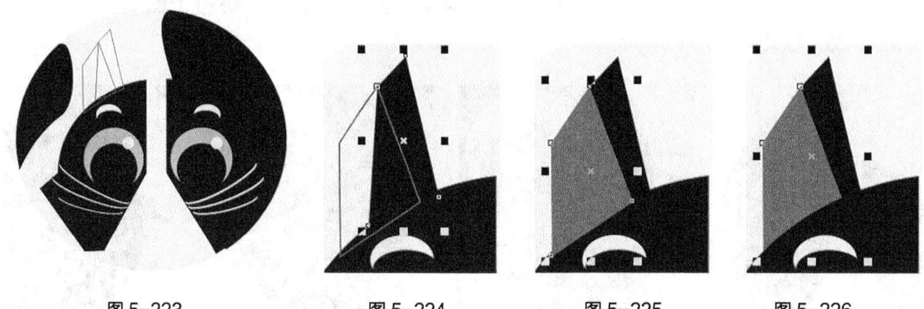

图 5-223　　图 5-224　　图 5-225　　图 5-226

STEP 7 选择“3 点椭圆形”工具，在适当的位置拖曳光标分别绘制 2 个倾斜的椭圆形，如图 5-227 所示。选择“选择”工具，按住 Shift 键的同时，依次单击椭圆形将其同时选取，如图 5-228 所示。

STEP 8 单击属性栏中的“移除前面对象”按钮，将两个图形剪切为一个图形，效果如图 5-229 所示。设置图形颜色的 CMYK 值为 0、5、10、0，填充图形并去除图形的轮廓线，效果如图 5-230 所示。

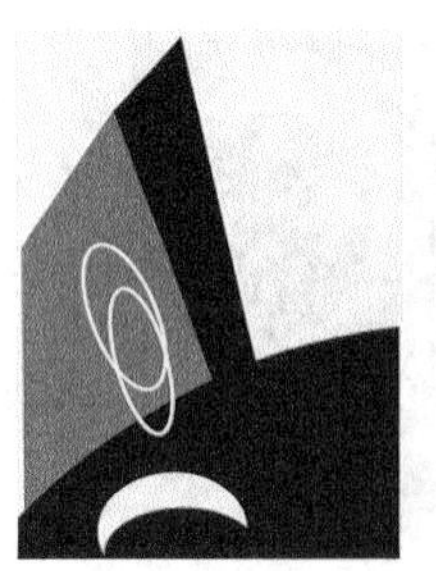

图 5-227

图 5-228

图 5-229

图 5-230

STEP 9 用相同的方法再绘制一个图形，效果如图5-231所示。选择“选择”工具，按住Shift键的同时，依次单击需要的图形将其同时选取，如图5-232所示。

图5-231

图5-232

STEP 10 按数字键盘上的+键复制图形。选择“选择”工具，按住Shift键的同时，水平向右拖曳复制的图形到适当的位置，效果如图5-233所示。单击属性栏中的“水平镜像”按钮水平翻转图形，效果如图5-234所示。选择“椭圆形”工具，在适当的位置分别绘制2个椭圆形，如图5-235所示。

图5-233 图5-234 图5-235

STEP 11 选择“选择”工具，按住Shift键的同时依次单击两个椭圆形将其同时选取，如图5-236所示。单击属性栏中的“移除前面对象”按钮，将两个图形剪切为一个图形，效果如图5-237所示。设置图形颜色的CMYK值为0、88、100、0，填充图形并去除图形的轮廓线，效果如图5-238所示。

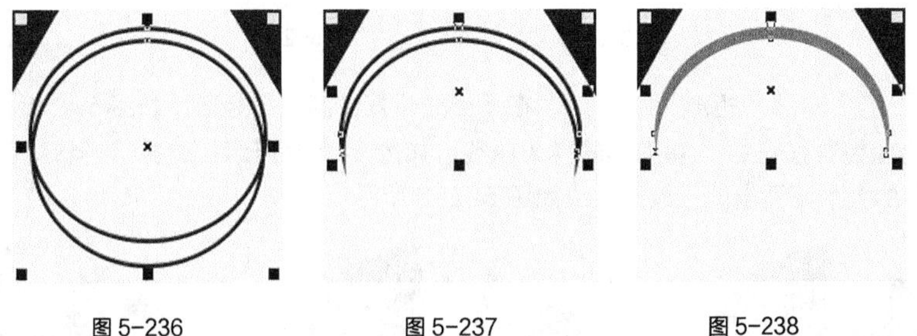
图5-236 图5-237 图5-238

STEP 12 按数字键盘上的+键复制图形。选择“选择”工具，按住Shift键的同时，垂直向下拖曳复制的图形到适当的位置，效果如图5-239所示。填充图形为黑色，效果如图5-240所示。

STEP 13 选择“选择”工具，按住Shift键的同时向内拖曳右上角的控制手柄，等比例缩小图形后的效果如图5-241所示。单击属性栏中的“垂直镜像”按钮垂直翻转图形，效果如图5-242所示。

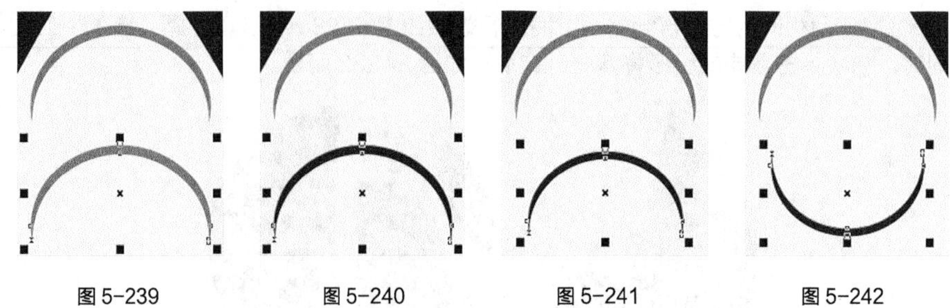

图 5-239　　图 5-240　　图 5-241　　图 5-242

STEP 14 选择“椭圆形”工具，在适当的位置绘制一个椭圆形，如图 5-243 所示。选择“选择”工具，按住 Shift 键的同时，单击下方的橘红色图形将其同时选取，如图 5-244 所示。单击属性栏中的“合并”按钮合并图形，如图 5-245 所示。

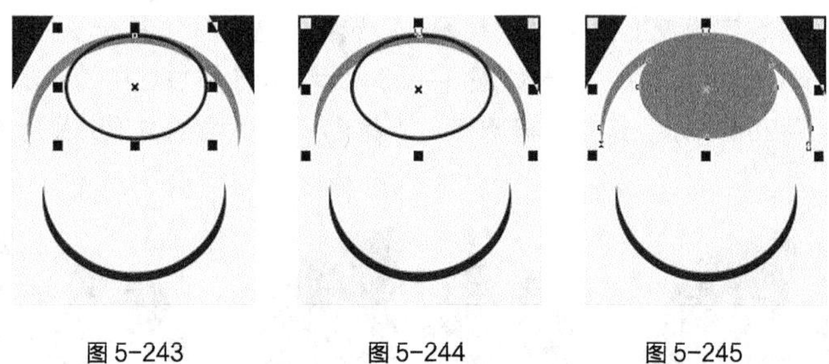

图 5-243　　图 5-244　　图 5-245

STEP 15 选择“矩形”工具，在适当的位置绘制一个矩形，填充图形为黑色，并去除图形的轮廓线，效果如图 5-246 所示。连续按 Ctrl+PageDown 组合键，将图形向后移至适当的位置，效果如图 5-247 所示。

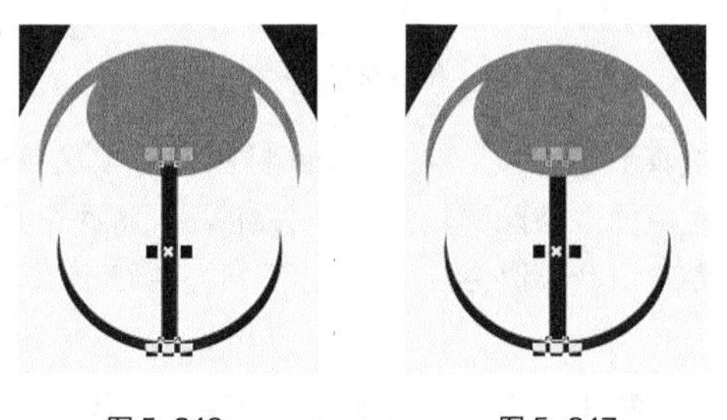

图 5-246　　图 5-247

STEP 16 选择“矩形”工具，在适当的位置绘制一个矩形，如图 5-248 所示。单击属性栏中的“转换为曲线”按钮，将图形转换为曲线，如图 5-249 所示。选择“形状”工具，选中并向右拖曳左上角的节点到适当的位置，效果如图 5-250 所示。

图 5-248　　图 5-249　　图 5-250

STEP 17 选择“选择”工具选取图形，设置图形颜色的 CMYK 值为 0、5、10、0，填充图形并去除图形的轮廓线，效果如图 5-251 所示。按 Shift+PageDown 组合键，将图形移至图层后面，效果如图 5-252 所示。

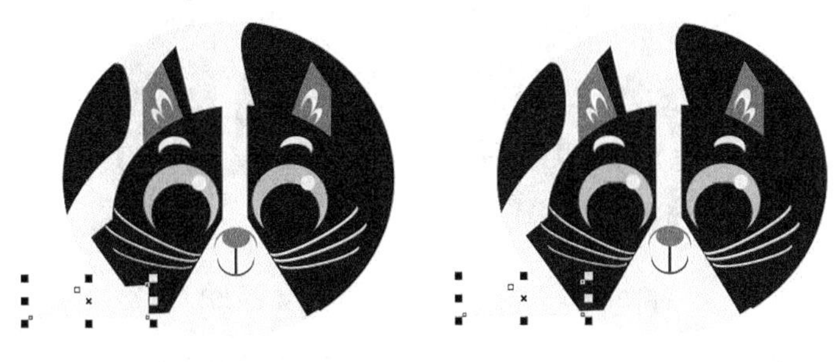

图 5-251　　图 5-252

STEP 18 按数字键盘上的 + 键复制图形，如图 5-253 所示。选择“形状”工具，在适当的位置双击鼠标左键添加一个节点，如图 5-254 所示。

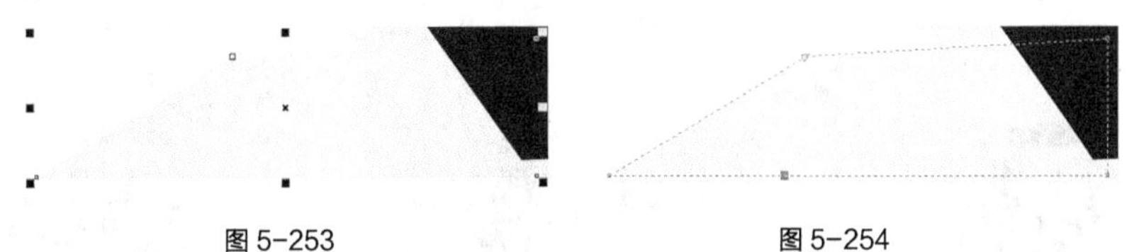

图 5-253　　图 5-254

STEP 19 使用“形状”工具，在右侧不需要的节点上双击鼠标左键删除该节点，如图 5-255 所示。选择“选择”工具选取图形，填充图形为黑色，效果如图 5-256 所示。

图 5-255　　图 5-256

STEP 20 选择“选择”工具，用圈选的方法将两个图形同时选取，如图 5-257 所示，按数字键盘上的 + 键复制图形。按住 Shift 键的同时，水平向右拖曳复制的图形到适当的位置，效果如图 5-258 所示。单击属性栏中的“水平镜像”按钮水平翻转图形，效果如图 5-259 所示。

图 5-257　　图 5-258　　图 5-259

STEP 21 选择“折线”工具，在适当的位置拖曳光标绘制不规则图形，如图 5-260 所示。填充图形为黑色，并去除图形的轮廓线，效果如图 5-261 所示。

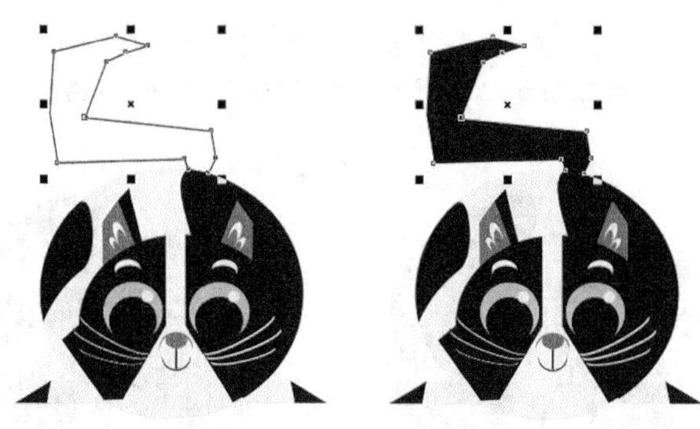

图 5-260　　图 5-261

STEP 22 双击“矩形”工具，绘制一个与页面大小相等的矩形，如图 5-262 所示。设置图形颜色的 CMYK 值为 44、0、24、0，填充图形并去除图形的轮廓线，效果如图 5-263 所示。至此，卡通猫咪绘制完成，效果如图 5-264 所示。

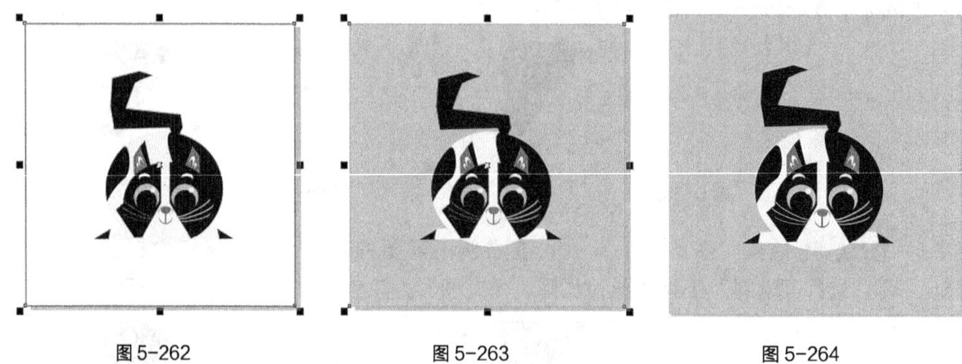

图 5-262　　图 5-263　　图 5-264

5.3.2 焊接

焊接是将几个图形结合成一个图形，新的图形轮廓由被焊接的图形边界组成，被焊接图形的交叉线都将消失。

使用“选择”工具选中要焊接的图形，如图 5-265 所示。选择“窗口 > 泊坞窗 > 造型”命令，弹出如图 5-266 所示的“造型”泊坞窗。在“造型”泊坞窗中选择“焊接”选项，再单击“焊接到”按钮 焊接到 ，将鼠标的光标放到目标对象上单击，如图 5-267 所示。焊接后的效果如图 5-268 所示，新生成图形对象的轮廓和颜色填充与目标对象完全相同。

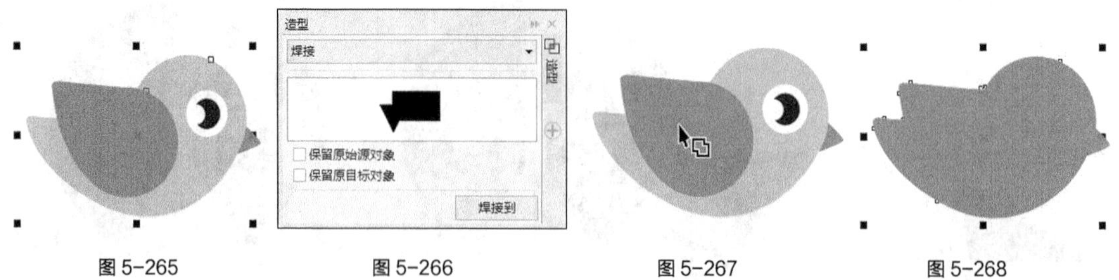

图 5-265　　图 5-266　　图 5-267　　图 5-268

在进行焊接操作之前，可以在“造型”泊坞窗中设置是否“保留原始源对象”和“保留原目标对象”。这里勾选“保留原始源对象”和“保留原目标对象”复选框，如图 5-269 所示。在焊接图形对象时，原始源对象和原目标对象都被保留的效果如图 5-270 所示。

保留原始源对象和原目标对象对“修剪”和“相交”功能也适用。

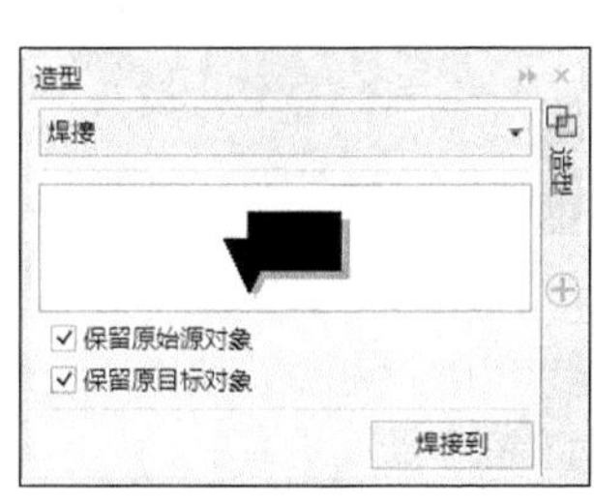

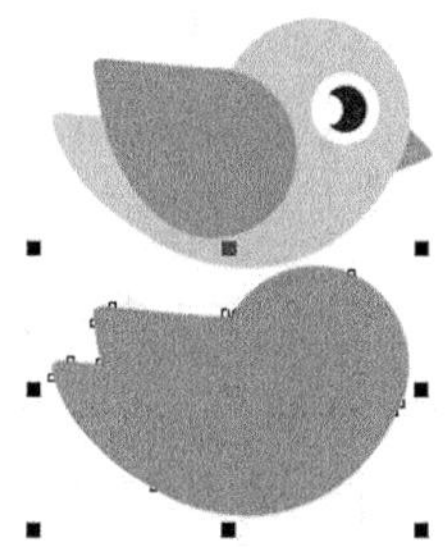

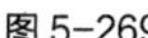

图 5-269　　图 5-270

选择几个要焊接的图形后，再选择“对象 > 造型 > 合并”命令，或单击属性栏中的“合并”按钮，都可完成多个对象的焊接。

5.3.3 修剪

修剪是将原目标对象与原始源对象的相交部分裁掉，使原目标对象的形状被更改。修剪后的目标对象保留其填充和轮廓属性。

使用“选择”工具选择其中的原始源对象，如图 5-271 所示。在“造型”泊坞窗中选择“修剪”选项，如图 5-272 所示。单击“修剪”按钮，将鼠标的光标放到原目标对象上单击，如图 5-273 所示。修剪后的效果如图 5-274 所示，修剪后的原目标对象保留其填充和轮廓属性。

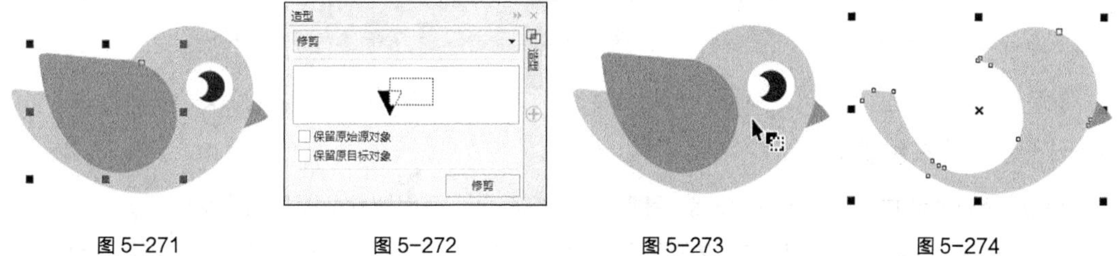

图 5-271　　图 5-272　　图 5-273　　图 5-274

选择“对象 > 造形 > 修剪”命令，或单击属性栏中的“修剪”按钮，也可以完成修剪，原始源对象和被修剪的原目标对象会同时存在于绘图页面中。

圈选多个图形时，在最底层的图形对象就是目标对象。按住 Shift 键选择多个图形时，最后选中的图形就是目标对象。

5.3.4 相交

相交是将两个或两个以上对象的相交部分保留，使相交的部分成为一个新的图形对象。新创建图形对象的填充和轮廓属性将与目标对象相同。

使用“选择”工具选择其中的原始源对象，如图 5-275 所示。在“造型”泊坞窗中选择“相交”

选项，如图 5-276 所示。单击“相交对象”按钮 相交对象，将鼠标的光标放到原目标对象上单击，如图 5-277 所示。相交后的效果如图 5-278 所示，相交后图形对象将保留原目标对象的填充和轮廓属性。

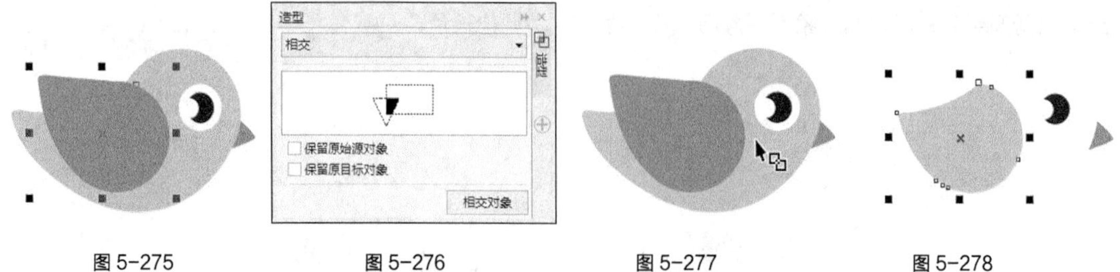

图 5-275　图 5-276　图 5-277　图 5-278

选择“对象 > 造型 > 相交”命令，或单击属性栏中的“相交”按钮，也可以完成相交裁切。原始源对象和原目标对象以及相交后的新图形对象同时存在于绘图页面中。

5.3.5 简化

简化是减去后面图形和前面图形的重叠部分，并保留前面图形和后面图形的状态。

使用“选择”工具选中两个相交的图形对象，如图 5-279 所示。在“造型”泊坞窗中选择“简化”选项，如图 5-280 所示。单击“应用”按钮 应用 图形的简化效果如图 5-281 所示。

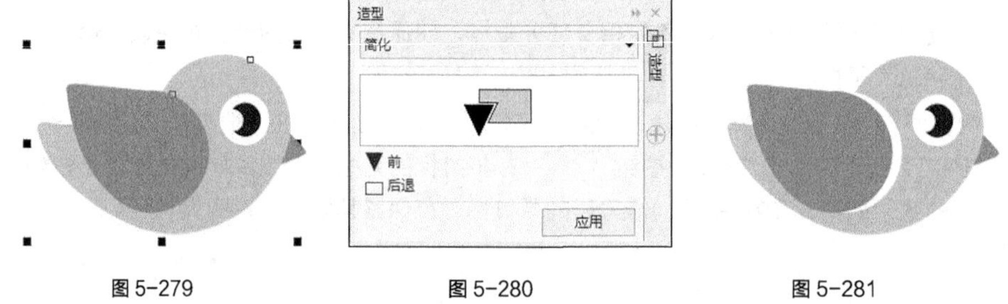

图 5-279　图 5-280　图 5-281

选择“对象 > 造型 > 简化”命令，或单击属性栏中的“简化”按钮，也可以完成图形的简化。

5.3.6 移除后面对象

移除后面对象会减去后面图形以及前后图形的重叠部分，而保留前面图形的剩余部分。

使用“选择”工具选中两个相交的图形对象，如图 5-282 所示。在“造型”泊坞窗中选择“移除后面对象”选项，如图 5-283 所示，单击“应用”按钮 应用 移除后面对象，效果如图 5-284 所示。

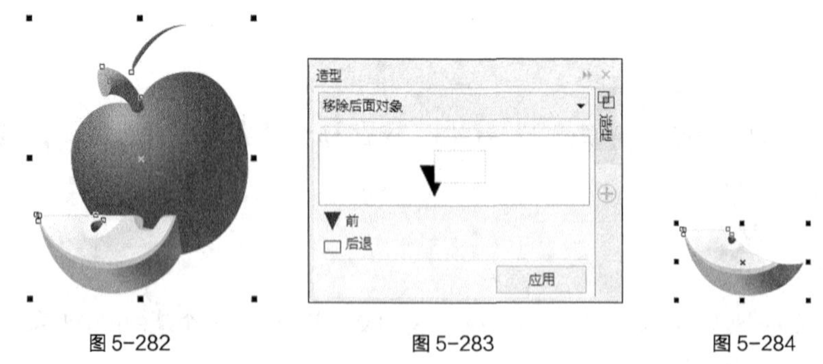

图 5-282　图 5-283　图 5-284

选择“对象 > 造型 > 移除后面对象”命令，或单击属性栏中的“移除后面对象”按钮，也可以完成图形的前减后操作。

5.3.7 移除前面对象

移除前面对象会减去前面图形以及前后图形的重叠部分，而保留后面图形的剩余部分。

使用“选择”工具选中两个相交的图形对象，如图 5-285 所示。在“造型”泊坞窗中选择“移除前面对象”选项，如图 5-286 所示。单击“应用”按钮 应用 移除前面对象，效果如图 5-287 所示。

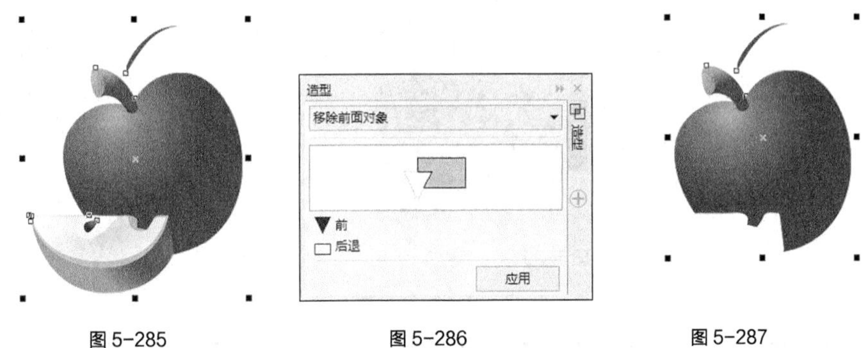

图 5-285　　图 5-286　　图 5-287

选择“对象 > 造型 > 移除前面对象”命令，或单击属性栏中的“移除前面对象”按钮，也可以完成图形的后减前操作。

5.3.8 边界

边界是可以快速创建一个所选图形的共同边界。

使用“选择”工具选中要创建边界的图形对象，如图 5-288 所示。在“造型”泊坞窗中选择“边界”选项，如图 5-289 所示。单击“应用”按钮 应用 ，边界效果如图 5-290 所示。

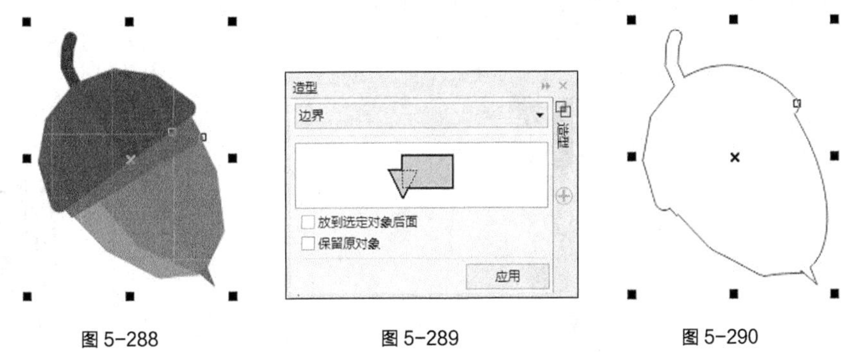

图 5-288　　图 5-289　　图 5-290

选择“对象 > 造型 > 边界”命令，或单击属性栏中的“边界”按钮，也可以完成图形的共同边界的创建。

5.4 课堂练习——绘制鲸鱼插画

练习知识要点

使用矩形工具、手绘工具和填充工具绘制插画背景；使用矩形工具、椭圆形工具、移除前面对象按钮、贝塞尔工具绘制鲸鱼；使用艺术笔工具绘制水花；使用手绘工具和轮廓笔工具绘制海鸥。最终绘制的插画效果如图 5-291 所示。

效果所在位置

资源包 > Ch05 > 效果 > 绘制鲸鱼插画 .cdr。

图 5-291

绘制鲸鱼插画

5.5 课后习题——制作环境保护 App 引导页

习题知识要点

使用艺术笔工具、旋转角度选项绘制狐狸、树和树叶图形；使用椭圆形工具绘制阴影。最终的效果如图 5-292 所示。

效果所在位置

资源包 > Ch05 > 效果 > 制作环境保护 App 引导页 .cdr。

图 5-292

制作环境保护 App 引导页

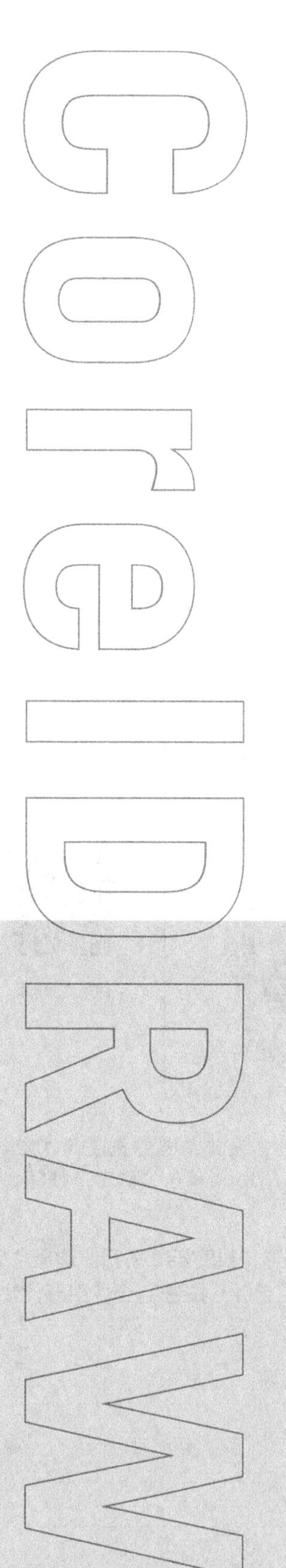

Chapter 6

第6章 编辑轮廓线和填充颜色

在CorelDRAW X8中，绘制一个图形时需要先绘制出该图形的轮廓线，并按设计的需求对轮廓线进行编辑。编辑完成后，就可以使用色彩进行渲染。优秀的设计作品中，色彩的运用非常重要。通过本章的学习，读者可以制作出不同效果的图形轮廓线，了解并掌握各种颜色的填充方式和填充技巧。

课堂学习目标

- 熟练掌握轮廓工具和均匀填充的技巧
- 熟练掌握渐变填充和图样填充的操作
- 熟练掌握其他填充的技巧

6.1 编辑轮廓线和均匀填充

在 CorelDRAW X8 中，提供了丰富的轮廓线和填充设置，可以制作出精美的轮廓线和填充效果。下面具体介绍编辑轮廓线和均匀填充的方法及技巧。

6.1.1 课堂案例——绘制送餐图标

案例学习目标

学习使用图形绘制工具、轮廓笔工具、编辑样式按钮和填充工具绘制送餐图标。

案例知识要点

使用图形绘制工具、合并按钮、形状工具、移除前面对象按钮和轮廓笔工具绘制车身和车轮；使用手绘工具、编辑样式按钮、矩形工具绘制车头和大灯。送餐图标效果如图 6-1 所示。

效果所在位置

资源包 > Ch06 > 效果 > 绘制送餐图标 .cdr。

图 6-1

绘制送餐图标

STEP 1 按 Ctrl+N 组合键，弹出“创建新文档”对话框，设置文档的宽度为 1024 px，高度为 1024 px，取向为纵向，原色模式为 RGB，渲染分辨率为 72 dpi，单击“确定”按钮，创建一个文档。

STEP 2 选择“矩形”工具，在页面中分别绘制 2 个矩形，如图 6-2 所示。选择“选择”工具，用圈选的方法将所绘制的矩形同时选取，单击属性栏中的“合并”按钮合并图形，效果如图 6-3 所示。

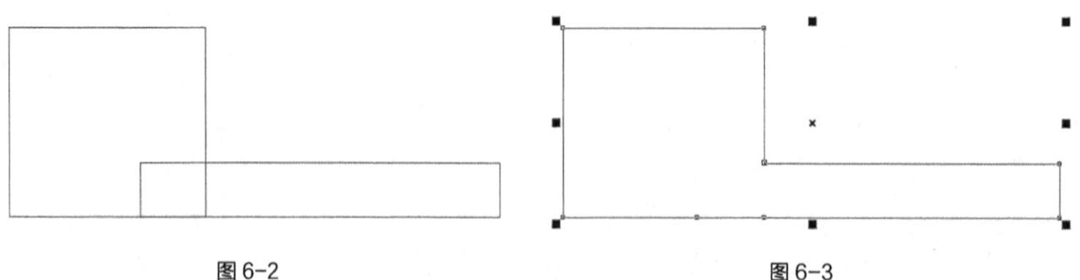

图 6-2　　图 6-3

STEP 3 选择“形状”工具，向左拖曳左下角的节点到适当的位置，效果如图 6-4 所示。选择“选择”工具，设置图形颜色的 RGB 值为 230、34、41，填充图形，效果如图 6-5 所示。

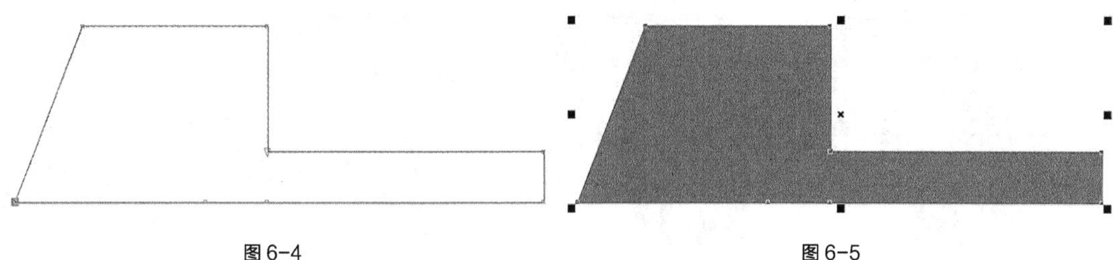

图 6-4　　图 6-5

STEP 4 按 F12 键，弹出“轮廓笔”对话框，在“颜色”下拉列表框中设置轮廓线的颜色为黑色，其他选项的设置如图 6-6 所示。单击“确定”按钮，效果如图 6-7 所示。

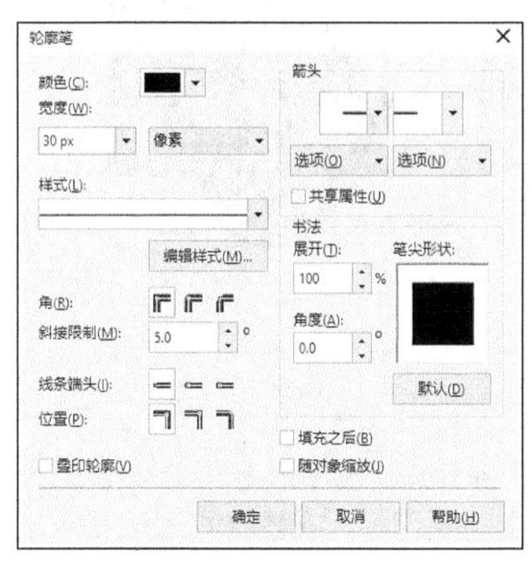

图 6-6

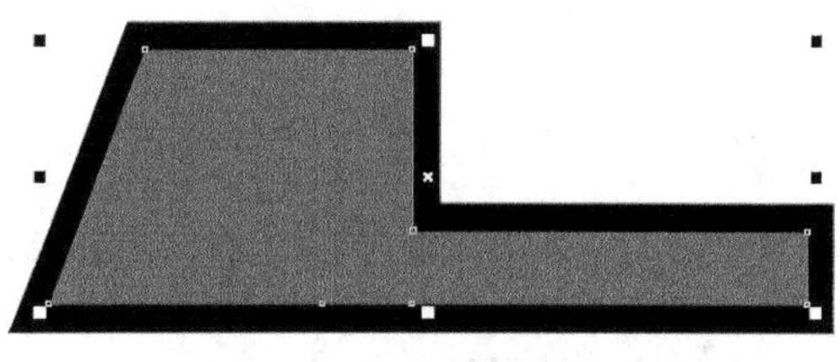

图 6-7

STEP 5 选择“椭圆形”工具，按住 Ctrl 键的同时，在适当的位置绘制一个圆形，如图 6-8 所示。选择“属性滴管”工具，将光标放置在下方红色图形上，光标变为图标，如图 6-9 所示。在红色图形上单击鼠标左键吸取属性，光标变为图标，在需要的图形上单击鼠标左键填充图形，效果如图 6-10 所示。

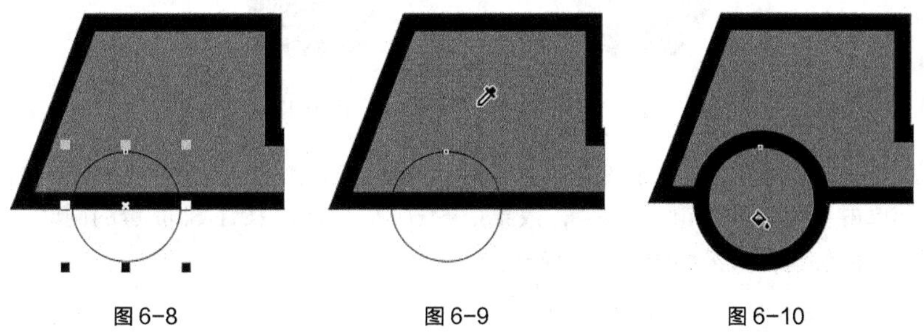

图 6-8　　图 6-9　　图 6-10

STEP 6 选择“选择”工具，在“RGB 调色板”中的“70% 黑”色块上单击鼠标左键填充图形，效果如图 6-11 所示。按 Ctrl+PageDown 组合键，将图形向后移一层，效果如图 6-12 所示。

STEP 7 按数字键盘上的 + 键复制圆形，按住 Shift 键的同时，水平向右拖曳复制的圆形到适当的位置，效果如图 6-13 所示。

STEP 8 分别选择“椭圆形”工具和“矩形”工具，在适当的位置分别绘制一个椭圆形和矩形，如图 6-14 所示。选择“选择”工具，按住 Shift 键的同时，单击矩形和椭圆形将其同时选取，如图 6-15 所示，单击属性栏中的“移除前面对象”按钮，将两个图形剪切为一个图形，效果如图 6-16 所示。（为了方便读者观看，这里以黄色显示。）

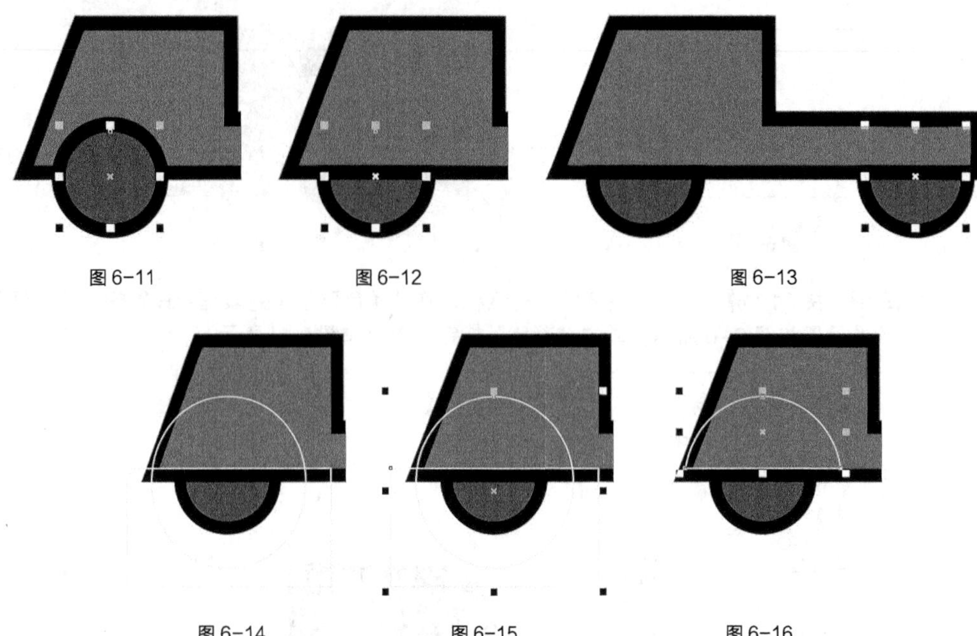

图 6-11　　图 6-12　　图 6-13

图 6-14　　图 6-15　　图 6-16

STEP 9 选择“属性滴管”工具，将光标放置在下方红色图形上，光标变为图标，如图 6-17 所示。在红色图形上单击鼠标左键吸取属性，光标变为图标，在需要的图形上单击鼠标左键填充图形，效果如图 6-18 所示。

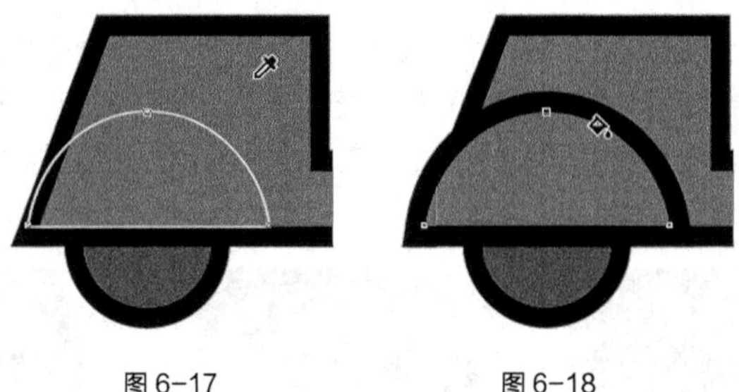

图 6-17　　图 6-18

STEP 10 选择“选择”工具，按 Alt+F9 组合键，弹出“变换”泊坞窗，各选项的设置如图 6-19 所示，单击“应用”按钮 应用 ，效果如图 6-20 所示。按住 Shift 键的同时，水平向右拖曳复制的图形到适当的位置，效果如图 6-21 所示。

图 6-19　　图 6-20　　图 6-21

STEP 11 选择“手绘”工具，按住 Ctrl 键的同时，在适当的位置绘制一条直线，并在属性栏中的“轮廓宽度” 1 px 框中设置数值为 30 px。按 Enter 键，效果如图 6-22 所示。

STEP 12 选择“选择”工具，按数字键盘上的 + 键复制直线，按住 Shift 键的同时，垂直向下拖曳复制的直线到适当的位置，效果如图 6-23 所示。不松开 Shift 键，向右拖曳直线末端中间的控制手柄到适当的位置，调整直线长度，效果如图 6-24 所示。

图 6-22　图 6-23　图 6-24

STEP 13 选取需要的直线，如图 6-25 所示，按数字键盘上的 + 键复制直线。向右拖曳复制的直线到适当的位置，效果如图 6-26 所示。

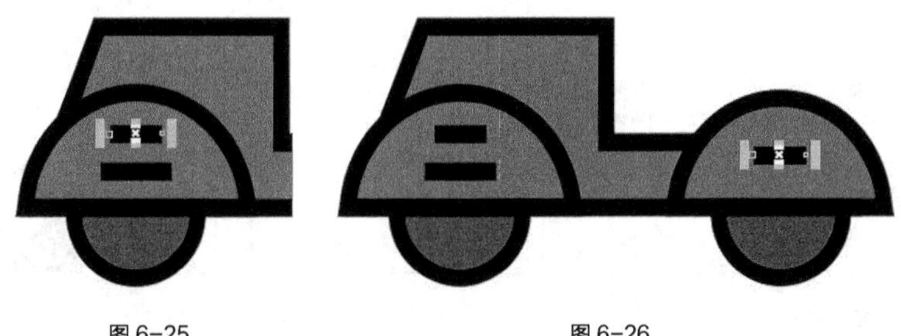

图 6-25　图 6-26

STEP 14 选择“矩形”工具，在适当的位置绘制一个矩形，如图 6-27 所示。单击属性栏中的“转换为曲线”按钮，将图形转换为曲线，如图 6-28 所示。选择“形状”工具，选中并向左拖曳右上角的节点到适当的位置，效果如图 6-29 所示。

STEP 15 选择“选择”工具，设置图形颜色的 RGB 值为 230、34、41，填充图形，效果如图 6-30 所示。按 Shift+PageDown 组合键，将图形移至图层后面，效果如图 6-31 所示。

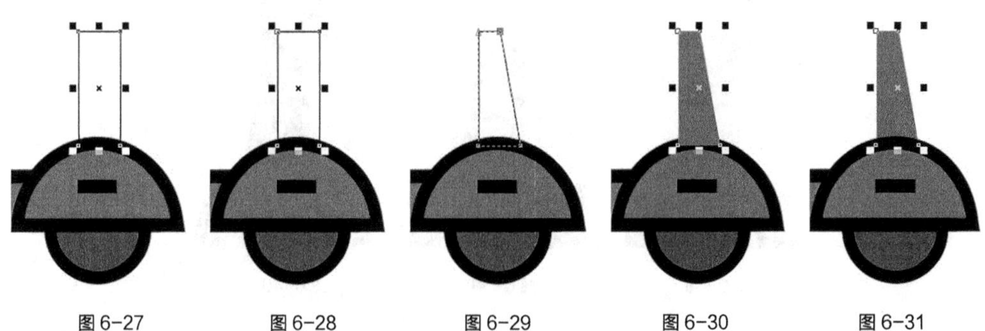

图 6-27　图 6-28　图 6-29　图 6-30　图 6-31

STEP 16 选择“手绘”工具，在适当的位置绘制一条斜线，如图 6-32 所示。在属性栏中的“轮廓宽度” 1 px 框中设置数值为 30 px，按 Enter 键，效果如图 6-33 所示。使用“手绘”工具，按住 Ctrl 键的同时，在适当的位置再绘制一条竖线，如图 6-34 所示。

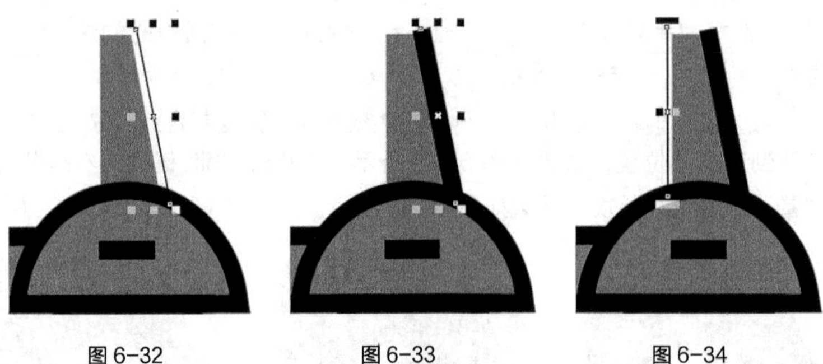

图6-32　　图6-33　　图6-34

STEP 17 按F12键，弹出“轮廓笔”对话框，在“样式”选项组中单击“编辑样式”按钮，弹出“编辑线条样式”对话框，具体设置如图6-35所示。单击“添加”按钮，返回到“轮廓笔”对话框，其他选项的设置如图6-36所示。单击“确定”按钮，效果如图6-37所示。

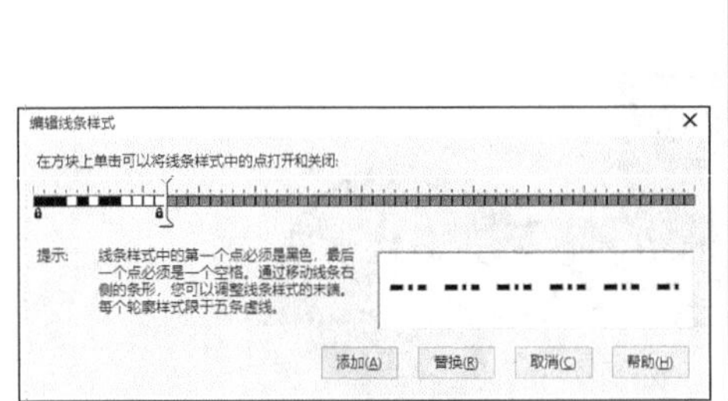

图6-35

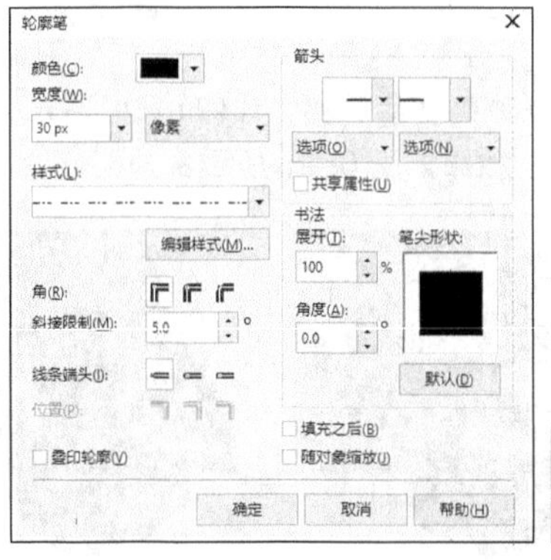

图6-36

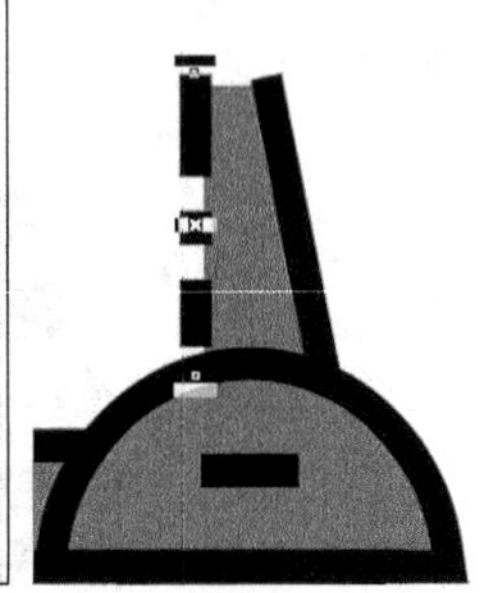

图6-37

STEP 18 选择“矩形”工具，在适当的位置绘制一个矩形，如图6-38所示。选择“属性滴管”工具，将光标放置在下方红色图形上，光标变为图标，如图6-39所示。在红色图形上单击鼠标左键吸取属性，光标变为图标，在需要的图形上单击鼠标左键填充图形，效果如图6-40所示。

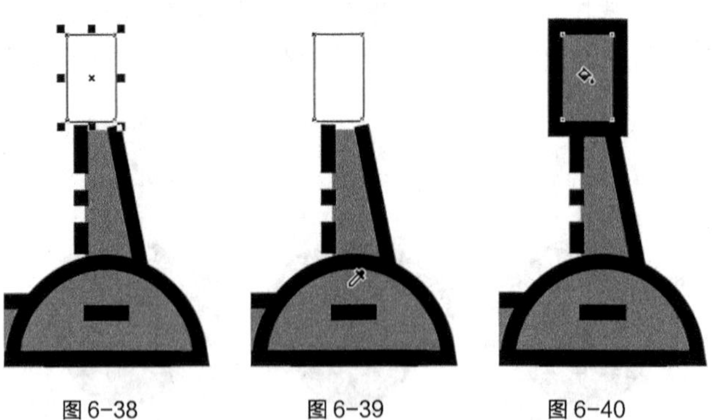

图6-38　　图6-39　　图6-40

STEP 19 选择“选择”工具，按数字键盘上的+键复制矩形，按住Shift键的同时，水平向右拖曳复制的矩形到适当的位置，效果如图6-41所示。向左拖曳矩形右侧中间的控制手柄到适当的位置，调整其大小，效果如图6-42所示。填充图形为白色，效果如图6-43所示。

STEP 20 选取左侧红色矩形，在属性栏中将“转角半径”设为50 px和0 px，如图6-44所示。按Enter键，效果如图6-45所示。

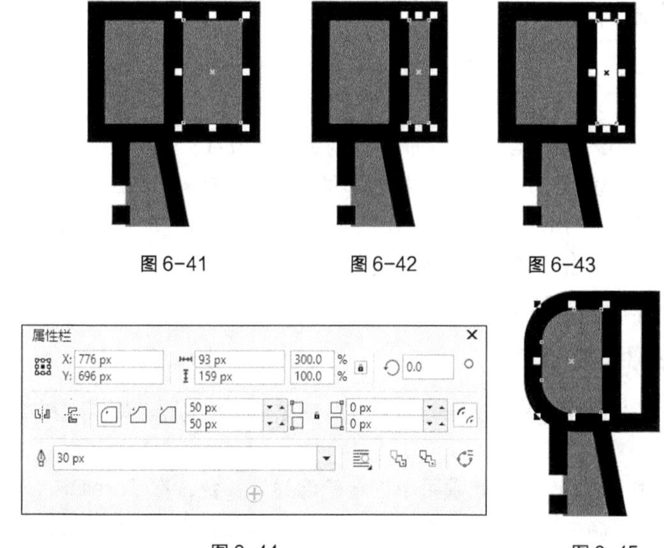

图 6-41　图 6-42　图 6-43

图 6-44　图 6-45

STEP 21 选择“手绘”工具，按住 Ctrl 键的同时，在适当的位置绘制一条直线，如图 6-46 所示。按 F12 键，弹出“轮廓笔”对话框，在“线条端头”选项区中单击“圆形端头”按钮，其他选项的设置如图 6-47 所示。单击“确定”按钮，效果如图 6-48 所示。

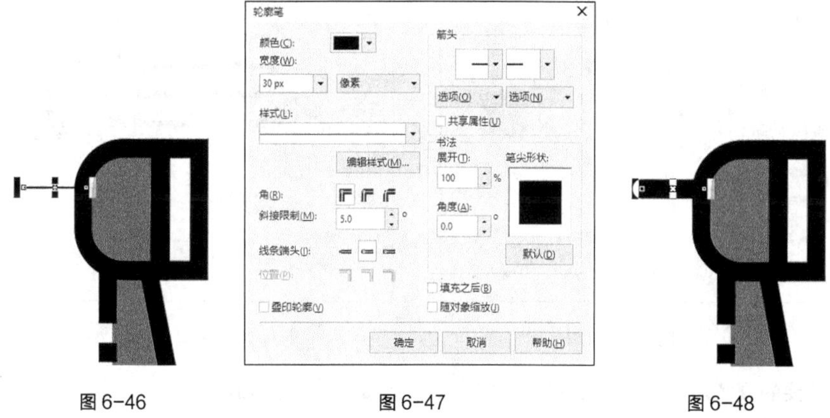

图 6-46　图 6-47　图 6-48

STEP 22 用相同的方法分别绘制坐垫和餐箱，效果如图 6-49 所示。至此，送餐图标绘制完成，效果如图 6-50 所示。将图标应用在手机中，会自动应用圆角遮罩图标，呈现出圆角效果，如图 6-51 所示。

图 6-49　图 6-50　图 6-51

6.1.2 使用轮廓工具

单击“轮廓笔”工具，弹出“轮廓笔”工具的展开工具栏，如图 6-52 所示。

在展开工具栏中，“轮廓笔”工具可以编辑图形对象的轮廓线；“轮廓色”工具可以编辑图形对象的轮廓线颜色；下方的 11 个按钮都是设置图形对象的轮廓宽度的，分别是无轮廓、细线轮廓、0.1mm、0.2mm、0.25mm、0.5mm、0.75mm、1mm、1.5mm、2mm 和 2.5mm；单击“彩色”工具，可以弹出“颜色”泊坞窗，在其中可以对图形的轮廓线颜色进行编辑。

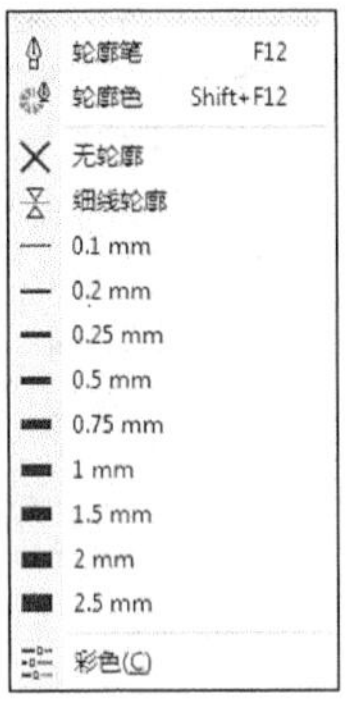

轮廓笔 F12
轮廓色 Shift+F12
无轮廓
细线轮廓
0.1 mm
0.2 mm
0.25 mm
0.5 mm
0.75 mm
1 mm
1.5 mm
2 mm
2.5 mm
彩色(C)

图 6-52

6.1.3 设置轮廓线的颜色

绘制一个图形对象，并使图形对象处于选取状态，单击“轮廓笔”工具，弹出“轮廓笔”对话框，如图 6-53 所示。

在“轮廓笔”对话框中，“颜色”选项可以设置轮廓线的颜色，在 CorelDRAW X8 的默认状态下，轮廓线被设置为黑色。在“颜色”下拉列表框右侧的三角按钮上单击鼠标左键，将打开“颜色”下拉列表，如图 6-54 所示，用户在“颜色”下拉列表中可以调配自己需要的颜色。

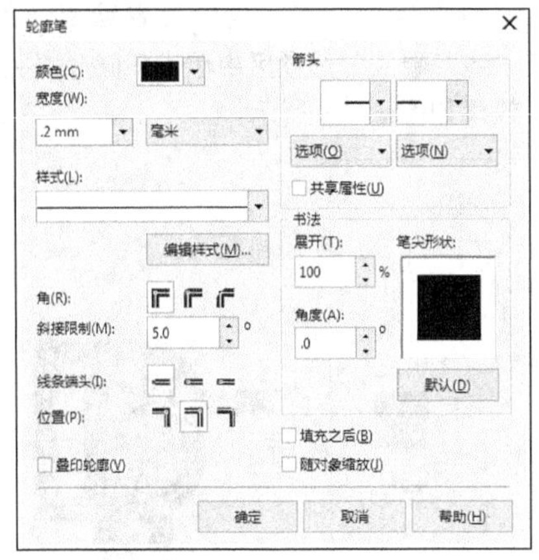

图 6-53

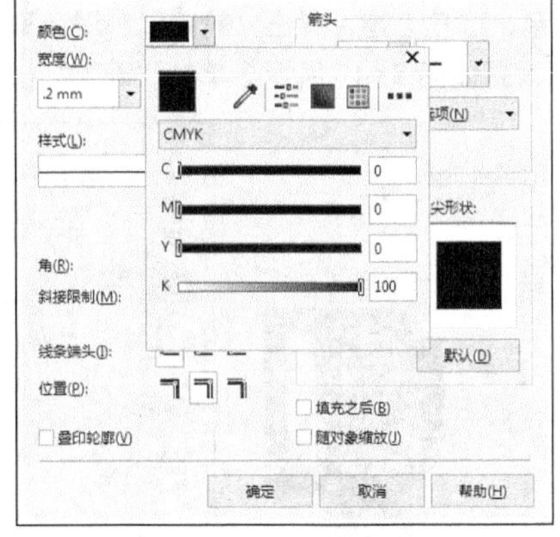

图 6-54

设置好需要的颜色后，单击“确定”按钮，可以改变轮廓线的颜色。

图形对象在选取状态下，直接在调色板中需要的颜色上单击鼠标右键，可以快速填充轮廓线颜色。

6.1.4 设置轮廓线的粗细及样式

在“轮廓笔”对话框中，“宽度”选项可以设置轮廓线的宽度值和宽度的度量单位。在左侧的三角按钮上单击鼠标左键，弹出下拉列表，从中可以选择宽度数值，如图 6-55 所示，也可以在数值框中直接输入宽度数值。在右侧的三角按钮上单击鼠标左键，弹出下拉列表，从中可以选择宽度的度量单位，如图 6-56 所示。

在“样式”选项右侧的三角按钮上单击鼠标左键，弹出下拉列表，从中可以选择轮廓线的样式，如图 6-57 所示。

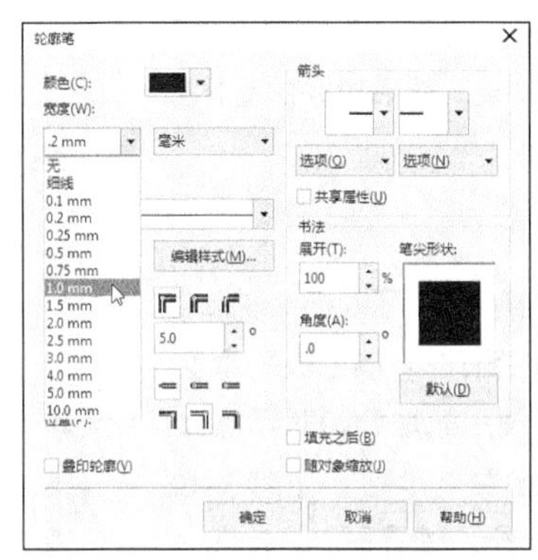

图 6-55

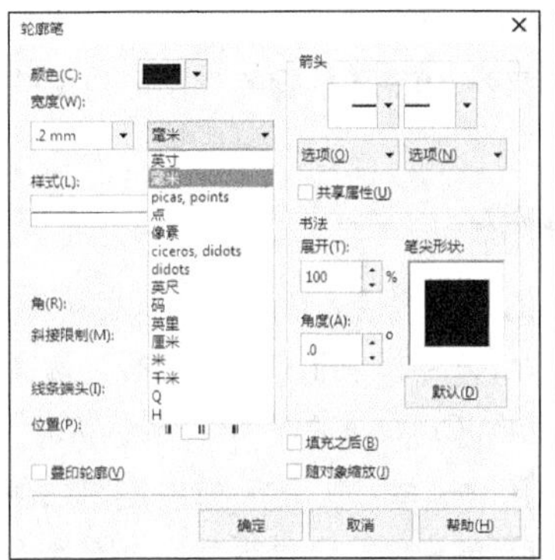

图 6-56

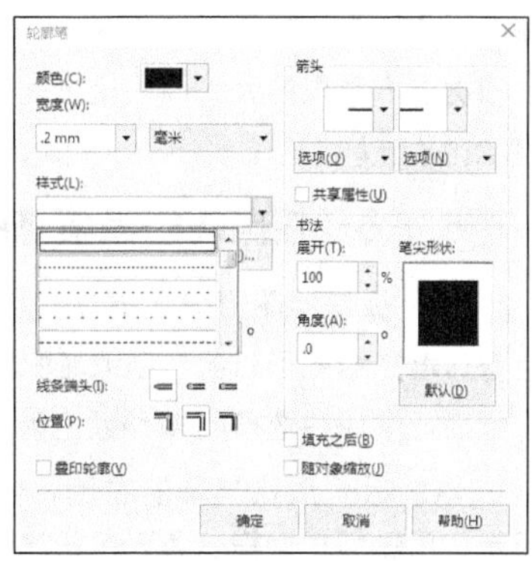

图 6-57

6.1.5 设置轮廓线角的样式及端头样式

在“轮廓笔”对话框中，“角”设置区可以设置轮廓线角的样式，如图 6-58 所示。“角”设置区提供了 3 种拐角的方式，分别是斜接角、圆角和平角。

将轮廓线的宽度增加，因为较细的轮廓线在设置拐角后效果不明显。3 种拐角的效果如图 6-59 所示。

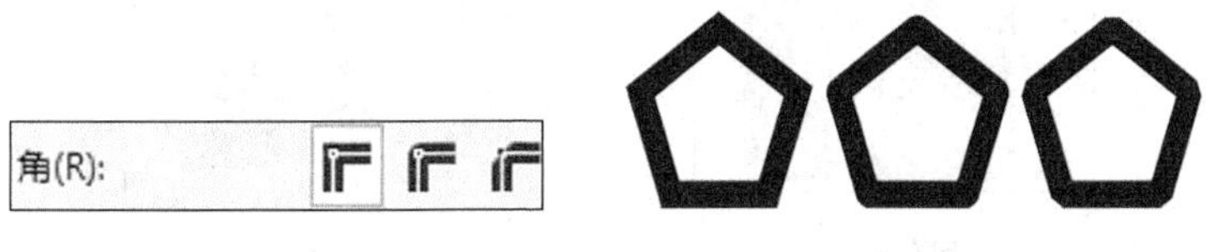

图 6-58　　图 6-59

在“轮廓笔”对话框中，“线条端头”设置区可以设置线条端头的样式，如图 6-60 所示。3 种样式分别是方形端头、圆形端头、延伸方形端头。3 种端头样式的效果如图 6-61 所示。

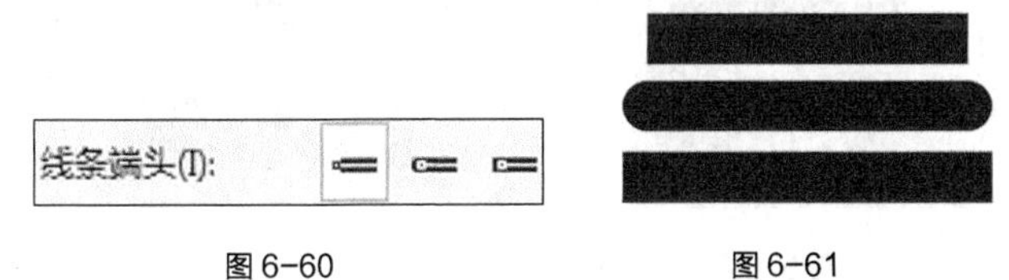

图 6-60　　图 6-61

在“轮廓笔”对话框中，“箭头”设置区可以设置线条两端的箭头样式，如图 6-62 所示。“箭头”设置区中提供了两个样式框，左侧的样式框可用来设置箭头样式，单击样式框上的三角按钮，会弹出“箭头样式”列表，如图 6-63 所示。右侧的样式框可用来设置箭尾样式，单击样式框上的三角按钮，会弹出“箭尾样式”列表，如图 6-64 所示。

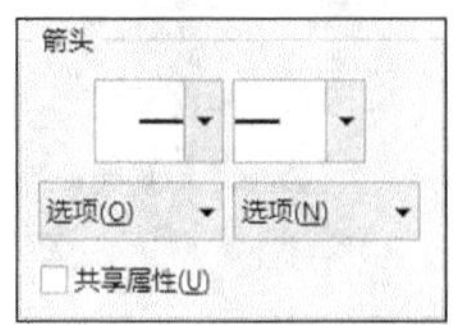

图 6-62

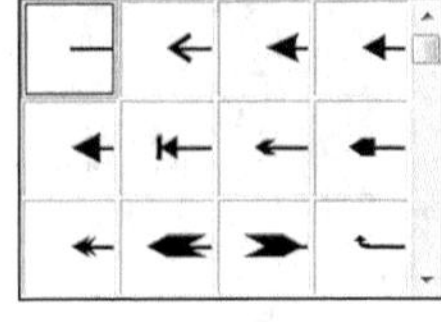

图 6-63

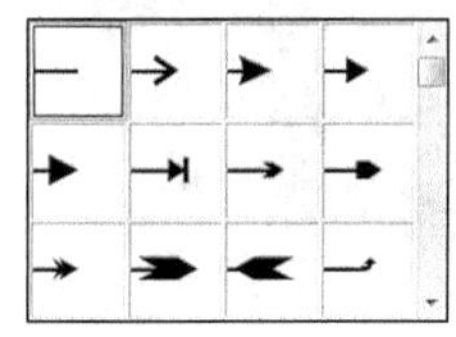

图 6-64

在“轮廓笔”对话框中勾选“填充之后”复选框，会将图形对象的轮廓置于图形对象的填充之后。图形对象的填充会遮挡图形对象的轮廓颜色，只能观察到轮廓的一段宽度的颜色。

勾选“随对象缩放”复选框缩放图形对象时，图形对象的轮廓线会根据图形对象的大小而改变，使图形对象的整体效果保持不变。如果不勾选此选项，在缩放图形对象时，图形对象的轮廓线不会根据图形对象的大小而改变，轮廓线和填充不能保持原图形对象的效果，图形对象的整体效果就会被破坏。

6.1.6 使用调色板填充颜色

调色板是给图形对象填充颜色的最快途径。通过选取调色板中的颜色，可以把一种新颜色快速填充给图形对象。CorelDRAW X8 中提供了多种调色板，选择“窗口 > 调色板”命令，将弹出可供用户选择的多种颜色调色板。CorelDRAW X8 在默认状态下使用的是 CMYK 调色板。

调色板一般在屏幕的右侧，使用“选择”工具选中屏幕右侧的条形色板，如图 6-65 所示，用鼠标左键拖曳条形色板到屏幕的中间，调色板会变为图 6-66 所示的界面。

使用“选择”工具选中要填充的图形对象，如图 6-67 所示。在调色板中选中的颜色上单击鼠标左键，如图 6-68 所示，图形对象的内部即被选中的颜色填充，如图 6-69 所示。单击调色板中的“无填充”按钮☒，可取消对图形对象内部的颜色填充。

图 6-65

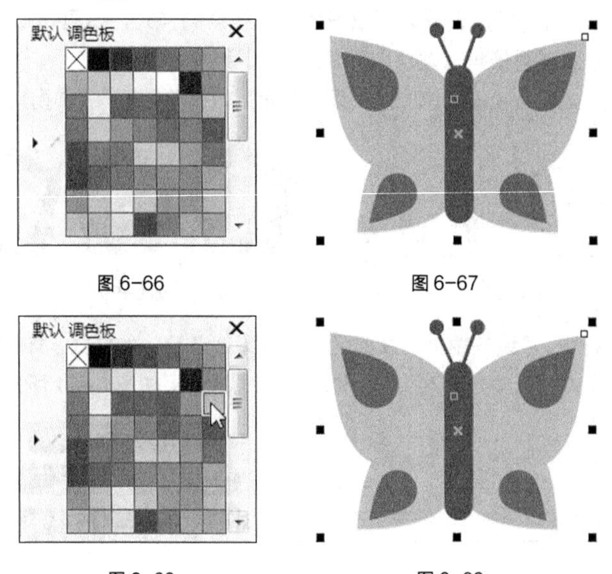

图 6-66　　图 6-67

图 6-68　　图 6-69

选取需要的图形，如图 6-70 所示。在调色板中选中的颜色上单击鼠标右键，如图 6-71 所示。则图形对象的轮廓线会被选中的颜色填充，设置适当的轮廓线宽度后的效果如图 6-72 所示。

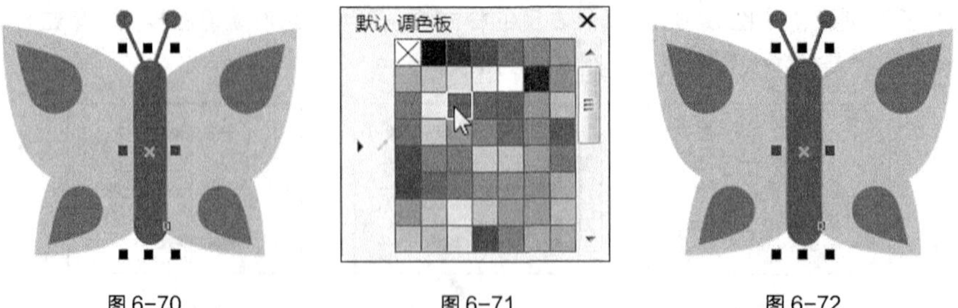

图 6-70　　图 6-71　　图 6-72

提示

选中调色板中的色块，按住鼠标左键不放拖曳色块到图形对象上后松开鼠标左键，也可填充对象。

6.1.7 均匀填充对话框

选择“编辑填充”工具，单击“均匀填充”按钮，或按 F11 键，都将弹出“编辑填充”对话框，在对话框中可以设置需要的颜色。

“编辑填充”对话框中有 3 种设置颜色的方式，分别为模型、混合器和调色板。

1. 模型

模型设置框如图 6-73 所示，在设置框中提供了完整的色谱。通过操作颜色关联控件可以更改颜色，也可以通过在颜色模式的各参数值框中设置数值来设定需要的颜色。此外，在模型设置框中还可以选择不同的颜色模式，模型设置框默认的是 CMYK 模式，如图 6-74 所示。

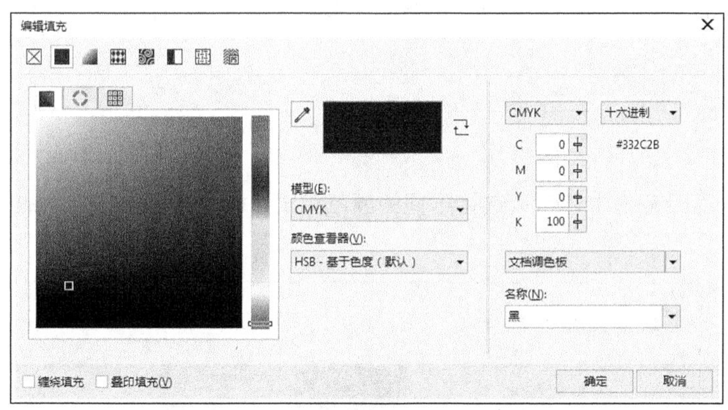

图 6-73

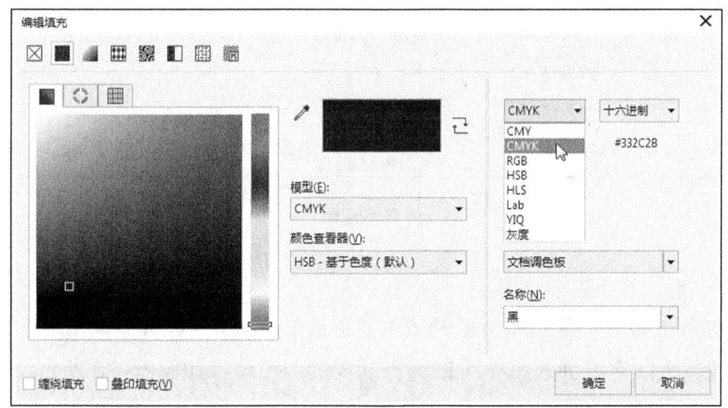

图 6-74

调配好需要的颜色后，单击“确定”按钮，即可将需要的颜色填充到图形对象中。

提 示

如果有经常需要使用的颜色，调配好需要的颜色后，选中对话框中的“调色板”选项，可以将颜色添加到调色板中。在下一次需要使用时就不需要再次调配了，直接在调色板中调用即可。

2. 混合器

混合器设置框如图 6-75 所示。混合器设置框是通过组合其他颜色的方式来生成新颜色的，通过转动色环或从"色度"下拉列表框中选择各种形状，可以设置需要的颜色。从"变化"下拉列表框中选择各种选项，可以调整颜色的明度。调整"大小"选项下的滑动块可以使选择的颜色更丰富。

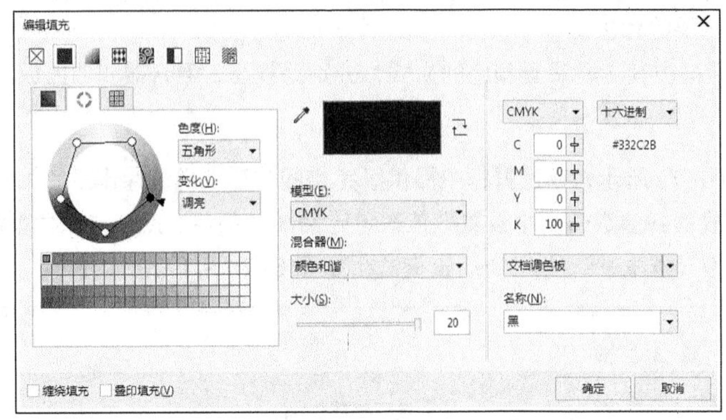

图 6-75

此外，在混合器设置框中还可以选择不同的颜色模式，混合器设置框默认的是 CMYK 模式，如图 6-76 所示。

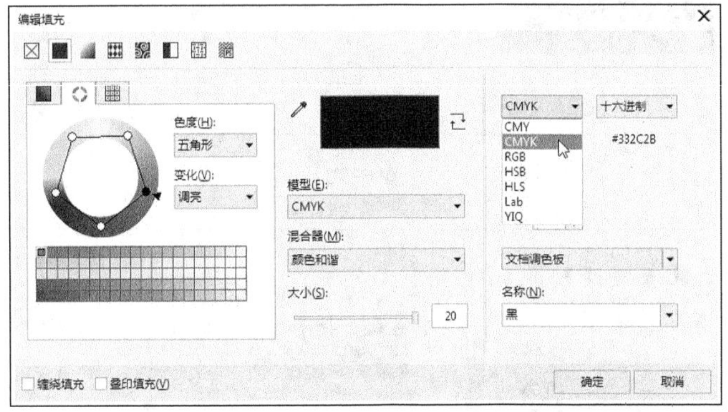

图 6-76

3. 调色板

调色板设置框如图 6-77 所示。调色板设置框是通过 CorelDRAW X8 中已有颜色库中的颜色来填充图形对象的，在"调色板"下拉列表框中可以选择需要的颜色库，如图 6-78 所示。

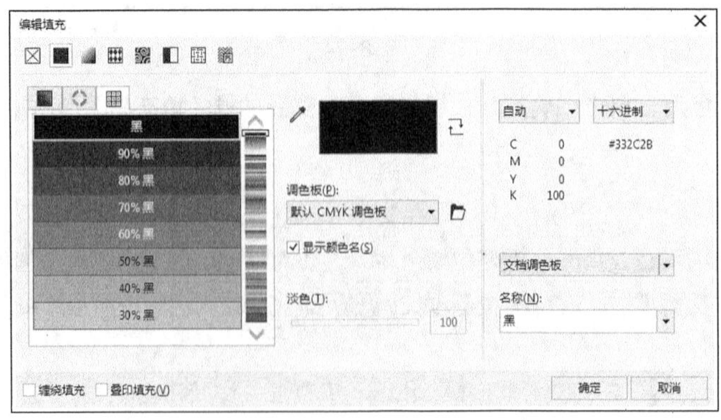

图 6-77

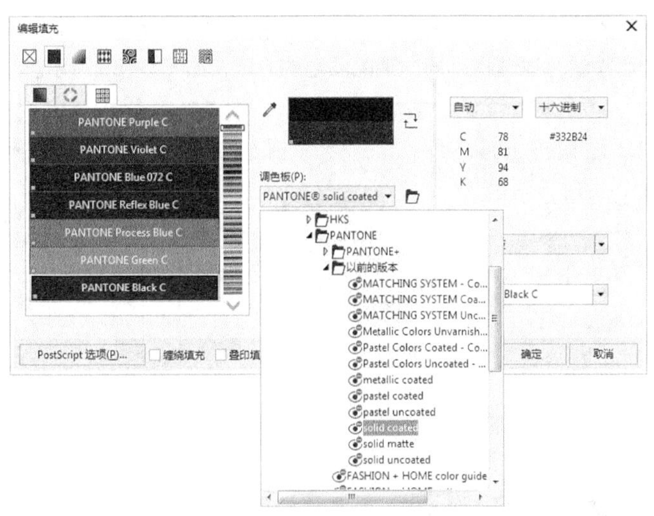

图 6-78

在色板中的颜色上单击鼠标左键就可以选中需要的颜色，调整“淡色”选项下的滑动块可以使选择的颜色变淡。调配好需要的颜色后，单击“确定”按钮，可以将需要的颜色填充到图形对象中。

6.1.8 使用“颜色泊坞窗”填充

“颜色泊坞窗”是为图形对象填充颜色的辅助工具，特别适合在实际工作中应用。

单击工具箱下方的“快速自定”按钮⊕，添加“彩色”工具，弹出“颜色泊坞窗”，如图 6-79 所示。绘制一件衣服，如图 6-80 所示。在“颜色泊坞窗”中调配颜色，如图 6-81 所示。

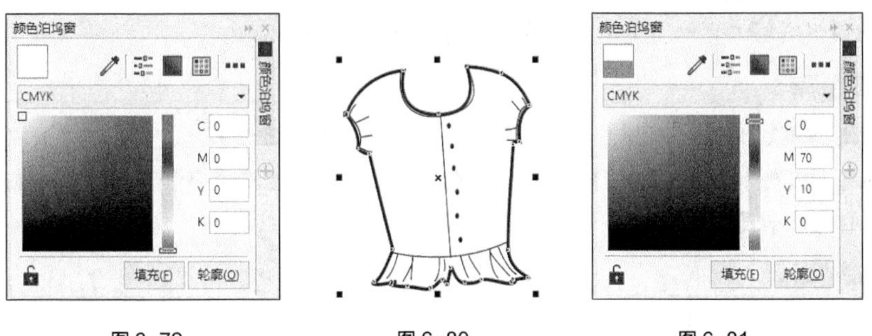

图 6-79　　图 6-80　　图 6-81

调配好颜色后，单击“填充”按钮，如图 6-82 所示，将颜色填充到衣服的内部，效果如图 6-83 所示。也可在调配好颜色后，单击“轮廓”按钮，如图 6-84 所示，将颜色填充到衣服的轮廓，效果如图 6-85 所示。

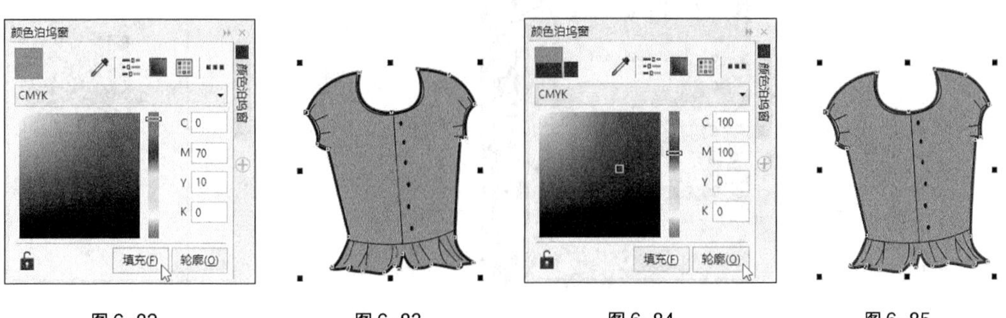

图 6-82　　图 6-83　　图 6-84　　图 6-85

在“颜色泊坞窗”的右上角有3个按钮，分别是“显示颜色滑块”“显示颜色查看器”“显示调色板”。单击这3个按钮可以选择不同的调配颜色的方式，如图6-86所示。

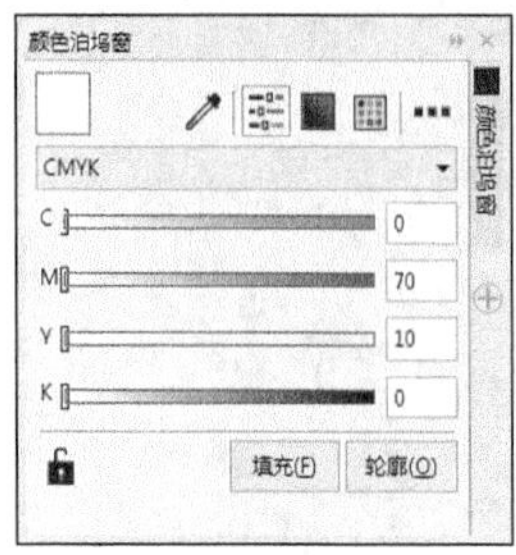

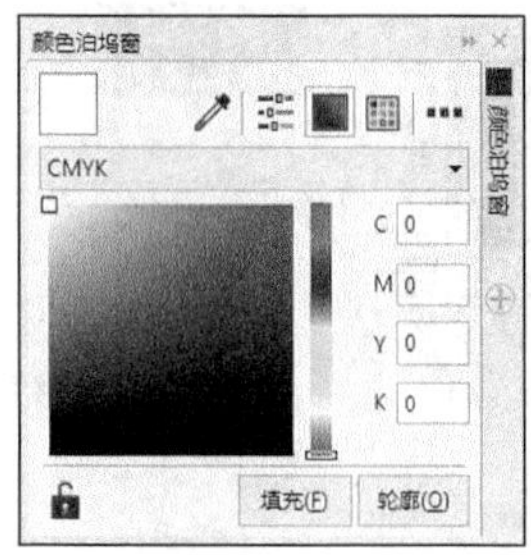

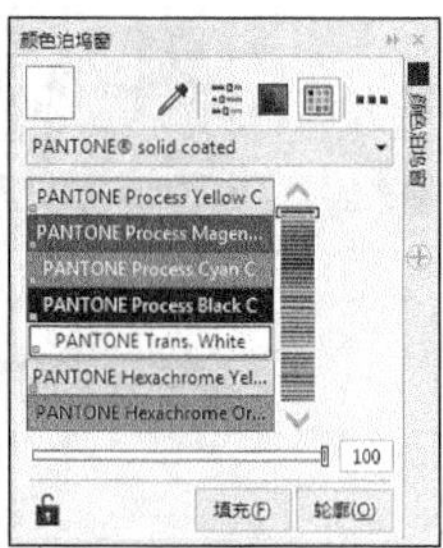

图6-86

6.2 渐变填充和图样填充

渐变填充和图样填充都是非常实用的功能，在设计制作中经常被应用到。在CorelDRAW X8中，渐变填充提供了线性、椭圆形、圆锥形和矩形4种渐变色彩的形式，可以绘制出多种渐变颜色效果。图样填充则可将预设图案以平铺的方法填充到图形中。下面将介绍使用渐变填充和图样填充的方法和技巧。

6.2.1 课堂案例——绘制卡通小狐狸

案例学习目标

学习使用图形绘制工具、渐变工具和造型泊坞窗绘制卡通小狐狸。

案例知识要点

使用椭圆形工具、贝塞尔工具、合并按钮绘制耳朵；使用椭圆形工具、矩形工具、星形工具和移除前面对象按钮绘制嘴巴及脸庞；使用矩形工具、圆角半径选项、造型命令和渐变工具绘制尾巴。最终绘制的卡通小狐狸效果如图6-87所示。

效果所在位置

资源包 > Ch06 > 效果 > 绘制卡通小狐狸.cdr。

图6-87

绘制卡通小狐狸

STEP 1 按 Ctrl+N 组合键，新建一个 A4 页面。双击“矩形”工具，绘制一个与页面大小相等的矩形，如图 6-88 所示。设置图形颜色的 CMYK 值为 70、71、75、37，填充图形并去除图形的轮廓线，效果如图 6-89 所示。

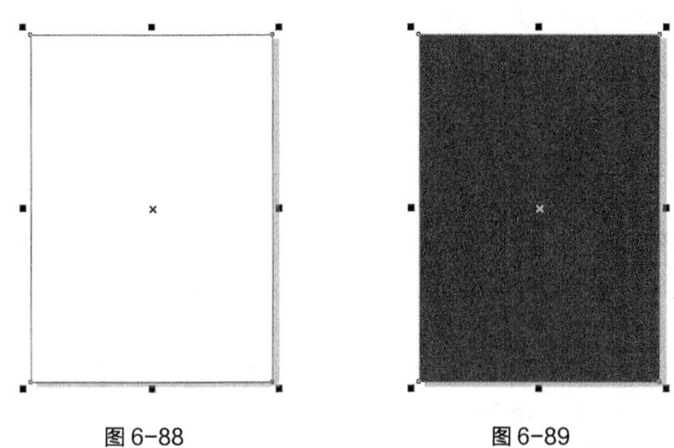

图 6-88　　图 6-89

STEP 2 选择“椭圆形”工具，在页面外绘制一个椭圆形，如图 6-90 所示。选择“贝塞尔”工具，在适当的位置绘制一个不规则图形，如图 6-91 所示。

STEP 3 选择“选择”工具，按数字键盘上的 + 键复制图形。单击属性栏中的“水平镜像”按钮水平翻转图形，如图 6-92 所示。按住 Shift 键的同时，水平向右拖曳翻转图形到适当的位置，效果如图 6-93 所示。

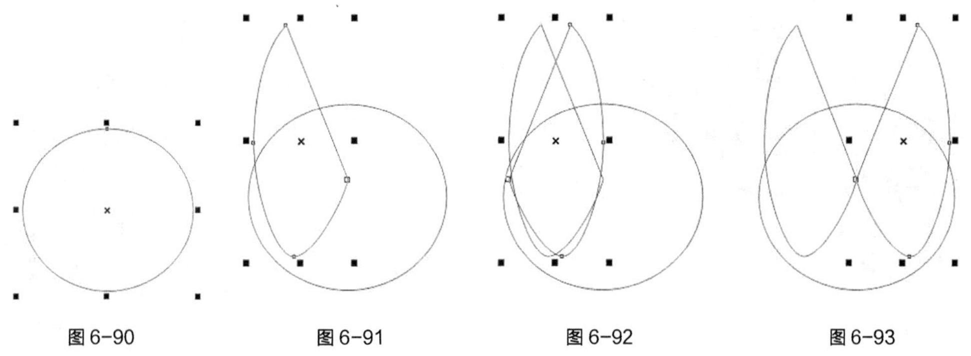

图 6-90　　图 6-91　　图 6-92　　图 6-93

STEP 4 选择“选择”工具，用圈选的方法将所绘制的图形同时选取，如图 6-94 所示，单击属性栏中的“合并”按钮合并图形，效果如图 6-95 所示。

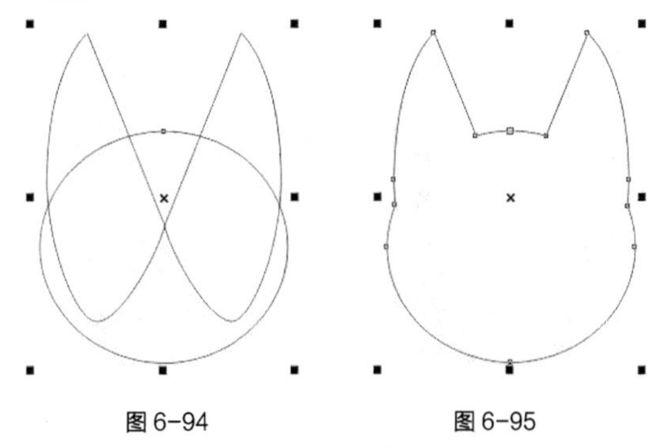

图 6-94　　图 6-95

STEP 5 按 F11 键，弹出“编辑填充”对话框，选择“渐变填充”按钮，将“起点”选项颜色的 CMYK 值设为 0、61、99、0，“终点”选项颜色的 CMYK 值设为 13、69、100、0，其他选项的设置如图 6-96 所示。单击“确定”按钮填充图形，并去除图形的轮廓线，效果如图 6-97 所示。

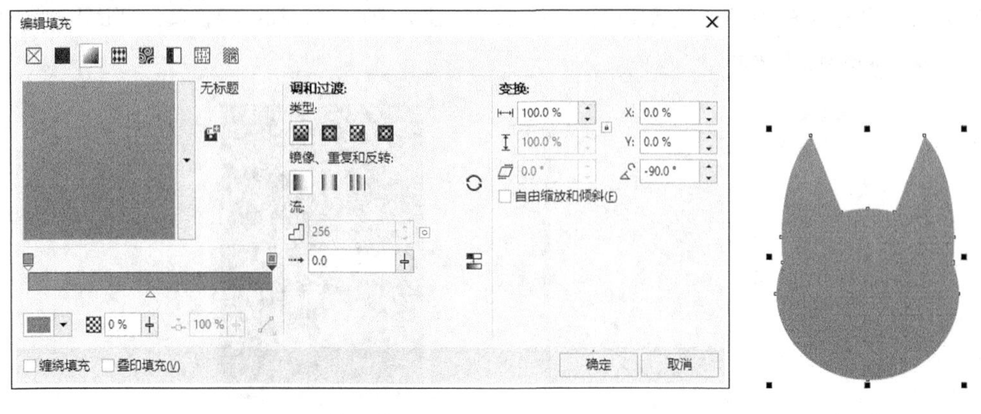

图 6-96　　图 6-97

STEP 6 选择“贝塞尔”工具，在适当的位置绘制一个不规则图形，如图 6-98 所示。按 F11 键，弹出“编辑填充”对话框，选择“渐变填充”按钮，将“起点”选项颜色的 CMYK 值设为 12、82、100、0，“终点”选项颜色的 CMYK 值设为 0、61、100、0，其他选项的设置如图 6-99 所示。单击“确定”按钮填充图形，并去除图形的轮廓线，效果如图 6-100 所示。

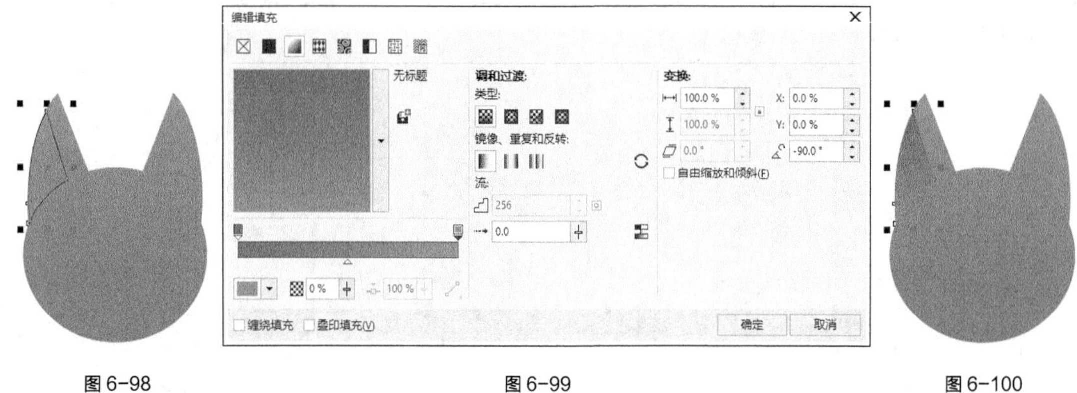

图 6-98　　图 6-99　　图 6-100

STEP 7 选择“选择”工具，按数字键盘上的 + 键复制图形。单击属性栏中的“水平镜像”按钮水平翻转图形，如图 6-101 所示。按住 Shift 键的同时，水平向右拖曳翻转图形到适当的位置，效果如图 6-102 所示。

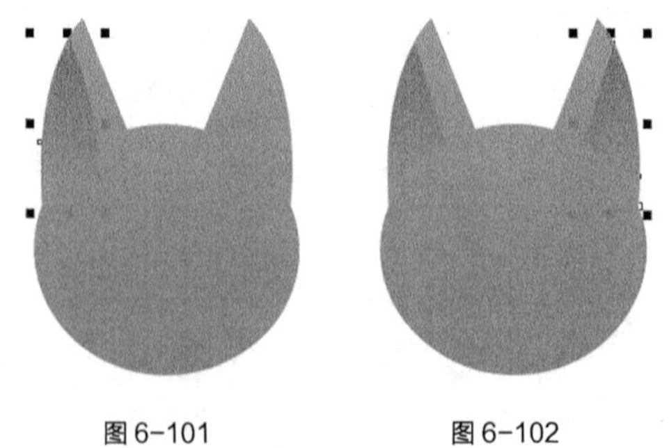

图 6-101　　图 6-102

STEP 8 选择“椭圆形”工具，在适当的位置绘制一个椭圆形，如图 6-103 所示。按 F11 键，弹出“编辑填充”对话框，选择“渐变填充”按钮，将“起点”选项颜色的 CMYK 值设为 12、

82、100、0，“终点”选项颜色的 CMYK 值设为 11、62、93、0，其他选项的设置如图 6-104 所示。单击“确定”按钮填充图形，并去除图形的轮廓线，效果如图 6-105 所示。

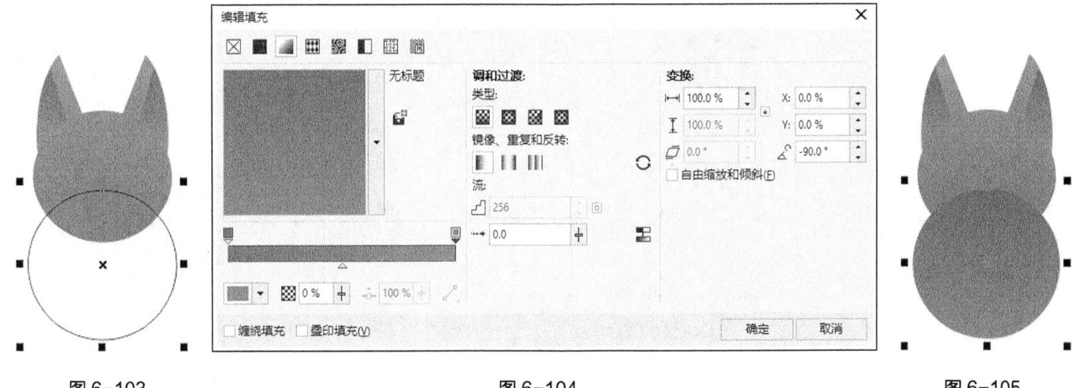

图 6-103　　图 6-104　　图 6-105

STEP 9 选择“椭圆形”工具，在适当的位置绘制一个椭圆形，如图 6-106 所示。选择“矩形”工具，在适当的位置绘制一个矩形，如图 6-107 所示。

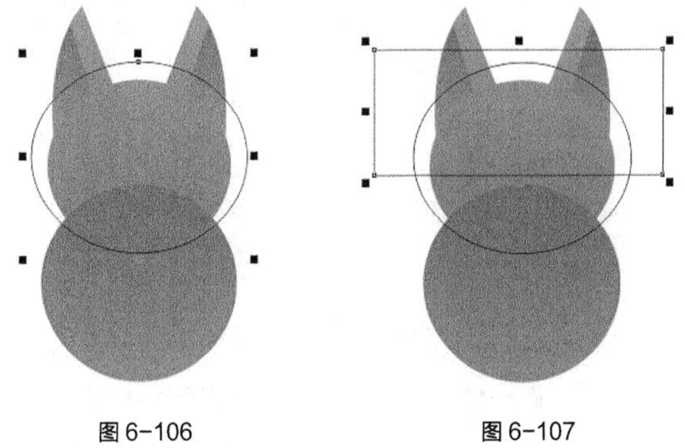

图 6-106　　图 6-107

STEP 10 选择“选择”工具，按住 Shift 键的同时，单击椭圆形将其同时选取，如图 6-108 所示。单击属性栏中的“移除前面对象”按钮，将两个图形剪切为一个图形，效果如图 6-109 所示。

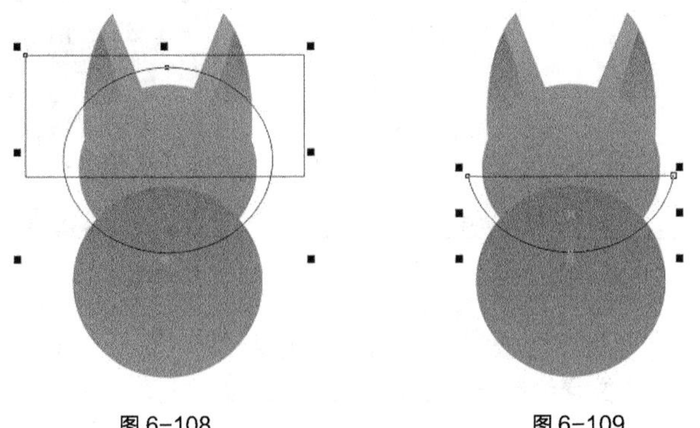

图 6-108　　图 6-109

STEP 11 按 F11 键，弹出“编辑填充”对话框，选择“渐变填充”按钮，将“起点”选项颜色的 CMYK 值设为 0、0、0、20，“终点”选项颜色的 CMYK 值设为 0、0、0、0，其他选项的设置如图 6-110 所示。单击“确定”按钮填充图形，并去除图形的轮廓线，效果如图 6-111 所示。

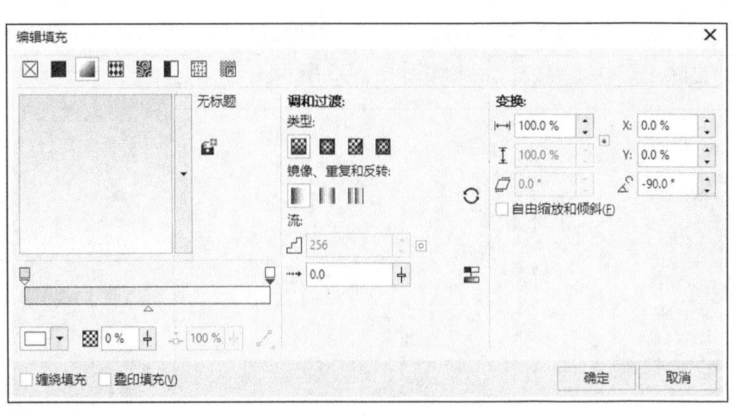

图 6-110

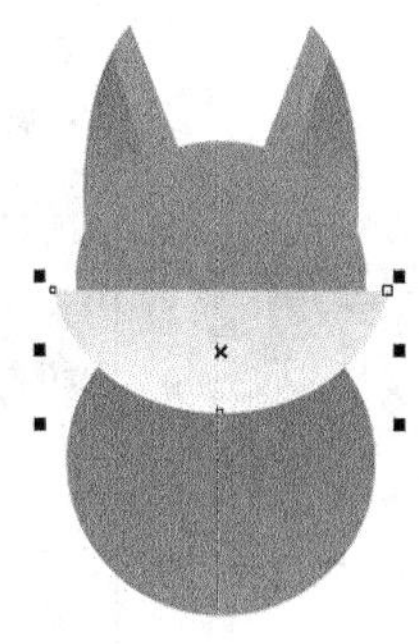

图 6-111

STEP 12 选择“椭圆形”工具，按住 Ctrl 键的同时，在适当的位置绘制一个圆形，填充图形为黑色，去除图形的轮廓线后，效果如图 6-112 所示。

STEP 13 按数字键盘上的 + 键复制圆形。选择“选择”工具，按住 Shift 键的同时，水平向右拖曳复制的圆形到适当的位置，效果如图 6-113 所示。

图 6-112　　图 6-113

STEP 14 选择“星形”工具，在属性栏中的设置如图 6-114 所示。在适当的位置绘制一个三角形，效果如图 6-115 所示。

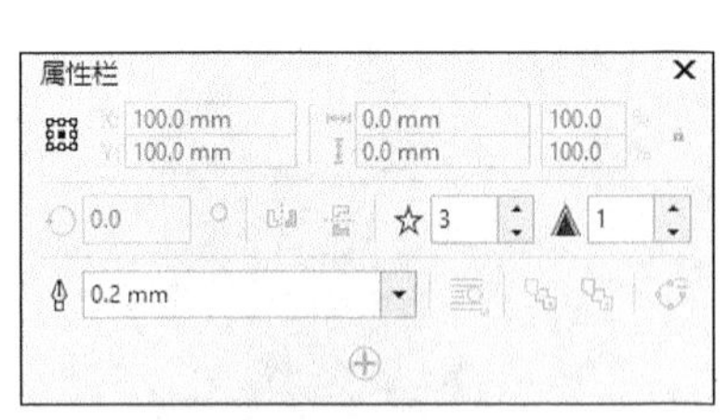

图 6-114

图 6-115

STEP 15 选择“星形”工具，在属性栏中的设置如图 6-116 所示。在适当的位置绘制一个多角星形，效果如图 6-117 所示。

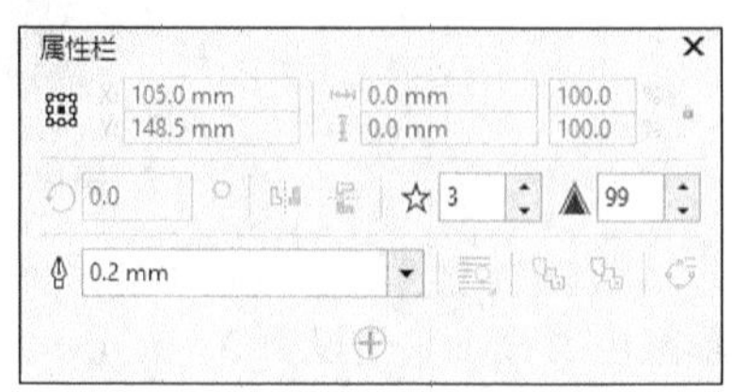

图 6-116

STEP 16 按 F12 键，弹出“轮廓笔”对话框，在“颜色”选项中设置轮廓线颜色为黑色，其他选项的设置如图 6-118 所示。单击“确定”按钮，效果如图 6-119 所示。

图 6-117

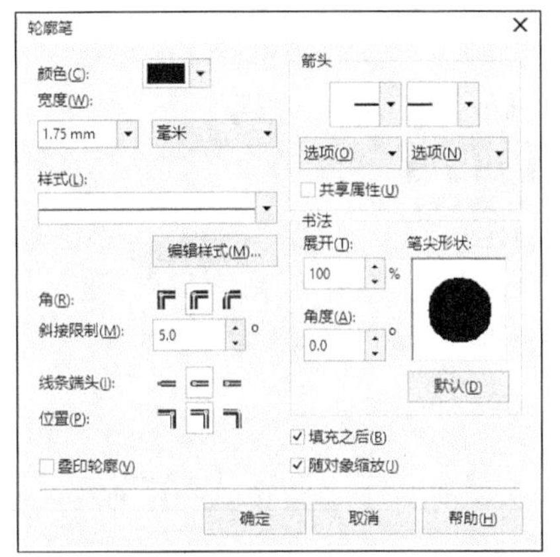

图 6-118

图 6-119

STEP 17 选择“矩形”工具，在适当的位置绘制一个矩形，如图 6-120 所示。在属性栏中将“圆角半径”选项设为 50.0mm，如图 6-121 所示，按 Enter 键，效果如图 6-122 所示。按 Ctrl+C 组合键复制图形（此图形作为备用）。

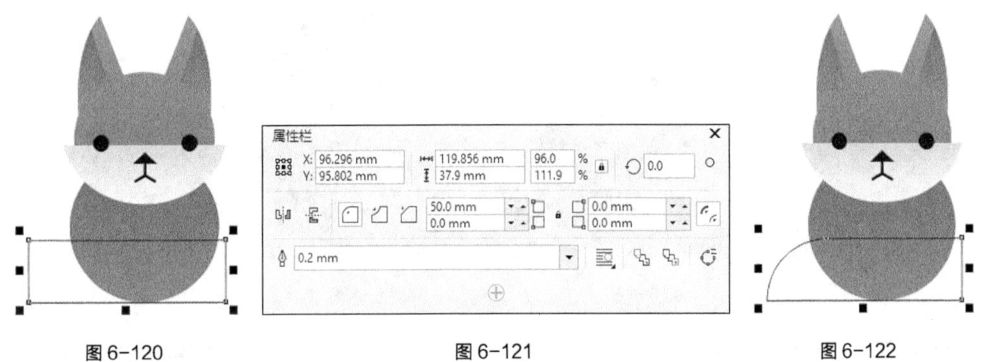

图 6-120　　图 6-121　　图 6-122

STEP 18 单击属性栏中的“转换为曲线”按钮，将图形转换为曲线，如图 6-123 所示。选择“形状”工具，用圈选的方法选取右侧的节点，如图 6-124 所示，向左拖曳选中的节点到适当的位置，效果如图 6-125 所示。

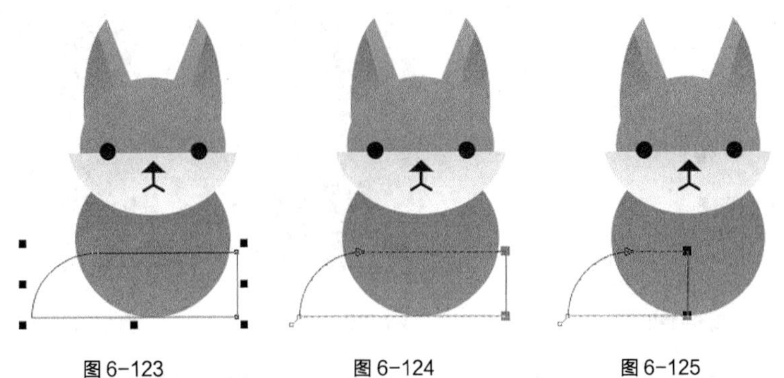

图 6-123　　图 6-124　　图 6-125

STEP 19 按 F11 键，弹出“编辑填充”对话框，选择“渐变填充”按钮，将“起点”选项颜色的 CMYK 值设为 0、0、0、20，“终点”选项颜色的 CMYK 值设为 0、0、0、0，其他选项的设置如图 6-126 所示。单击“确定”按钮填充图形，并去除图形的轮廓线，效果如图 6-127 所示。

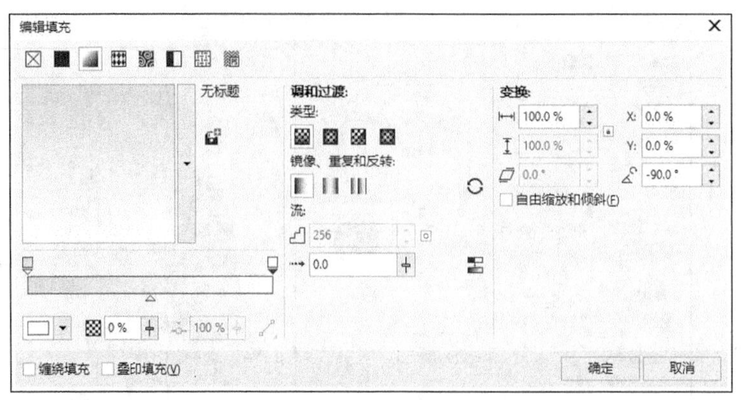

图 6-126

图 6-127

STEP 20 按 Ctrl+V 组合键粘贴（备用）图形，如图 6-128 所示。选择“选择”工具，选取下方的渐变椭圆形，按数字键盘上的 + 键复制图形，如图 6-129 所示。

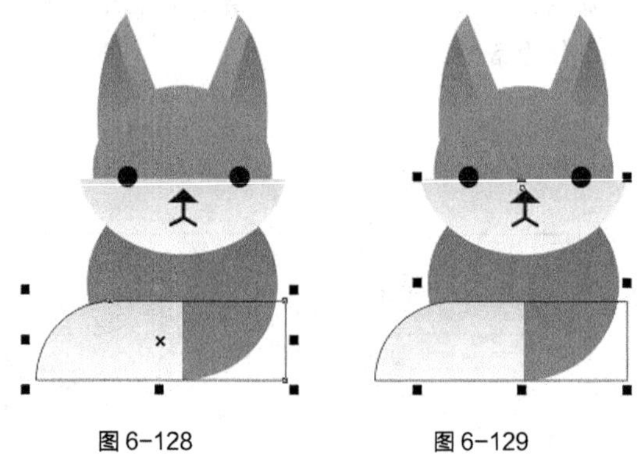

图 6-128　　图 6-129

STEP 21 选择“窗口 > 泊坞窗 > 造型”命令，在弹出的“造型”泊坞窗中选择“相交”选项，如图 6-130 所示。单击“相交对象”按钮，将鼠标光标放置到需要的图形上，如图 6-131 所示，再单击鼠标左键，效果如图 6-132 所示。

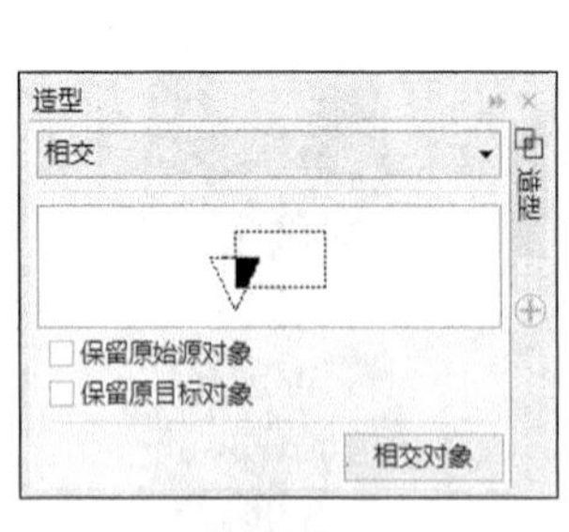

图 6-130

图 6-131

图 6-132

STEP 22 按 F11 键，弹出“编辑填充”对话框，选择“渐变填充”按钮，将“起点”选项颜色的 CMYK 值设为 0、61、100、0，“终点”选项颜色的 CMYK 值设为 16、71、100、0，其他选项的设置如图 6-133 所示。单击“确定”按钮填充图形，并去除图形的轮廓线，效果如图 6-134 所示。

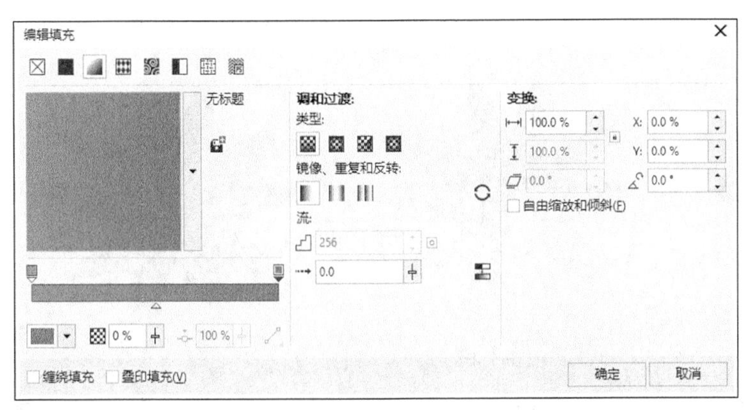

图 6-133

图 6-134

STEP 23 选择“选择”工具，用圈选的方法将所绘制的图形全部选取，按 Ctrl+G 组合键将其群组，并拖曳群组图形到页面中适当的位置，效果如图 6-135 所示。

STEP 24 选择“文本”工具字，在适当的位置输入需要的文字。选择“选择”工具，在属性栏中选取适当的字体并设置文字大小，填充文字为白色，效果如图 6-136 所示。至此，卡通小狐狸绘制完成。

图 6-135

图 6-136

6.2.2 使用属性栏进行填充

绘制一个图形，如图 6-137 所示。选择“交互式填充”工具，在属性栏中单击“渐变填充”按钮，属性栏设置如图 6-138 所示，填充效果如图 6-139 所示。

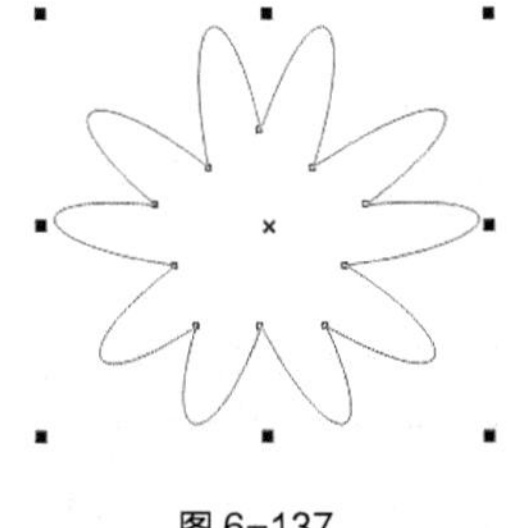

图 6-137

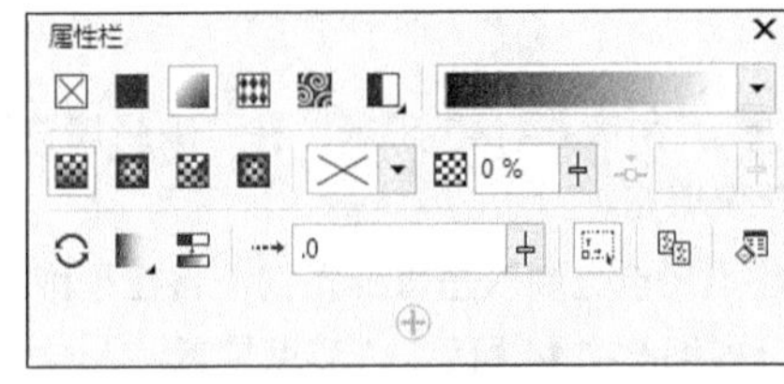

图 6-138

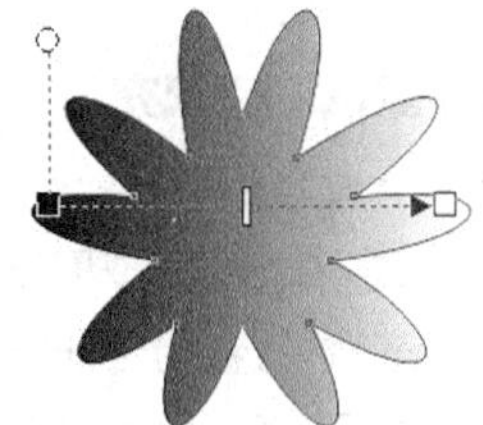

图 6-139

单击属性栏中的“渐变填充”按钮，可以设置渐变的类型，椭圆形、圆锥形和矩形的渐变填充效果如图 6-140 所示。

“椭圆形渐变填充”

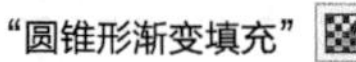

“矩形渐变填充”

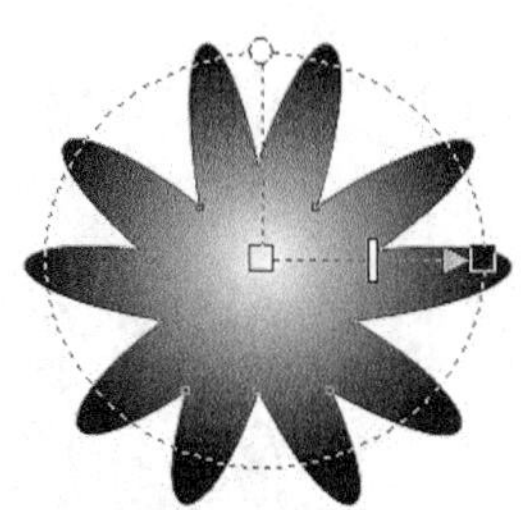

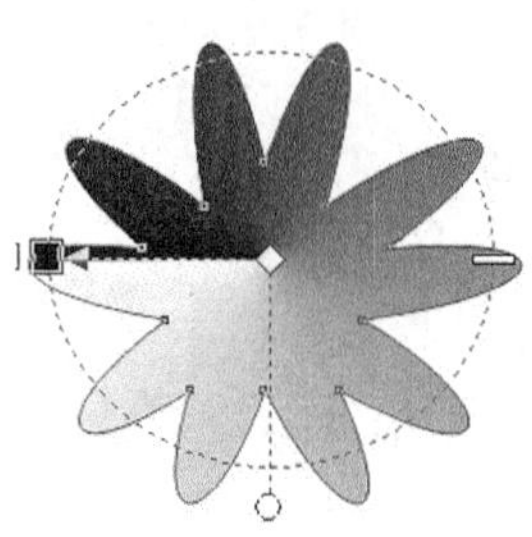

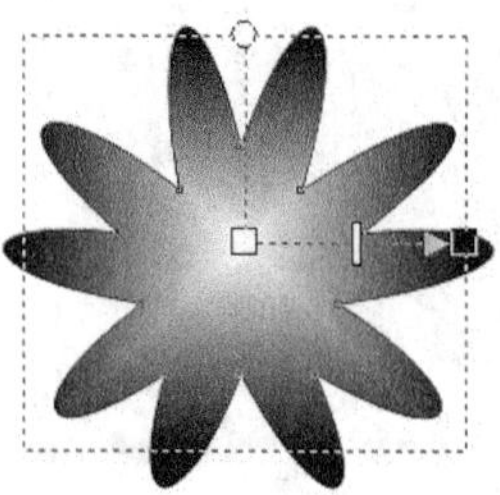

图 6-140

其属性栏中的“节点颜色”用于指定选择渐变节点的颜色，“节点透明度”框用于指定选定渐变节点的透明度，“加速”框用于设置渐变从一个颜色到另外一个颜色的速度。

6.2.3 使用工具进行填充

绘制一个图形，如图 6-141 所示。选择“交互式填充”工具，在起点颜色的位置单击并按住鼠标左键拖曳光标到适当的位置，松开鼠标左键后，图形被填充了预设的颜色，效果如图 6-142 所示。

图 6-141

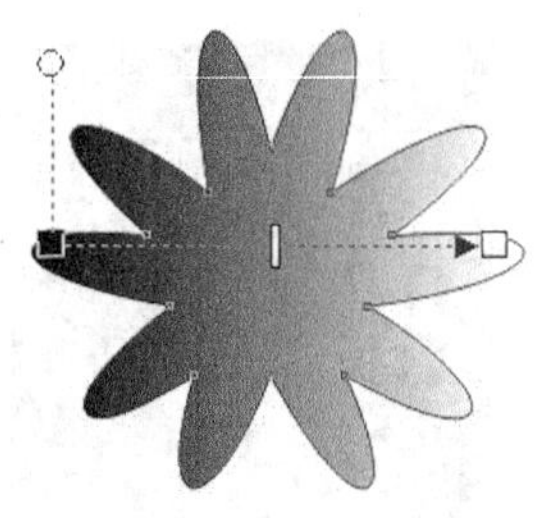

图 6-142

拖曳起点颜色和终点颜色可以改变渐变的角度和边缘宽度，拖曳中间点可以调整渐变颜色的分布，拖曳渐变虚线可以控制颜色渐变与图形之间的相对位置，拖曳渐变上方的圆圈图标可以调整渐变倾斜角度。

6.2.4 使用“编辑填充”对话框填充

选择“编辑填充”工具，在弹出的“编辑填充”对话框中单击“渐变填充”按钮。在对话框中的“镜像、重复和反转”设置区中可选择渐变填充的 3 种类型,“默认渐变填充”“重复和镜像”“重复”渐变填充。

1. 默认渐变填充

单击“默认渐变填充”按钮，如图 6-143 所示，在“编辑填充”对话框中设置好渐变颜色后，单击“确定”按钮，完成图形的渐变填充。

在“预览”色带上的起点和终点颜色之间双击鼠标左键，将在预览色带上产生一个倒三角形色标，也就是新增了一个渐变颜色标记，如图 6-144 所示。“节点位置” 25 % 选项中显示的百分数就是当前新增渐变颜色标记的位置。单击“节点颜色”选项右侧的按钮，在弹出的下拉选项中设置需要的渐变颜色，“预览”色带上新增渐变颜色标记上的颜色将改变为需要的新颜色。“节点颜色”选项中显示的颜色就是当前新增渐变颜色标记的颜色。

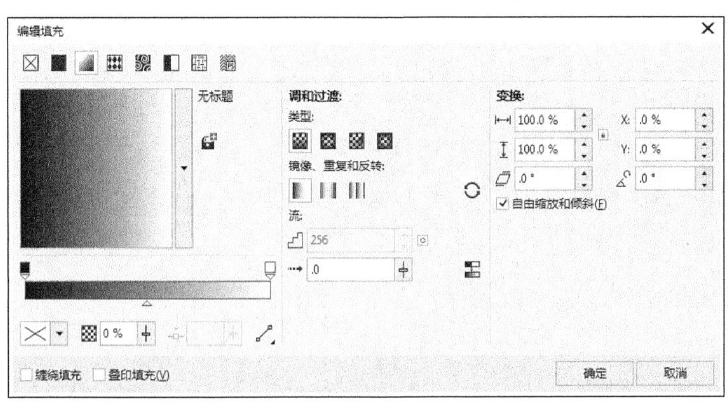

图 6-143

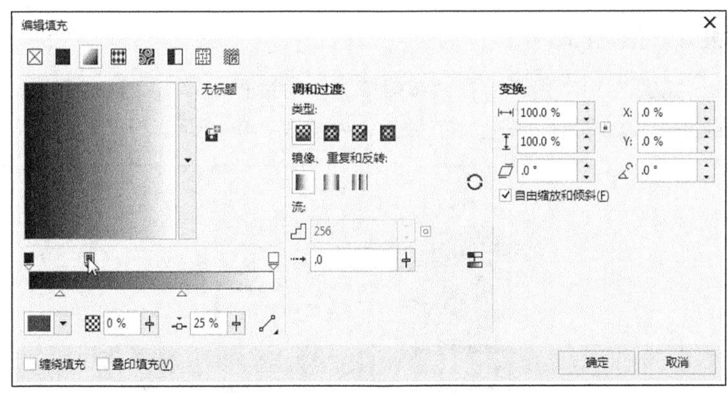

图 6-144

2. 重复和镜像渐变填充

单击“重复和镜像”按钮，如图 6-145 所示，再单击调色板中的颜色，可改变自定义渐变填充终点的颜色。

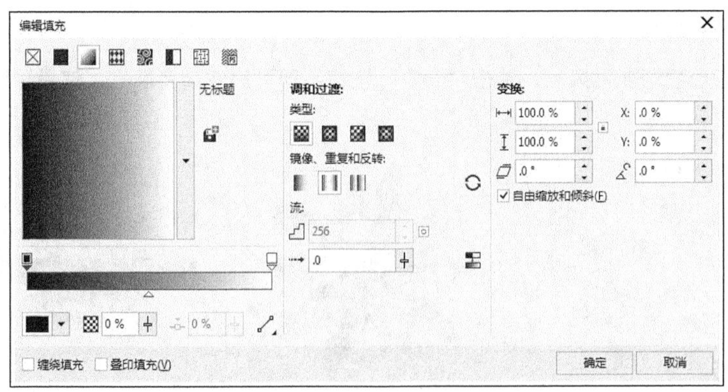

图 6-145

3. 重复渐变填充

单击“重复”按钮，如图 6-146 所示，在“编辑填充”对话框中设置好渐变颜色后，单击“确定”按钮，完成图形的渐变填充。

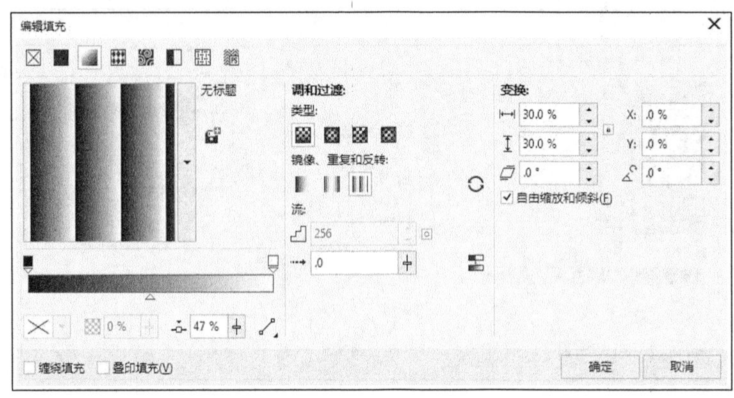

图 6-146

6.2.5 渐变填充的样式

绘制一个图形，如图 6-147 所示。在“编辑填充”对话框中单击“渐变填充”按钮，在“填充”列表中包含了 CorelDRAW X8 预设的一些填充效果，如图 6-148 所示。

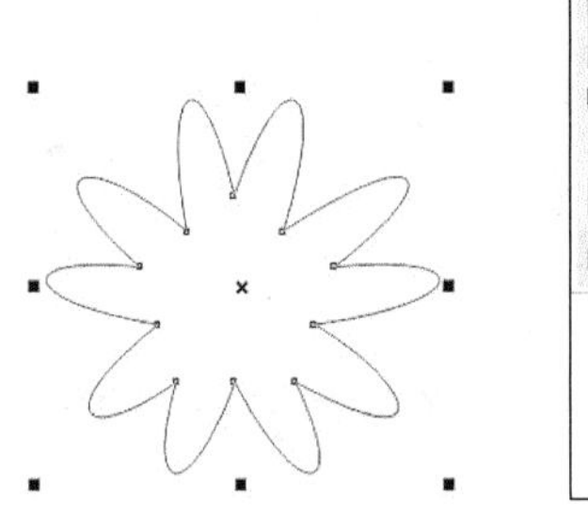

图 6-147

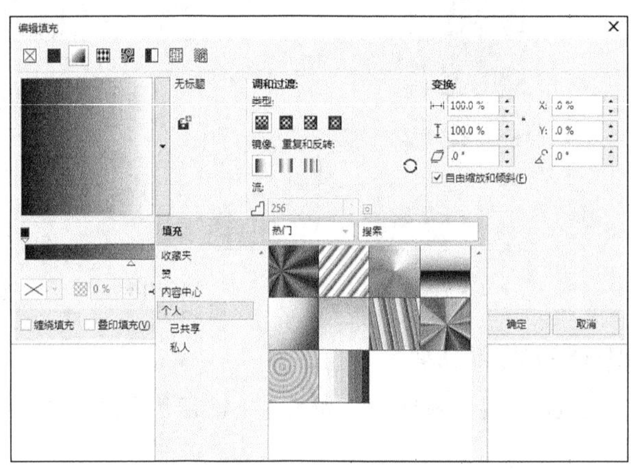

图 6-148

选择好一个预设的渐变效果后，单击“确定”按钮，即可完成渐变填充。使用预设的 3 种渐变效果填充后如图 6-149 所示。

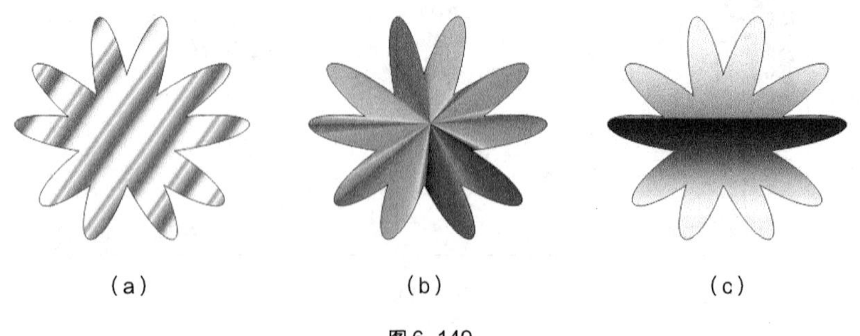

(a) (b) (c)

图 6-149

6.2.6 图样填充

向量图样填充是由矢量和线描式图像来生成的。选择“编辑填充”工具，在弹出的“编辑填充”

对话框中单击“向量图样填充”按钮，如图 6-150 所示。

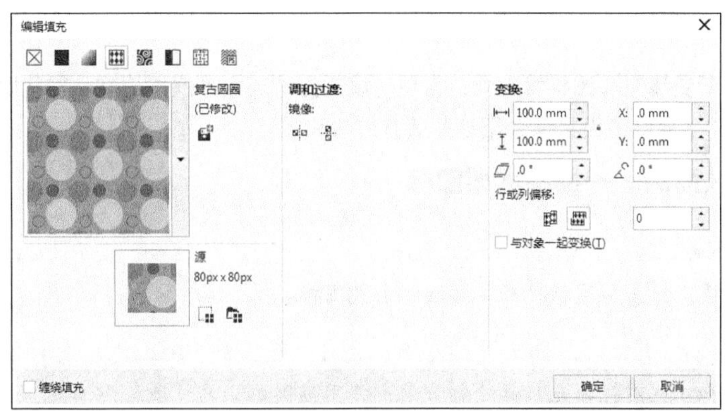

图 6-150

位图图样填充是使用位图图片进行填充的。选择“编辑填充”工具，在弹出的“编辑填充”对话框中单击“位图图样填充”按钮，如图 6-151 所示。

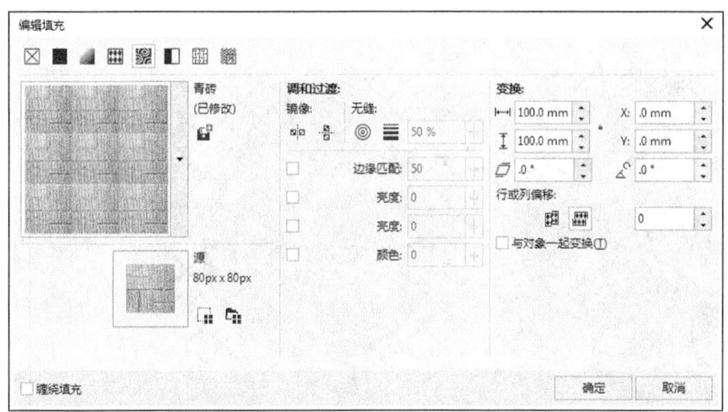

图 6-151

双色图样填充是用两种颜色构成的图案来填充，也就是通过设置前景色和背景色的颜色来填充。选择“编辑填充”工具，在弹出的“编辑填充”对话框中单击“双色图样填充”按钮，如图 6-152 所示。

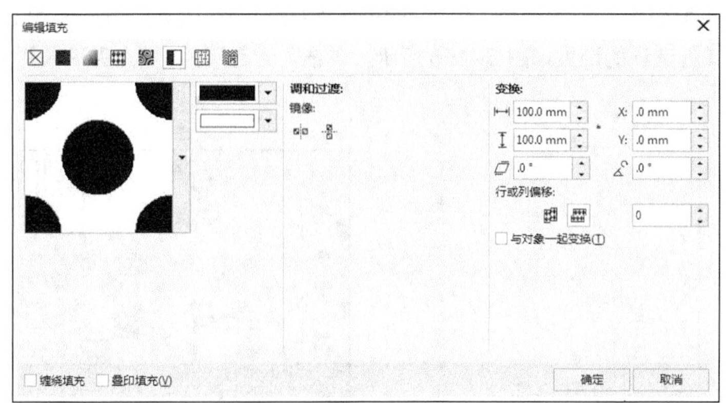

图 6-152

6.3 其他填充

除均匀填充、渐变填充和图样填充外，常用的填充方法还包括底纹填充、网状填充等，这些填充可以使图形更加自然、多变。下面具体介绍这些填充方法和技巧。

6.3.1 课堂案例——绘制水果图标

案例学习目标

学习使用图样填充按钮和网状填充工具绘制水果图标。

案例知识要点

使用矩形工具和双色图样填充工具绘制背景；使用椭圆形工具、多边形工具、基本形状工具、水平镜像按钮、合并按钮和轮廓笔工具绘制水果形状；使用 3 点椭圆形工具、网状填充工具绘制高光。最终绘制的水果图标效果如图 6-153 所示。

效果所在位置

资源包 > Ch06 > 效果 > 绘制水果图标 .cdr。

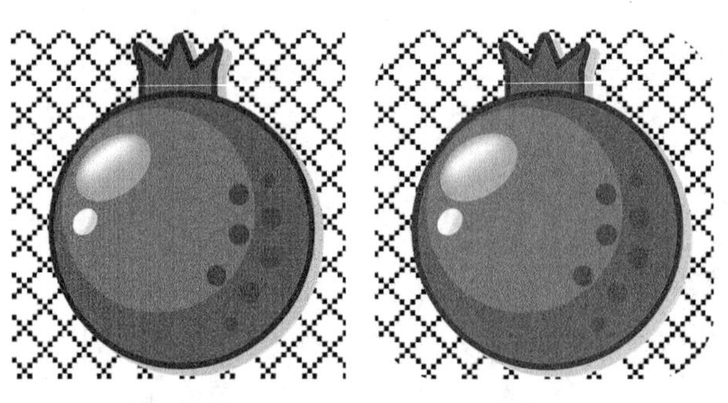

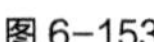

图 6-153

绘制水果图标

STEP 1 按 Ctrl+N 组合键，弹出“创建新文档”对话框，设置文档的宽度为 1024 px，高度为 1024 px，取向为纵向，原色模式为 RGB，渲染分辨率为 72 dpi，单击“确定”按钮，创建一个文档。

STEP 2 双击“矩形”工具，绘制一个与页面大小相等的矩形，如图 6-154 所示。按 Shift+F11 组合键，弹出“编辑填充”对话框，单击“双色图样填充”按钮，切换到相应的面板中，单击“预览”框右侧的按钮，在弹出的下拉列表中选择需要的图样效果，如图 6-155 所示。返回到“编辑填充”对话框，其他选项的设置如图 6-156 所示。单击“确定”按钮填充图形，并去除图形的轮廓线，如图 6-157 所示。

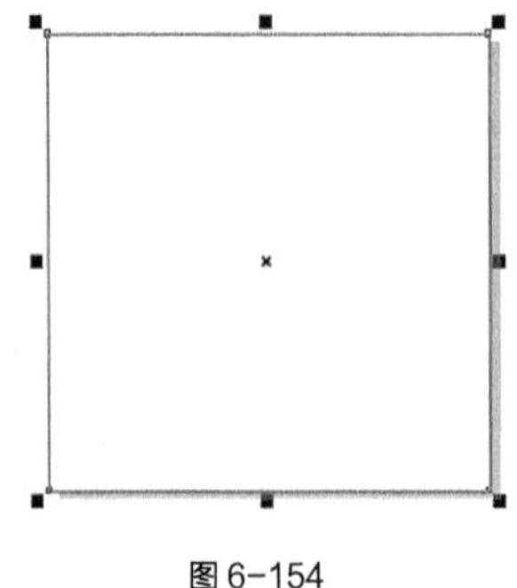

图 6-154

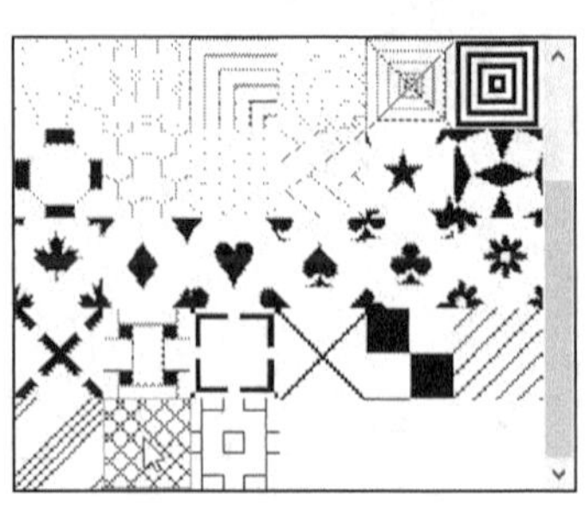

图 6-155

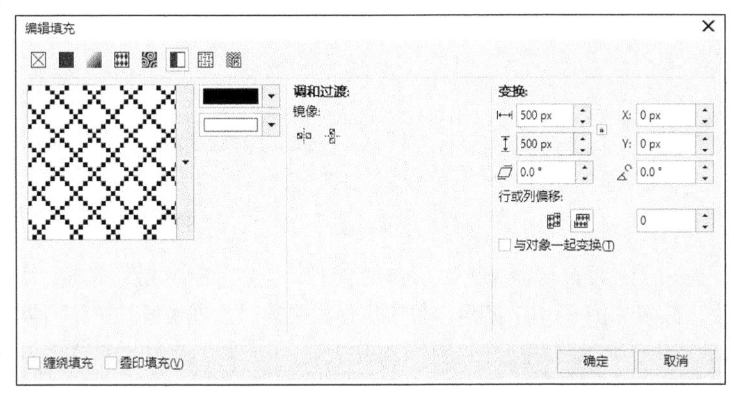

图 6-156

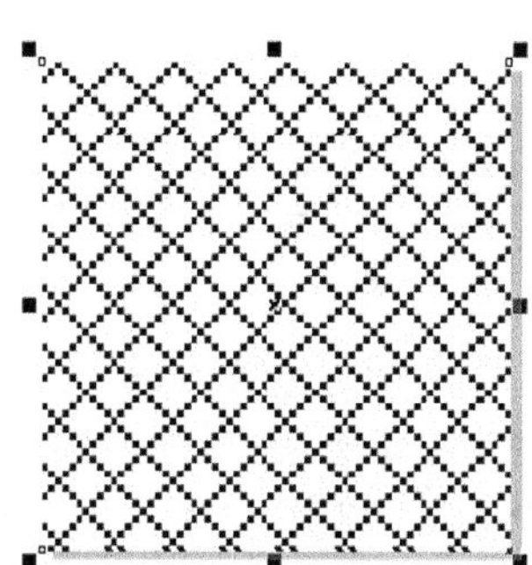

图 6-157

STEP 3 选择“椭圆形”工具，按住 Ctrl 键的同时在适当的位置绘制一个圆形，设置图形颜色的 RGB 值为 215、36、36，填充图形并去除图形的轮廓线，效果如图 6-158 所示。

STEP 4 按 F12 键，弹出“轮廓笔”对话框，在“颜色”下拉列表框中设置轮廓线颜色的 RGB 值为 115、37、51，其他选项的设置如图 6-159 所示。单击“确定”按钮，效果如图 6-160 所示。

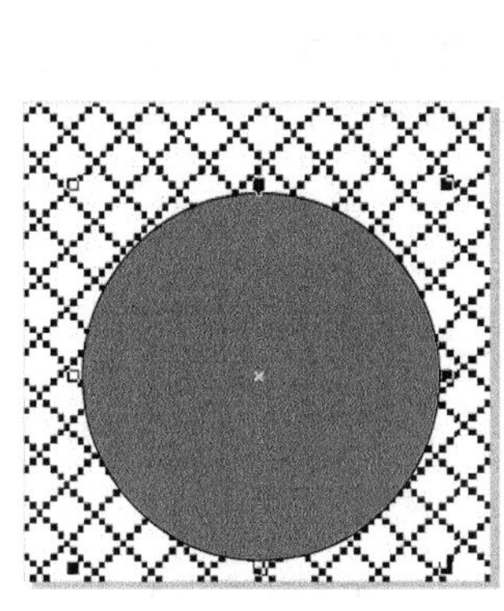

图 6-158

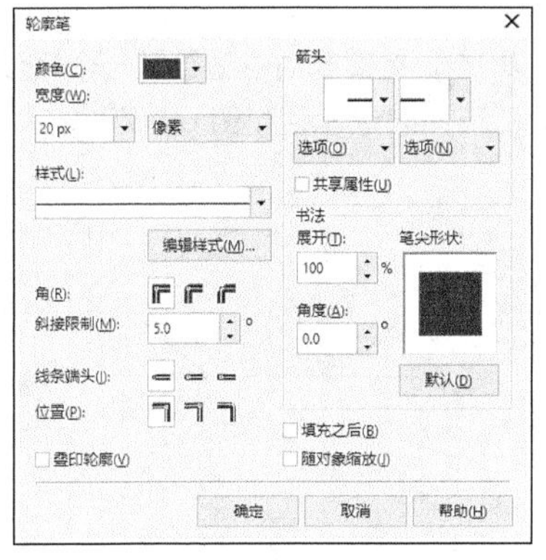

图 6-159

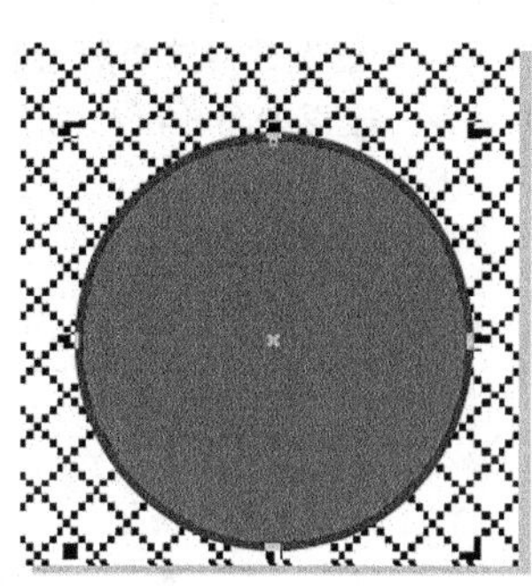

图 6-160

STEP 5 选择“多边形”工具，在属性栏中的设置如图 6-161 所示。在页面外绘制一个三角形，效果如图 6-162 所示。

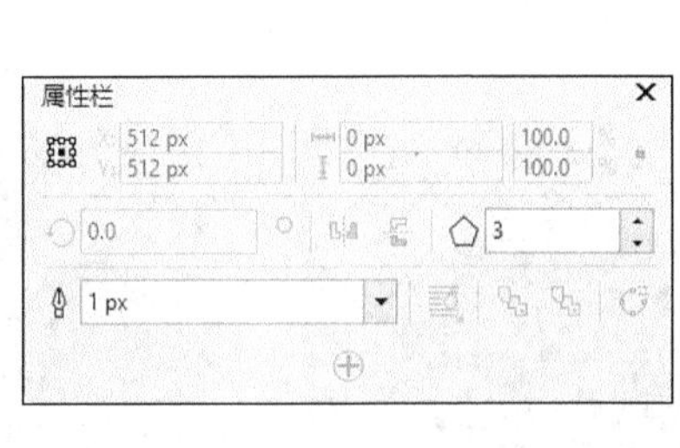

图 6-161

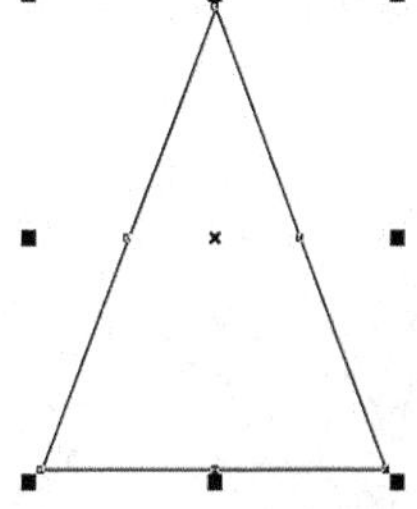

图 6-162

STEP 6 选择“基本形状”工具，单击属性栏中的“完美形状”按钮，在弹出的下拉列表中选择需要的形状，如图 6-163 所示。在适当的位置拖曳鼠标绘制一个三角形，如图 6-164 所示。

STEP 7 单击属性栏中的“转换为曲线”按钮，将图形转换为曲线，如图 6-165 所示。选择“形状”工具，选中并向右拖曳左下角的节点到适当的位置，效果如图 6-166 所示。

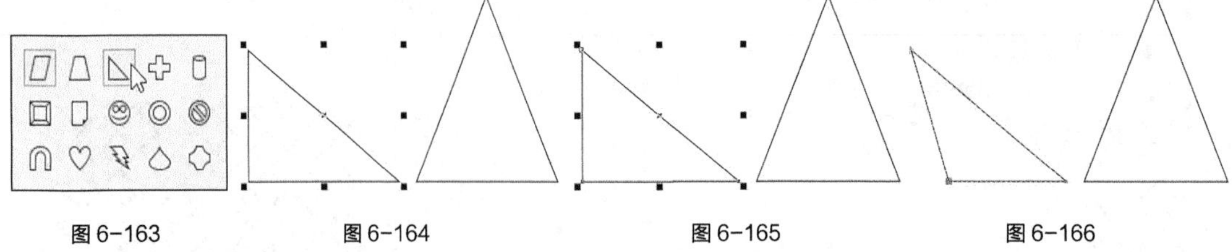

图 6-163　　图 6-164　　图 6-165　　图 6-166

STEP 8 选择“选择”工具，按数字键盘上的 + 键复制图形，按住 Shift 键的同时，水平向右拖曳复制的图形到适当的位置，效果如图 6-167 所示。单击属性栏中的“水平镜像”按钮水平翻转图形，效果如图 6-168 所示。

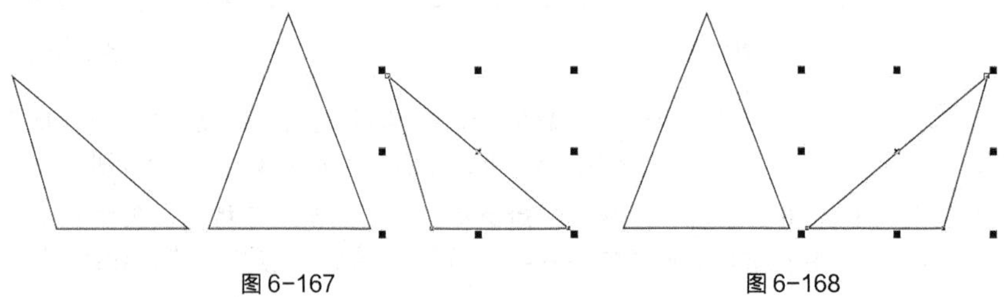

图 6-167　　图 6-168

STEP 9 选择“矩形”工具，在适当的位置绘制一个矩形，如图 6-169 所示。选择“选择”工具，用圈选的方法将所绘制的图形同时选取，如图 6-170 所示。单击属性栏中的“合并”按钮合并图形，效果如图 6-171 所示。

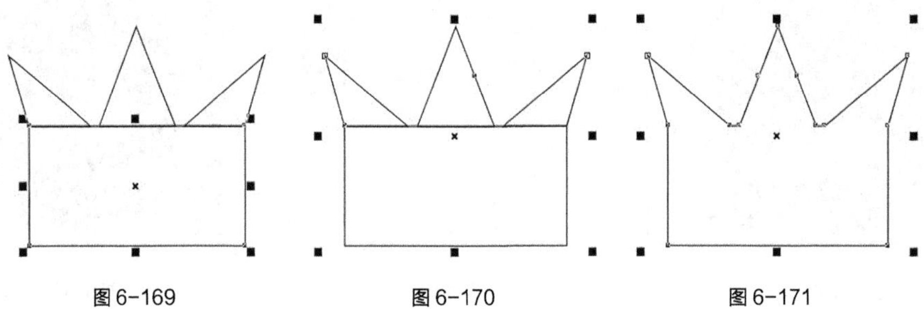

图 6-169　　图 6-170　　图 6-171

STEP 10 选择“选择”工具，拖曳合并后的图形到页面的适当位置，如图 6-172 所示。选择“属性滴管”工具，将光标放置在下方的圆形上，光标变为图标，如图 6-173 所示。在圆形上单击鼠标左键以吸取属性，光标变为图标，在需要的图形上单击鼠标左键以填充图形，效果如图 6-174 所示。

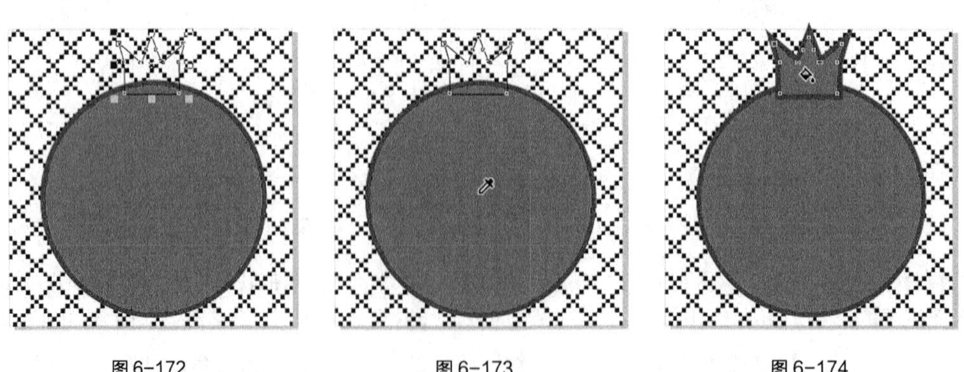

图 6-172　　图 6-173　　图 6-174

STEP 11 按 F12 键，弹出“轮廓笔”对话框，在“角”选项组中单击“圆角”按钮，其他选项的设置如图 6-175 所示。单击“确定”按钮，效果如图 6-176 所示。按 Ctrl+PageDown 组合键，将图形向后移一层，效果如图 6-177 所示。

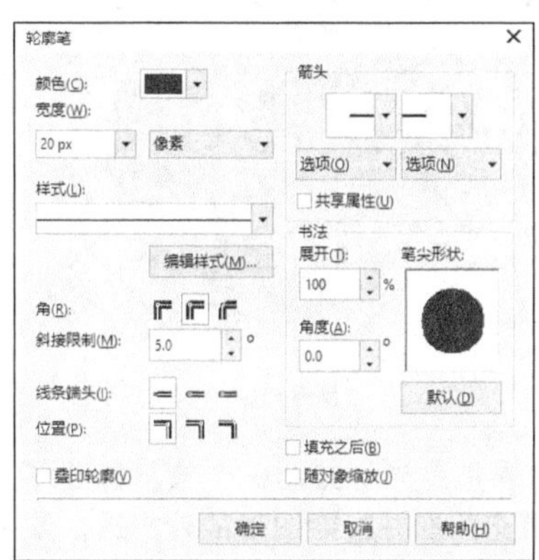

图 6-175

图 6-176

图 6-177

STEP 12 选择“选择”工具，按住 Shift 键的同时单击下方的圆形将其同时选取，如图 6-178 所示。分别按→和↓键，微调选中的图形到适当的位置，如图 6-179 所示。

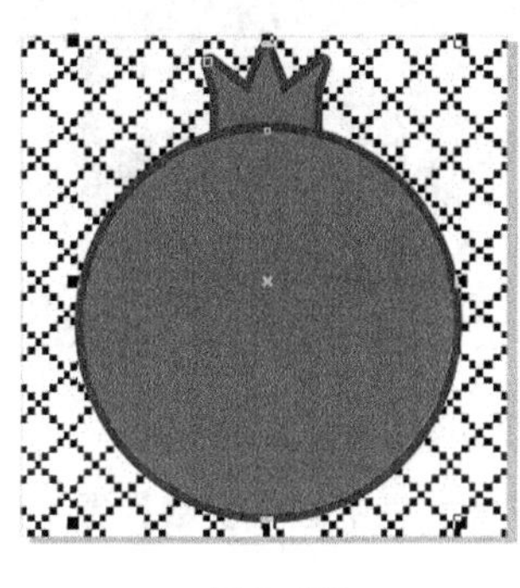

图 6-178

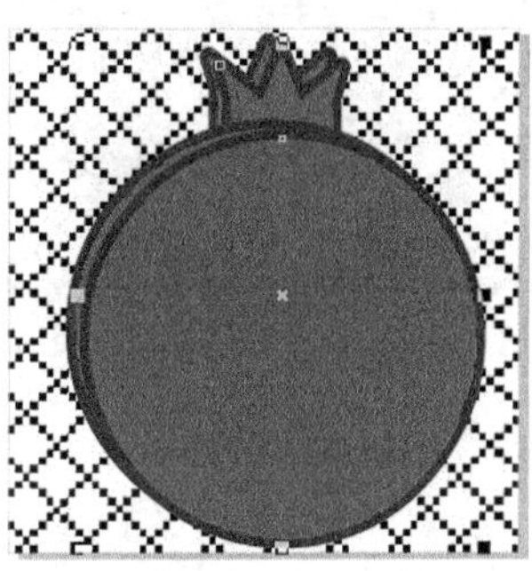

图 6-179

STEP 13 保持图形选取状态。分别设置图形填充和轮廓线颜色的 RGB 值为 204、208、213，填充图形，效果如图 6-180 所示。按 Ctrl+PageDown 组合键，将选中图形向后移一层，效果如图 6-181 所示。

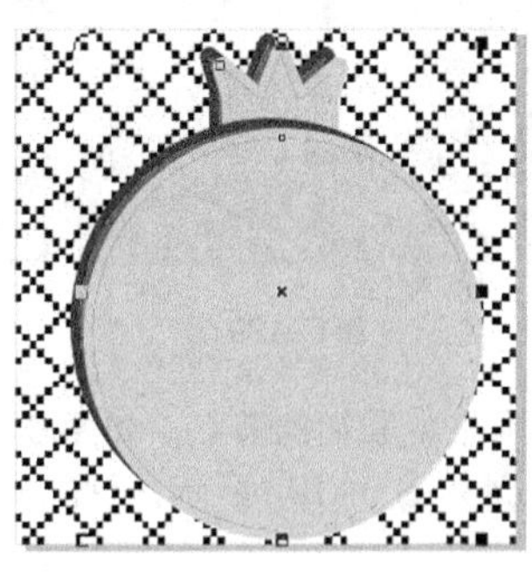

图 6-180

图 6-181

STEP 14 选择“椭圆形”工具，按住Ctrl键的同时在适当的位置绘制一个圆形，如图6-182 所示。设置图形颜色的 RGB 值为 254、52、52，填充图形并去除图形的轮廓线，效果如图 6-183 所示。

用相同的方法分别绘制其他圆形，并填充相应的颜色，效果如图 6-184 所示。

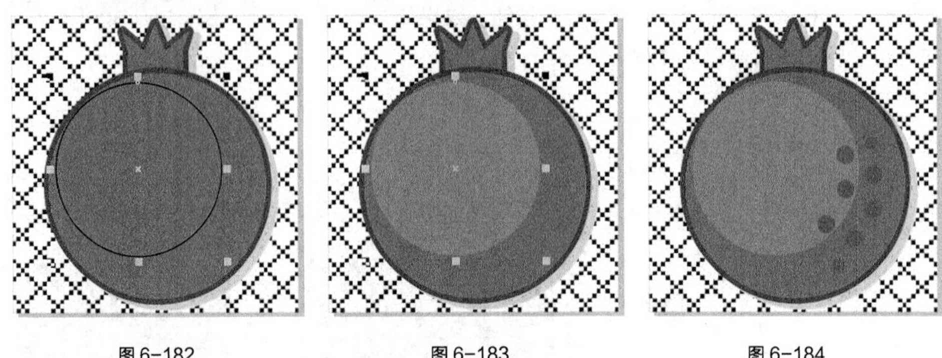

图 6-182　　图 6-183　　图 6-184

STEP 15 选择“3 点椭圆形”工具，在适当的位置拖曳光标绘制一个倾斜椭圆形，如图 6-185 所示。设置图形颜色的 RGB 值为 255、153、153，填充图形并去除图形的轮廓线，效果如图 6-186 所示。

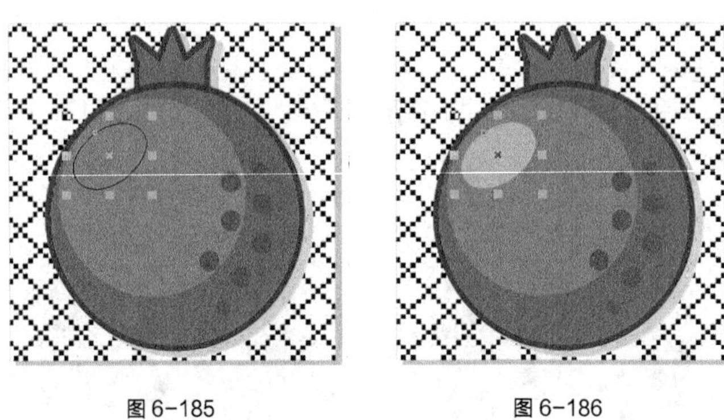

图 6-185　　图 6-186

STEP 16 选择“网状填充”工具，在属性栏中进行参数设置，如图 6-187 所示。按 Enter 键，在椭圆形中添加网格，效果如图 6-188 所示。

STEP 17 使用“网状填充”工具，按住 Shift 键的同时，单击选中网格中添加的节点，如图 6-189 所示。在“RGB 调色板”中的“白”色块上单击鼠标左键填充网状点颜色，如图 6-190 所示。

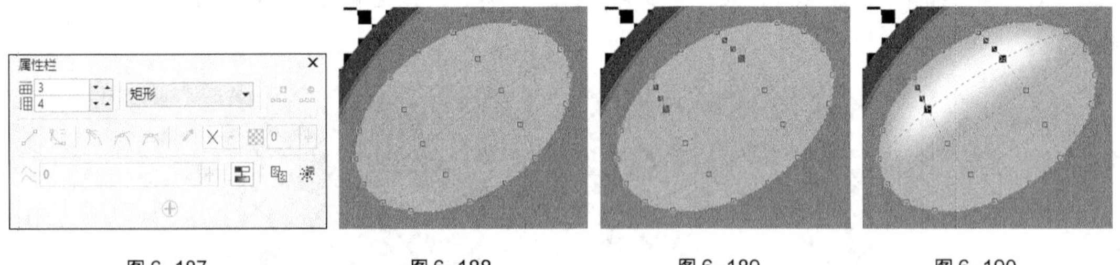

图 6-187　　图 6-188　　图 6-189　　图 6-190

STEP 18 按住 Shift 键的同时，单击选中网格中添加的节点，如图 6-191 所示。选择“窗口 > 泊坞窗 > 彩色”命令，弹出“颜色泊坞窗”，设置如图 6-192 所示，单击“填充”按钮，效果如图 6-193 所示。

STEP 19 用相同的方法再绘制一个网状球体，效果如图 6-194 所示。水果图标绘制完成，效果如图 6-195 所示。将图标应用在手机中，会自动应用圆角遮罩图标，呈现出圆角效果，如图 6-196 所示。

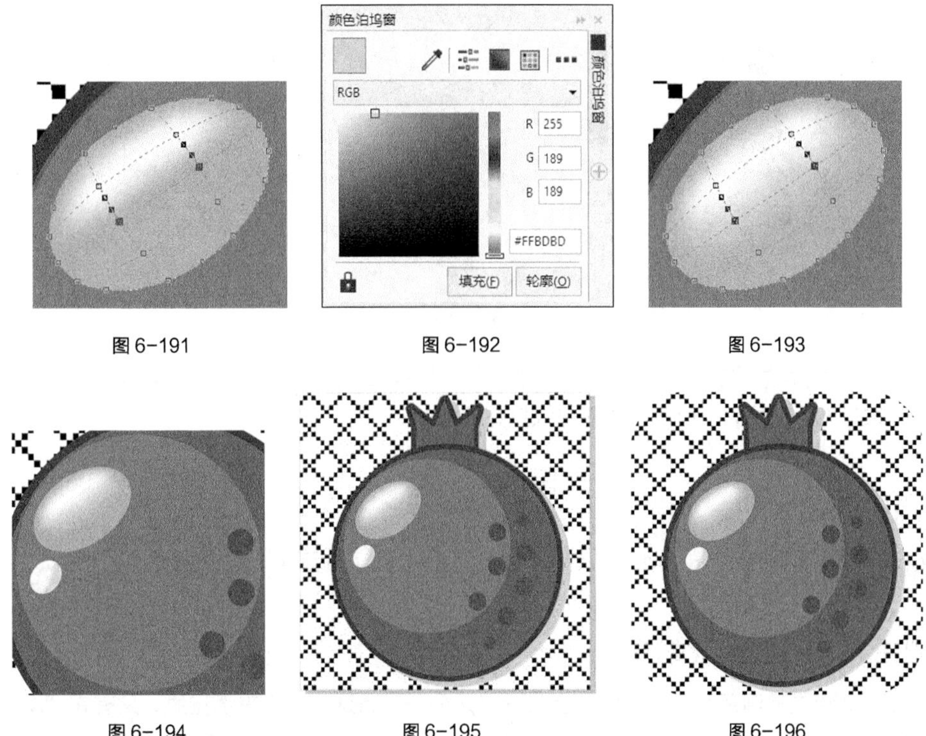

图 6-191　　图 6-192　　图 6-193

图 6-194　　图 6-195　　图 6-196

6.3.2 底纹填充

选择“编辑填充”工具，弹出“编辑填充”对话框，单击“底纹填充”按钮。可以看到，CorelDRAW X8 的底纹库提供了多个样本组和几百种预设的底纹填充图案，如图 6-197 所示。

在“编辑填充”对话框中的“底纹库”下拉列表中可以选择不同的样本组。CorelDRAW X8 底纹库提供了 7 个样本组。选择样本组后，在上面的“预览”框中可以看到底纹的效果，单击“预览”框右侧的按钮，在弹出的下拉列表中可以选择需要的底纹图案。

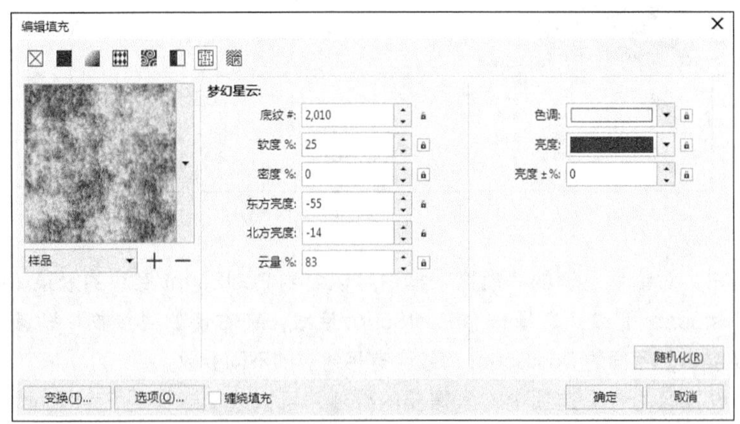

图 6-197

绘制一个图形，在“底纹库”选项的下拉列表中选择需要的样本后，单击“预览”框右侧的按钮，在弹出的面板中选择需要的底纹效果，单击“确定”按钮，可以将底纹填充到图形对象中。几个填充不同底纹的图形效果如图 6-198 所示。

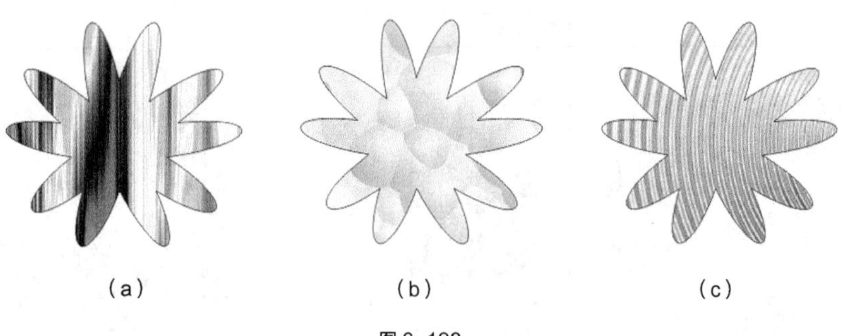

(a) (b) (c)

图 6-198

选择“交互式填充”工具，在属性栏中选择“底纹填充”选项，单击“填充挑选器”右侧的按钮，在弹出的下拉列表中可以选择底纹填充的样式。

底纹填充会增加文件的大小，并使操作的时间增长，在对大型的图形对象使用底纹填充时要慎重。

6.3.3 PostScript 填充

PostScript 填充是利用 PostScript 语言设计出来的一种特殊的图案来填充的。只有在“增强”视图模式下，PostScript 填充的底纹才能显示出来。下面介绍 PostScript 填充的方法和技巧。

选择“编辑填充”工具，弹出“编辑填充”对话框，单击“PostScript 填充”按钮，切换到相应的对话框，如图 6-199 所示，CorelDRAW X8 提供了多个 PostScript 底纹图案。

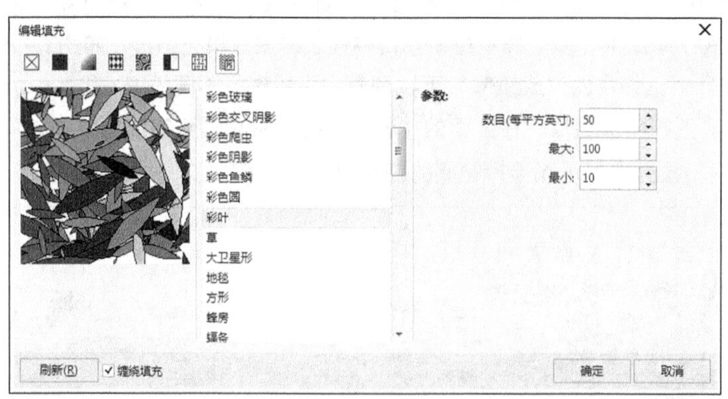

图 6-199

在“编辑填充”对话框左侧的“预览”框中可以看到 PostScript 底纹的效果。在中间的列表框中提供了多个 PostScript 底纹，选择一个 PostScript 底纹，在右侧的“参数”设置区中会出现所选 PostScript 底纹的参数。不同的 PostScript 底纹会有相对应的不同参数。

在“参数”设置区的各个选项中输入需要的数值，可以改变选择的 PostScript 底纹，产生新的 PostScript 底纹效果，如图 6-200 所示。

选择“交互式填充”工具，在属性栏中选择“PostScript 填充”选项，单击“PostScript 填充底纹”DNA 选项可以在弹出的下拉面板中选择多种 PostScript 底纹填充的样式对图形对象进行填充，如图 6-201 所示。

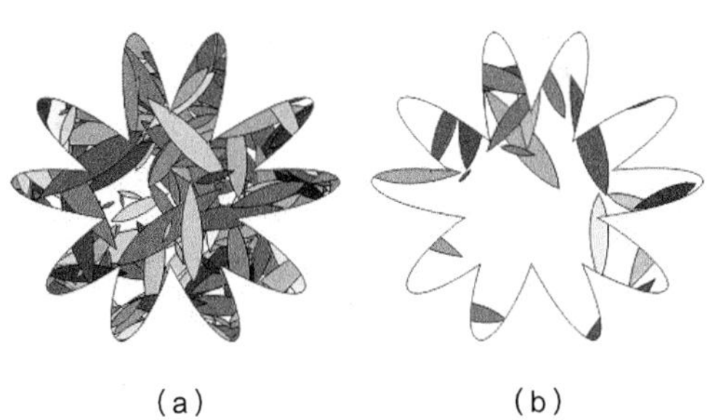

(a)　(b)

图 6-200

图 6-201

CorelDRAW X8 在屏幕上显示 PostScript 填充时用字母“PS”表示。PostScript 填充使用的限制非常多，由于 PostScript 填充图案非常复杂，所以在打印和更新屏幕显示时会使处理时间增长。PostScript 填充非常占用系统资源，使用时一定要慎重。

6.3.4 网状填充

选中要进行网状填充的图形，如图 6-202 所示。选择“交互式填充”工具，再选择展开工具栏中的“网状填充”工具，在属性栏中将横竖网格的数值均设为 3，按 Enter 键后，图形的网状填充效果如图 6-203 所示。

单击选中网格中需要填充的节点，如图 6-204 所示。在调色板中需要的颜色上单击鼠标左键，可以为选中的节点填充颜色，效果如图 6-205 所示。

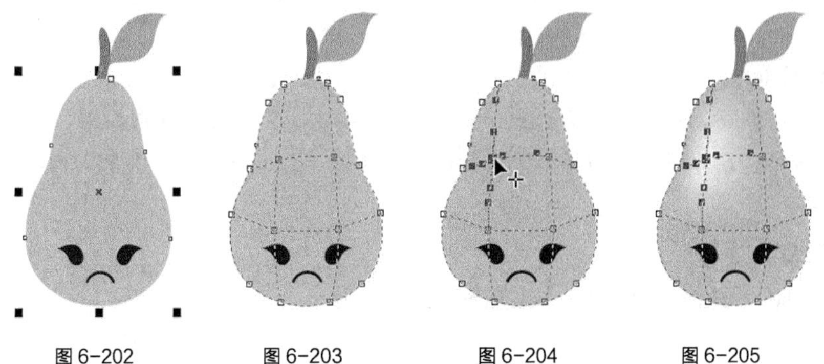

图 6-202　图 6-203　图 6-204　图 6-205

再依次选中需要的节点并进行颜色填充，如图 6-206 所示。选中节点后，拖曳节点的控制点可以扭曲颜色填充的方向，如图 6-207 所示。交互式网格填充最终效果如图 6-208 所示。

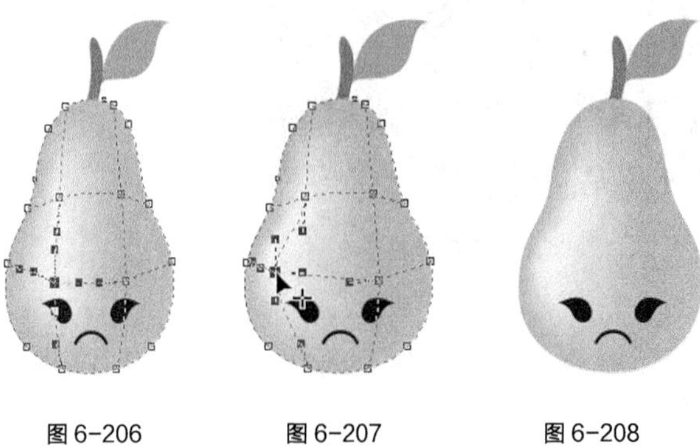

图 6-206　图 6-207　图 6-208

6.4 课堂练习——绘制卡通图标

练习知识要点

使用多边形工具、椭圆形工具和文字工具绘制图标背景；使用贝塞尔工具、椭圆形工具和填充工具绘制猫图形。最终效果如图 6-209 所示。

效果所在位置

资源包 > Ch06 > 效果 > 绘制卡通图标 .cdr。

图 6-209

绘制卡通图标

6.5 课后习题——绘制手机设置图标

习题知识要点

使用“导入”命令添加图标背景；使用矩形工具、渐变工具、网状填充工具、“颜色泊坞窗”绘制图标；使用阴影工具为图标添加阴影效果；使用椭圆形工具、轮廓笔工具绘制圆环。最终效果如图 6-210 所示。

效果所在位置

资源包 > Ch06 > 效果 > 绘制手机设置图标 .cdr。

图 6-210

绘制手机设置图标

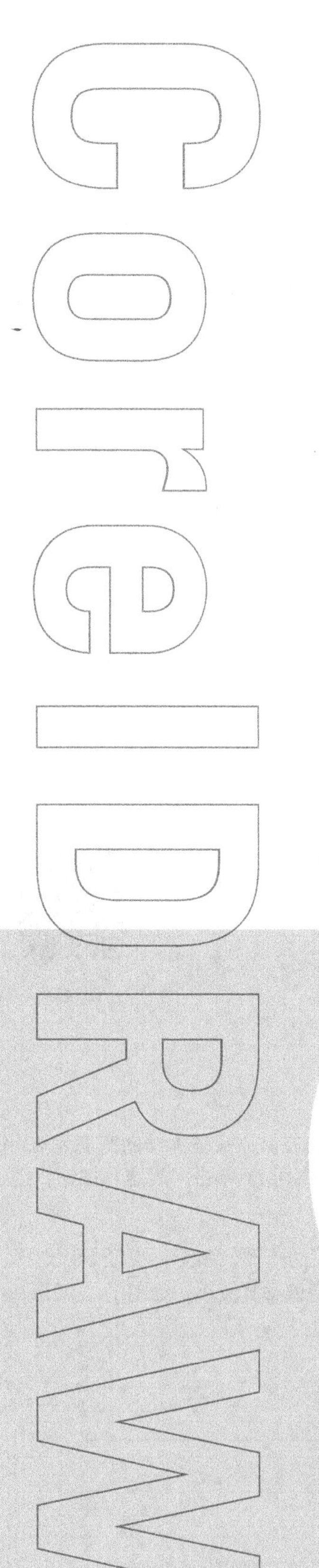

Chapter 7

第7章 排列和组合对象

CorelDRAW X8提供了多个命令和工具来排列和组合图形对象。本章主要介绍排列和组合对象的功能以及相关的技巧。通过本章的学习，读者可以自如地排列和组合绘图中的图形对象，轻松完成制作任务。

课堂学习目标

- 掌握对齐和分布命令的使用方法
- 掌握网格和辅助线的设置及使用方法
- 掌握群组和结合的使用方法

7.1 对齐和分布

在 CorelDRAW X8 中，提供了对齐和分布功能来设置对象的对齐和分布方式。下面介绍对齐和分布的使用方法和技巧。

7.1.1 课堂案例——制作名片

案例学习目标

学习使用“导入”命令、“对齐和分布”命令制作名片。

案例知识要点

使用“导入”命令导入素材图片；使用“对齐与分布”泊坞窗对齐所选对象；使用手绘工具、矩形工具和旋转角度选项绘制装饰图形。最终的名片效果如图 7-1 所示。

效果所在位置

资源包 > Ch07 > 效果 > 制作名片 .cdr。

图 7-1

制作名片

STEP 1 按 Ctrl+N 组合键，弹出“创建新文档”对话框，在其中设置文档的宽度为 90 mm，高度为 55 mm，取向为横向，原色模式为 CMYK，渲染分辨率为 300 dpi，单击“确定”按钮，创建一个文档。

STEP 2 双击“矩形”工具□，绘制一个与页面大小相等的矩形，如图 7-2 所示。选择“选择”工具，向上拖曳矩形下边中间的控制手柄到适当的位置，然后调整其大小，如图 7-3 所示。

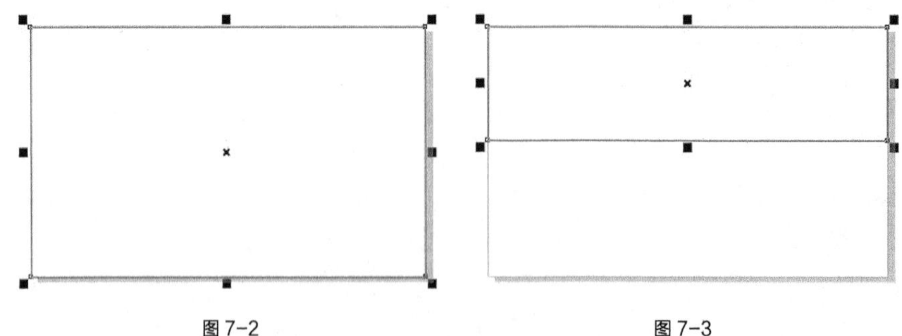

图 7-2　　　　图 7-3

STEP 3 保持矩形的选取状态。设置图形颜色的 CMYK 值为 13、0、80、0，填充图形并去除图形的轮廓线，效果如图 7-4 所示。

STEP 4 按 Ctrl+I 组合键，弹出“导入”对话框，选择资源包中的“Ch07 > 素材 > 制作名片 > 01、02”文件，单击“导入”按钮，在页面中单击鼠标以导入图片，如图 7-5 所示。

图 7-4

图 7-5

STEP 5 选择“选择”工具，按住 Shift 键的同时依次单击导入的图片将其同时选取，如图 7-6 所示。选择“对象 > 对齐和分布 > 对齐与分布”命令，弹出“对齐与分布”泊坞窗，如图 7-7 所示。单击“页面边缘”按钮，与页面边缘对齐；再单击“顶端对齐”按钮，如图 7-8 所示，图形顶端对齐效果如图 7-9 所示。

图 7-6

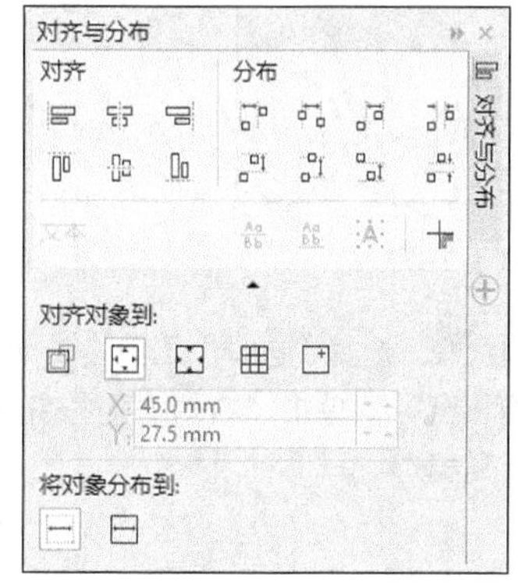

图 7-7

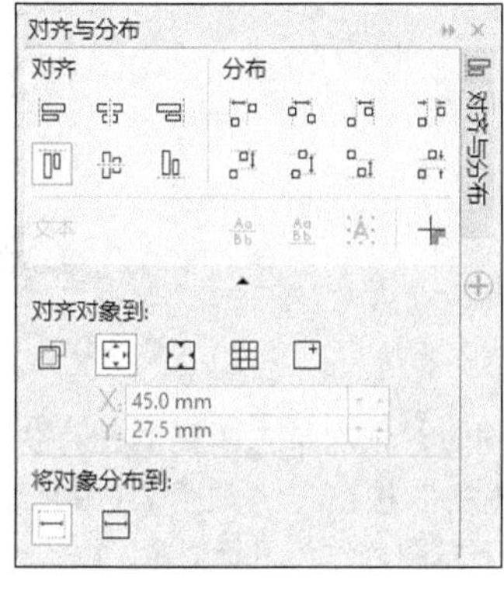

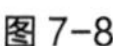

图 7-8

图 7-9

STEP 6 按 Ctrl+I 组合键，弹出“导入”对话框，选择资源包中的“Ch07 > 素材 > 制作名片 > 03、04”文件，单击“导入”按钮，在页面中单击鼠标以导入图片，如图 7-10 所示。选择“选择”工具，按住 Shift 键的同时，依次单击需要的图片将其同时选取，如图 7-11 所示。（先选择右下角图片，然后再选择右上角图片作为目标对象。）

图 7-10

图 7-11

STEP 7 在“对齐与分布”泊坞窗中，单击“活动对象”按钮，与选择的对象对齐，如图 7-12 所示。再单击“水平居中对齐”按钮，如图 7-13 所示，图形居中对齐效果如图 7-14 所示。

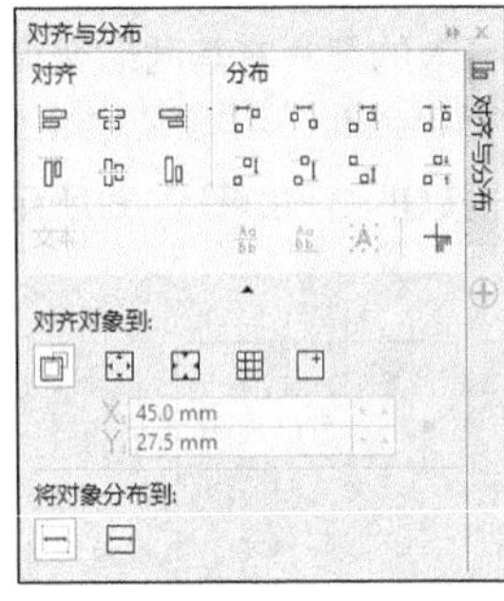

图 7-12

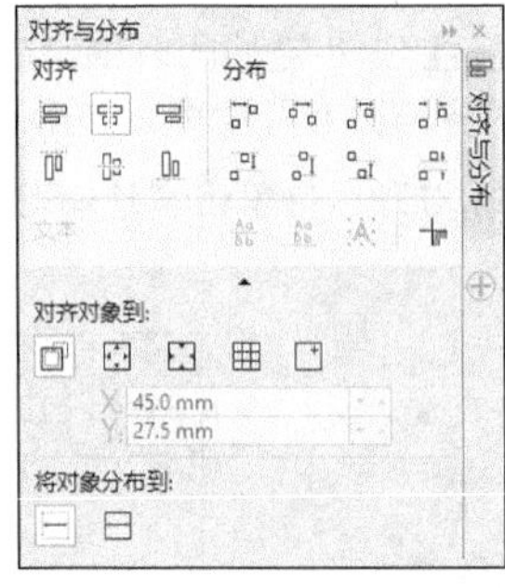

图 7-13

图 7-14

STEP 8 选择“选择”工具，用框选的方法将左侧图片同时选取，如图 7-15 所示。在“对齐与分布”泊坞窗中，单击“右对齐”按钮，如图 7-16 所示，图形右对齐效果如图 7-17 所示。（从左下角向右上角框选。）

图 7-15

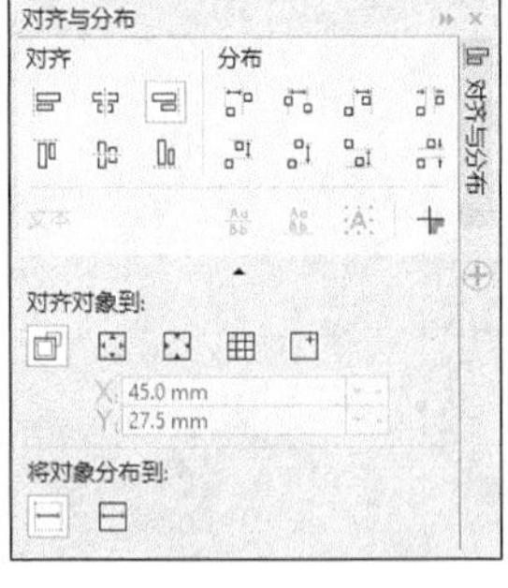

图 7-16

图 7-17

STEP 9 选择“选择”工具，按住 Shift 键的同时，依次单击需要的图片将其同时选取，如图 7-18 所示。在“对齐与分布”泊坞窗中，单击“底端对齐”按钮，如图 7-19 所示，图形底对齐效果如图 7-20 所示。（先选择左下角图片，然后再选择右下角图片作为目标对象。）

STEP 10 选择“手绘”工具，按住 Ctrl 键的同时，在适当的位置绘制一条直线，并在属性栏中的“轮廓宽度” 0.2 mm 框中设置数值为 0.5 mm。按 Enter 键，效果如图 7-21 所示。

STEP 11 选择“矩形”工具，按住 Ctrl 键的同时，在适当的位置绘制一个正方形，填充图形为黑色，并去除图形的轮廓线，效果如图 7-22 所示。在属性栏中的“旋转角度” .0 °框中设置数值为 45。按 Enter 键，效果如图 7-23 所示。

图 7-18

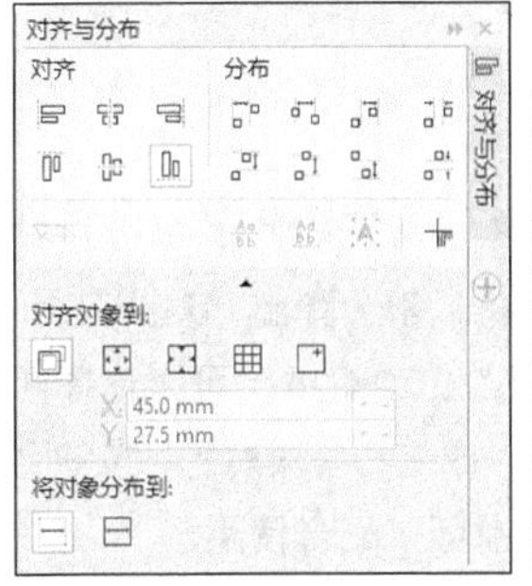

图 7-19

图 7-20

图 7-21

图 7-22

图 7-23

STEP 12 按数字键盘上的 + 键复制正方形。选择"选择"工具，按住 Shift 键的同时，垂直向下拖曳复制的正方形到适当的位置，效果如图 7-24 所示。按 Ctrl+D 组合键，按需要再复制一个正方形，效果如图 7-25 所示。

图 7-24

图 7-25

STEP 13 按 Ctrl+I 组合键，弹出"导入"对话框，选择资源包中的"Ch07 > 素材 > 制作名片 > 05"文件，单击"导入"按钮，在页面中单击鼠标以导入文字。选择"选择"工具，拖曳文字到适当的位置，效果如图 7-26 所示。至此，名片制作完成，效果如图 7-27 所示。

图 7-26

图 7-27

7.1.2 对象的对齐和分布

1. 对象的对齐

选中多个要对齐的对象，选择“对象 > 对齐和分布 > 对齐与分布”命令，或按Ctrl+Shift+A组合键，或单击属性栏中的“对齐与分布”按钮，都会弹出“对齐与分布”泊坞窗，如图7-28所示。

在“对齐与分布”泊坞窗中的“对齐”选项组中，可以选择两组对齐方式，如“左对齐”按钮、“水平居中对齐”按钮、“右对齐”按钮，或者“顶端对齐”按钮、“垂直居中对齐”按钮、“底端对齐”按钮。两组对齐方式可以单独使用，也可以配合使用。

在“对齐对象到”选项组中可以选择对齐基准，如“活动对象”按钮、“页面边缘”按钮、“页面中心”按钮、“网格”按钮和“指定点”按钮。对齐基准按钮必须与左、中、右对齐或者顶端、中、底端对齐按钮同时使用，以指定图形对象的某个部分去和相应的基准线对齐。

选择“选择”工具，按住Shift键，单击几个要对齐的图形对象将它们全选中，如图7-29所示，注意要将图形目标对象最后选中，因为其他图形对象将以图形目标对象为基准对齐，本例中以右下角的礼盒图形为图形目标对象，所以最后选中它。

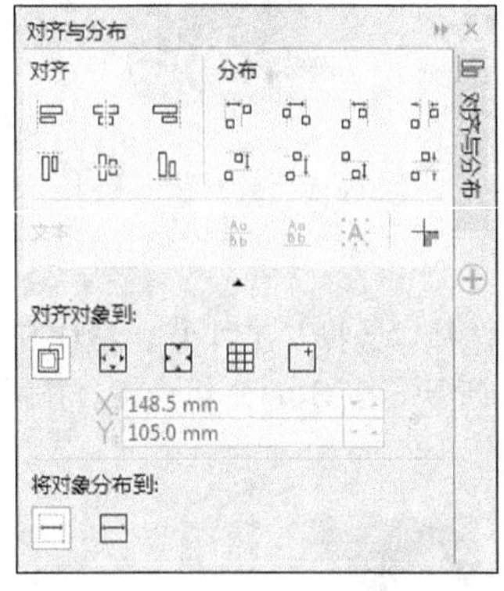

图7-28

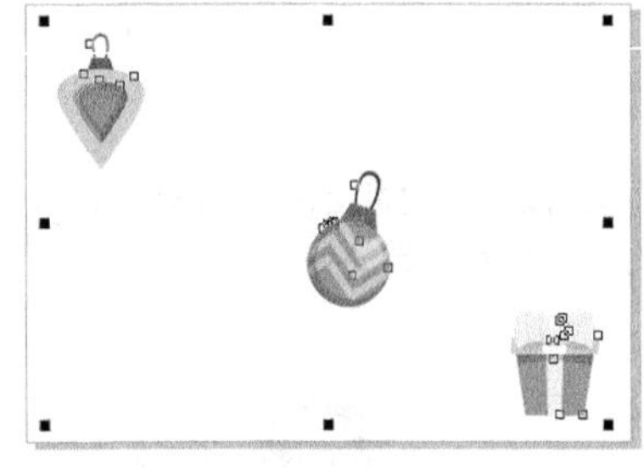

图7-29

在“对齐与分布”泊坞窗中，单击“对齐”选项组中的“右对齐”按钮，如图7-30所示，几个图形对象则会以最后选取的礼盒图形的右边缘为基准进行对齐，如图7-31所示。

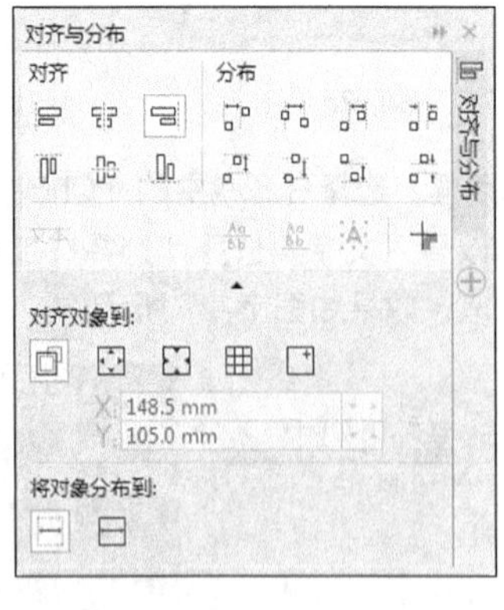

图7-30

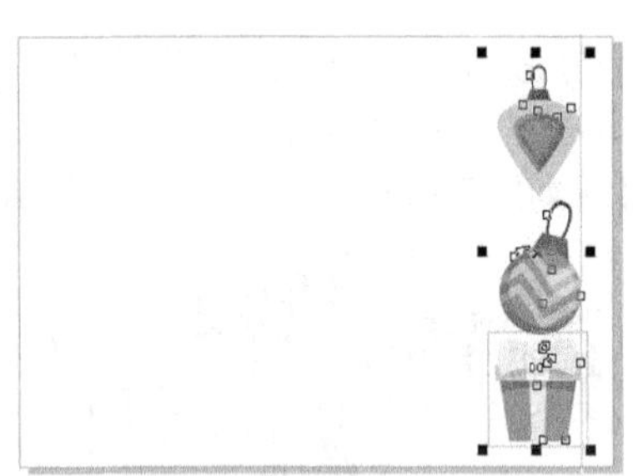

图7-31

在“对齐与分布”泊坞窗中，单击“对齐”选项组中的“垂直居中对齐”按钮，再单击“对齐对象到”选项组中的“页面中心”按钮，如图7-32所示，几个图形对象则会以页面中心为基准进行垂直居中对齐，如图7-33所示。

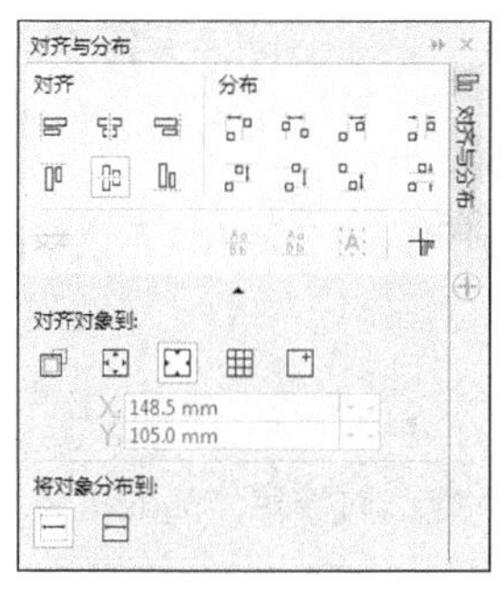

图 7-32

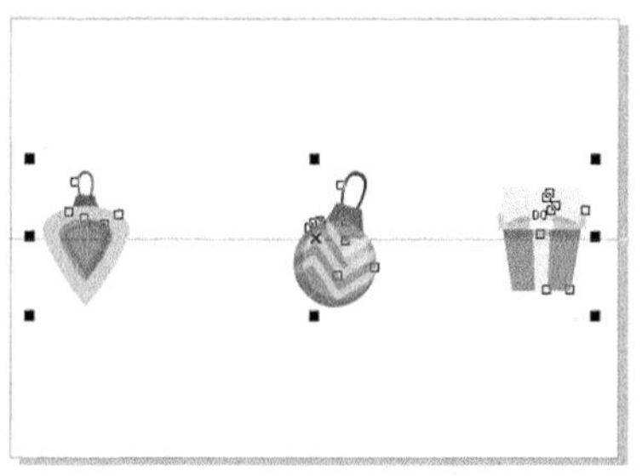

图 7-33

在“对齐与分布”泊坞窗中，还可以进行多种图形对齐方式的设置，只要多练习就可以很快掌握。

2. 对象的分布

选中多个要分布的对象，如图 7-34 所示。选择“对象 > 对齐和分布 > 对齐与分布”命令，或按 Ctrl+Shift+A 组合键，或单击属性栏中的“对齐与分布”按钮，都会弹出“对齐与分布”泊坞窗，如图 7-35 所示。

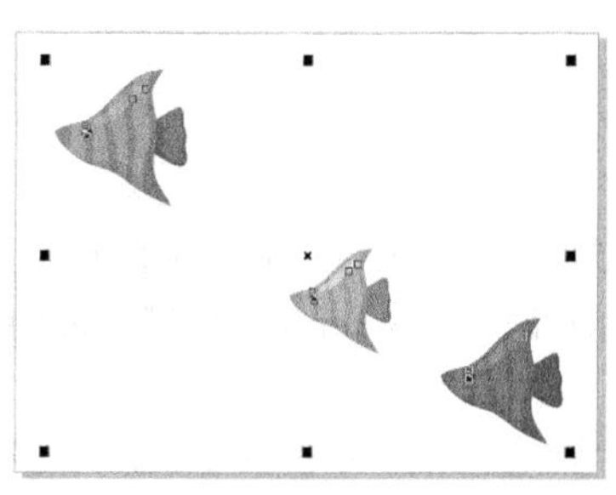

图 7-34

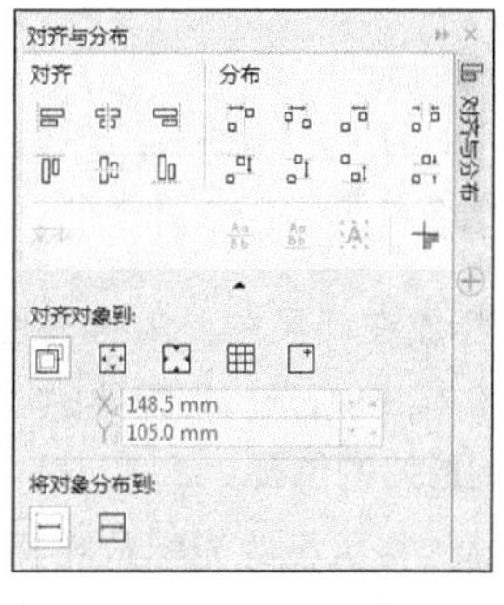

图 7-35

在“对齐与分布”泊坞窗中的“分布”选项组中有两种分布形式，分别是沿垂直方向分布和沿水平方向分布。我们可以选择不同的基准点来分布对象，如“左分散排列”按钮、“水平分散排列中心”按钮、“右分散排列”按钮、“水平分散排列间距”按钮，或者“顶部分散排列”按钮、“垂直分散排列中心”按钮、“底部分散排列”按钮、“垂直分散排列间距”按钮。

在“将对象分布到”选项组中，分别单击“选定的范围”按钮和“页面范围”按钮，按图 7-36 所示进行设定后，几个图形对象的分布效果如图 7-37 所示。

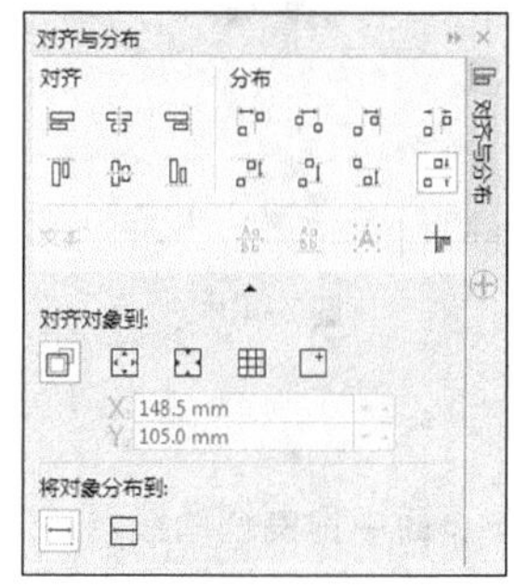

图 7-36

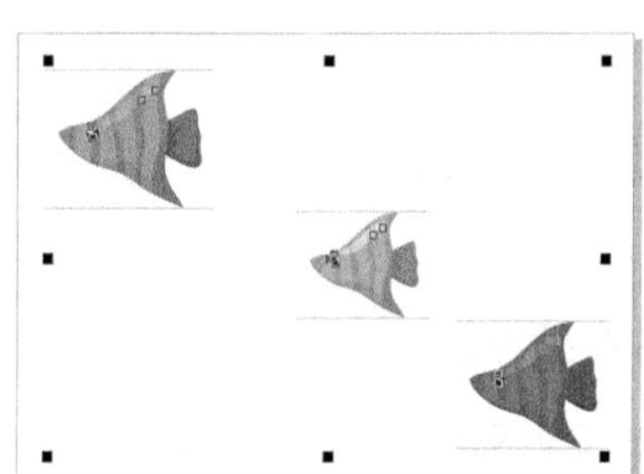

图 7-37

7.2 标尺、辅助线和网格的使用

CorelDRAW X8 提供了标尺、辅助线和网格等工具，利用这些工具不仅可以帮助用户对所绘制和编辑的图形图像进行精确定位，还可以测量图形图像的准确尺寸。

7.2.1 使用标尺

标尺可以帮助用户了解图形对象的当前位置，以便设计作品时确定作品的精确尺寸。下面介绍标尺的设置和使用方法。

选择“视图 > 标尺”命令，即可显示或隐藏标尺。显示标尺的效果如图 7-38 所示。

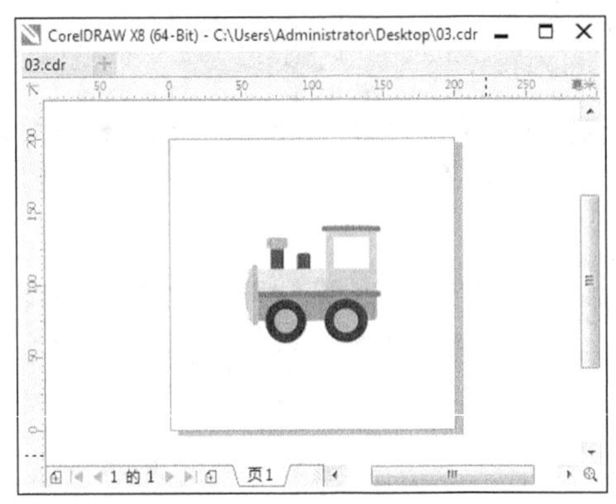

图 7-38

将鼠标的光标放在标尺左上角的图标上，单击按住鼠标左键不放并拖曳光标，出现十字虚线的标尺定位线，如图 7-39 所示。在需要的位置松开鼠标左键，可以设定新的标尺坐标原点。双击图标，可以将标尺还原到原始的位置。

按住 Shift 键，将鼠标的光标放在标尺左上角的图标上，单击按住鼠标左键不放并拖曳光标，可以将标尺移动到新位置，如图 7-40 所示。使用相同的方法将标尺拖放回左上角可以还原标尺的位置。

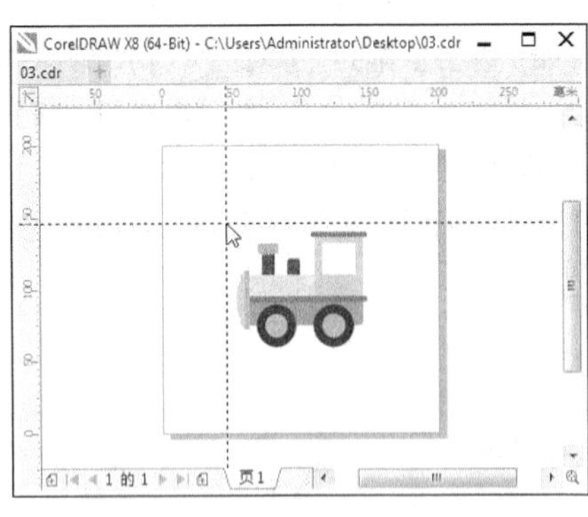

图 7-39

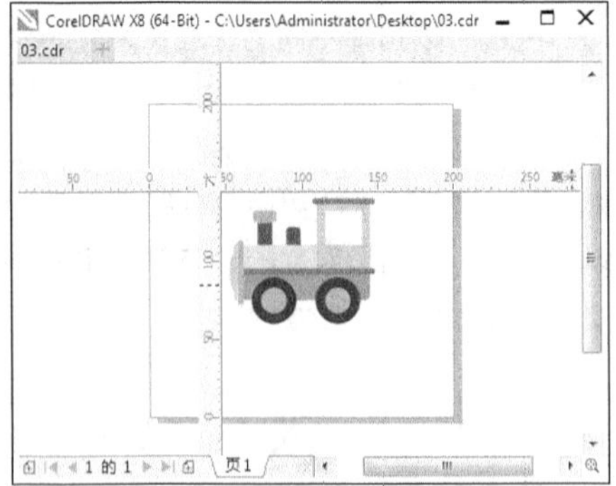

图 7-40

7.2.2 使用辅助线

如果想要添加辅助线，可以用鼠标在水平或垂直标尺上向页面中拖曳辅助线，还可以对辅助线进行旋转。下面介绍辅助线的设置和使用方法。

将鼠标的光标移动到水平或垂直标尺上，按住鼠标左键不放向下或向右拖曳光标，可以绘制一条辅助线，在适当位置松开鼠标左键后，添加的辅助线效果如图 7-41 所示。

要想移动辅助线必须先选中辅助线，将鼠标的光标放在辅助线上后单击鼠标左键，则辅助线被选中，用光标拖曳辅助线到适当的位置即可，效果如图 7-42 所示。在拖曳的过程中单击鼠标右键可以在当前位置复制出一条辅助线。选中辅助线后，按 Delete 键，可以将辅助线删除。

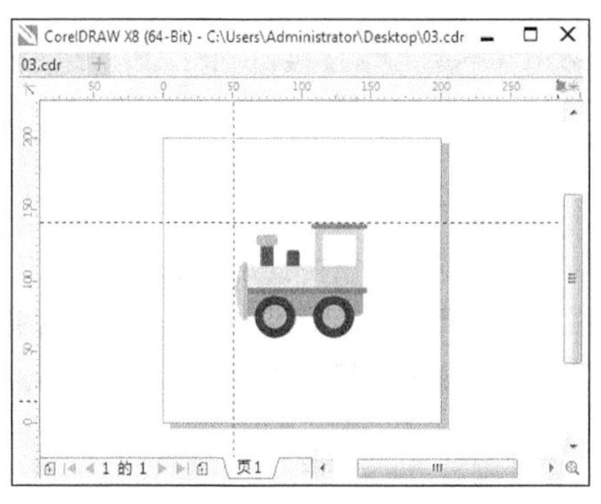

图 7-41

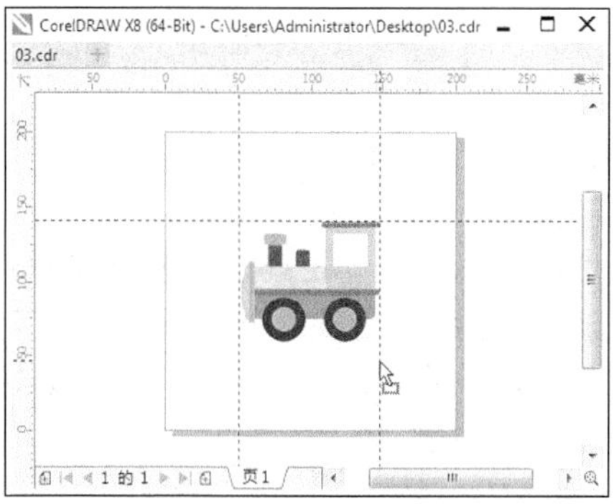

图 7-42

辅助线被选中变成红色后，再次单击辅助线，将出现辅助线的旋转模式，如图 7-43 所示，可以通过拖曳两端的旋转控制点来旋转辅助线，如图 7-44 所示。

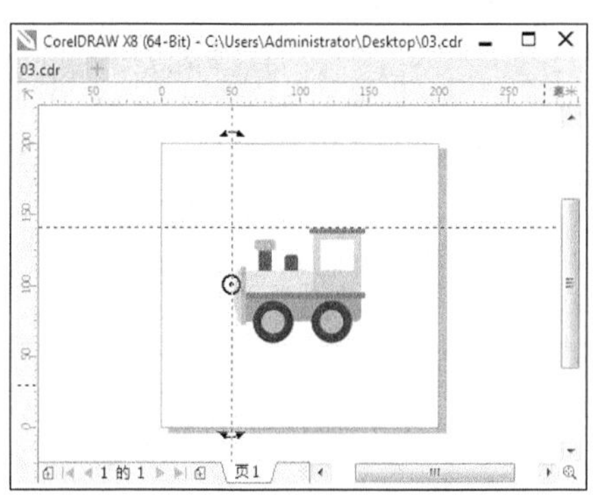

图 7-43

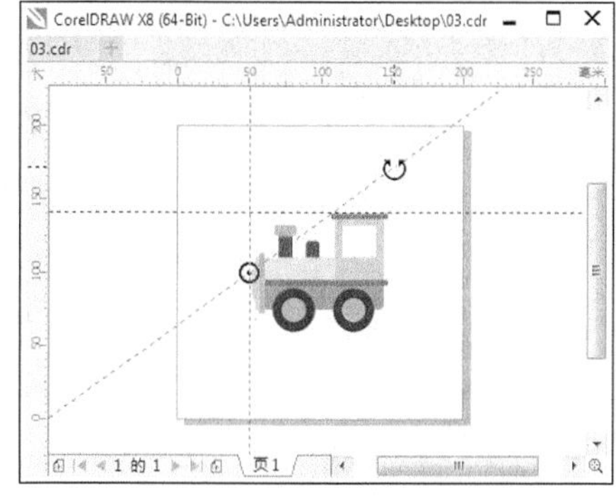

图 7-44

提示

选择“窗口 > 泊坞窗 > 辅助线”命令，或使用鼠标右键单击标尺，弹出快捷菜单，在其中选择“辅助线设置”命令，弹出“辅助线”泊坞窗，也可设置辅助线。

在辅助线上单击鼠标右键，在弹出的快捷菜单中选择“锁定对象”命令，可以将辅助线锁定，用相同的方法在弹出的快捷菜单中选择“解锁对象”命令，可以将辅助线解锁。

7.2.3 使用网格

选择“视图 > 网格 > 文档网格”命令，在页面中生成网格，如图 7-45 所示。如果想消除网格，只要再次选择“视图 > 网格 > 文档网格”命令即可。

在绘图页面中单击鼠标右键，在弹出的快捷菜单中选择“视图 > 文档网格”命令，如图 7-46 所示，也可以在页面中生成网格。

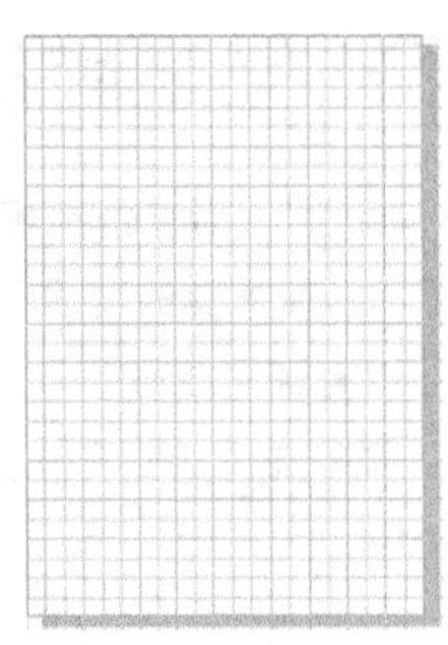

图 7-45

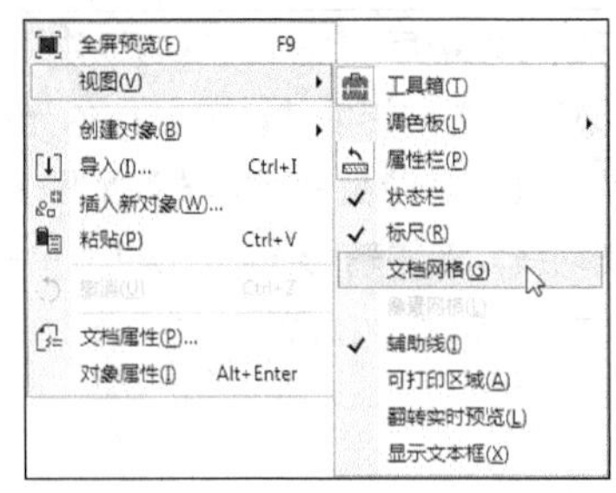

图 7-46

在绘图页面的标尺上单击鼠标右键，在弹出的快捷菜单中选择“栅格设置”命令，如图 7-47 所示，会弹出“选项”对话框，如图 7-48 所示。这时可以在“文档网格”选项组中设置网格的密度和网格点的间距。也可以在“基线网格”选项组中设置从顶部开始的距离和基线间的间距。若要查看像素网格设置的效果，必须切换到“像素”视图。

图 7-47　　图 7-48

7.2.4　贴齐网格、辅助线和对象

选择“视图 > 贴齐 > 文档网格”命令，或单击“贴齐”按钮 贴齐(T)，在弹出的下拉列表中选择“文档网格”选项，如图 7-49 所示，或按 Ctrl+Y 组合键。再选择“视图 > 网格 > 文档网格”命令，在绘图页面中设置好网格，在移动图形对象的过程中，图形对象会自动贴齐到网格、辅助线或其他图形对象上，如图 7-50 所示。

在“对齐与分布”泊坞窗中选取需要的对齐或分布方式，选择“对齐对象到”选项组中的“网格”按钮，如图 7-51 所示。在移动图形对象时，图形对象会对齐到最近的网格点。

提示

在曲线图形对象之间，用“选择”工具或“形状”工具选择并移动图形对象上的节点时，“对齐对象”选项的功能可以用来方便准确地进行节点间的捕捉对齐。

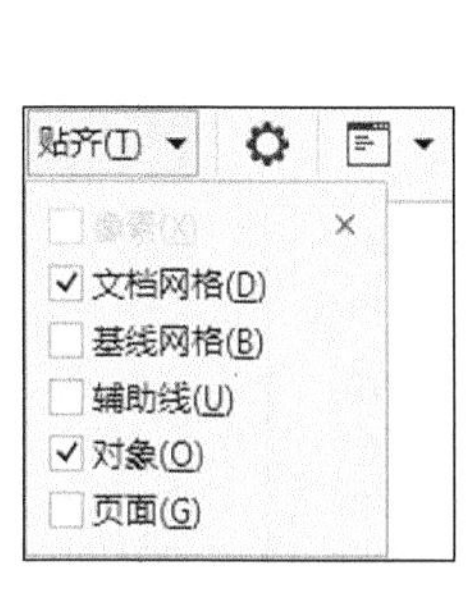

图 7-49

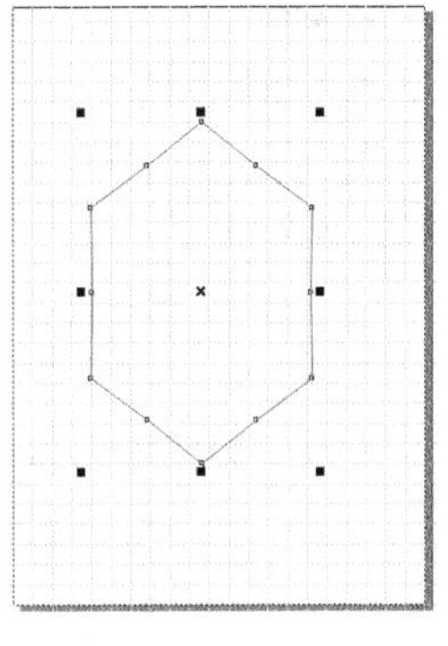

图 7-50

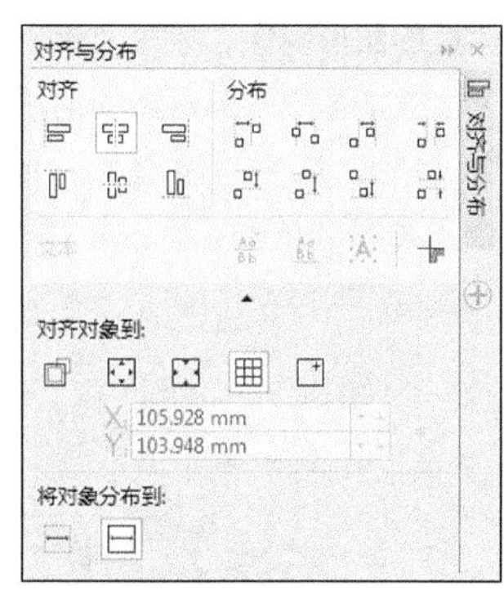

图 7-51

选择"视图 > 贴齐 > 辅助线"命令，或单击"贴齐"按钮贴齐(T)，在弹出的下拉列表中选择"辅助线"选项，可使图形对象自动对齐辅助线。

选择"视图 > 贴齐 > 对象"命令，或单击"贴齐"按钮贴齐(T)，在弹出的下拉列表中选择"对象"选项，或按 Alt+Z 组合键，可使两个对象的中心对齐重合。

7.2.5 度量工具

度量工具可以给图形对象绘制标注线。工具箱中共有 5 种度量工具，从上到下依次是"平行度量"工具、"水平或垂直度量"工具、"角度量"工具、"线段度量"工具和"3 点标注"工具。

选择"平行度量"工具，会弹出其属性栏，如图 7-52 所示。

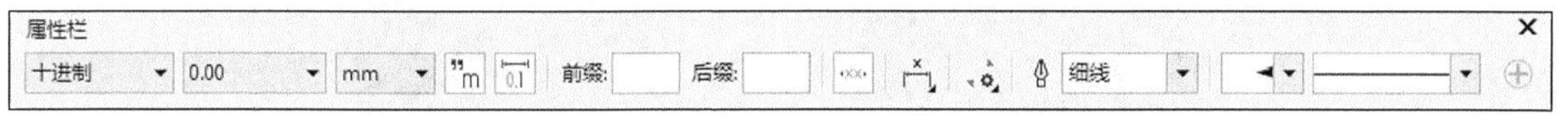

图 7-52

打开一个图形对象，如图 7-53 所示。选择"平行度量"工具，将鼠标的光标移动到图形对象的右侧顶部单击并向下拖曳光标，将光标移动到图形对象的底部后再次单击鼠标左键，再将鼠标指针拖曳到线段的中间，如图 7-54 所示。再次单击完成标注，效果如图 7-55 所示。使用相同的方法，可以用其他标注工具为图形对象进行标注，标注完成后的图形效果如图 7-56 所示。

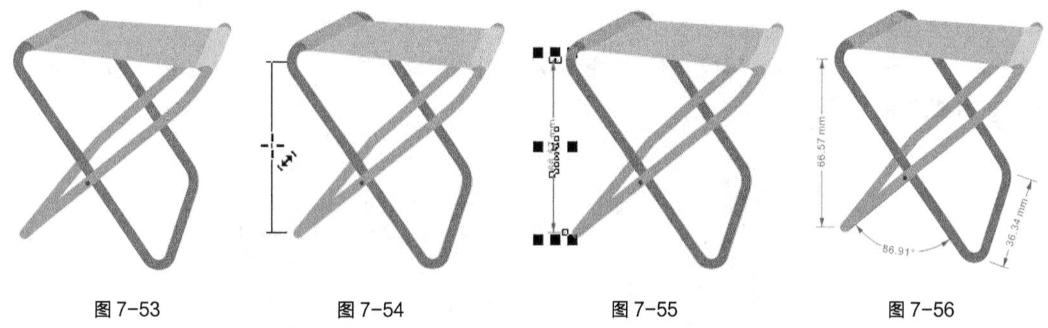

图 7-53　图 7-54　图 7-55　图 7-56

7.3 对象的排序

在 CorelDRAW X8 中，绘制的图形对象都存在着重叠的关系，如果在绘图页面中的同一位置先后绘制两个不同背景的图形对象，则后绘制的图形对象会位于先绘制的图形对象的上方。使用 CorelDRAW X8 的排序功能可以安排多个图形对象的前后顺序，也可以使用图层来管理图形对象。

使用“选择”工具选择要进行排序的图形对象，如图 7-57 所示。选择“对象 > 顺序”子菜单下的各项命令，如图 7-58 所示，可对已选择的图形对象进行排序。

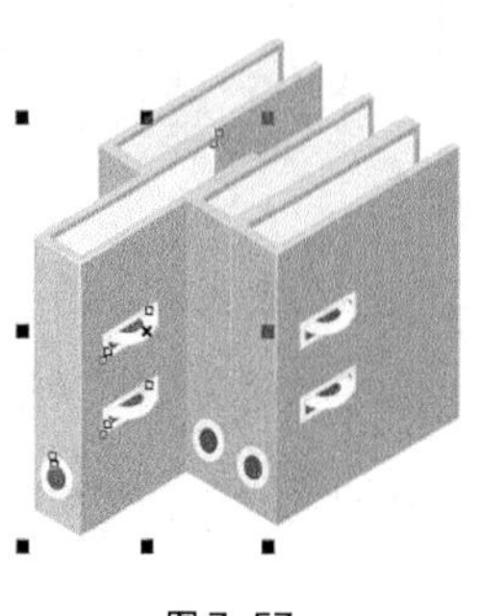

图 7-57

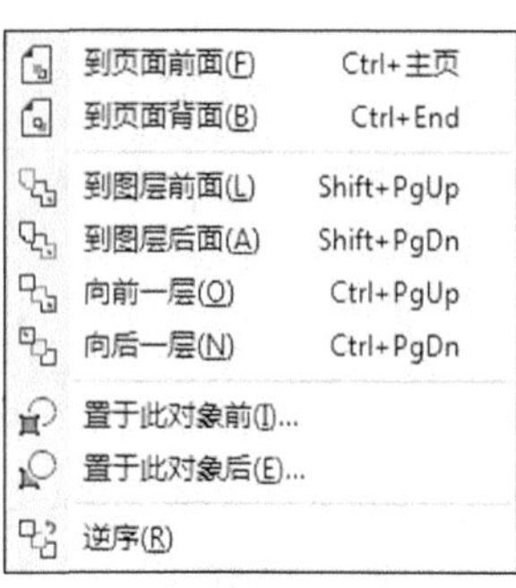

图 7-58

选择“到图层前面”命令，可以将选定的图形从当前层移动到绘图页面中其他图形对象的最前面，效果如图 7-59 所示。按 Shift+PgUp 组合键，也可以完成这个操作。

选择“到图层后面”命令，可以将选定的图形从当前层移动到绘图页面中其他图形对象的最后面，如图 7-60 所示。按 Shift+PgDn 组合键，也可以完成这个操作。

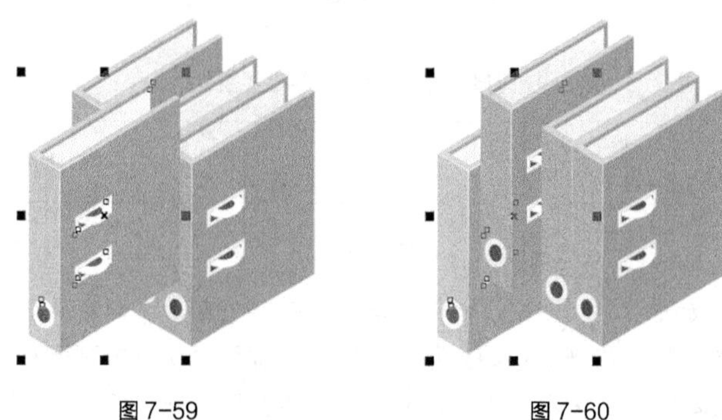

图 7-59　　图 7-60

选择“向前一层”命令，可以将选定的图形从当前位置向前移动一个图层，如图 7-61 所示。按 Ctrl+PgUp 组合键，也可以完成这个操作。

选择“向后一层”命令，可以将选定的图形从当前位置向后移动一个图层，如图 7-62 所示。按 Ctrl+PgDn 组合键，也可以完成这个操作。

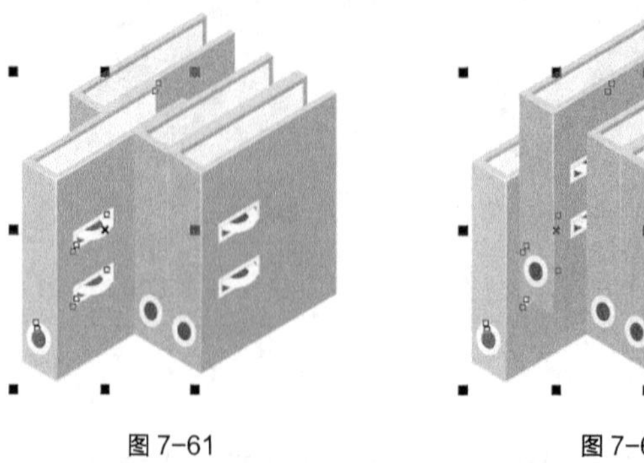

图 7-61　　图 7-62

选择“置于此对象前”命令，可以将选择的图形放置到指定图形对象的前面。选择“置于此对象前”命令后，鼠标的光标变为黑色箭头，使用黑色箭头单击指定图形对象，如图 7-63 所示，则图形会被放置到指定图形对象的前面，效果如图 7-64 所示。

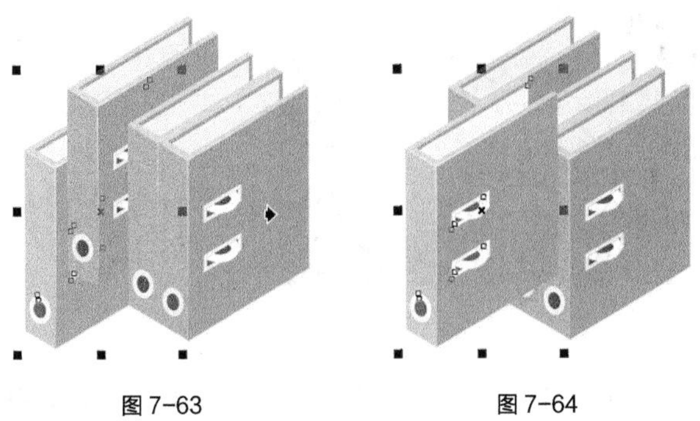

图 7-63 图 7-64

选择“置于此对象后”命令，可以将选择的图形放置到指定图形对象的后面。选择“置于此对象后”命令后，鼠标的光标变为黑色箭头，使用黑色箭头单击指定的图形对象，如图 7-65 所示，则图形会被放置到指定的背景图形对象的后面，效果如图 7-66 所示。

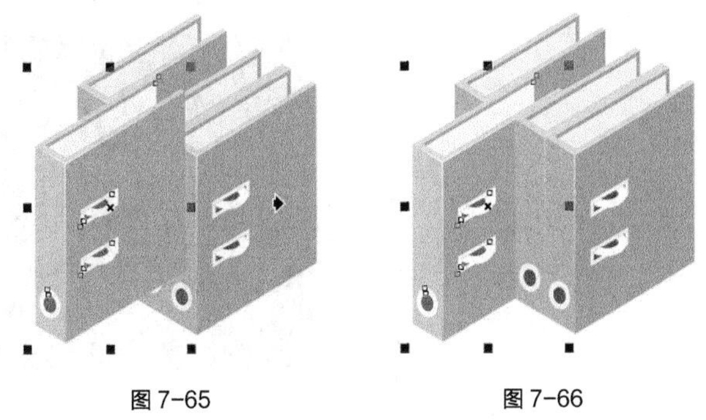

图 7-65 图 7-66

7.4 组合与合并对象

在 CorelDRAW X8 中，提供了组合和合并功能。组合可以将多个不同的图形对象群组在一起，方便整体操作。合并可以将多个图形对象合并在一起，创建一个新的对象。下面介绍群组与结合的方法和技巧。

7.4.1 课堂案例——绘制汉堡插画

案例学习目标

学习使用图形绘制工具、“组合”命令绘制汉堡插画。

案例知识要点

使用矩形工具、转角半径选项、椭圆形工具、合并按钮和填充工具绘制汉堡；使用组合对象命令对图形进行群组。最终的汉堡插画效果如图 7-67 所示。

效果所在位置

资源包 > Ch07 > 效果 > 绘制汉堡插画 .cdr。

图 7-67

绘制汉堡插画

STEP 1 按 Ctrl+N 组合键，弹出“创建新文档”对话框，设置文档的宽度为 100 mm，高度为 100 mm，取向为纵向，原色模式为 CMYK，渲染分辨率为 300 dpi，单击“确定”按钮，创建一个文档。

STEP 2 双击“矩形”工具，绘制一个与页面大小相等的矩形，如图 7-68 所示，设置图形颜色的 CMYK 值为 73、64、37、0，填充图形并去除图形的轮廓线，效果如图 7-69 所示。

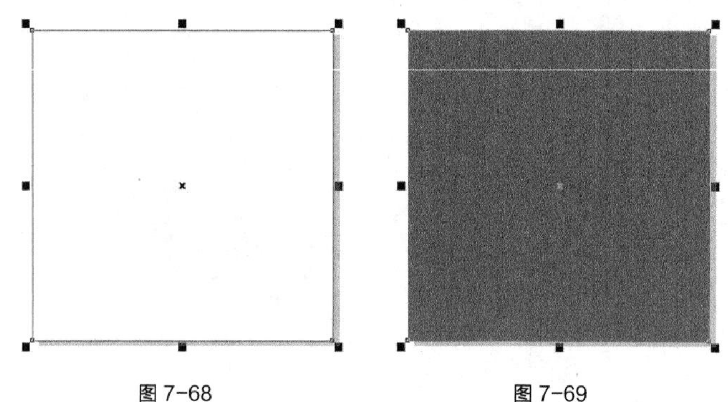

图 7-68　　图 7-69

STEP 3 选择“矩形”工具，在适当的位置绘制一个矩形，如图 7-70 所示。按 Alt+F9 组合键，弹出“变换”泊坞窗，选项的设置如图 7-71 所示。单击“应用”按钮 应用 ，效果如图 7-72 所示。

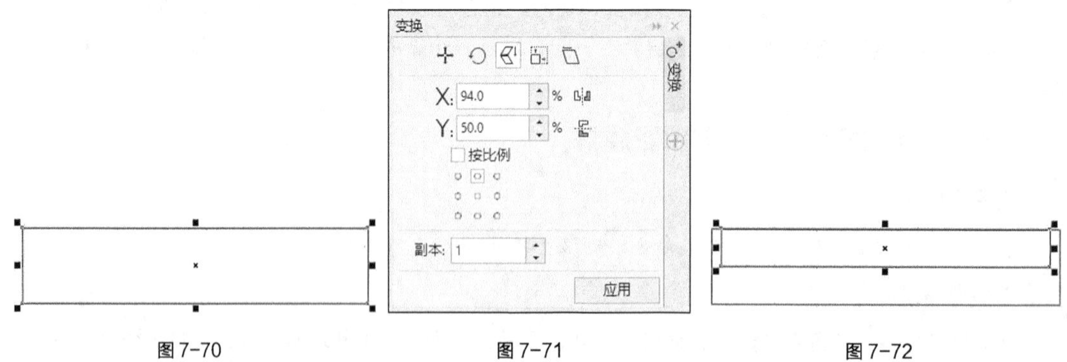

图 7-70　　图 7-71　　图 7-72

STEP 4 在属性栏中将“转角半径”设为 1.0 mm 和 5.0 mm，如图 7-73 所示。按 Enter 键，效果如图 7-74 所示。设置图形颜色的 CMYK 值为 2、49、53、0，填充图形并去除图形的轮廓线，效果如图 7-75 所示。

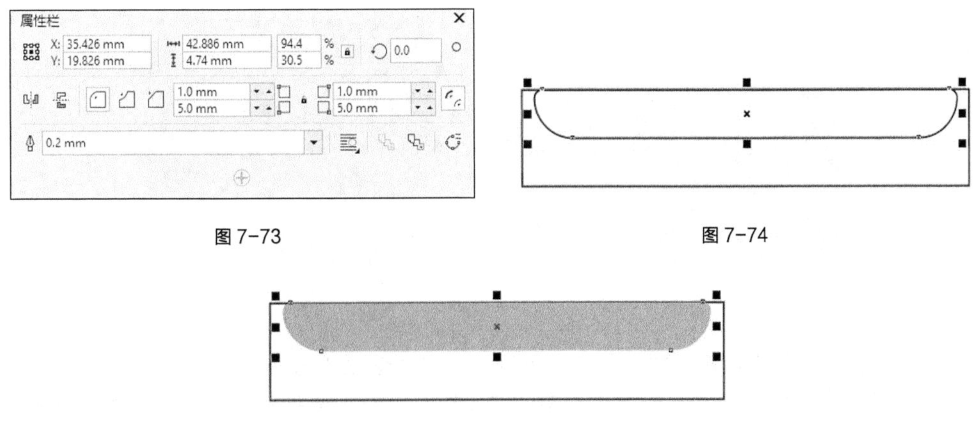

图 7-73

图 7-74

图 7-75

STEP 5 选择“选择”工具，选取下方矩形，在属性栏中将“转角半径”设为 2.0 mm 和 5.0 mm，如图 7-76 所示。按 Enter 键，效果如图 7-77 所示。设置图形颜色的 CMYK 值为 21、67、87、0，填充图形并去除图形的轮廓线，效果如图 7-78 所示。

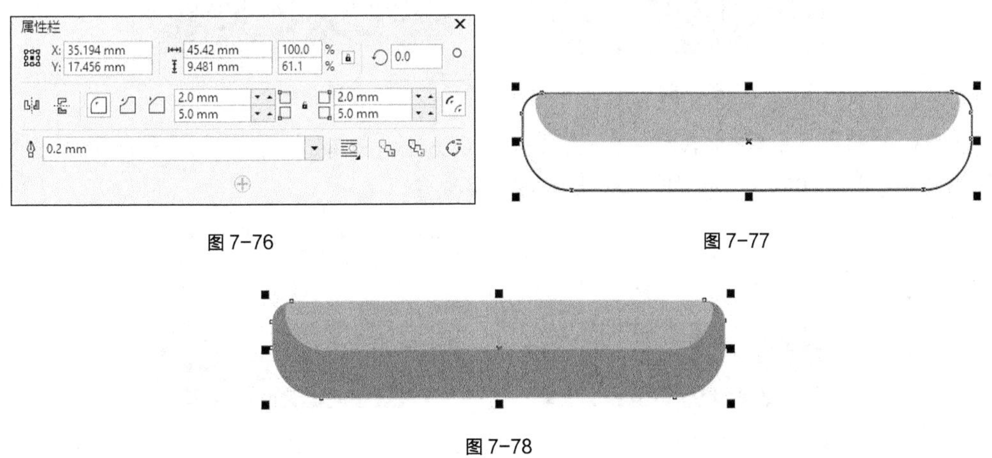

图 7-76

图 7-77

图 7-78

STEP 6 选择“矩形”工具，在适当的位置绘制一个矩形，如图 7-79 所示。在属性栏中将“转角半径”均设为 10.0 mm，按 Enter 键，效果如图 7-80 所示。

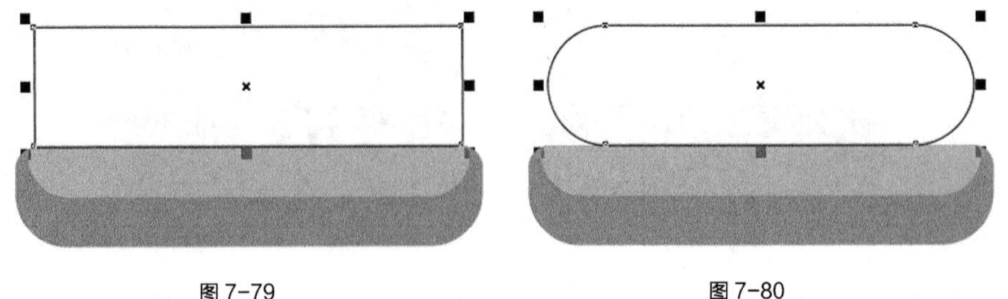

图 7-79

图 7-80

STEP 7 保持图形选取状态。设置图形颜色的 CMYK 值为 39、77、91、3，填充图形并去除图形的轮廓线，效果如图 7-81 所示。

STEP 8 按数字键盘上的 + 键复制图形。选择“选择”工具，按住 Shift 键的同时，垂直向上拖曳复制的图形到适当的位置，效果如图 7-82 所示。

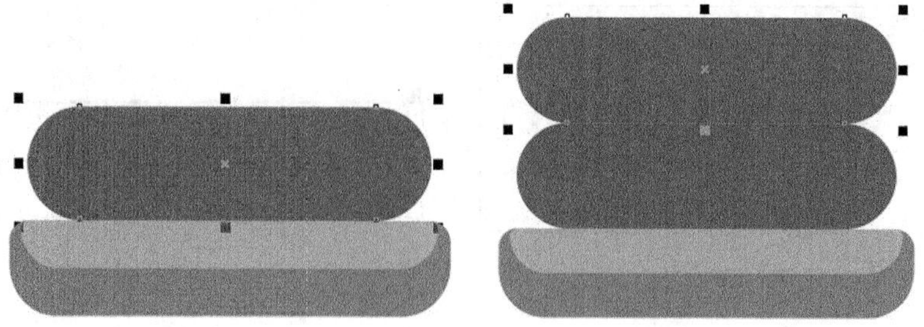

图 7-81　　图 7-82

STEP 9 按数字键盘上的 + 键复制图形。设置图形颜色的 CMYK 值为 0、12、79、0，填充图形，效果如图 7-83 所示。单击属性栏中的“转换为曲线”按钮，将图形转换为曲线，如图 7-84 所示。

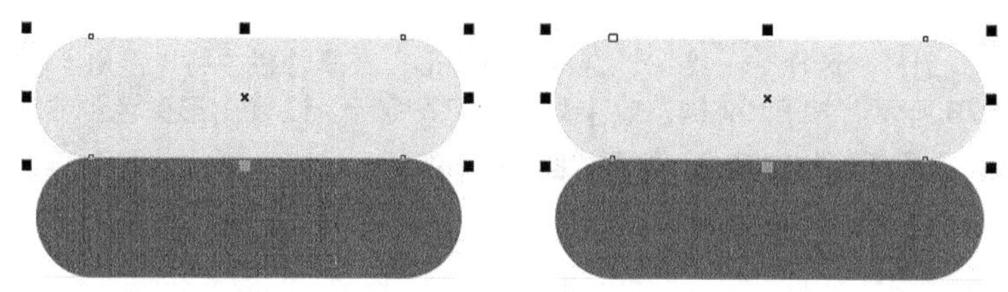

图 7-83　　图 7-84

STEP 10 选择“形状”工具，用圈选的方法将圆角矩形上方的 2 个节点同时选取，如图 7-85 所示，按 Delete 键将其删除，效果如图 7-86 所示。

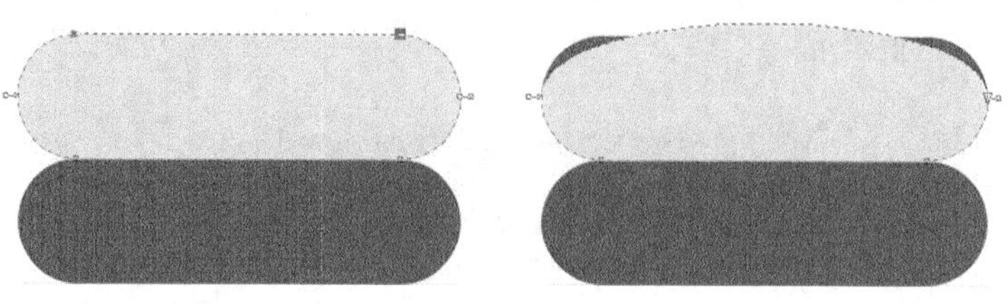

图 7-85　　图 7-86

STEP 11 使用“形状”工具，单击选中需要的弧线，如图 7-87 所示。在属性栏中单击“转换为线条”按钮，将曲线段转换为直线，效果如图 7-88 所示。

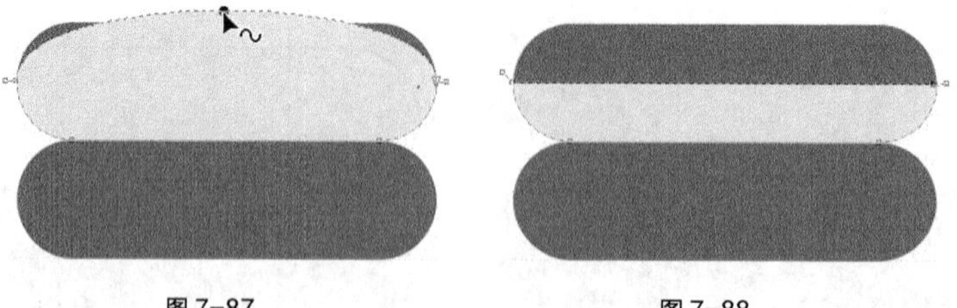

图 7-87　　图 7-88

STEP 12 使用“形状”工具，在适当的位置分别双击鼠标左键，添加 3 个节点，如图 7-89 所示。选中并向下拖曳中间添加的节点到适当的位置，效果如图 7-90 所示。

STEP 13 选择“椭圆形”工具，按住 Ctrl 键的同时，在适当的位置绘制一个圆形，效果如图 7-91 所示。

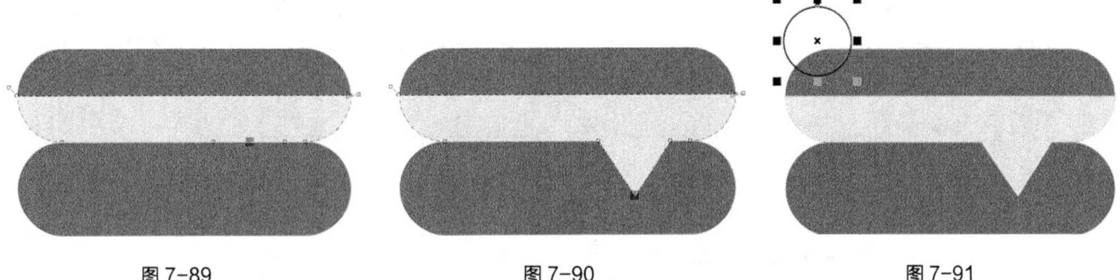

图 7-89　　图 7-90　　图 7-91

STEP 14 按数字键盘上的 + 键复制圆形。选择“选择”工具，按住 Shift 键的同时，水平向右拖曳复制的圆形到适当的位置，效果如图 7-92 所示。按住 Ctrl 键，再连续点按 D 键，按需要再复制出多个圆形，效果如图 7-93 所示。

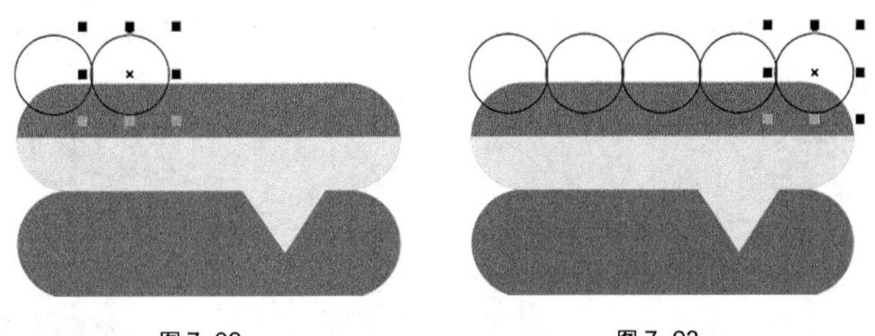

图 7-92　　图 7-93

STEP 15 选择“选择”工具，用圈选的方法将所绘制的圆形同时选取，如图 7-94 所示，单击属性栏中的“合并”按钮合并图形，如图 7-95 所示。设置图形颜色的 CMYK 值为 58、0、93、0，填充图形并去除图形的轮廓线，效果如图 7-96 所示。

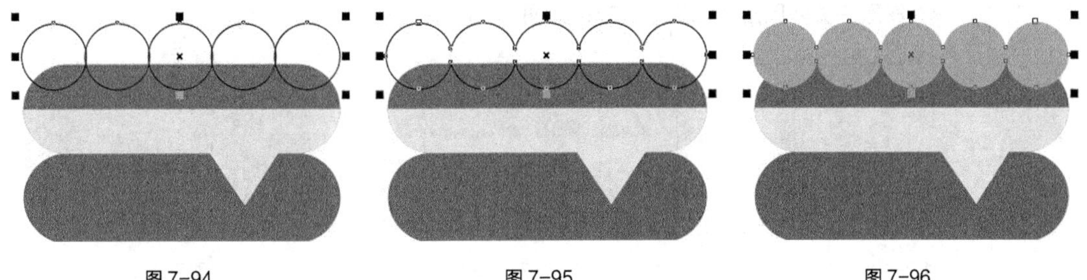

图 7-94　　图 7-95　　图 7-96

STEP 16 按数字键盘上的 + 键复制图形。选择“选择”工具，向上拖曳图形下方中间的控制手柄到适当的位置，调整其大小，如图 7-97 所示。设置图形颜色的 CMYK 值为 75、11、97、0，填充图形，效果如图 7-98 所示。按住 Shift 键的同时，向左拖曳图形右侧中间的控制手柄到适当的位置，调整其大小，如图 7-99 所示。

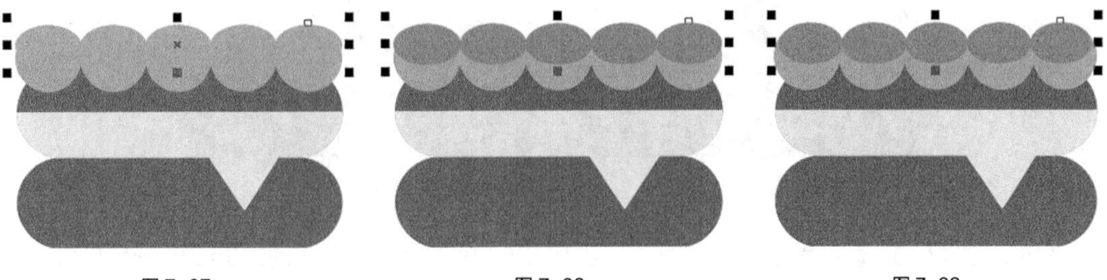

图 7-97　　图 7-98　　图 7-99

STEP 17 选择“矩形”工具□，在适当的位置绘制一个矩形，如图 7-100 所示，按数字键盘上的 + 键复制矩形。选择“选择”工具，向上拖曳矩形下边中间的控制手柄到适当的位置，调整其大小，如图 7-101 所示。

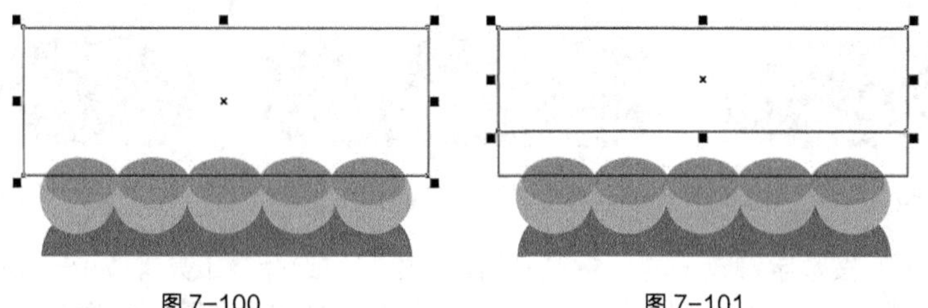

图 7-100　　图 7-101

STEP 18 在属性栏中将“转角半径”设为 50.0 mm 和 0 mm，如图 7-102 所示。按 Enter 键，效果如图 7-103 所示。设置图形颜色的 CMYK 值为 2、49、53、0，填充图形并去除图形的轮廓线，效果如图 7-104 所示。

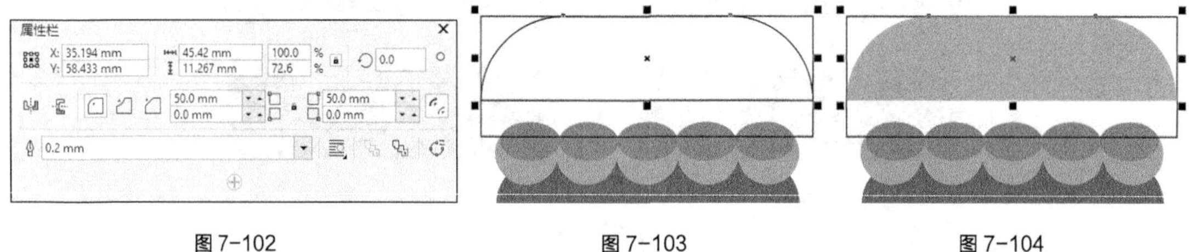

图 7-102　　图 7-103　　图 7-104

STEP 19 选择“选择”工具，选取下方矩形，在属性栏中将“转角半径”设为 12.0 mm 和 4.0 mm，如图 7-105 所示。按 Enter 键，效果如图 7-106 所示。设置图形颜色的 CMYK 值为 21、67、87、0，填充图形并去除图形的轮廓线，效果如图 7-107 所示。

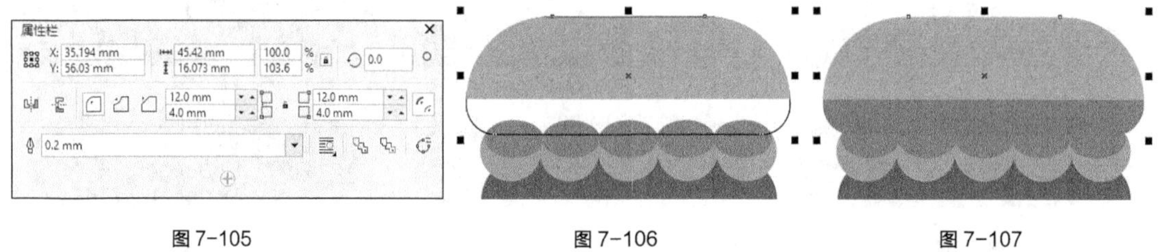

图 7-105　　图 7-106　　图 7-107

STEP 20 选择“矩形”工具□，在适当的位置绘制一个矩形，设置图形颜色的 CMYK 值为 83、78、58、27，填充图形并去除图形的轮廓线，效果如图 7-108 所示。按 Shift+PageDown 组合键，将圆形移至图层后面，效果如图 7-109 所示。

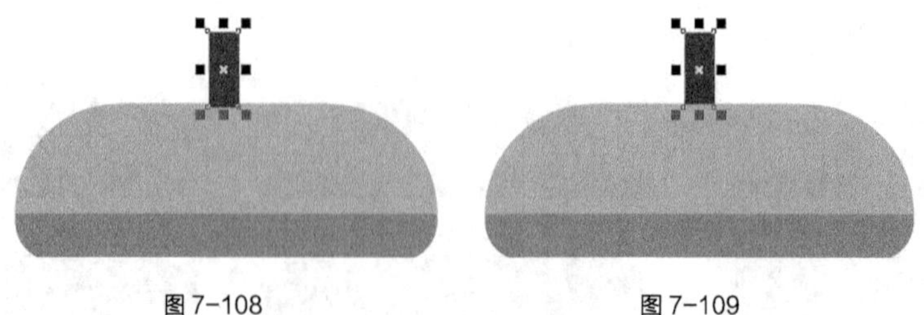

图 7-108　　图 7-109

STEP 21 选择“椭圆形”工具○，按住 Ctrl 键的同时，在适当的位置绘制一个圆形，效果如图 7-110 所示。设置图形颜色的 CMYK 值为 75、11、97、0，填充图形并去除图形的轮廓线，效果如图 7–111 所示。

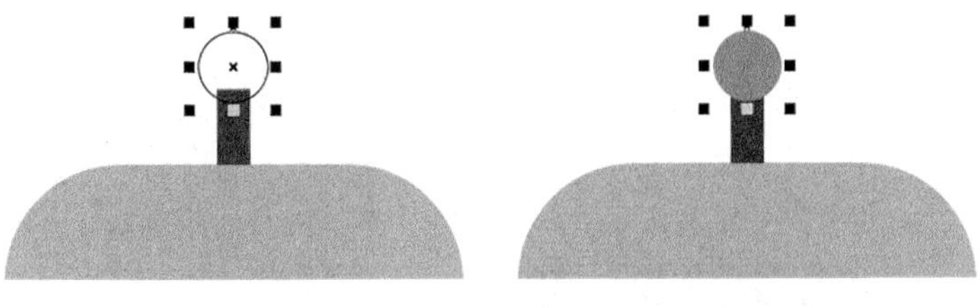

图 7–110　　图 7–111

STEP 22 选择“3 点椭圆形”工具，在适当的位置分别拖曳光标绘制倾斜椭圆形，如图 7–112 所示。

STEP 23 选择“选择”工具，用圈选的方法将所绘制的椭圆形同时选取，按 Ctrl+G 组合键将其编组。设置图形颜色的 CMYK 值为 5、22、29、0，填充图形并去除图形的轮廓线，效果如图 7–113 所示。

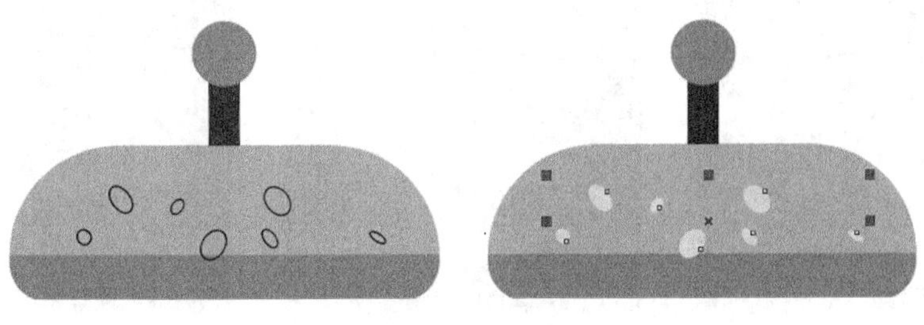

图 7–112　　图 7–113

STEP 24 按数字键盘上的 + 键复制图形。选择“选择”工具，按住 Shift 键的同时，垂直向下拖曳复制的图形到适当的位置，效果如图 7–114 所示。

STEP 25 单击属性栏中的“垂直镜像”按钮垂直翻转图形，效果如图 7–115 所示。设置图形颜色的 CMYK 值为 2、49、53、0，填充图形，效果如图 7–116 所示。

图 7–114　　图 7–115　　图 7–116

STEP 26 选择“矩形”工具，在适当的位置绘制一个矩形，设置图形颜色的 CMYK 值为 5、22、29、0，填充图形并去除图形的轮廓线，效果如图 7–117 所示。

STEP 27 选择“选择”工具，用圈选的方法将所绘制的图形全部选取，按 Ctrl+G 组合键将其编组，如图 7–118 所示。

STEP 28 拖曳编组图形到页面中适当的位置，并调整其大小，效果如图 7–119 所示。按 Ctrl+I 组合键，弹出“导入”对话框，选择资源包中的“Ch07 > 素材 > 绘制汉堡插画 > 01”文件，单击“导入”按钮，在页面中单击鼠标以导入图形。选择“选择”工具，拖曳图形到适当的位置，效果如图 7-120 所示。汉堡插画绘制完成，效果如图 7-121 所示。

图 7-117　　图 7-118

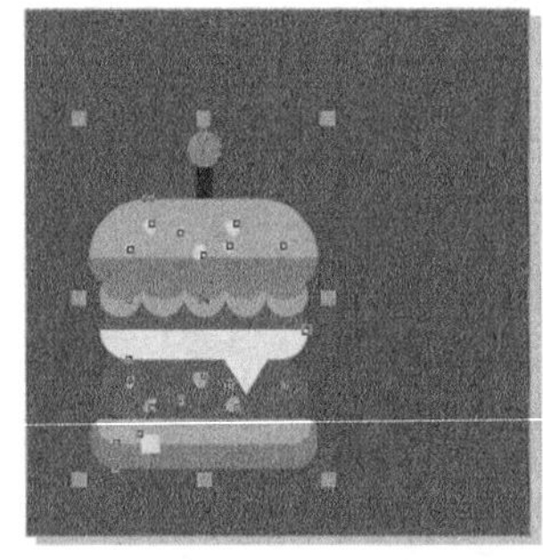

图 7-119

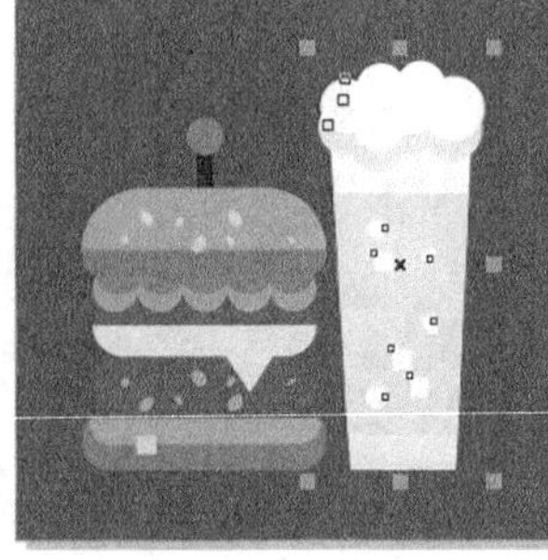

图 7-120

图 7-121

7.4.2　组合对象

选中要进行组合的对象，如图 7-122 所示。选择“对象 > 组合 > 组合对象”命令，或按 Ctrl+G 组合键，或单击属性栏中的“组合对象”按钮，都可以将多个图形对象进行组合，如图 7-123 所示。选择“选择”工具，按住 Ctrl 键单击需要选取的子对象，松开 Ctrl 键后子对象被选取，如图 7-124 所示。

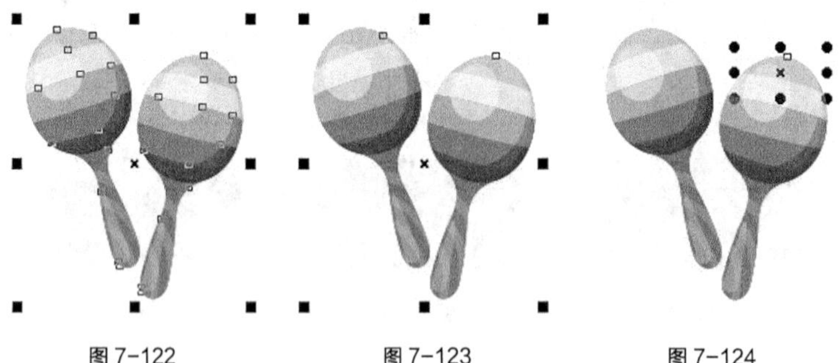

图 7-122　　图 7-123　　图 7-124

组合后的图形对象变成了一个整体，移动一个对象，其他的对象将会随着移动，填充一个对象，其他的对象也将随之被填充。

选择“对象 > 组合 > 取消组合对象”命令，或按 Ctrl+U 组合键，或单击属性栏中的“取消组合对象”按钮，均可取消对象的群组状态。

选择“对象 > 组合 > 取消组合所有对象”命令，或单击属性栏中的“取消组合所有对象”按钮，均可取消所有对象的群组状态。

在组合中，子对象可以是单个的对象，也可以是多个对象组成的群组，可称之为群组的嵌套。使用群组的嵌套可以管理多个对象之间的关系。

7.4.3 合并对象

使用“选择”工具选取要进行合并的对象，如图 7-125 所示。选择“对象 > 合并”命令，或按 Ctrl+L 组合键，均可将多个图形对象合并，如图 7-126 所示。单击属性栏中的“合并”按钮，也可以完成图形对象的合并。

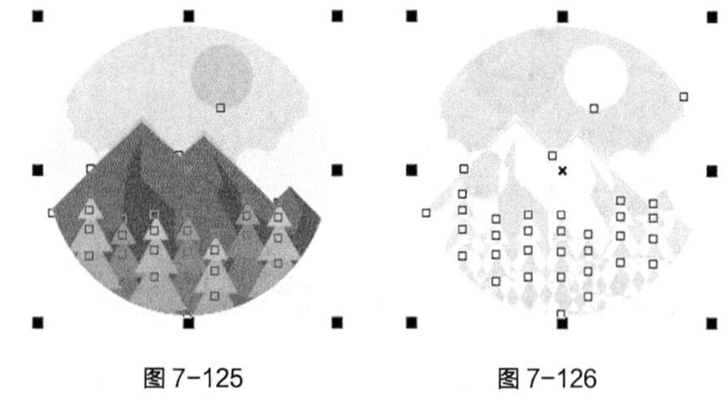

图 7-125　　图 7-126

使用“形状”工具选中合并后的图形对象，可以对图形对象的节点进行调整，如图 7-127 所示，改变图形对象的形状，效果如图 7-128 所示。

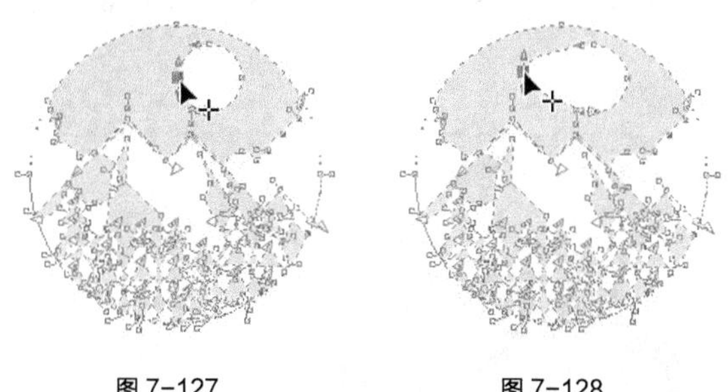

图 7-127　　图 7-128

选择“对象 > 拆分曲线”命令，或按 Ctrl+K 组合键，可以取消图形对象的合并状态，原来合并的图形对象将变为多个单独的图形对象。

如果对象合并前有颜色填充，那么合并后的对象将显示最后选取对象的颜色。如果使用圈选的方法选取对象，将显示圈选框最下方对象的颜色。

7.5 课堂练习——制作中秋节海报

练习知识要点

使用“导入”命令导入素材图片；使用“对齐和分布”命令对齐对象；使用文本工具、形状工具添加并编辑主题文字。最终效果如图 7-129 所示。

效果所在位置

资源包 > Ch07 > 效果 > 制作中秋节海报 .cdr。

图 7-129

制作中秋节海报

7.6 课后习题——绘制灭火器图标

习题知识要点

使用椭圆形工具、轮廓笔工具绘制背景；使用矩形工具、椭圆形工具、3 点矩形工具、移除前面对象按钮、合并按钮和贝塞尔工具绘制灭火器；使用文本工具、“文本属性”泊坞窗添加文字。最终效果如图 7-130 所示。

效果所在位置

资源包 > Ch07 > 效果 > 绘制灭火器图标 .cdr。

图 7-130

绘制灭火器图标

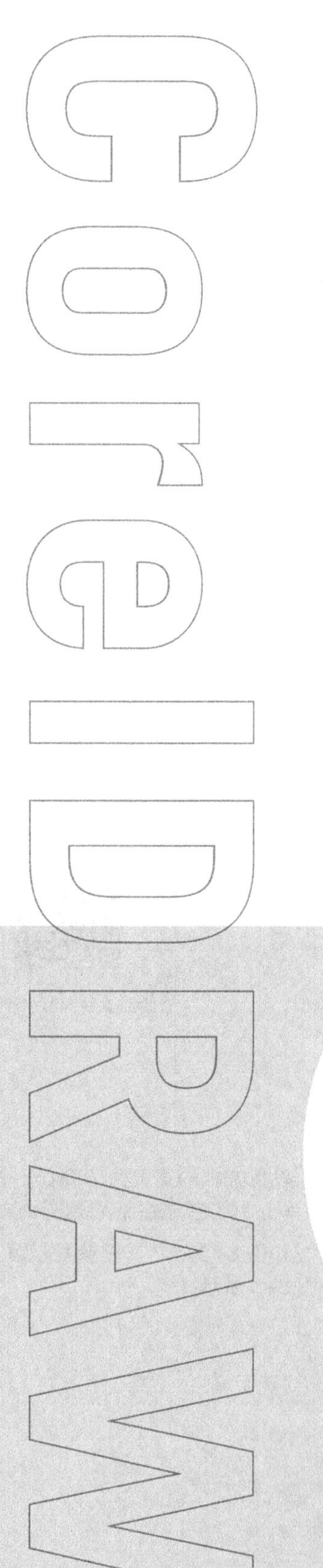

Chapter

8

第8章 编辑文本

CorelDRAW X8具有强大的文本输入、编辑和处理功能。在CorelDRAW X8中，除了可以进行常规的文本输入和编辑外，还可以进行复杂的特效文本处理。通过本章的学习，读者可以了解并掌握应用CorelDRAW X8编辑文本的方法和技巧。

课堂学习目标

- 熟练掌握文本的基本操作
- 熟练掌握文本效果的制作方法

8.1 文本的基本操作

在 CorelDRAW X8 中，文本是具有特殊属性的图形对象。下面介绍在 CorelDRAW X8 中处理文本的一些基本操作。

8.1.1 课堂案例——制作女装 App 引导页

案例学习目标

学习使用文本工具、“文本属性”泊坞窗制作女装 App 引导页。

案例知识要点

使用矩形工具、“导入”命令和“置于图文框内部”命令制作底图；使用文本工具、“文本属性”泊坞窗添加文字信息。最终的女装 App 引导页效果如图 8-1 所示。

效果所在位置

资源包 > Ch08 > 效果 > 制作女装 App 引导页 .cdr。

图 8-1

制作女装 App 引导页

STEP 1 按 Ctrl+N 组合键，弹出“创建新文档”对话框，设置文档的宽度为 750 px，高度为 1334 px，取向为纵向，原色模式为 RGB，渲染分辨率为 72 dpi，单击“确定”按钮，创建一个文档。

STEP 2 选择“矩形”工具□，在页面中绘制一个矩形，如图 8-2 所示。设置图形颜色的 RGB 值为 255、204、204，填充图形并去除图形的轮廓线，效果如图 8-3 所示。

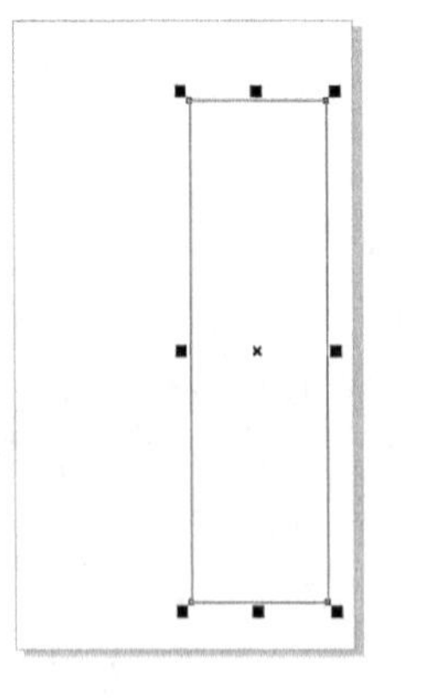

图 8-2

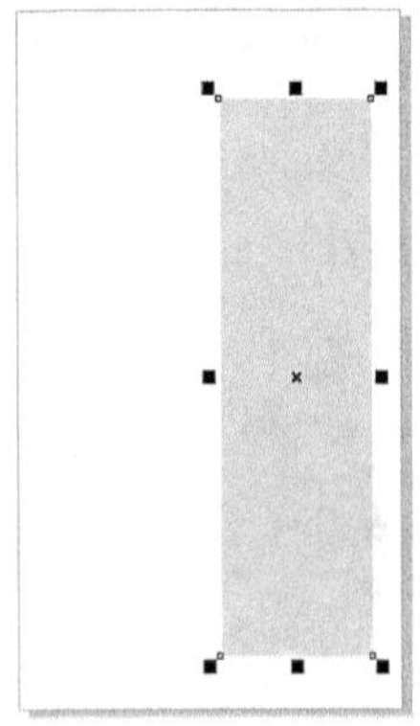

图 8-3

STEP 3 按 Ctrl+I 组合键，弹出“导入”对话框，选择资源包中的“Ch08 > 素材 > 制作女装 App 引导页 > 01”文件，单击“导入”按钮，在页面中单击鼠标以导入图片。选择“选择”工具，拖曳人物图片到适当的位置，效果如图 8-4 所示。

STEP 4 选择“矩形”工具，在适当的位置绘制一个矩形，设置轮廓线为白色，并在属性栏中的“轮廓宽度” 1 px 框中设置数值为 8 px。按 Enter 键，效果如图 8-5 所示。

图 8-4

图 8-5

STEP 5 选择“选择”工具选取下方的人物图片，选择“对象 > PowerClip > 置于图文框内部”命令，鼠标光标变为黑色箭头形状，在矩形框上单击鼠标左键，如图 8-6 所示，将图片置入矩形框中，效果如图 8-7 所示。

STEP 6 选择“文本”工具，在页面中分别输入需要的文字。选择“选择”工具，在属性栏中分别选取适当的字体并设置文字大小，单击“将文本更改为垂直方向”按钮更改文字方向，效果如图 8-8 所示。

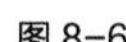

图 8-6

图 8-7

图 8-8

STEP 7 选择“文本”工具，在适当的位置输入需要的文字。选择“选择”工具，在属性栏中选取适当的字体并设置文字大小，单击“将文本更改为水平方向”按钮更改文字方向，效果如图 8-9 所示。设置文字颜色的 RGB 值为 255、204、204，填充文字，效果如图 8-10 所示。

STEP 8 选择“文本”工具选取数字“2”，如图 8-11 所示。按 Ctrl+T 组合键，弹出“文本属性”泊坞窗，单击“位置”按钮，在弹出的下拉列表中选择“上标”选项，如图 8-12 所示，上标效果如图 8-13 所示。

图 8-9

图 8-10

图 8-11

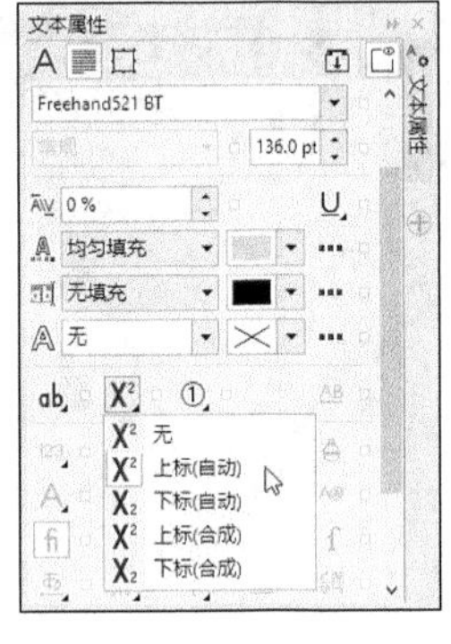

图 8-12

图 8-13

STEP 9 在属性栏中的“旋转角度” .0 °框中设置数值为 20，按 Enter 键，效果如图 8-14 所示。选择“文本”工具字，在适当的位置拖曳出一个文本框，如图 8-15 所示。在文本框中输入需要的文字，在属性栏中选取适当的字体并设置文字大小，效果如图 8-16 所示。

图 8-14

图 8-15

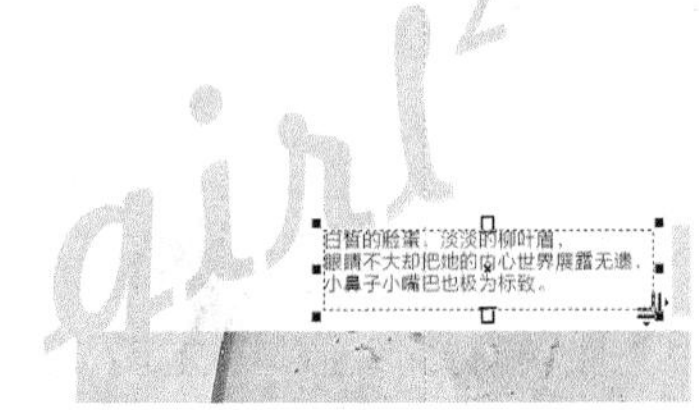

图 8-16

STEP 10 在“文本属性”泊坞窗中，单击“右对齐”按钮，其他选项的设置如图 8-17 所示。按 Enter 键，效果如图 8-18 所示。至此，女装 App 引导页制作完成，效果如图 8-19 所示。

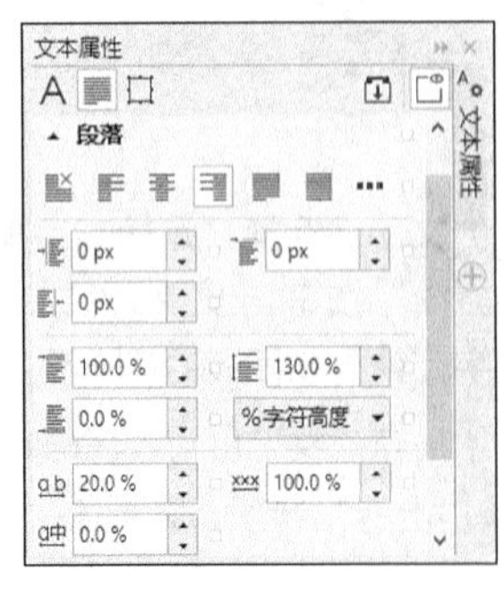

图 8-17

图 8-18

图 8-19

8.1.2 创建文本

CorelDRAW X8 中的文本具有两种类型，分别是美术字文本和段落文本。它们在使用方法、应用编辑格式、应用特殊效果等方面有很大的区别。

1. 输入美术字文本

选择“文本”工具，在绘图页面中单击鼠标左键，会出现“I”形插入文本光标，这时属性栏会显示为“文本”属性栏。选择字体，并设置字号和字符属性，如图 8-20 所示。设置好后，直接输入美术字文本，效果如图 8-21 所示。

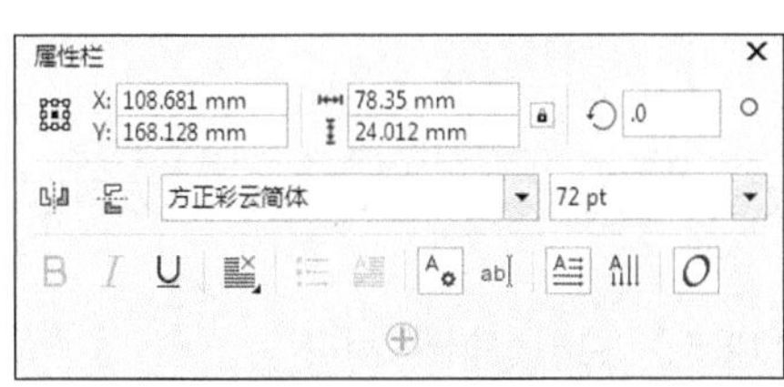

图 8-20

图 8-21

2. 输入段落文本

选择“文本”工具，在绘图页面中按住鼠标左键不放沿对角线拖曳光标，出现一个矩形的文本框，松开鼠标左键，文本框如图 8-22 所示。在“文本”属性栏中选择字体，并设置字号和字符属性，如图 8-23 所示。设置好后，直接在虚线框中输入段落文本，效果如图 8-24 所示。

利用剪切、复制和粘贴等命令，可以将其他文本处理软件（如 Office 软件）中的文本复制到 CorelDRAW X8 的文本框中。

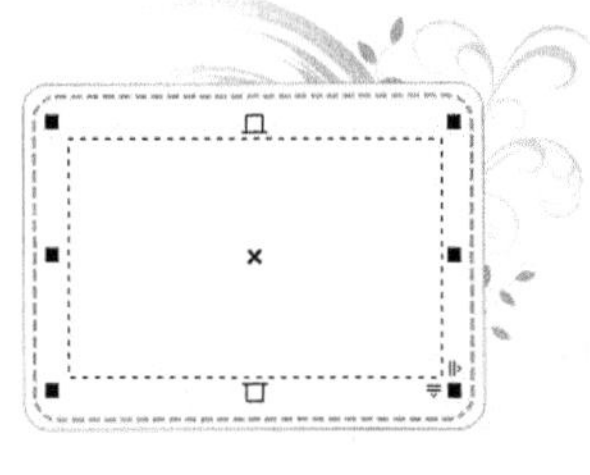

图 8-22

图 8-23

图 8-24

3. 转换文本模式

使用“选择”工具选中美术字文本，如图 8-25 所示。选择“文本 > 转换为段落文本”命令，或按 Ctrl+F8 组合键，可以将其转换为段落文本，如图 8-26 所示。再次按 Ctrl+F8 组合键，可以将其转换为美术字文本，如图 8-27 所示。

当美术字文本转换成段落文本后，它就不是图形对象，也就不能进行特殊效果的操作。当段落文本转换成美术字文本后，它会失去段落文本的格式。

图 8-25

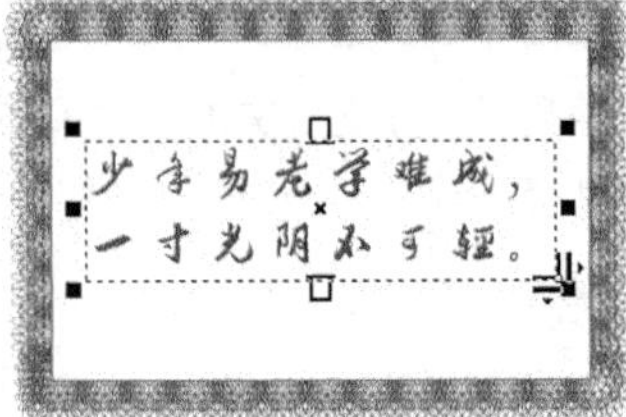

图 8-26

图 8-27

8.1.3 改变文本的属性

1. 在属性栏中改变文本的属性

通过“文本”属性栏可以对美术字文本和段落文本的字体、字号、字体样式及段落属性等进行简单设置。

选择“文本”工具字，其属性栏如图 8-28 所示。各选项的含义如下。

字体：单击 Arial 右侧的三角按钮，可以选取需要的字体。

字号：单击 12 pt 右侧的三角按钮，可以选取需要的字号。

B I U：可分别设定字体为粗体、斜体或下画线。

“文本方式”按钮：可在其下拉列表中选择文本的对齐方式。

“文本属性”按钮：可打开“文本属性”对话框。

“编辑文本”按钮 abI：可打开“编辑文本”对话框，在其中可以编辑文本的各种属性。

/ ：设置文本的排列方式为水平或垂直。

2. 利用“文本属性”泊坞窗改变文本的属性

单击属性栏中的“文本属性”按钮，打开“文本属性”泊坞窗，如图 8-29 所示，在其中可以设置文字的字体及大小等属性。

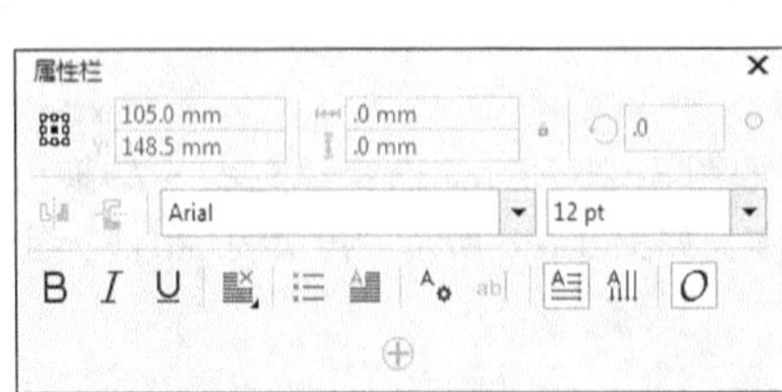

图 8-28

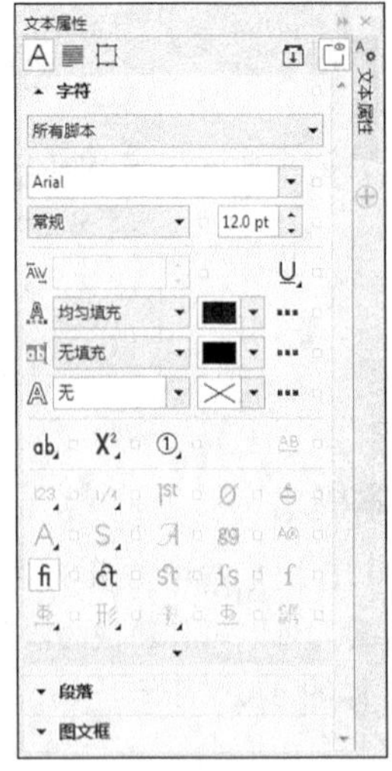

图 8-29

8.1.4 文本编辑

选择“文本”工具字，在绘图页面中的文本上单击鼠标左键，插入鼠标光标并按住鼠标左键不放，拖曳光标可以选中需要的文本，松开鼠标左键，效果如图 8-30 所示。

在“文本”工具属性栏中重新选择字体，如图 8-31 所示。设置完成后，选中文本的字体被改变了，效果如图 8-32 所示。在“文本”工具属性栏中也可以设置文本的其他属性。

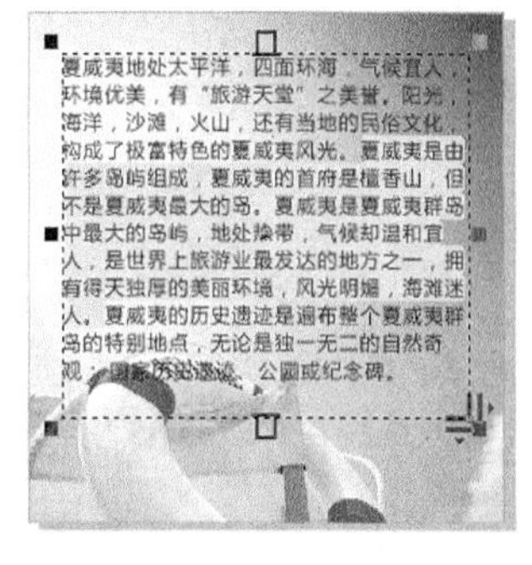

图 8-30

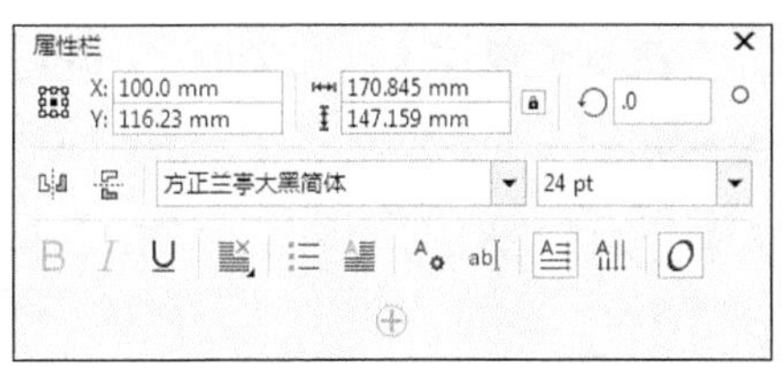

图 8-31

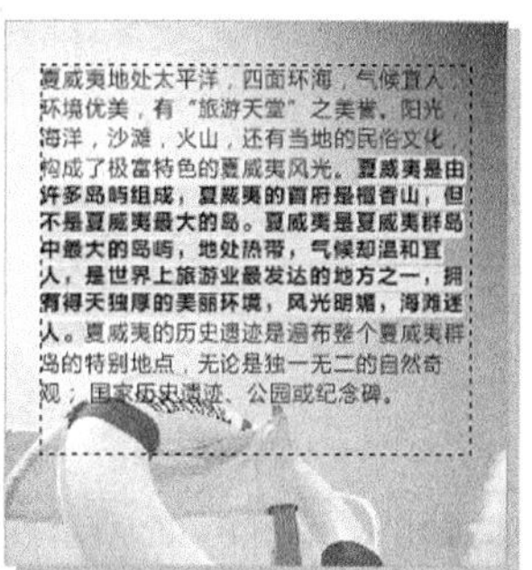

图 8-32

选中需要填色的文本，如图 8-33 所示，在调色板中需要的颜色上单击鼠标左键，可以为选中的文本填充颜色，如图 8-34 所示。在页面上的任意位置单击鼠标左键，可以取消对文本的选取。

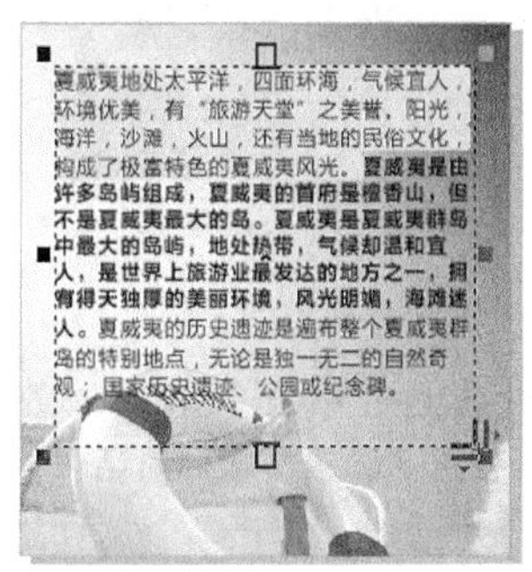

图 8-33

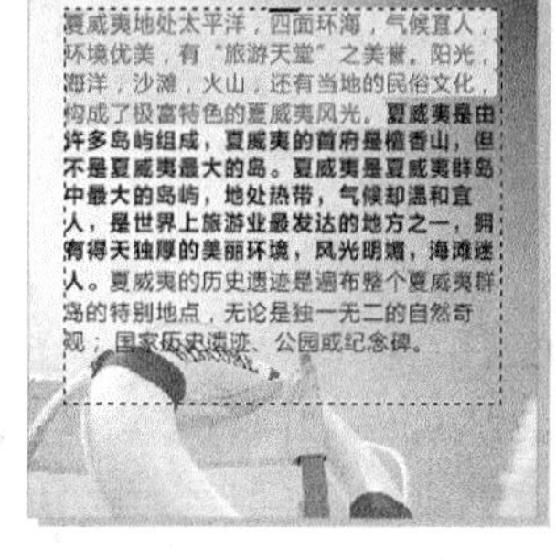

图 8-34

按住 Alt 键的同时，按住鼠标左键并拖曳文本框，如图 8-35 所示，可以按文本框的大小改变段落文本的大小，效果如图 8-36 所示。

图 8-35

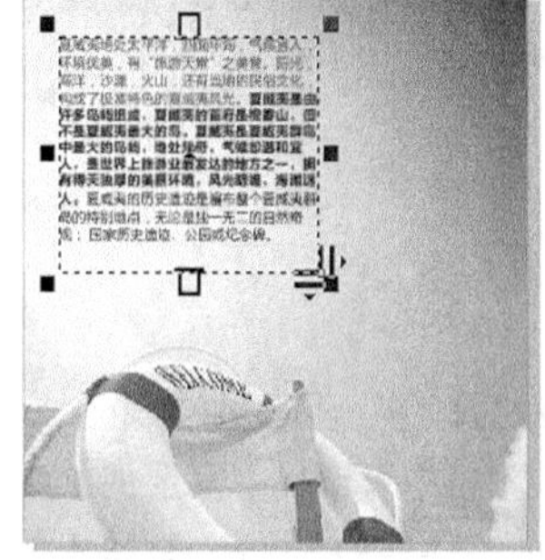

图 8-36

选中需要复制的文本，如图 8-37 所示，按 Ctrl+C 组合键，将选中的文本复制到 Windows 的剪贴板中。在页面中的其他位置单击鼠标左键插入光标，再按 Ctrl+V 组合键，可以将选中的文本复制并粘贴到页面中的其他位置，效果如图 8-38 所示。

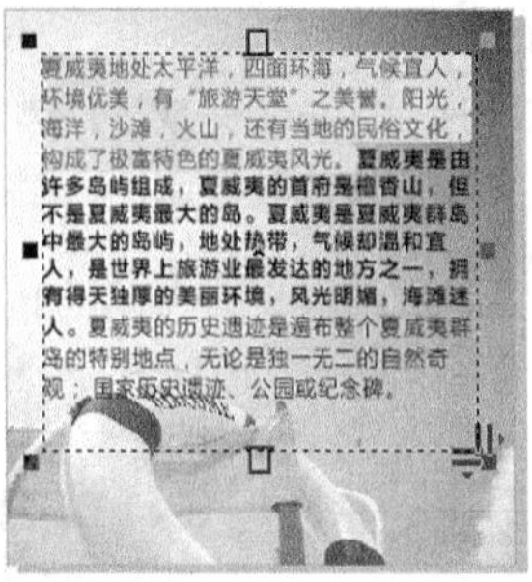

图 8-37

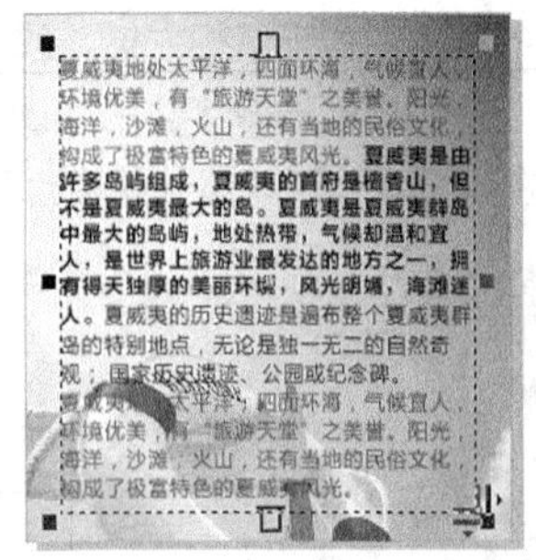

图 8-38

在文本中的任意位置单击鼠标左键插入光标，如图 8-39 所示，再按 Ctrl+A 组合键，可以将整个文本选中，如图 8-40 所示。

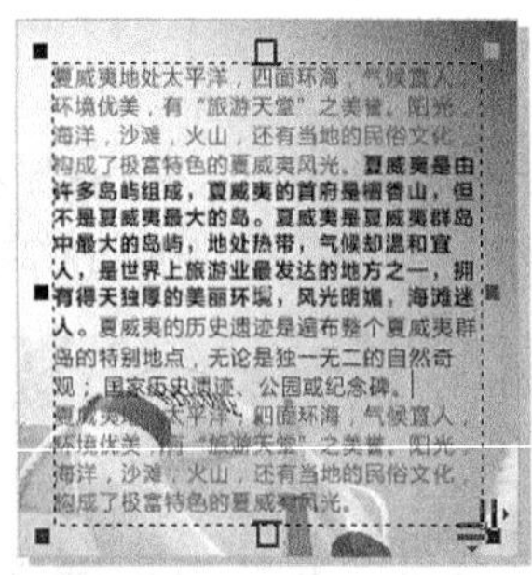

图 8-39

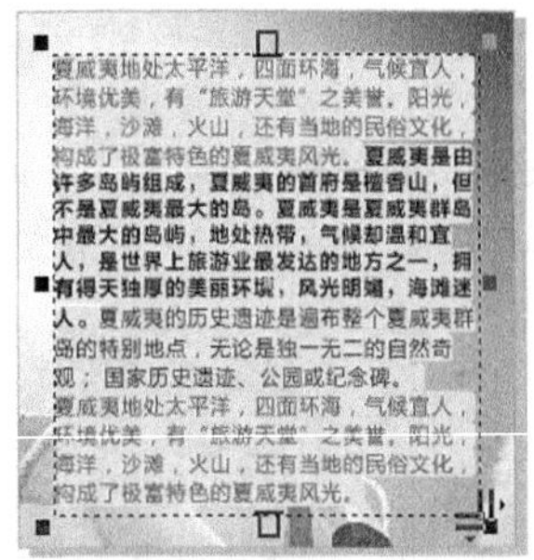

图 8-40

选择“选择”工具，选中需要编辑的文本，单击属性栏中的“编辑文本”按钮ab，或选择“文本 > 编辑文本”命令，或按 Ctrl+Shift+T 组合键，都会弹出“编辑文本”对话框，如图 8-41 所示。

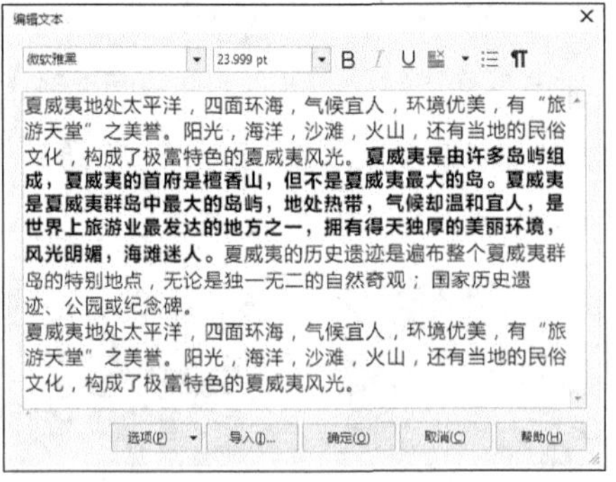

图 8-41

在“编辑文本”对话框中，上面的选项区 微软雅黑 23.999 pt B I U 可以设置文本的属性，中间的文本框中可以输入需要的文本。

单击下面的“选项”按钮 选项(P)，会弹出图 8-42 所示的快捷菜单，在其中选择需要的命令来完成编辑文本的操作。

单击下面的“导入”按钮 导入(I)...，会弹出图 8-43 所示的“导入”对话框，可以将需要的文本导入“编辑文本”对话框的文本框中。

在“编辑文本”对话框中编辑好文本后，单击“确定”按钮，编辑好的文本内容就会出现在绘图页面中。

图 8-42

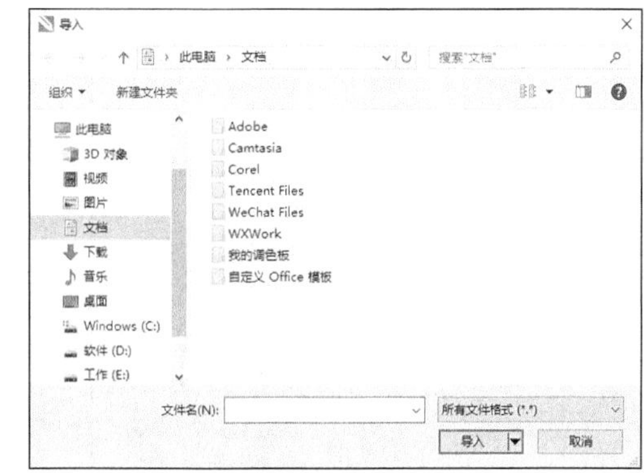

图 8-43

8.1.5 文本导入

在设计制作过程中，我们经常会将已编辑好的文本插入页面中，这些编辑好的文本都是用其他的文字处理软件输入的。使用 CorelDRAW X8 的导入功能，可以方便快捷地完成输入文本的操作。

1. 使用剪贴板导入文本

CorelDRAW X8 可以借助剪贴板在两个运行的程序间剪贴文本。常用的文字处理软件有 Word、WPS 等。

在 Word、WPS 等软件的文件中选中需要的文本，按 Ctrl+C 组合键将文本复制到剪贴板中。再在 CorelDRAW X8 中，选择“文本”工具字，在绘图页面中需要插入文本的位置单击鼠标左键，待出现“I”形插入文本光标后按 Ctrl+V 组合键，将剪贴板中的文本粘贴到文本光标的位置。至此，美术字文本的导入完成。

在 CorelDRAW X8 中，选择“文本”工具字，在绘图页面中单击鼠标左键并拖曳光标绘制出一个文本框。按 Ctrl+V 组合键，将剪贴板中的文本粘贴到文本框中。段落文本的导入完成。

选择“编辑 > 选择性粘贴”命令，弹出“选择性粘贴”对话框，如图 8-44 所示。在对话框中，可以将文本以图片、Word 文档格式、纯文本 Text 格式导入，可以根据需要选择不同的导入格式。

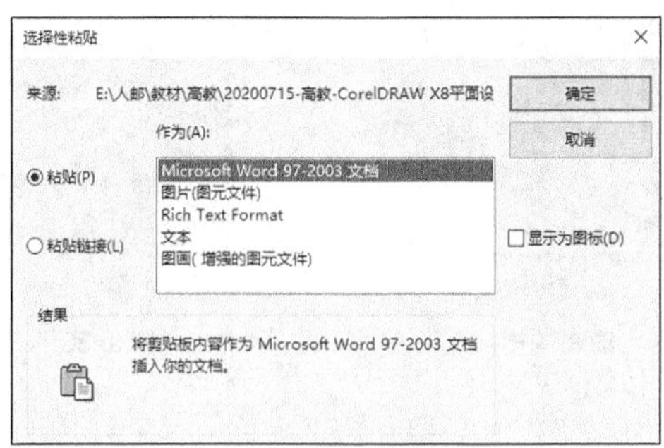

图 8-44

2. 使用菜单命令导入文本

选择“文件 > 导入”命令，或按 Ctrl+I 组合键，弹出“导入”对话框，选择需要导入的文本文件，如图 8-45 所示，单击“导入”按钮。

在绘图页面上会弹出“导入 / 粘贴文本”对话框，如图 8-46 所示，转换过程正在进行，如果单击“取消”按钮，可以取消文本的导入。选择需要的导入方式，单击“确定”按钮。

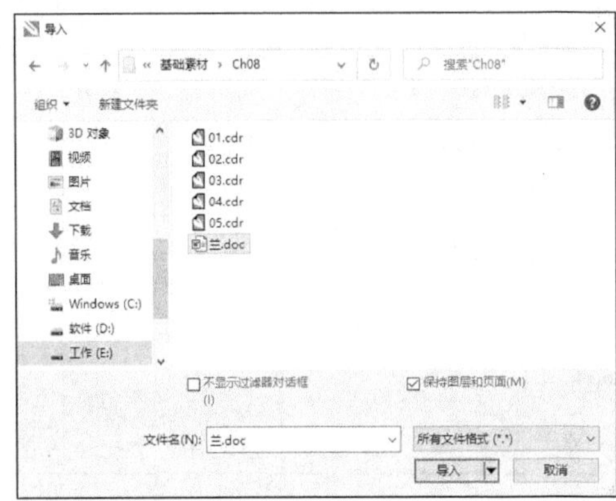

图 8-45

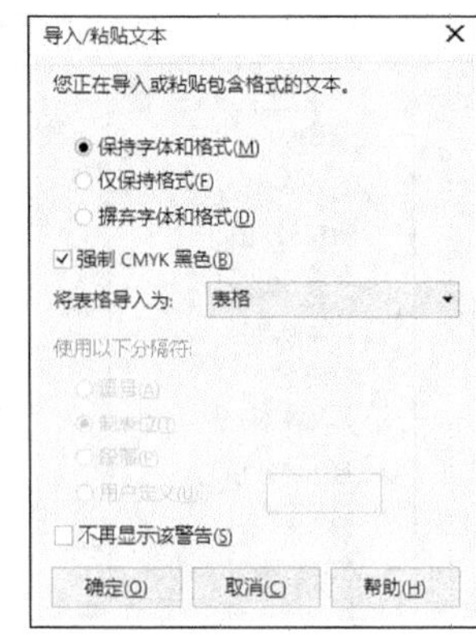

图 8-46

转换过程完成后，在绘图页面中会出现一个光标，如图 8-47 所示，按住鼠标左键并拖曳光标绘制出文本框，效果如图 8-48 所示。松开鼠标左键，导入的文本出现在文本框中，效果如图 8-49 所示。如果文本框的大小不合适，可以用鼠标光标拖曳文本框的控制点来调整文本框的大小，效果如图 8-50 所示。

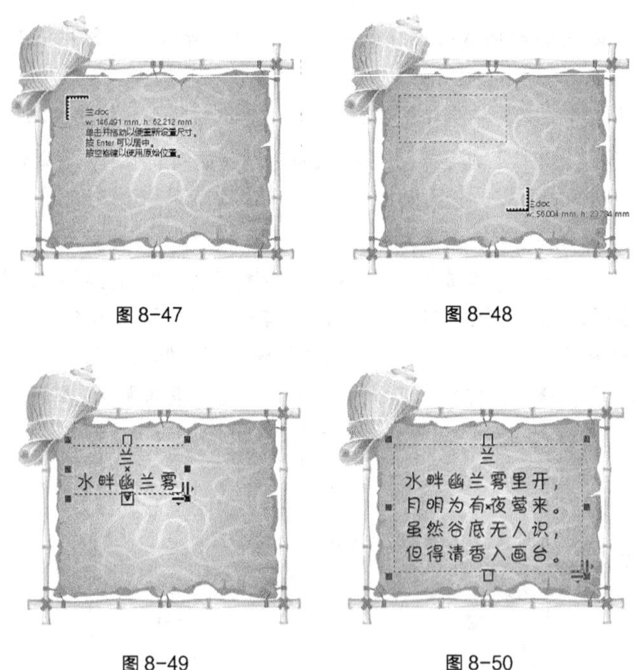

图 8-47　　图 8-48

图 8-49　　图 8-50

提示

当导入的文本文字太多时，绘制的文本框将不能容纳这些文字，这时，CorelDRAW X8 会自动增加新页面，并建立相同的文本框，将其余容纳不下的文字导入进去，直到全部导入完成为止。

8.1.6 字体属性

字体属性的修改方法很简单，下面介绍使用"形状"工具修改字体属性的方法和技巧。

用美术字模式在绘图页面中输入文本，效果如图 8-51 所示。选择“形状”工具，在每个文字的左下角将出现一个空心节点□，效果如图 8-52 所示。

使用“形状”工具单击第 2 个字的空心节点□，使空心节点□变为空心节点■，效果如图 8-53 所示。

图 8-51　　图 8-52　　图 8-53

在属性栏中选择新的字体，第 2 个字的字体属性被改变，效果如图 8-54 所示。使用相同的方法，将第 2 个字的字体属性改变，效果如图 8-55 所示。

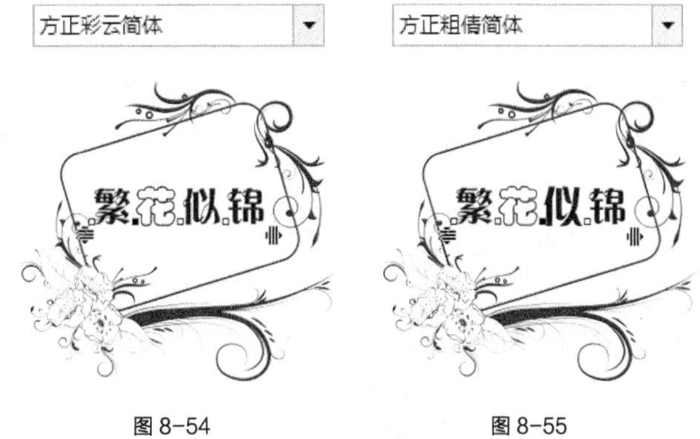

图 8-54　　图 8-55

8.1.7　复制文本属性

使用复制文本属性的功能，可以快速地将不同的文本属性设置成相同的文本属性。下面介绍具体的复制方法。

在绘图页面中输入两个不同文本属性的词语，如图 8-56 所示。选中文本“Best”，如图 8-57 所示。用鼠标的右键拖曳“Best”文本到“Design”文本上，鼠标的光标变为A图标，如图 8-58 所示。

图 8-56　　图 8-57　　图 8-58

松开鼠标右键，弹出快捷菜单，选择“复制所有属性”命令，如图 8-59 所示，将“Best”文本的属性复制给“Design”文本，效果如图 8-60 所示。

图 8-59

图 8-60

8.1.8 课堂案例——制作台历

案例学习目标

学习使用文本工具、“对象属性”泊坞窗和“制表位”命令制作台历。

案例知识要点

使用矩形工具和“复制”命令制作挂环；使用文本工具和“制表位”命令制作台历日期；使用文本工具和“对象属性”命令制作年份；使用两点线工具绘制虚线。最终的台历效果如图 8-61 所示。

效果所在位置

资源包 > Ch08 > 效果 > 制作台历 .cdr。

图 8-61

制作台历

STEP 1 按 Ctrl+N 组合键，新建一个 A4 页面。选择“矩形”工具，在页面中绘制一个矩形，按 F11 键，弹出“编辑填充”对话框，选择“渐变填充”按钮，将“起点”颜色的 CMYK 值设置为 0、0、0、10，“终点”颜色的 CMYK 值设置为 0、0、0、40，其他选项的设置如图 8-62 所示。单击“确定”按钮，填充图形并去除图形的轮廓线，效果如图 8-63 所示。

STEP 2 选择“矩形”工具，在适当的位置绘制一个矩形，在“CMYK 调色板”中的“50% 黑”色块上单击鼠标左键填充图形，并去除图形的轮廓线，效果如图 8-64 所示。

STEP 3 按数字键盘上的 + 键复制矩形。选择“选择”工具，按住 Shift 键的同时，垂直向上拖曳复制的矩形到适当的位置。在“CMYK 调色板”中的“10% 黑”色块上单击鼠标左键填充图形，效果如图 8-65 所示。

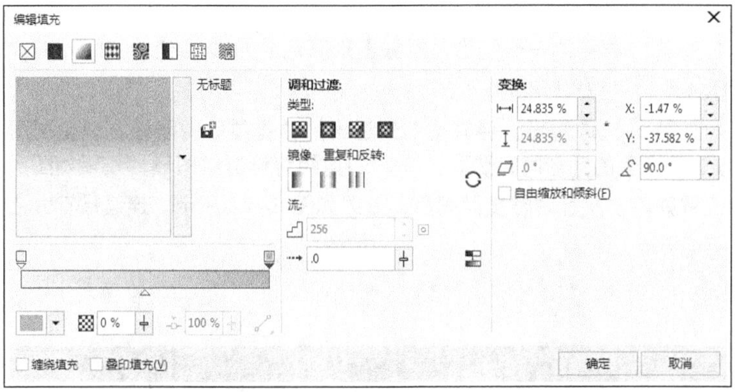

图 8-62

图 8-63

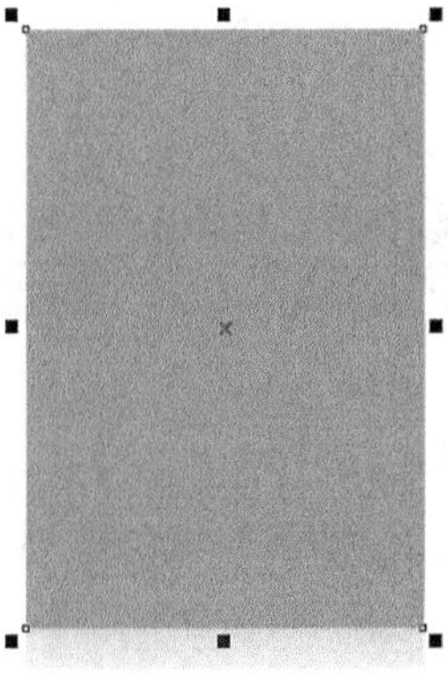

图 8-64

图 8-65

STEP 4 按 Ctrl+I 组合键，弹出“导入”对话框，选择资源包中的“Ch08 > 素材 > 制作台历 > 01”文件，单击“导入”按钮，在页面中单击鼠标以导入图片。选择“选择”工具，拖曳图片到适当的位置并调整其大小，效果如图 8-66 所示。

STEP 5 选择“对象 > PowerClip > 置于图文框内部”命令，鼠标光标变为黑色箭头形状，如图 8-67 所示，在矩形上单击鼠标将图片置入矩形中，效果如图 8-68 所示。

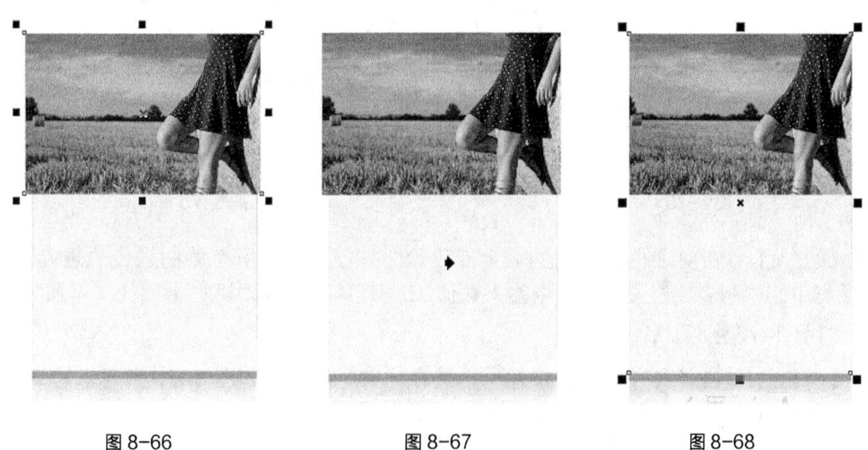

图 8-66　　图 8-67　　图 8-68

STEP 6 选择“矩形”工具□，在适当的位置绘制矩形，填充图形为黑色，并去除图形的轮廓线，效果如图 8-69 所示。

STEP 7 使用“矩形”工具□再绘制一个矩形，设置图形颜色的 CMYK 值为 0、0、0、30，填充图形并去除图形的轮廓线，效果如图 8-70 所示。

STEP 8 选择“选择”工具选取矩形，将其拖曳到适当的位置并单击鼠标右键复制图形，效果如图 8-71 所示。用圈选的方法将需要的图形同时选取，按 Ctrl+G 组合键群组图形，效果如图 8-72 所示。将群组图形拖曳到适当的位置并单击鼠标右键复制图形，效果如图 8-73 所示。连续按 Ctrl+D 组合键复制多个图形，效果如图 8-74 所示。

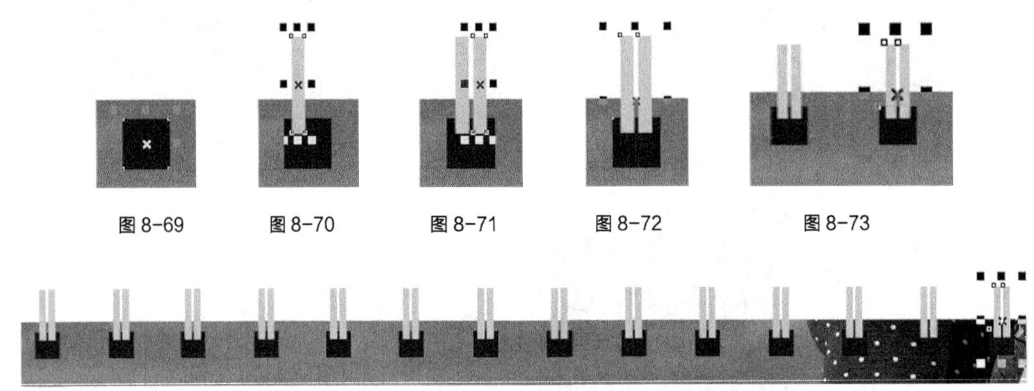

图 8-69　图 8-70　图 8-71　图 8-72　图 8-73

图 8-74

STEP 9 选择“文本”工具字，在页面空白处按住鼠标左键不放，拖曳出一个文本框，如图 8-75 所示。选择“文本 > 制表位”命令，弹出“制表位设置”对话框，如图 8-76 所示。

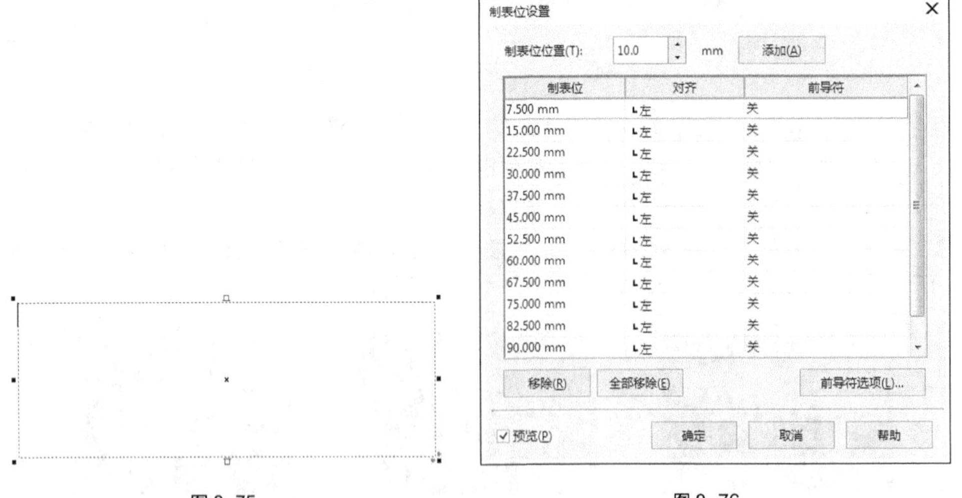

图 8-75　图 8-76

STEP 10 单击对话框左下角的“全部移除”按钮，清空所有的制表位位置点，如图 8-77 所示。在对话框中的“制表位位置”选项中输入数值 15，连续按 8 次对话框上面的“添加”按钮，添加 8 个位置点，如图 8-78 所示。

STEP 11 单击“对齐”下的按钮▾，选择“中”对齐，如图 8-79 所示。将 8 个位置点全部选择“中”对齐，如图 8-80 所示，单击“确定”按钮。

图 8-77

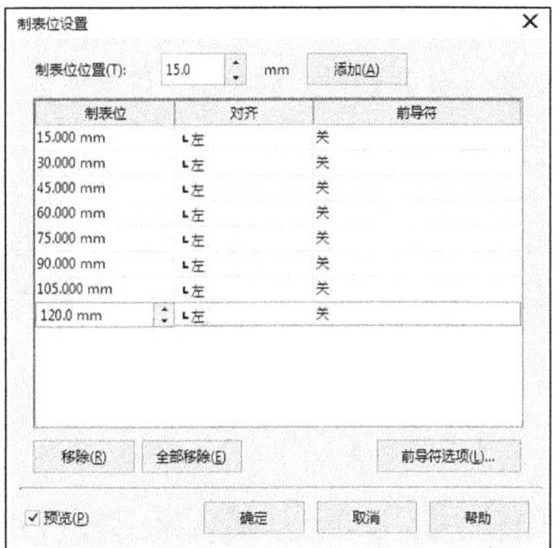

图 8-78

图 8-79

图 8-80

STEP 12 将光标置于段落文本框中，按 Tab 键，输入文字“日”，效果如图 8-81 所示。按 Tab 键，光标跳到下一个制表位处，输入文字“一”，如图 8-82 所示。

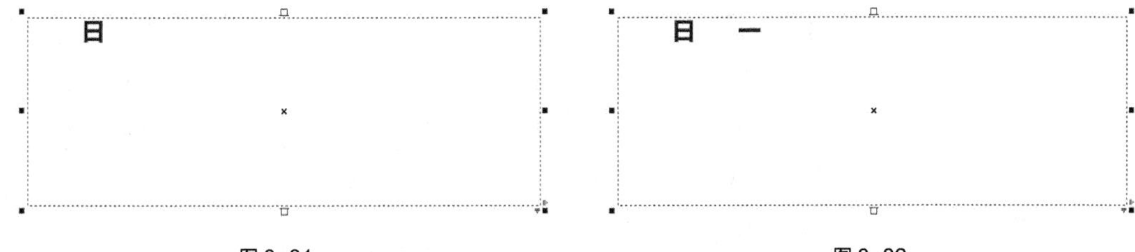

图 8-81　　图 8-82

STEP 13 依次输入其他需要的文字，如图 8-83 所示。按 Enter 键，将光标换到下一行，按 5 次 Tab 键，输入需要的文字，如图 8-84 所示。

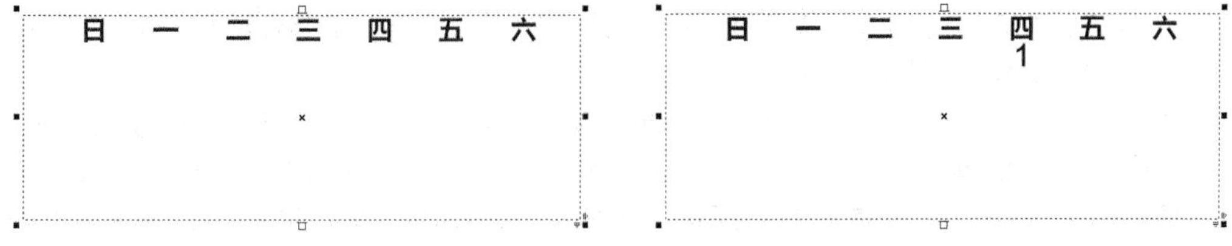

图 8-83　　图 8-84

STEP 14 用相同的方法依次输入需要的文字，效果如图 8-85 所示。选取文本框，在属性栏中选择合适的字体并设置文字大小，效果如图 8-86 所示。

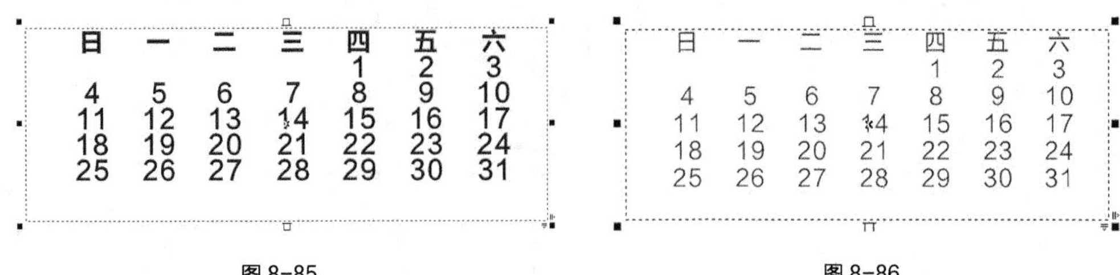

图 8-85　　图 8-86

STEP 15 按 Ctrl+T 组合键，弹出“文本属性”泊坞窗，单击“段落”按钮，切换到相应的泊坞窗中进行设置，如图 8-87 所示。按 Enter 键，文字效果如图 8-88 所示。

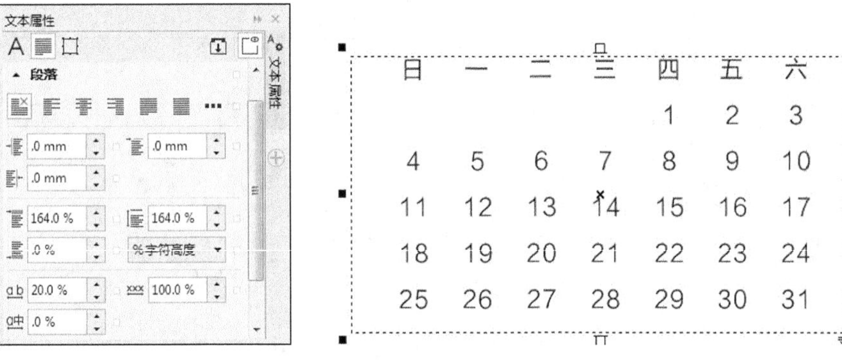

图 8-87　　图 8-88

STEP 16 选择“文本”工具，分别选取需要的文字，设置图形颜色的 CMYK 值为 0、100、100、10，填充文字，效果如图 8-89 所示。选择“选择”工具，向上拖曳文本框下方中间的控制手柄到适当的位置，效果如图 8-90 所示。

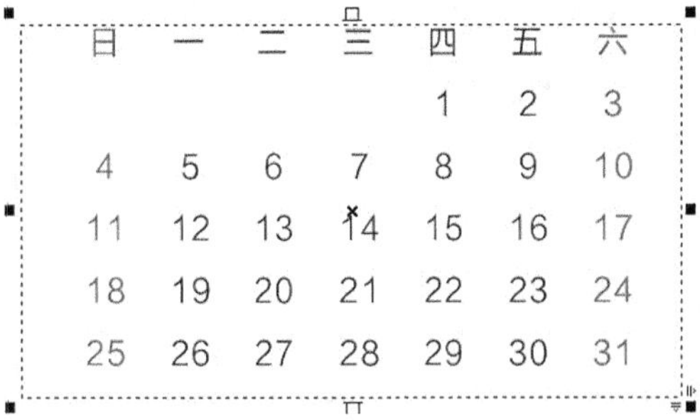

图 8-89 　　图 8-90

STEP 17 选择“选择”工具，将文本框拖曳到适当的位置，效果如图 8-91 所示。选择“文本”工具，在页面中分别输入需要的文字。选择“选择”工具，在属性栏中分别选取适当的字体并设置文字大小，效果如图 8-92 所示。

STEP 18 选择“选择”工具，选取需要的文字。按 Alt+Enter 组合键，弹出“对象属性”泊坞窗，单击“段落”按钮，弹出相应的泊坞窗，选项的设置如图 8-93 所示，按 Enter 键，文字效果如图 8-94 所示。设置填充颜色的 CMYK 值为 0、100、100、20，填充文字，效果如图 8-95 所示。

图 8-91

图 8-92

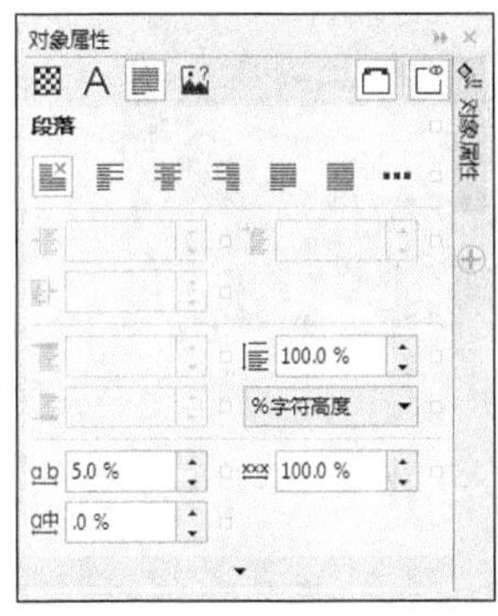

图 8-93

图 8-94

图 8-95

STEP 19 选择“文本”工具字，在页面中输入需要的文字。选择“选择”工具，在属性栏中选取适当的字体并设置文字大小，效果如图 8-96 所示。

STEP 20 选择“两点线”工具，按住 Shift 键的同时绘制直线，效果如图 8-97 所示。在属性栏中的“轮廓样式”框中选择需要的样式，如图 8-98 所示，效果如图 8-99 所示。

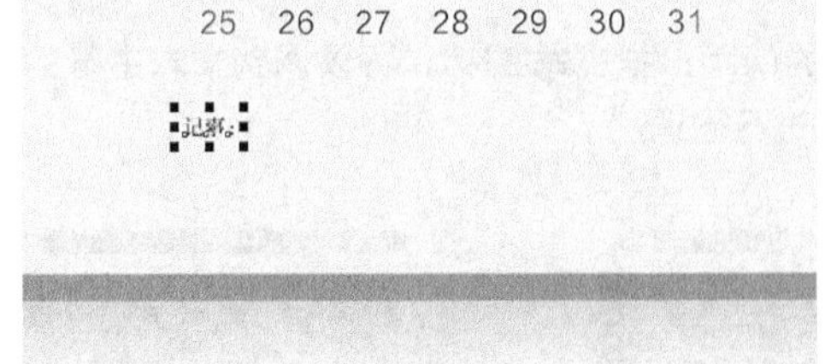

图 8-96

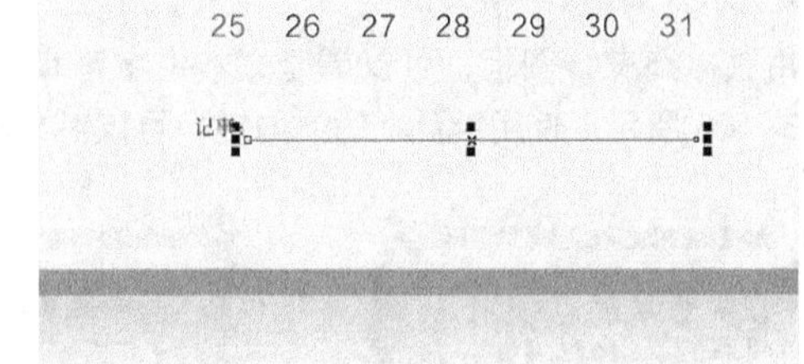

图 8-97

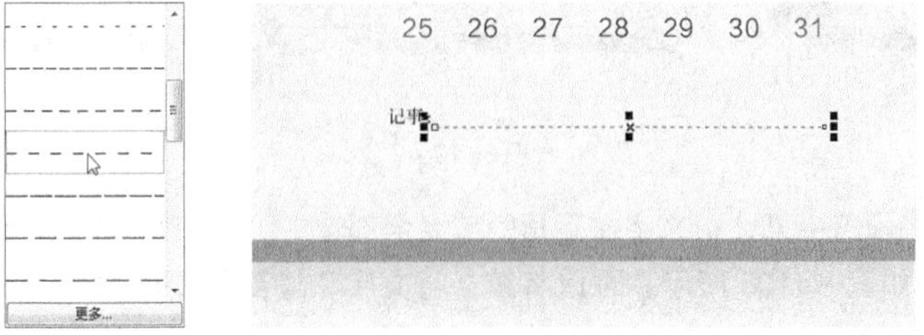

图 8-98

图 8-99

STEP 21 选择“选择”工具，将虚线拖曳到适当的位置并单击鼠标右键以复制虚线，效果如图 8–100 所示。向左拖曳左侧中间的控制手柄以调整虚线长度，效果如图 8–101 所示。

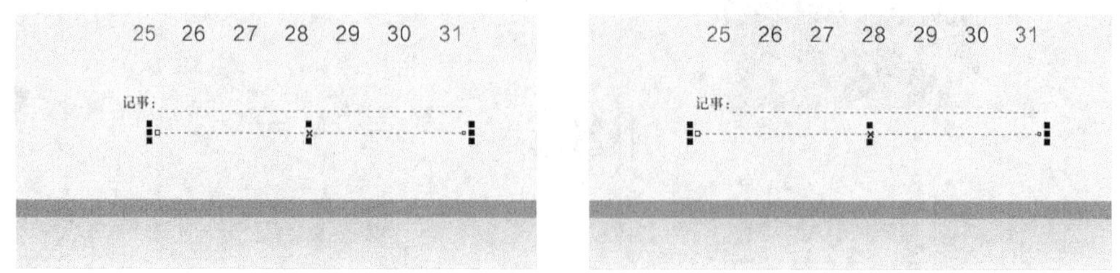

图 8–100

图 8–101

STEP 22 选择“选择”工具，将虚线拖曳到适当的位置并单击鼠标右键以复制虚线，效果如图 8–102 所示。至此，台历制作完成，效果如图 8–103 所示。

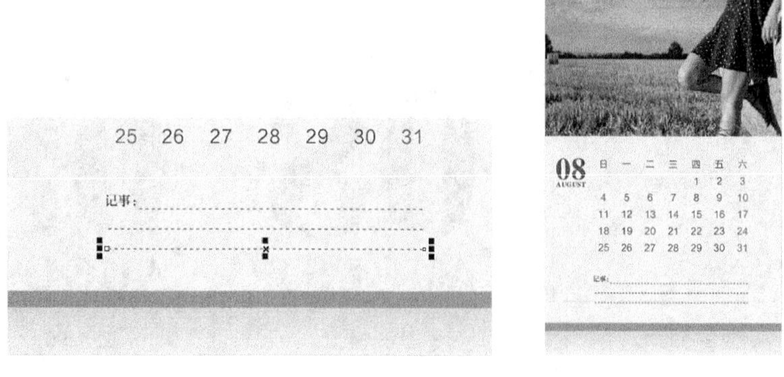

图 8–102

图 8–103

8.1.9 设置间距

输入美术字文本或段落文本，如图 8–104 所示。使用“形状”工具选中文本，文本的节点将处于编辑状态，如图 8–105 所示。

用鼠标拖曳图标，可以调整文本中字符和字的间距；拖曳图标，可以调整文本中行的间距，如图 8–106 所示。使用键盘上的方向键，可以对文本进行微调。

图 8–104

图 8–105

图 8–106

按住 Shift 键，将段落中第 2 行文字左下角的节点全部选中，如图 8–107 所示。将鼠标放在黑色的节点上并拖曳鼠标，如图 8–108 所示。可以将第 2 行文字移动到需要的位置，效果如图 8–109 所示。使用相同的方法可以对单个字进行移动调整。

图 8-107

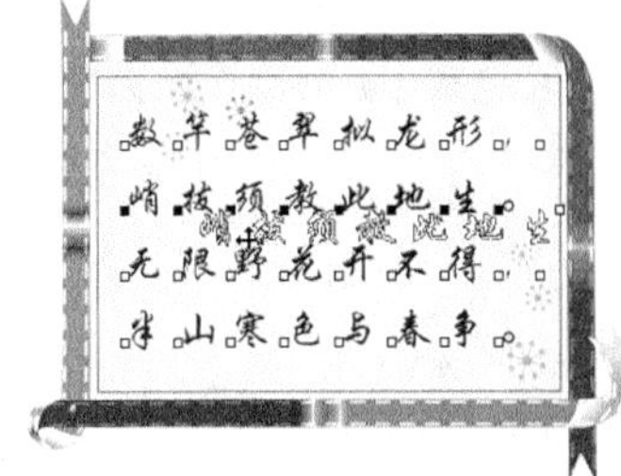

图 8-108

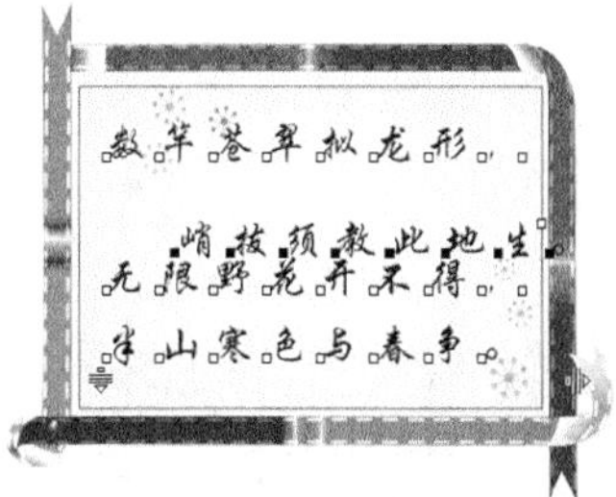

图 8-109

提示

单击“文本”工具属性栏中的“文本属性”按钮，弹出“文本属性”泊坞窗，在“段落”设置区，“字符间距”选项可以设置字符的间距，“行间距”选项可以设置行的间距，从而控制段落中行与行之间的距离。

8.1.10 设置文本嵌线和上下标

1. 设置文本嵌线

选中需要处理的文本，如图 8-110 所示。单击“文本”属性栏中的“文本属性”按钮，会弹出“文本属性”泊坞窗，如图 8-111 所示。

图 8-110

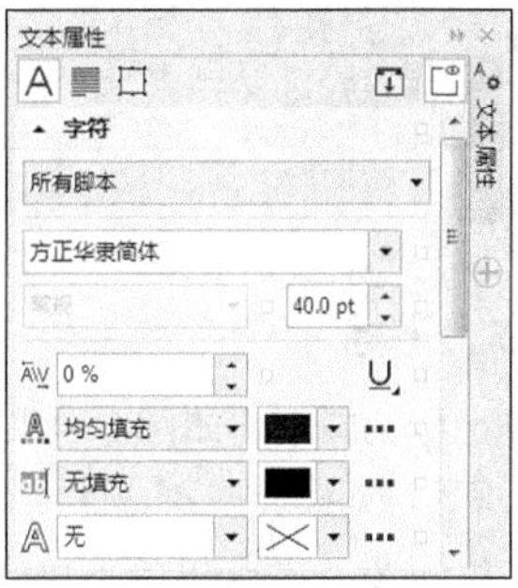

图 8-111

单击“下画线”按钮，在弹出的下拉列表中选择线型，如图 8-112 所示，文本添加了下画线的效果如图 8-113 所示。

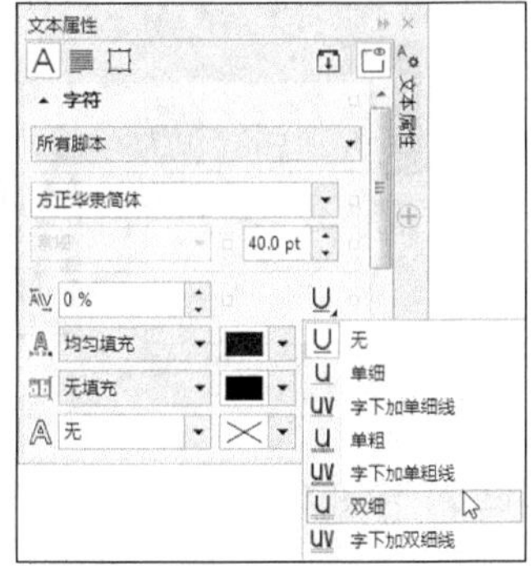

图 8-112

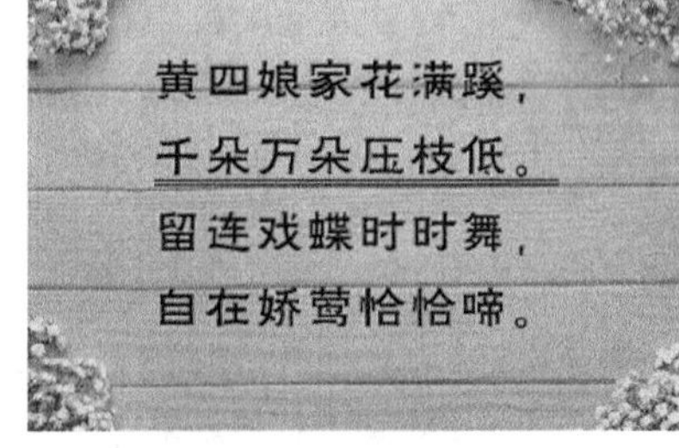

图 8-113

选中需要处理的文本，如图 8-114 所示。单击“文本属性”泊坞窗中的▼按钮，弹出更多选项，在“字符删除线” ab (无) 的下拉列表中选择线型，如图 8-115 所示，文本添加了删除线的效果如图 8-116 所示。

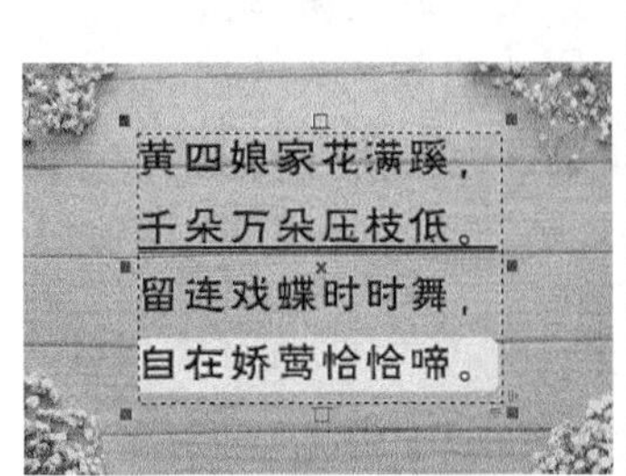

图 8-114

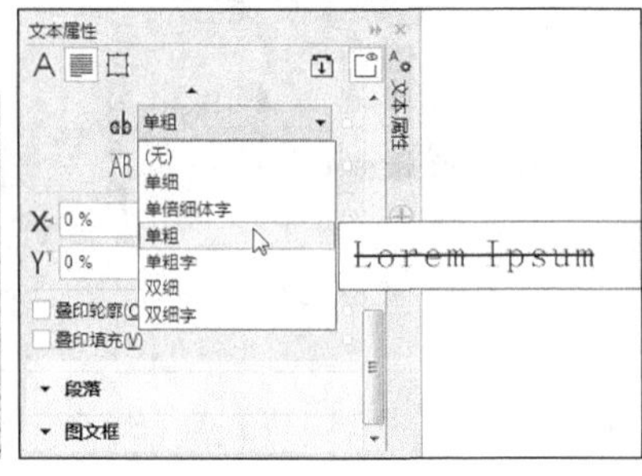

图 8-115

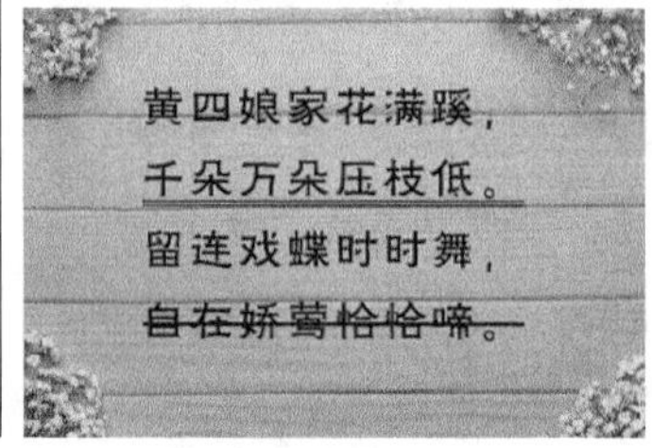

图 8-116

选中需要处理的文本，如图 8-117 所示。在“字符上画线” AB (无) 的下拉列表中选择线型，如图 8-118 所示，文本添加了上画线的效果如图 8-119 所示。

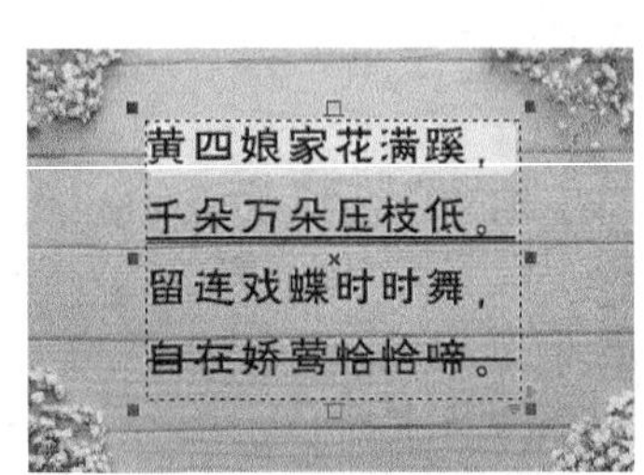

图 8-117

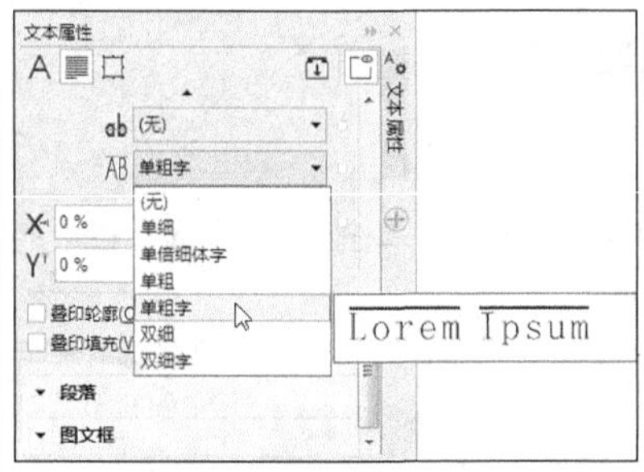

图 8-118

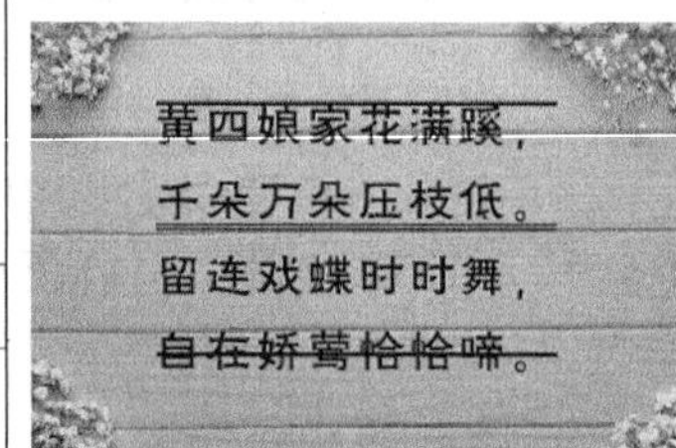

图 8-119

2. 设置文本上下标

选中需要制作上标的文本，如图 8-120 所示。单击“文本”属性栏中的“文本属性”按钮，弹出“文本属性”泊坞窗，如图 8-121 所示。

单击“位置”按钮，在弹出的下拉列表中选择“上标”选项，如图 8-122 所示，设置上标的效果如图 8-123 所示。

图 8-120

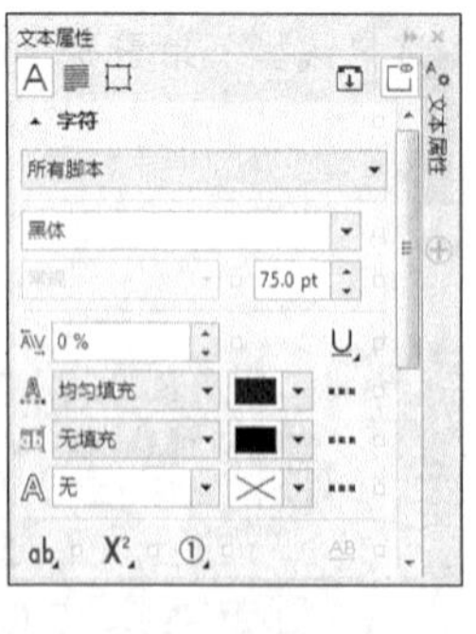

图 8-121

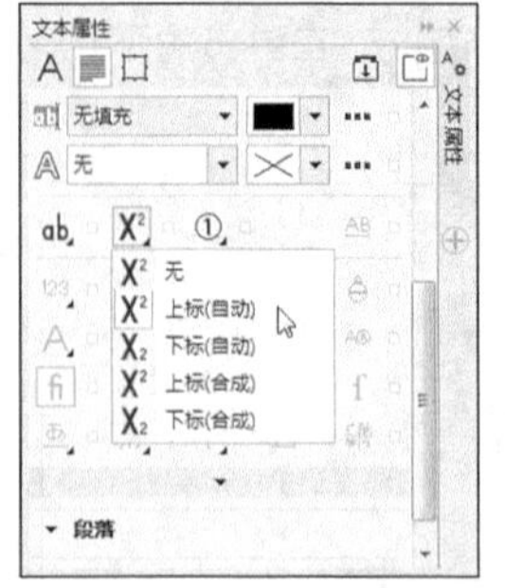

图 8-122

图 8-123

选中需要制作下标的文本，如图 8-124 所示。单击“位置”按钮，在弹出的下拉列表中选择“下标”选项，如图 8-125 所示，设置下标的效果如图 8-126 所示。

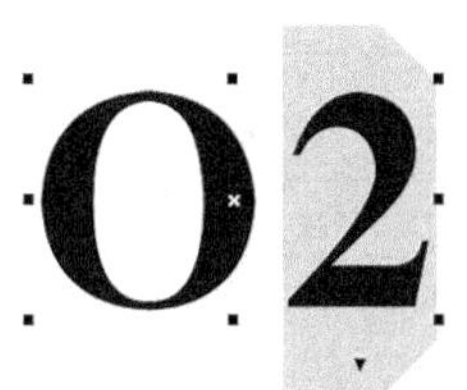

图 8-124

图 8-125

图 8-126

3. 设置文本的排列方向

选中文本，如图 8-127 所示。在“文本”工具属性栏中，单击“将文字更改为水平方向”按钮或“将文本更改为垂直方向”按钮，可以水平或垂直排列文本，效果如图 8-128 所示。

选择“文本 > 文本属性”命令，弹出“文本属性”泊坞窗，在“图文框”设置区的“文本方向”下拉列表中选择文本的排列方向，如图 8-129 所示，设置好后，就可以改变文本的排列方向了。

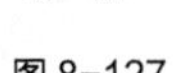

图 8-127

图 8-128

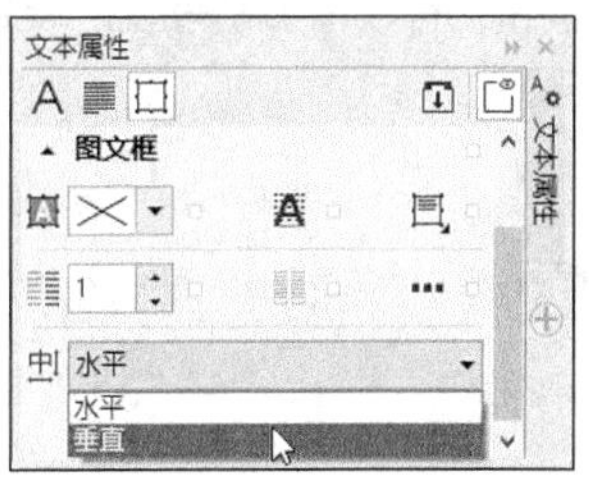

图 8-129

8.1.11 设置制表位和制表符

1. 设置制表位

选择“文本”工具，在绘图页面中绘制一个段落文本框，在上方的标尺上出现多个制表位，如图 8-130 所示。选择“文本 > 制表位”命令，弹出“制表位设置”对话框，在对话框中可以进行制表位的设置，如图 8-131 所示。

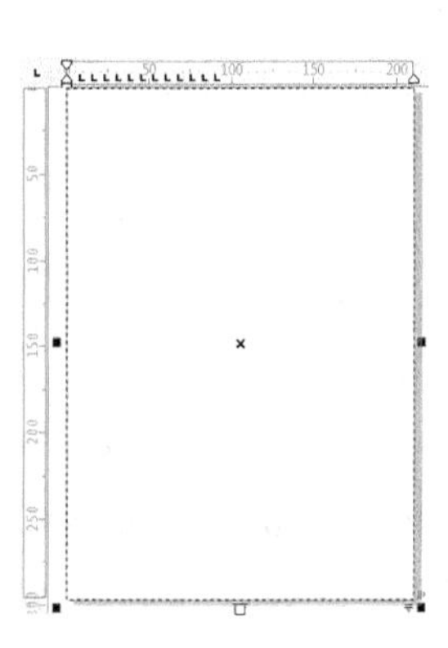

图 8-130

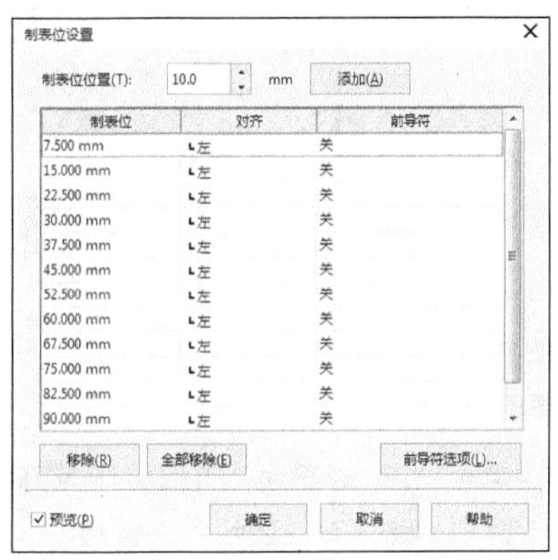

图 8-131

在数值框中直接输入数值或调整数值，可以设置制表位的距离，如图 8-132 所示。

在“制表位设置”对话框中，单击“对齐”选项，会出现“制表位对齐方式”下拉列表，在其中可以设置字符出现在制表位上的位置，如图 8-133 所示。

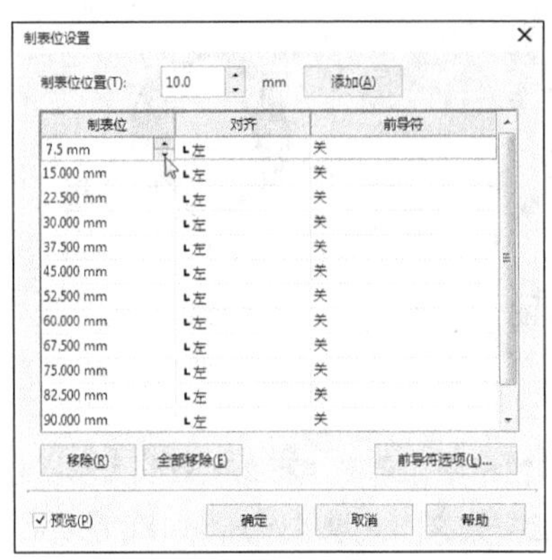

图 8-132

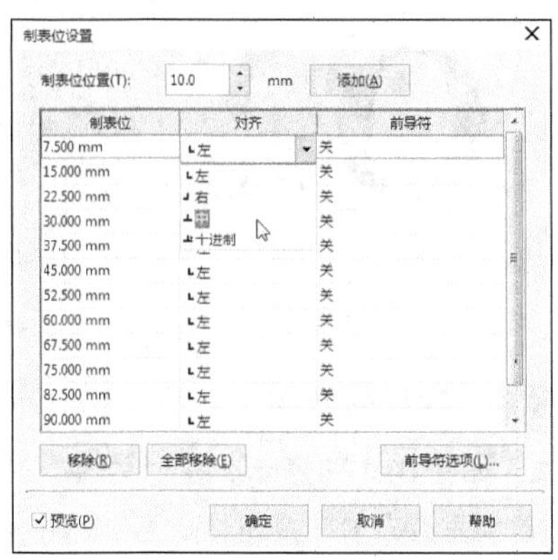

图 8-133

在“制表位设置”对话框中，选中一个制表位，单击“移除”或“全部移除”按钮，可以删除制表位，单击“添加”按钮，可以增加制表位。设置好制表位后，单击“确定”按钮，可以完成制表位的设置。

在段落文本框中插入光标，在键盘上按 Tab 键，每按一次 Tab 键，插入的光标就会按新设置的制表位移动。

2. 设置制表符

选择“文本”工具字，在绘图页面中绘制一个段落文本框，效果如图 8-134 所示。

在上方的标尺上出现多个“L”形滑块就是制表符，如图 8-135 所示。在任意一个制表符上单击鼠标右键，弹出快捷菜单，在快捷菜单中可以选择该制表符的对齐方式，如图 8-136 所示，也可以对网格、标尺和辅助线进行设置。

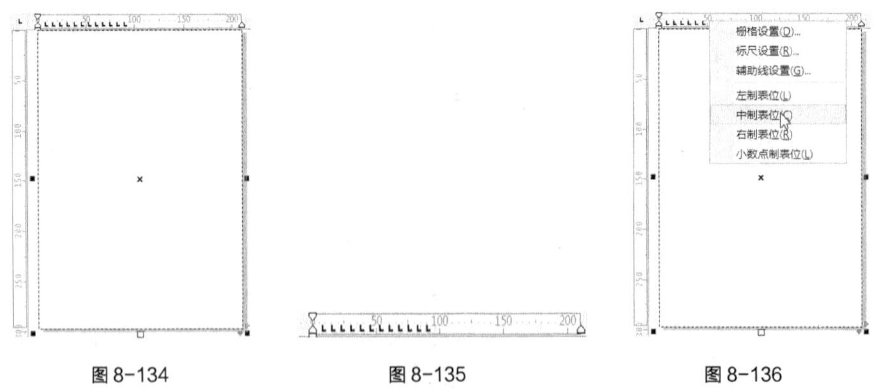

图 8-134　　图 8-135　　图 8-136

在上方的标尺上拖曳“L”形滑块，可以将制表符移动到需要的位置，效果如图 8-137 所示。在标尺上的任意位置单击鼠标左键，可以添加一个制表符，效果如图 8-138 所示。将制表符拖放到标尺外，就可以删除该制表符。

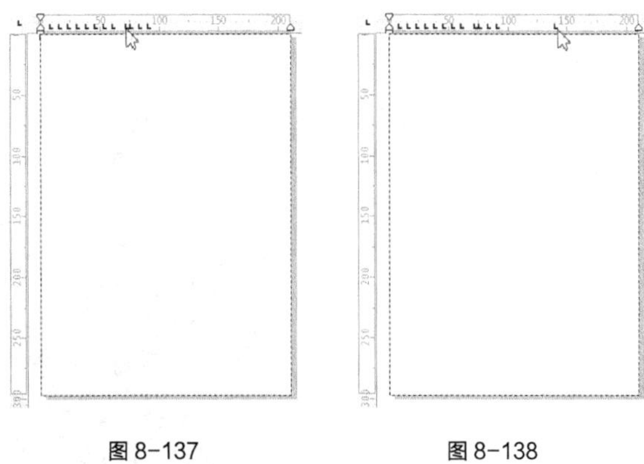

图 8-137　　图 8-138

8.2 文本效果

在 CorelDRAW X8 中，可以根据设计制作任务的需要，制作多种文本效果。下面具体讲解文本效果的制作。

8.2.1 课堂案例——制作美食杂志内页

案例学习目标

学习使用文本工具、“文本属性”泊坞窗、“内置文本”命令和“文本绕图”命令制作美食杂志内页。

案例知识要点

使用文本工具和“文本属性”泊坞窗编辑文字；使用“栏”命令制作分栏效果；使用“文本绕图”命令制作图片绕文本效果；使用椭圆形工具和“内置文本”命令制作文本绕图。最终的美食杂志内页效果如图 8-139 所示。

效果所在位置

资源包 > Ch08 > 效果 > 制作美食杂志内页 .cdr。

图 8-139

1. 制作内页 1

STEP 1 按 Ctrl+N 组合键，新建一个页面，在属性栏的“页面度量”选项中分别设置宽度为 420mm，高度为 285mm，按 Enter 键确定操作，页面尺寸显示为设置的大小。

制作美食杂志内页 1

STEP 2 选择“视图 > 标尺”命令，在视图中显示标尺。选择“选择”工具，在左侧标尺中拖曳一条垂直辅助线，在属性栏中将“X 位置”选项设为 210mm。按 Enter 键，在页面空白处单击鼠标，如图 8-140 所示。

STEP 3 双击“矩形”工具，绘制一个与页面大小相等的矩形，在“CMYK 调色板”中的“90% 黑”色块上单击鼠标左键填充图形，并去除图形的轮廓线，效果如图 8-141 所示。

图 8-140

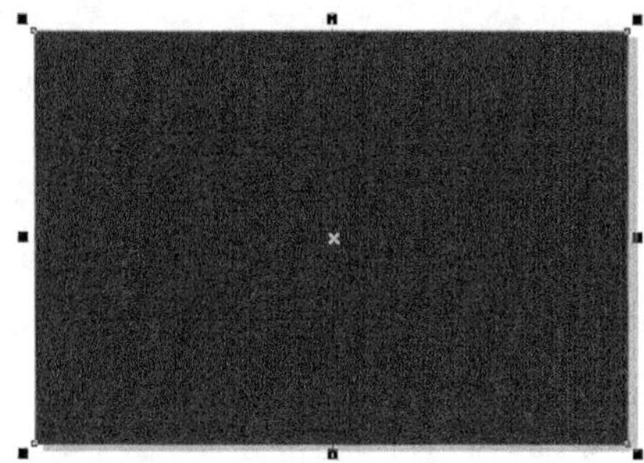

图 8-141

STEP 4 按 Ctrl+I 组合键，弹出“导入”对话框，选择资源包中的“Ch08 > 素材 > 制作美食杂志内页 > 01”文件，单击“导入”按钮，在页面中单击鼠标以导入图片。选择“选择”工具，拖曳图片到适当的位置并调整其大小，效果如图 8-142 所示。

STEP 5 选择“选择”工具，选取下方矩形，按 Ctrl+C 组合键复制矩形，按 Ctrl+V 组合键原位粘贴矩形，向左拖曳复制矩形右侧中间的控制手柄到适当的位置，调整其大小，效果如图 8-143 所示。

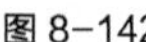

图 8-142

图 8-143

STEP 6 选择“选择”工具，选取下方图片，选择“对象 > PowerClip > 置于图文框内部”命令，鼠标光标变为黑色箭头形状，在矩形上单击鼠标左键，如图 8-144 所示。将图片置入到矩形中，效果如图 8-145 所示。

图 8-144

图 8-145

STEP 7 选择“文本”工具，在页面中分别输入需要的文字。选择“选择”工具，在属性栏中分别选取适当的字体并设置文字大小，填充文字为白色，效果如图 8-146 所示。选取需要的文字，设置文字颜色的 CMYK 值为 0、100、100、15，填充文字，效果如图 8-147 所示。

图 8-146

图 8-147

STEP 8 选择“矩形”工具，在适当的位置绘制一个矩形，填充图形为黑色，并去除图形的轮廓线，效果如图 8-148 所示。选择“透明度”工具，在属性栏中单击“均匀透明度”按钮，其他选项的设置如图 8-149 所示。按 Enter 键，效果如图 8-150 所示。

图 8-148

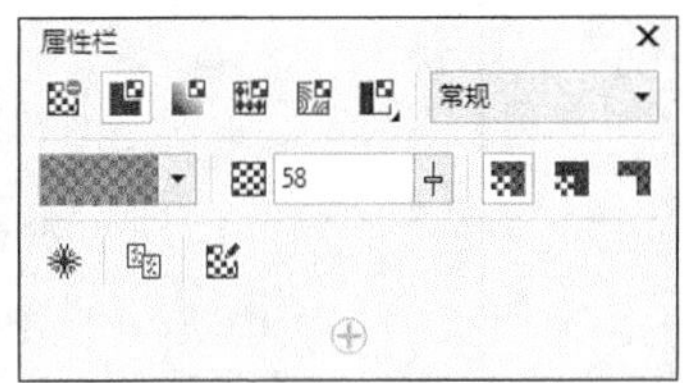

图 8-149

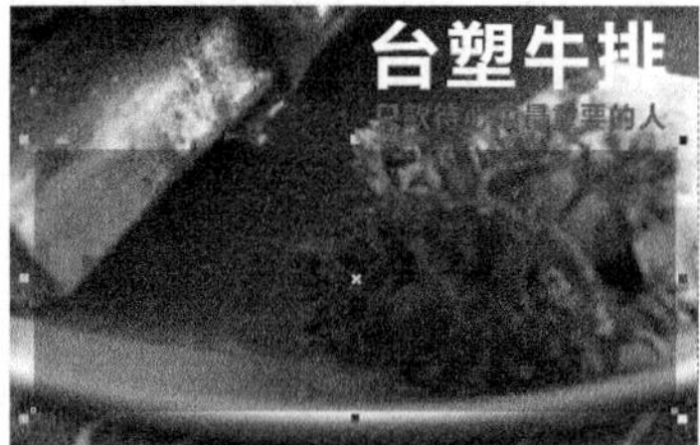

图 8-150

STEP 9 双击打开资源包中的“Ch08 > 素材 > 制作美食杂志内页 > 04”文件，按 Ctrl+A 组合键全选文本，按 Ctrl+C 组合键复制文本。选择“文本”工具，在页面中拖曳一个文本框，然后按 Ctrl+V 组合键粘贴文本。选择“选择”工具，在属性栏中选取适当的字体并设置文字大小，填充文字为白色后，效果如图 8-151 所示。

STEP 10 选择“文本 > 文本属性”命令，在弹出的“文本属性”泊坞窗中进行设置，如图 8-152 所示。按 Enter 键，效果如图 8-153 所示。

图 8-151

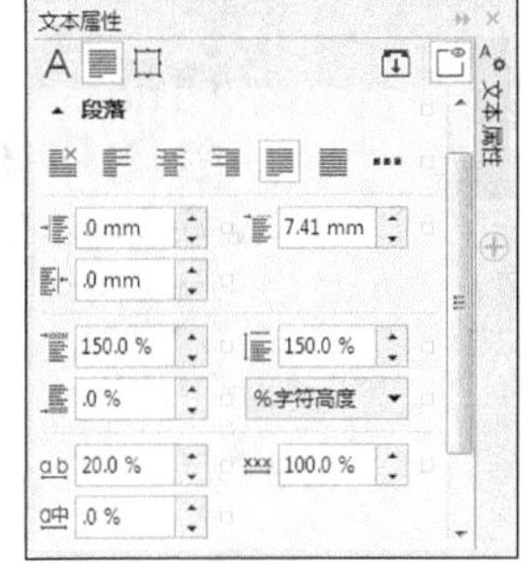

图 8-152

图 8-153

STEP 11 选择“文本 > 栏”命令，在弹出的“栏设置”对话框中进行设置，如图8-154所示，单击“确定”按钮，效果如图8-155所示。

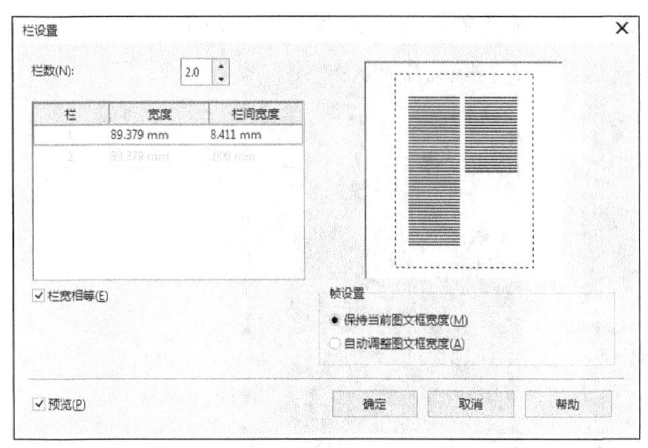

图8-154　　图8-155

STEP 12 选择“椭圆形”工具，按住Ctrl键的同时，在页面外绘制一个圆形，如图8-156所示。设置图形颜色的CMYK值为0、20、100、0，填充图形，效果如图8-157所示。按F12键，弹出“轮廓笔”对话框，将“颜色”的CMYK值设为0、0、100、0，其他选项的设置如图8-158所示，单击“确定”按钮，效果如图8-159所示。

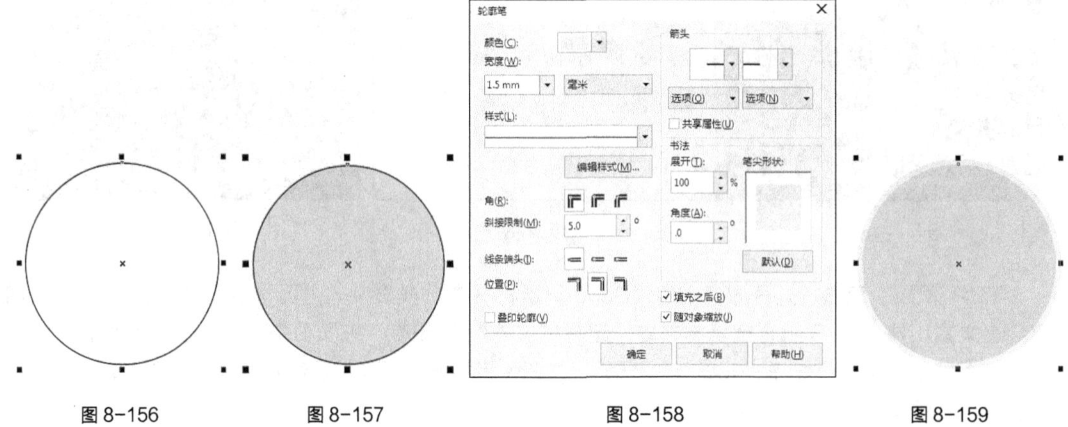

图8-156　　图8-157　　图8-158　　图8-159

STEP 13 选择“文本”工具，在页面中拖曳文本框并输入需要的文字，如图8-160所示。分别选取需要的文字，在属性栏中分别选取适当的字体并设置文字大小，效果如图8-161所示。

图8-160　　图8-161

STEP 14 选择“选择”工具选取文本，单击鼠标右键并将其拖曳到圆形上，如图8-162

所示，松开鼠标右键，在弹出的快捷菜单中选择“内置文本”命令，如图 8–163 所示，文本被置入图形内，效果如图 8–164 所示。选择“文本 > 段落文本框 > 使文本适合框架”命令，使文本适合文本框，如图 8–165 所示。

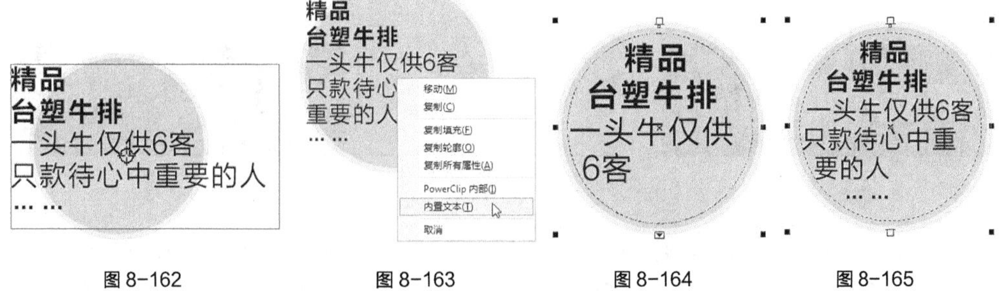

图 8–162　　图 8–163　　图 8–164　　图 8–165

STEP 15 保持文字的选取状态，在“文本属性”泊坞窗中单击“居中”按钮，如图 8–166 所示，按 Enter 键，文字效果如图 8–167 所示。选择“选择”工具，用圈选的方法选取需要的图形和文字，并将其拖曳到页面中适当的位置，效果如图 8–168 所示。

图 8–166　　图 8–167　　图 8–168

2. 制作内页 2

制作美食杂志内页 2

STEP 1 选择“矩形”工具，在页面右上角绘制矩形，填充图形为白色，并去除图形的轮廓线，效果如图 8–169 所示。选择“文本”工具，在适当的位置输入需要的文字。选择“选择”工具，在属性栏中选取适当的字体并设置文字大小，填充文字为白色，效果如图 8–170 所示。

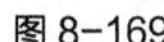

图 8–169　　图 8–170

STEP 2 选择“文本”工具，选取英文文字“Headline”，在属性栏中选取适当的字体并设置文字大小。设置文字颜色的 CMYK 值为 0、100、100、15，填充文字，效果如图 8–171 所示。

STEP 3 选择“选择”工具选取文字，在“文本属性”泊坞窗中单击“段落”按钮，切换到相应的泊坞窗，各选项的设置如图 8–172 所示。按 Enter 键，文字效果如图 8–173 所示。

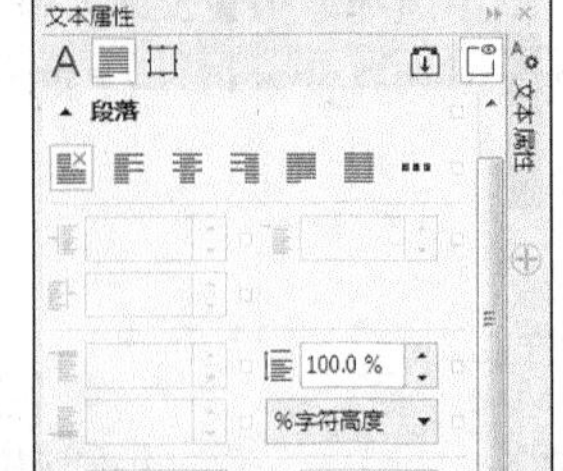

图 8-171　　图 8-172　　图 8-173

STEP 4 按 Ctrl+I 组合键，弹出“导入”对话框，选择资源包中的“Ch08 > 素材 > 制作美食杂志内页 > 02”文件，单击“导入”按钮，在页面中单击鼠标以导入图片。选择“选择”工具，拖曳图片到适当的位置并调整其大小，效果如图 8-174 所示。

STEP 5 选择“文本”工具字，在页面中分别输入需要的文字。选择“选择”工具，在属性栏中分别选取适当的字体并设置文字大小，填充文字为白色，效果如图 8-175 所示。

图 8-174　　图 8-175

STEP 6 双击打开资源包中的“Ch08 > 素材 > 制作美食杂志内页 > 05”文件，按 Ctrl+A 组合键全选文本，按 Ctrl+C 组合键复制文本。选择“文本”工具字，在页面中拖曳一个文本框，然后按 Ctrl+V 组合键粘贴文本。选择“选择”工具，在属性栏中选取适当的字体并设置文字大小，填充文字为白色，效果如图 8-176 所示。在“文本属性”泊坞窗中，各选项的设置如图 8-177 所示，按 Enter 键，效果如图 8-178 所示。

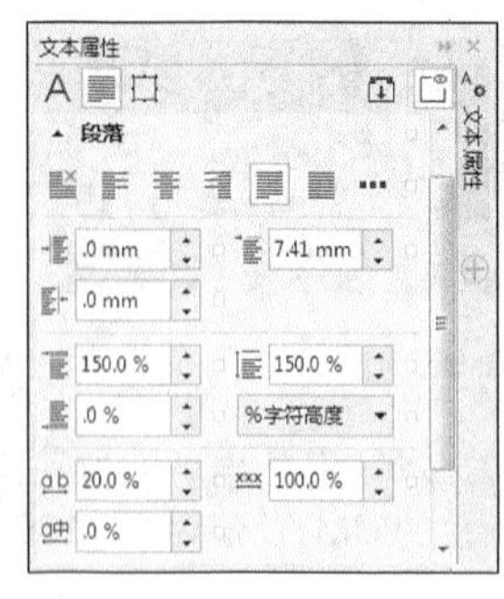

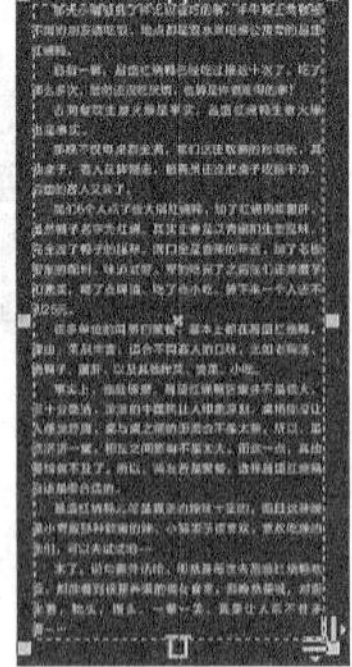

图 8-176　　图 8-177　　图 8-178

STEP 7 按 Ctrl+I 组合键，弹出“导入”对话框，选择资源包中的“Ch08 > 素材 > 制作美

食杂志内页 > 03”文件，单击“导入”按钮，在页面中单击鼠标以导入图片。选择“选择”工具，拖曳图片到适当的位置并调整其大小，效果如图 8-179 所示。

STEP 8 选择“文本”工具字，在页面中分别输入需要的文字。选择“选择”工具，在属性栏中分别选取适当的字体并设置文字大小，效果如图 8-180 所示。用圈选的方法将需要的文字同时选取，设置填充颜色的 CMYK 值为 0、100、100、15，填充文字，效果如图 8-181 所示。

图 8-179

图 8-180

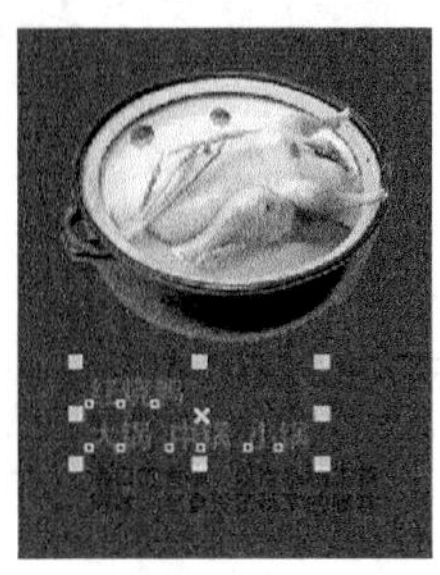

图 8-181

STEP 9 选取下方需要的文字，填充文字为白色，在“文本属性”泊坞窗中，各选项的设置如图 8-182 所示，按 Enter 键，文字效果如图 8-183 所示。至此，美食内页制作完成，效果如图 8-184 所示。

图 8-182

图 8-183

图 8-184

8.2.2 设置首字下沉和项目符号

1. 设置首字下沉

在绘图页面中打开一个段落文本，如图 8-185 所示。选择“文本 > 首字下沉”命令，弹出“首字下沉”对话框，勾选“使用首字下沉”复选框，如图 8-186 所示。

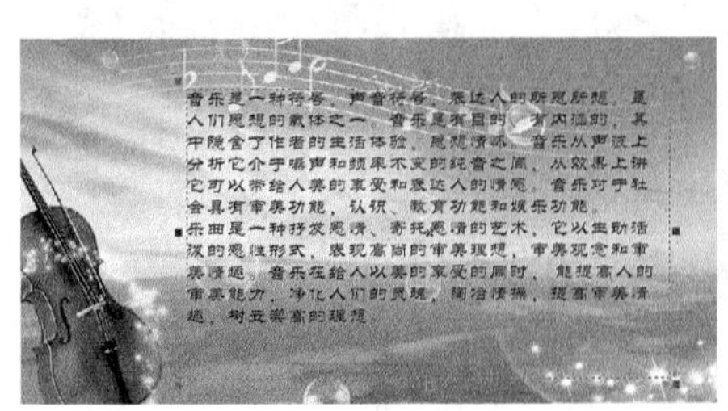

图 8-185

首字下沉
使用首字下沉(U)
外观
下沉行数(N): 3
首字下沉后的空格(S): .0 mm
首字下沉使用悬挂式缩进(E)
预览(P) 确定 取消 帮助

图 8-186

单击“确定”按钮，各段落首字下沉效果如图 8-187 所示。勾选“首字下沉使用悬挂式缩进”复选框，单击“确定”按钮，悬挂式缩进首字下沉效果如图 8-188 所示。

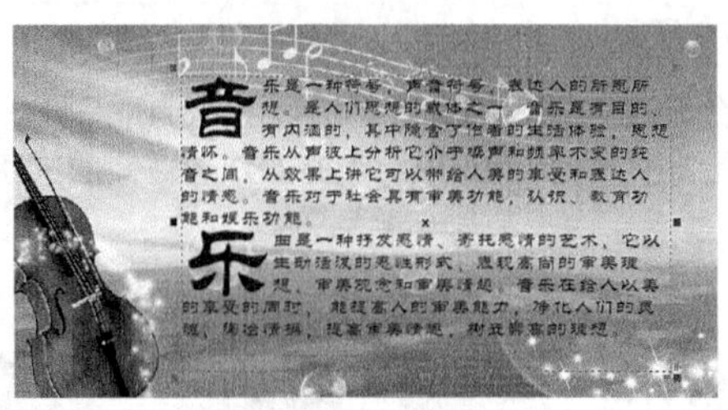

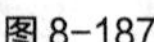
图 8-187

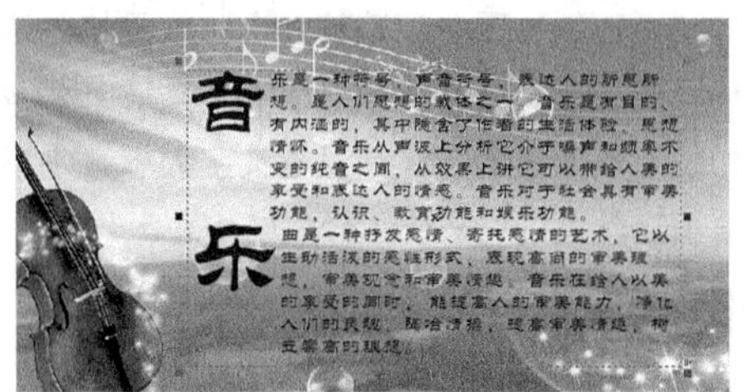
图 8-188

2. 设置项目符号

在绘图页面中打开一个段落文本，效果如图 8-189 所示。选择“文本 > 项目符号”命令，弹出“项目符号”对话框，勾选“使用项目符号”复选框，如图 8-190 所示。

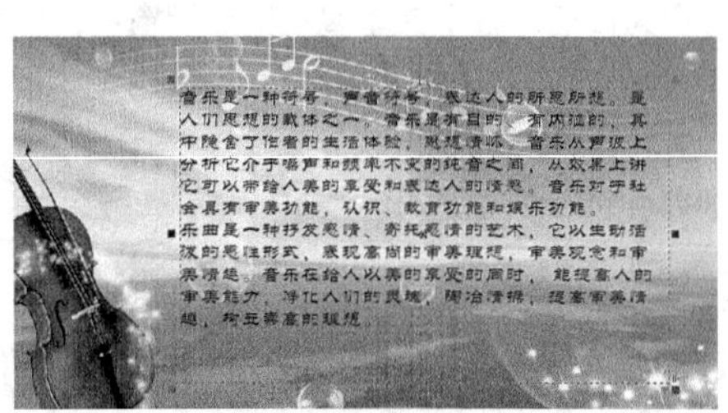
图 8-189

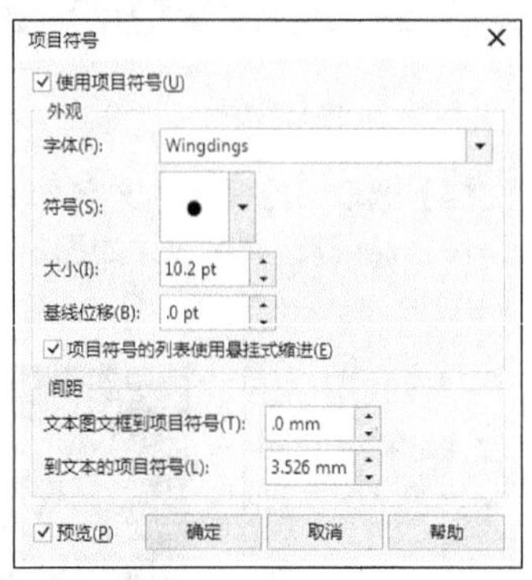

图 8-190

在对话框“外观”设置区的“字体”下拉列表框中可以设置字体的类型；在“符号”下拉列表框中可以选择项目符号样式；在“大小”数值框中可以设置字体符号的大小；在“基线位移”数值框中可以选择基线的距离。在“间距”设置区中可以调节文本和项目符号的缩进距离。

设置需要的选项，如图 8-191 所示。单击“确定”按钮，段落文本中添加了新的项目符号，效果如图 8-192 所示。

图 8-191

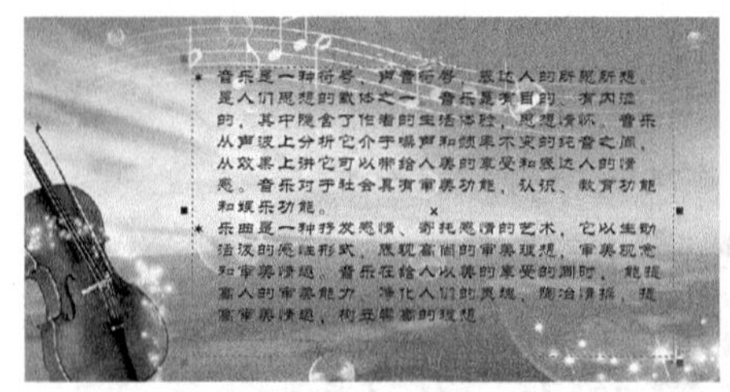
图 8-192

在段落文本中需要另起一段的位置插入光标，如图 8-193 所示。按 Enter 键，项目符号会自动添加在新段落的前面，效果如图 8-194 所示。

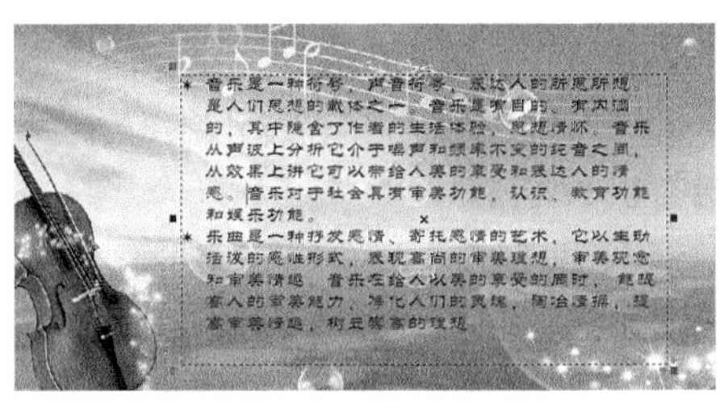

图 8-193

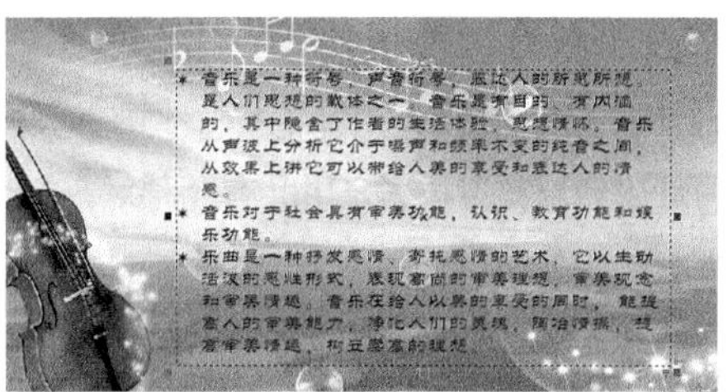

图 8-194

8.2.3 文本绕路径

选择“文本”工具字，在绘图页面中输入美术字文本。使用“贝塞尔”工具绘制一个路径，选中美术字文本，效果如图 8-195 所示。

选择“文本 > 使文本适合路径”命令，会出现一个箭头图标，将箭头放在路径上，则文本自动绕路径排列，如图 8-196 所示。单击鼠标左键后，效果如图 8-197 所示。

图 8-195　　图 8-196　　图 8-197

选中绕路径排列的文本，如图 8-198 所示。在图 8-199 所示的属性栏中可以设置“文字方向”“与路径距离”“水平偏移”选项。

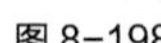

图 8-198

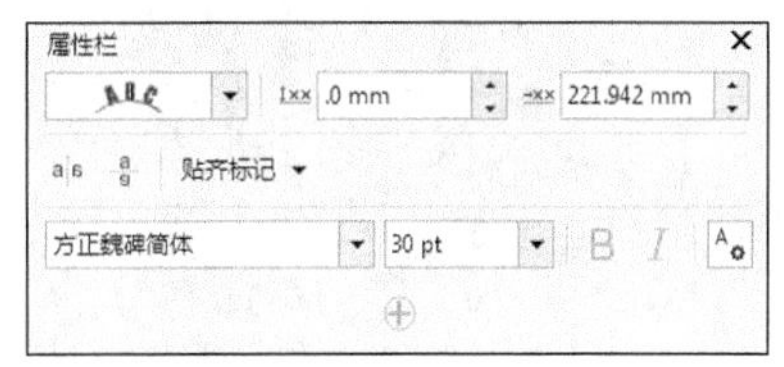

图 8-199

通过设置可以产生多种文本绕路径的效果，如图 8-200 所示。

图 8-200

8.2.4 对齐文本

选择“文本”工具字，在绘图页面中输入段落文本，单击“文本”工具属性栏中的“文本对齐”按钮，可以看到其下拉列表中共有6种对齐方式，如图8-201所示。

选择“文本 > 文本属性”命令，或按Ctrl+T组合键，都会弹出“文本属性”泊坞窗，单击“段落”按钮，切换到“段落属性”设置区，单击“调整间距设置”按钮…，弹出“间距设置”对话框，在对话框中可以选择文本的对齐方式，如图8-202所示。

图8-201

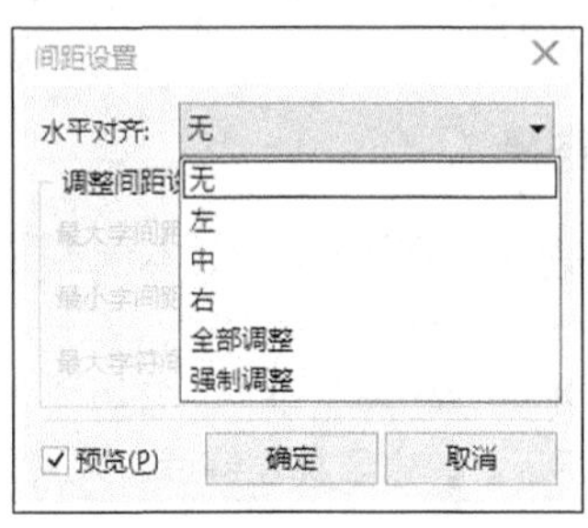

图8-202

无：CorelDRAW X8默认的对齐方式。选择它将对文本不产生影响，文本可以自由地变换，但单纯的无对齐方式文本的边界会参差不齐。

左：选择左对齐后，段落文本会以文本框的左边界对齐。

中：选择居中对齐后，段落文本的每一行都会在文本框中居中。

右：选择右对齐后，段落文本会以文本框的右边界对齐。

全部调整：选择全部对齐后，段落文本的每一行都会同时对齐文本框的左右两端。

强制调整：选择强制全部对齐后，可以对段落文本的所有格式进行调整。

选中进行过移动调整的文本，如图8-203所示，再选择“文本 > 对齐基线”命令，或按Alt+F12组合键，可以将文本重新对齐，如图8-204所示。

图8-203

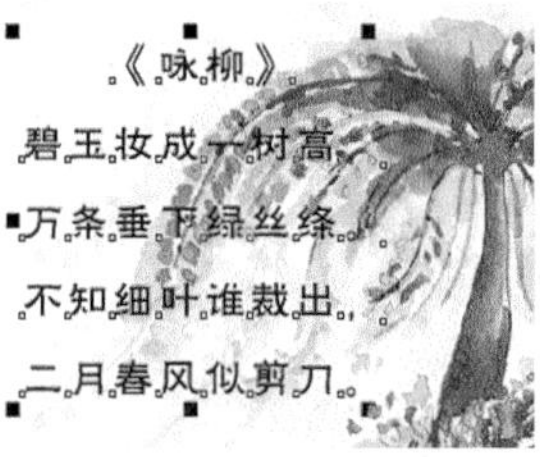

《咏柳》
碧玉妆成一树高，
万条垂下绿丝绦。
不知细叶谁裁出，
二月春风似剪刀。

图8-204

8.2.5 内置文本

使用“贝塞尔”工具绘制一个图形，选择“文本”工具字，在绘图页面中输入美术字文本。选择“选择”工具选中美术字文本，效果如图8-205所示。

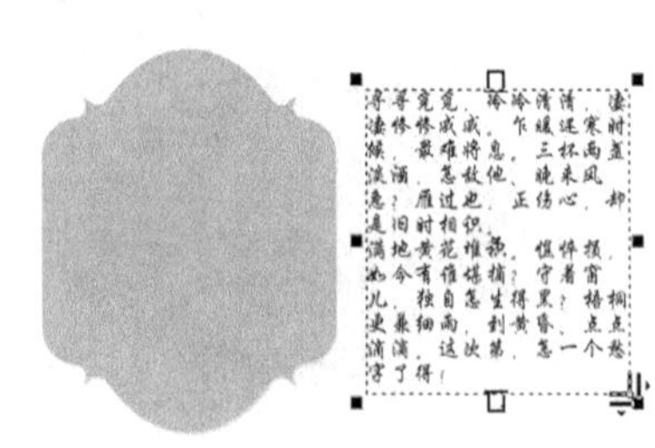

图8-205

用鼠标右键拖曳文本到图形内，当光标变为十字形的圆环⊕，松开鼠标右键，弹出快捷菜单，选择“内置文本”命令，如图8-206所示，文本被置入到图形内，美术字文本自动转换为段落文本，效果如图8-207所示。选择“文本 > 段落文本框 > 使文本适合框架”命令，文本和图形对象基本适配，效果如图8-208所示。

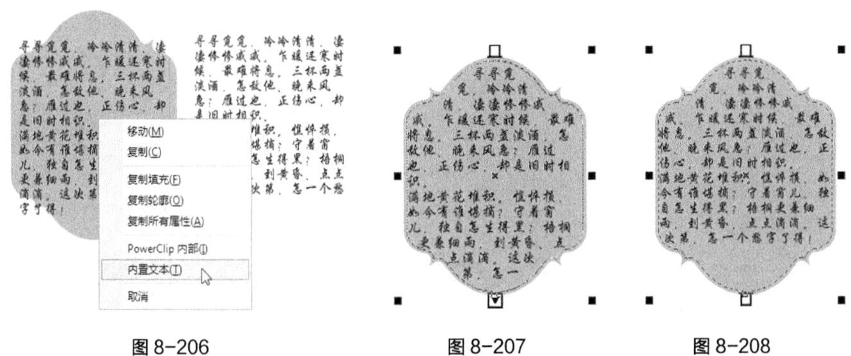

图 8-206　　图 8-207　　图 8-208

选择“对象 > 拆分路径内的段落文本”命令，可以将路径内的文本与路径分离。

8.2.6 段落文字的连接

在文本框中经常会出现文本被遮住而不能完全显示的问题，如图 8-209 所示。这时可以通过调整文本框的大小来使文本完全显示，或者通过多个文本框的连接来使文本完全显示。

选择“文本”工具字，单击文本框下部的图标，待鼠标指针变为形状时，在页面中按住鼠标左键不放，沿对角线拖曳鼠标绘制一个新的文本框，如图 8-210 所示。松开鼠标左键，在新绘制的文本框中则会显示出被遮住的文字，效果如图 8-211 所示。拖曳文本框到适当的位置，如图 8-212 所示。

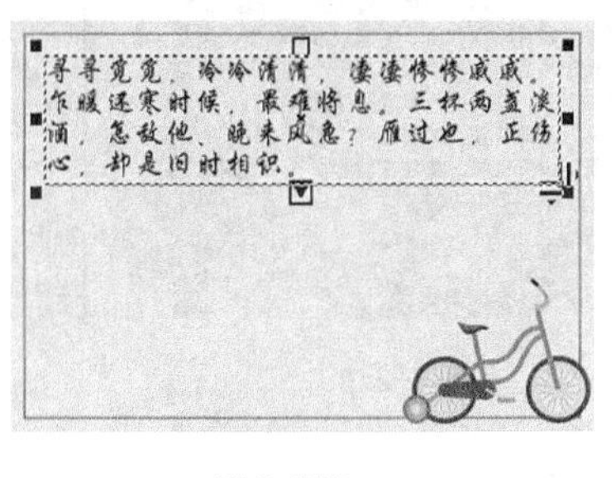

图 8-209

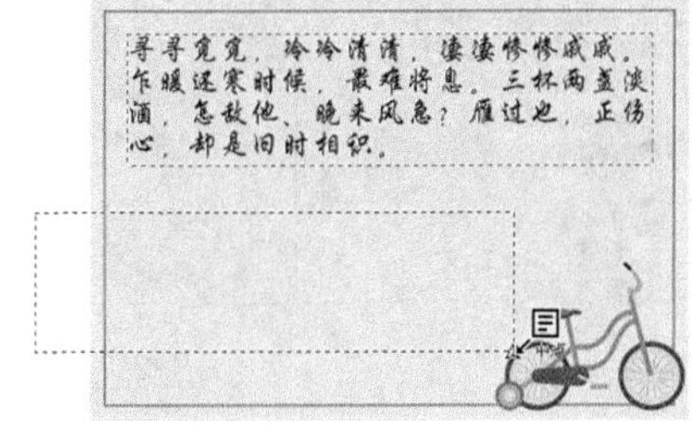

图 8-210

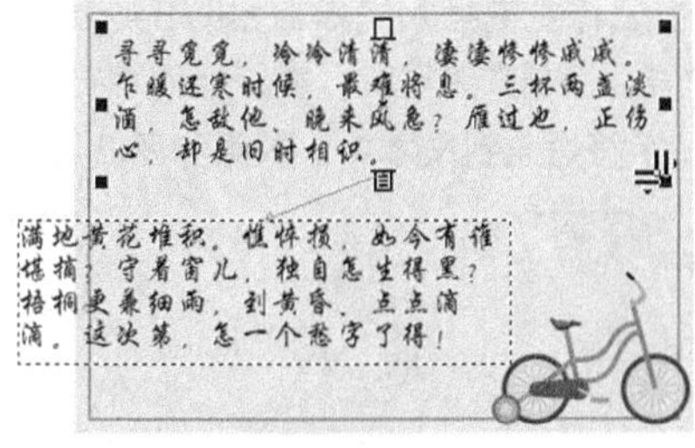

图 8-211

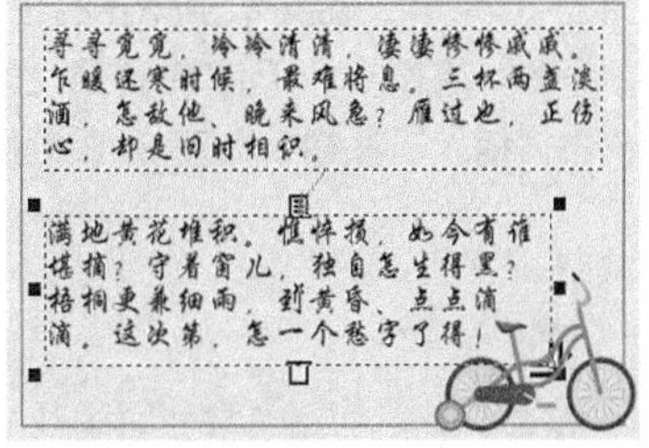

图 8-212

8.2.7 段落分栏

选择一个段落文本，如图 8-213 所示。选择“文本 > 栏”命令，弹出“栏设置”对话框，将“栏数”选项设置为“2”，栏间宽度设置为“8mm”，如图 8-214 所示。设置好后，单击“确定”按钮，段落文本被分为两栏，效果如图 8-215 所示。

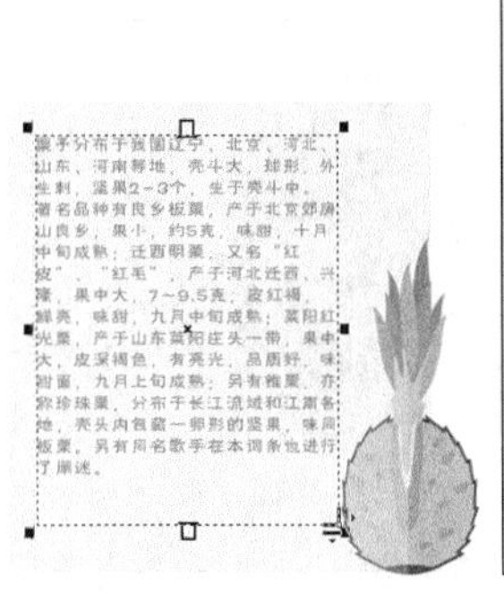
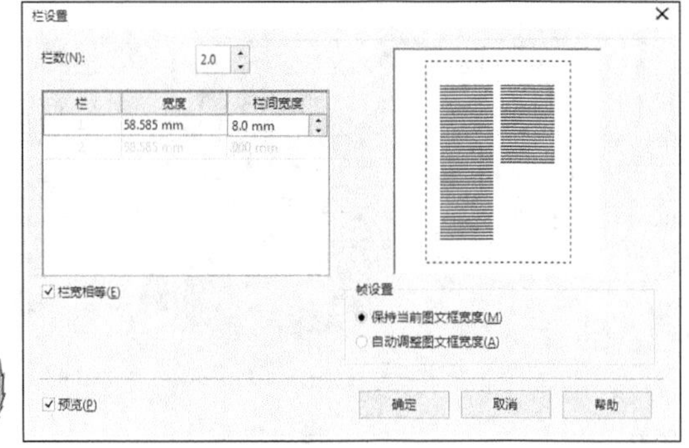
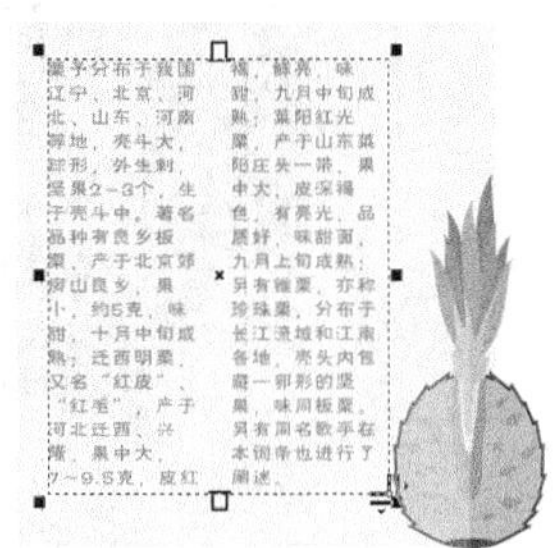

图 8-213　　图 8-214　　图 8-215

8.2.8　文本绕图

CorelDRAW X8 提供了多种文本绕图的形式，应用好文本绕图可以使设计制作的版面更加生动美观。

打开一个段落文本，导入位图图片，使用“选择”工具选取需要绕图的位图图片，如图 8-216 所示。在属性栏中单击“文本换行”按钮，在弹出的下拉菜单中选择需要的绕图方式，如图 8-217 所示，文本绕图效果如图 8-218 所示。在属性栏中单击“文本换行”按钮，在弹出的下拉菜单中可以设置换行样式，在“文本换行偏移”数值框中可以设置偏移距离，如图 8-219 所示。

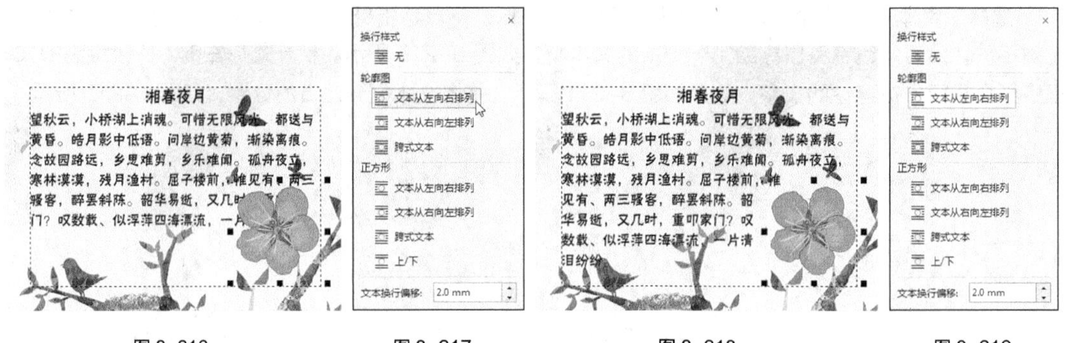

图 8-216　　图 8-217　　图 8-218　　图 8-219

8.2.9　插入字符

选择“文本”工具字，在文本中需要的位置单击鼠标左键插入光标，如图 8-220 所示。选择“文本 > 插入字符”命令，或按 Ctrl+F11 组合键，弹出“插入字符”泊坞窗，在需要的字符上双击鼠标左键，或选中字符后单击“插入”按钮，如图 8-221 所示，字符插入到文本中，效果如图 8-222 所示。

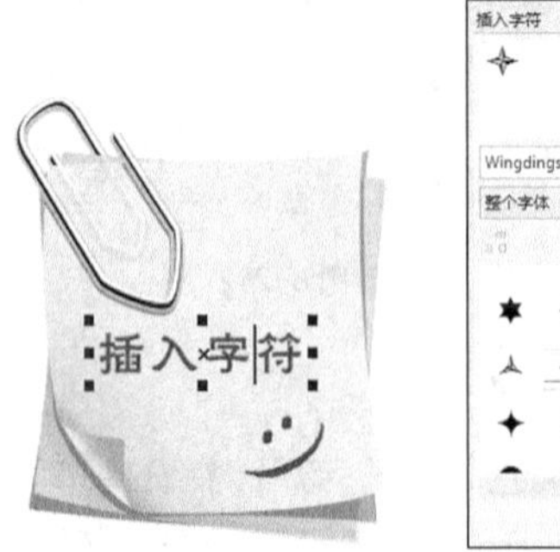

图 8-220

图 8-221

图 8-222

8.2.10 将文字转换为曲线

使用 CorelDRAW X8 编辑好美术文本后，通常需要把文本转换为曲线。这样就可以对美术文本进行任意变形，且转换为曲线后的文本对象不丢失其文本格式。

具体操作步骤如下：使用“选择”工具选中文本，如图 8-223 所示。选择“对象 > 转换为曲线”命令，或按 Ctrl+Q 组合键，将文本转化为曲线，如图 8-224 所示。可用“形状”工具对曲线文本进行编辑，并修改文本的形状。

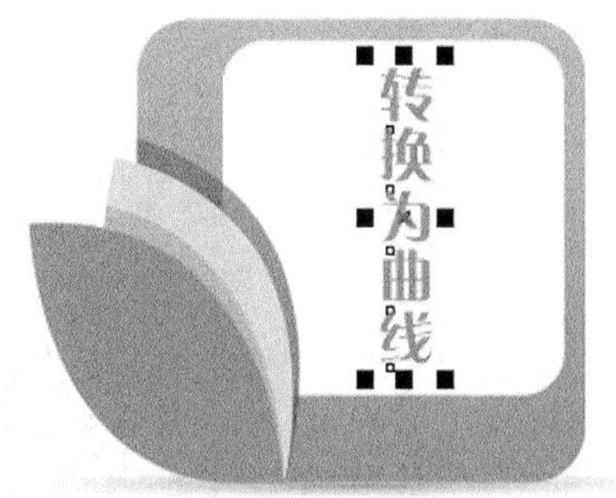

图 8-223

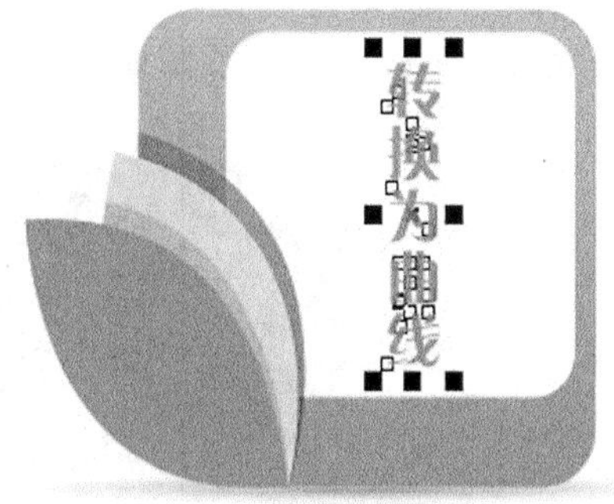

图 8-224

8.2.11 创建文字

应用 CorelDRAW X8 的独特功能，可以轻松地创建出计算机字库中没有的汉字。

具体的创建方法为：使用“文本”工具输入两个具有创建文字所需偏旁的汉字，如图 8-225 所示。用“选择”工具选取文字，如图 8-226 所示。按 Ctrl+Q 组合键将文字转换为曲线，如图 8-227 所示。

图 8-225　　图 8-226　　图 8-227

再按 Ctrl+K 组合键将转换为曲线的文字拆分打散，选择“选择”工具选取所需偏旁，将其移动到创建文字的位置进行组合，如图 8-228 所示。

组合好新文字后，使用“选择”工具圈选新文字，如图 8-229 所示，再按 Ctrl+G 组合键将新文字组合，如图 8-230 所示。新文字就制作完成了，效果如图 8-231 所示。

图 8-228　　图 8-229　　图 8-230　　图 8-231

8.3 课堂练习——制作旅游海报

练习知识要点

使用文本工具、形状工具添加并编辑标题文字；使用椭圆形工具、轮廓笔工具绘制装饰弧线；使用文本工具、“文本属性”泊坞窗添加其他相关信息。最终效果如图 8-232 所示。

效果所在位置

资源包 > Ch08 > 效果 > 制作旅游海报 .cdr。

图 8-232

制作旅游海报

8.4 课后习题——制作女装 Banner 广告

习题知识要点

使用文本工具、“文本属性”泊坞窗添加标题文字；使用“转换为曲线”命令、形状工具、多边形工具编辑标题文字。最终效果如图 8-233 所示。

效果所在位置

资源包 > Ch08 > 效果 > 制作女装 Banner 广告 .cdr。

图 8-233

制作女装 Banner 广告

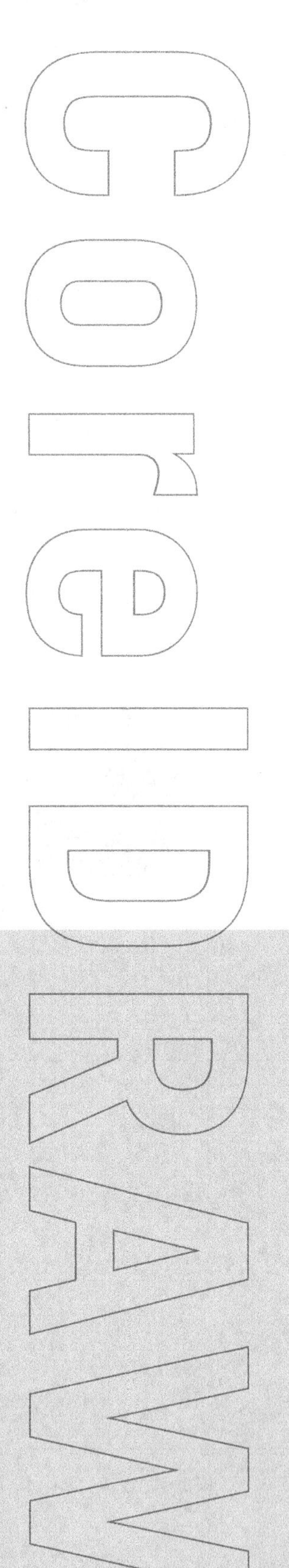

Chapter 9

第9章 编辑位图

CorelDRAW X8提供了强大的位图编辑功能。本章将介绍导入和转换位图、位图滤镜的使用等知识。通过本章的学习，读者可以了解并掌握如何应用CorelDRAW X8的强大功能来处理和编辑位图。

课堂学习目标

- 熟练掌握导入并转换位图的方法
- 熟练掌握位图滤镜的使用方法

9.1 导入并转换位图

CorelDRAW X8 提供了导入位图和将矢量图形转换为位图的功能，下面介绍导入并转换位图的具体操作方法。

9.1.1 导入位图

选择“文件 > 导入”命令，或按 Ctrl+I 组合键，都会弹出“导入”对话框，在该对话框中可以搜索路径和要导入的位图文件，如图 9-1 所示。

选择需要的位图文件后，单击“导入”按钮，鼠标的光标变为 状，如图 9-2 所示。在绘图页面中单击鼠标左键，位图即会被导入到绘图页面中，如图 9-3 所示。

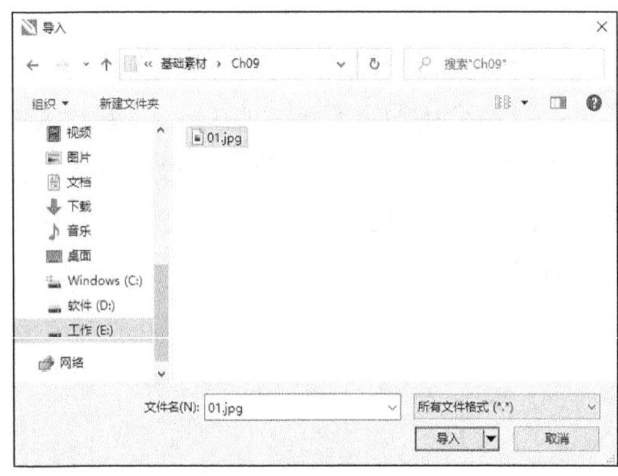

图 9-1

图 9-2

图 9-3

9.1.2 转换为位图

CorelDRAW提供了将矢量图形转换为位图的功能。下面介绍具体的操作方法。

打开一个矢量图形并保持其选取状态，选择“位图 > 转换为位图”命令，弹出“转换为位图”对话框，如图 9-4 所示。

分辨率：在弹出的下拉列表中选择要转换为位图的分辨率。

颜色模式：在弹出的下拉列表中选择要转换的色彩模式。

光滑处理：可以在转换成位图后消除位图的锯齿。

透明背景：可以在转换成位图后保留原对象的通透性。

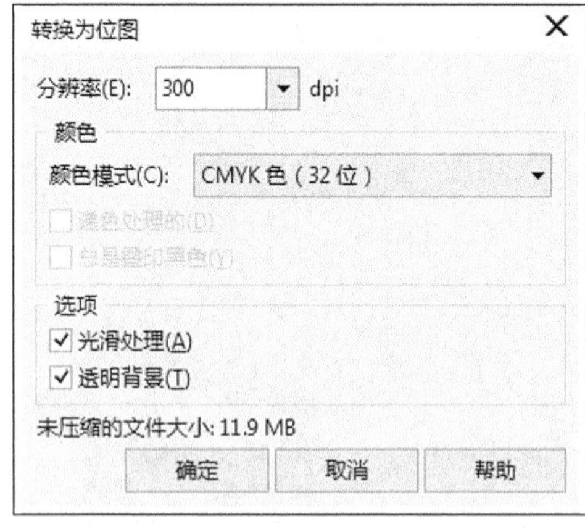

图 9-4

9.2 使用滤镜

CorelDRAW X8 为用户提供了多种滤镜，可用来对位图进行各种效果的处理。灵活使用位图的滤镜，可以为设计的作品增色不少。下面具体介绍滤镜的使用方法。

9.2.1 课堂案例——制作课程公众号封面首图

案例学习目标

学习使用“导入”命令、“编辑位图”命令和文本工具制作课程公众号封面首图。

案例知识要点

使用“导入”命令、“点彩派”命令和“天气”命令添加和编辑背景图片；使用“亮度 / 对比度 / 强度”命令调整图片色调；使用矩形工具和“置于图文框内部”命令制作 PowerClip 效果；使用文本工具添加宣传文字。最终的课程公众号封面首图效果如图 9-5 所示。

效果所在位置

资源包 > Ch09 > 效果 > 制作课程公众号封面首图 .cdr。

图 9-5

制作课程公众号封面首图

STEP 1 按 Ctrl+N 组合键，弹出“创建新文档”对话框，设置文档的宽度为 900 px，高度为 383 px，取向为横向，原色模式为 RGB，渲染分辨率为 72 dpi，单击“确定”按钮，创建一个文档。

STEP 2 按 Ctrl+I 组合键，弹出“导入”对话框，选择资源包中的“Ch09 > 素材 > 制作课程公众号封面首图 > 01”文件，单击“导入”按钮，在页面中单击鼠标以导入图片。选择“选择”工具，拖曳图片到适当的位置，效果如图 9-6 所示。

STEP 3 选择“位图 > 艺术笔触 > 点彩派”命令，在弹出的对话框中进行参数设置，如图 9-7 所示。单击“确定”按钮，效果如图 9-8 所示。

图 9-6

图 9-7

图 9-8

STEP 4 选择“位图 > 创造性 > 天气”命令，在弹出的对话框中进行参数设置，如图 9-9 所示。单击“确定”按钮，效果如图 9-10 所示。

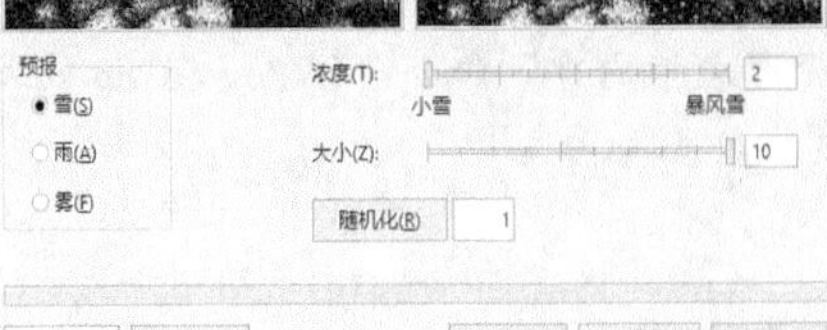

图 9-9

图 9-10

STEP 5 选择“效果 > 调整 > 亮度 / 对比度 / 强度”命令，在弹出的对话框中进行参数设置，如图 9-11 所示。单击“确定”按钮，效果如图 9-12 所示。

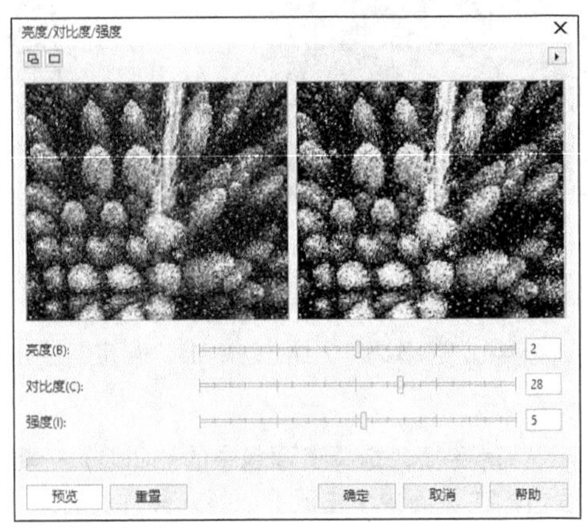

图 9-11

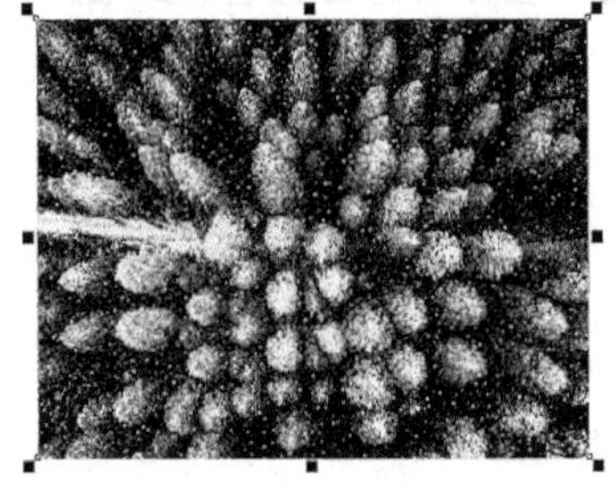

图 9-12

STEP 6 双击“矩形”工具，绘制一个与页面大小相等的矩形，如图 9-13 所示。按 Shift+PageUp 组合键，将矩形移至图层前面，效果如图 9-14 所示。（为了方便读者观看，这里以白色显示。）

图 9-13

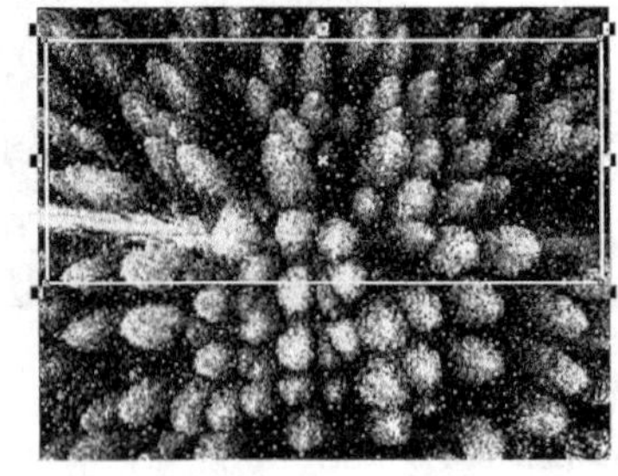

图 9-14

STEP 7 选择“选择”工具，选取下方风景图片，选择“对象 > PowerClip > 置于图文框内部”命令，鼠标的光标变为黑色箭头形状，在矩形框上单击鼠标左键，如图 9-15 所示，将风景图片置入到矩形框中，去除图形的轮廓线，效果如图 9-16 所示。

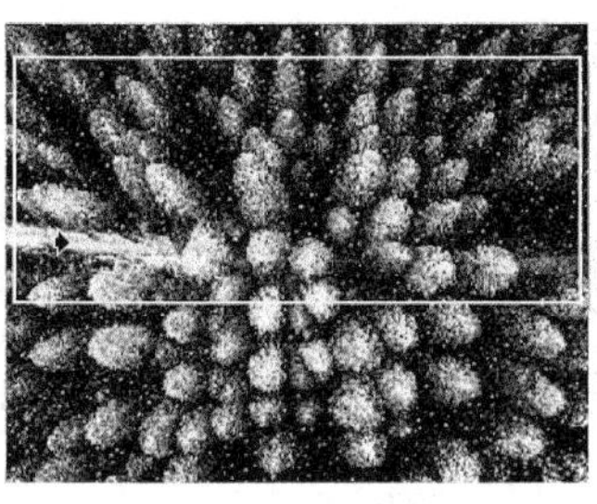

图 9-15

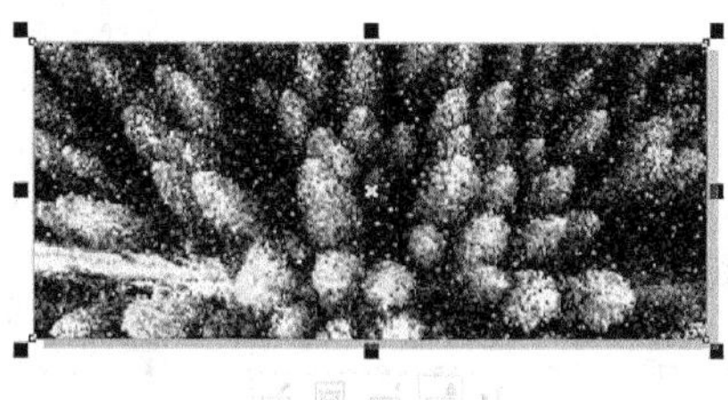

图 9-16

STEP 8 选择“文本”工具字，在页面中分别输入需要的文字。选择“选择”工具，在属性栏中分别选取适当的字体并设置文字大小，填充文字为白色，效果如图 9-17 所示。选择“文本”工具字选取英文“PS”，在属性栏中选取适当的字体，效果如图 9-18 所示。

图 9-17

图 9-18

STEP 9 选择“矩形”工具，在适当的位置绘制一个矩形，填充图形为白色，并去除图形的轮廓线，如图 9-19 所示。在属性栏中将“转角半径”设为 20 px 和 0 px，如图 9-20 所示。按 Enter 键，效果如图 9-21 所示。

图 9-19

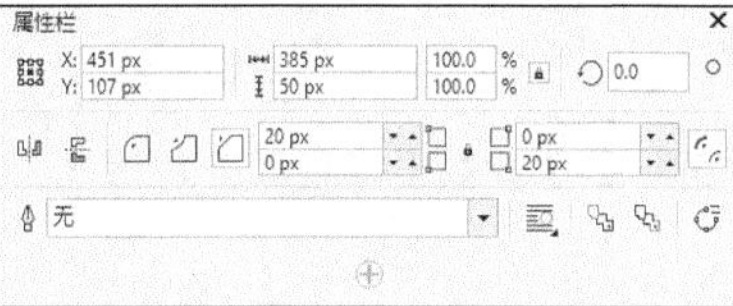

图 9-20

图 9-21

STEP 10 选择“文本”工具字，在适当的位置输入需要的文字。选择“选择”工具，在属性栏中选取适当的字体并设置文字大小，效果如图9-22所示。设置文字颜色的RGB值为0、51、51，填充文字，效果如图 9-23 所示。选择“文本 > 文本属性”命令，在弹出的“文本属性”泊坞窗中进行参数设置，如图 9-24 所示。按 Enter 键，效果如图 9-25 所示。至此，课程公众号封面首图制作完成，效果如图 9-26 所示。

图 9-22

图 9-23

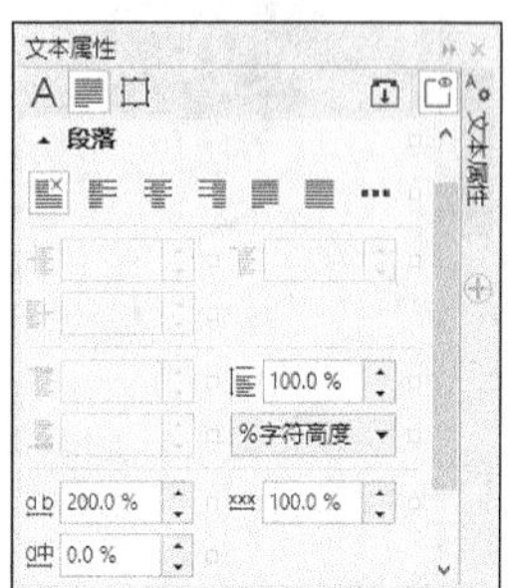

图 9-24

图 9-25

图 9-26

9.2.2 三维效果

选取导入的位图，选择“位图 > 三维效果”子菜单下的命令，如图 9-27 所示，CorelDRAW X8 提供了 7 种不同的三维效果。下面介绍常用的 4 种三维效果。

三维旋转(3)...
柱面(L)...
浮雕(E)...
卷页(A)...
透视(R)...
挤远/挤近(P)...
球面(S)...

图 9-27

1. 三维旋转

选择“位图 > 三维效果 > 三维旋转”命令，弹出“三维旋转”对话框，单击对话框中的按钮，会显示对照预览窗口如图 9-28 所示，左窗口显示的是原始的位图效果，右窗口显示的是完成各项设置后的位图效果。

“三维旋转”对话框中各选项的含义如下。

：用鼠标拖曳立方体图标，可以设定图像的旋转角度。

垂直：可以设置绕垂直轴旋转的角度。

水平：可以设置绕水平轴旋转的角度。

最适合：经过三维旋转后的位图尺寸会更加接近原来的位图尺寸。

预览：预览设置后的三维旋转效果。

重置：对所有参数进行重新设置。

2. 柱面

选择“位图 > 三维效果 > 柱面”命令，弹出“柱面”对话框，单击对话框中的按钮，会显示对照预览窗口如图 9-29 所示。

“柱面”对话框中各选项的含义如下。

柱面模式：可以选择“水平”或“垂直的”模式。

百分比：可以设置水平或垂直的模式的百分比。

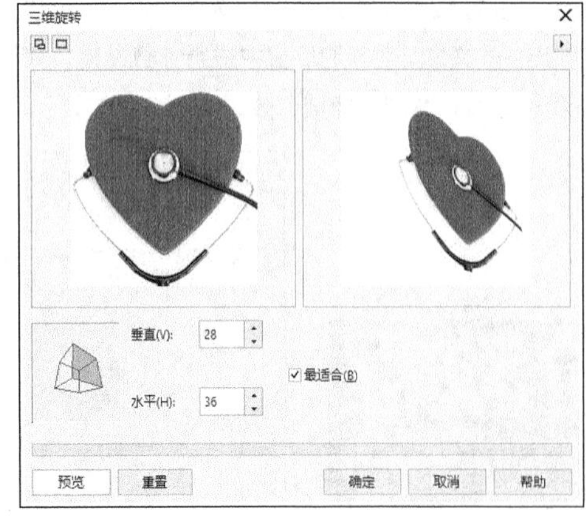

图 9-28

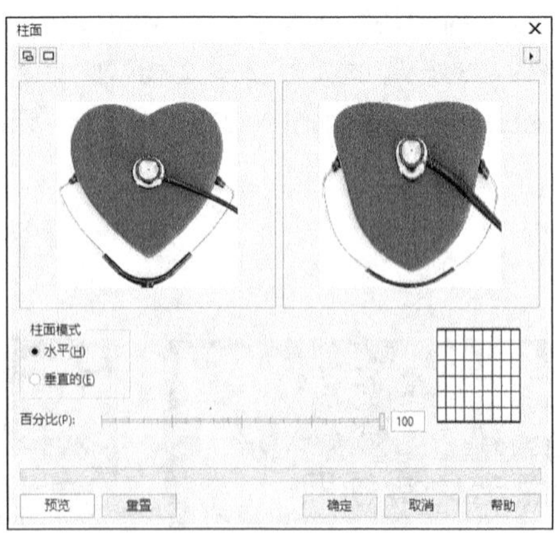

图 9-29

3. 卷页

选择“位图 > 三维效果 > 卷页”命令，弹出“卷页”对话框，单击对话框中的按钮，会显示对照预览窗口如图 9-30 所示。

“卷页”对话框中各选项的含义如下。

：可以设置位图卷起页角的位置。

定向：可以设置卷页效果的卷起边缘。

纸张：可以设置卷页部分是否透明。

卷曲：可以设置卷页的颜色。

背景：可以设置卷页后面的背景颜色。

宽度：可以设置卷页的宽度。

高度：可以设置卷页的高度。

4. 球面

选择“位图 > 三维效果 > 球面”命令，弹出“球面”对话框，单击对话框中的按钮，会显示对照预览窗口如图 9-31 所示。

“球面”对话框中各选项的含义如下。

优化：可以选择“速度”或“质量”选项。

百分比：可以控制位图球面化的程度。

：用来在预览窗口中设定变形的中心点。

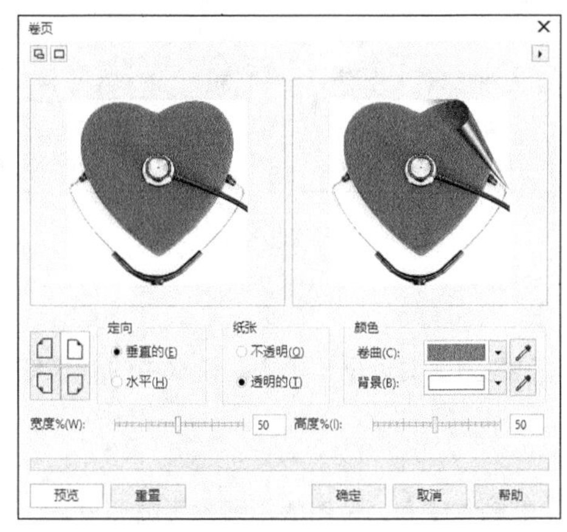

图 9-30

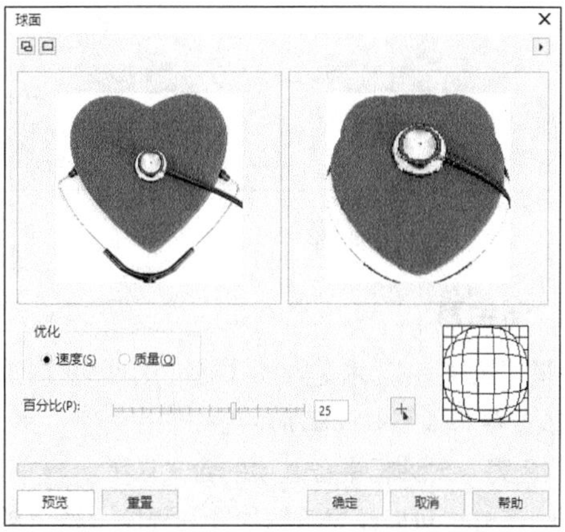

图 9-31

9.2.3 艺术笔触

选取导入的位图，选择“位图 > 艺术笔触”子菜单下的命令，如图 9-32 所示，CorelDRAW X8 提供了 14 种不同的艺术笔触效果。下面介绍常用的 4 种艺术笔触。

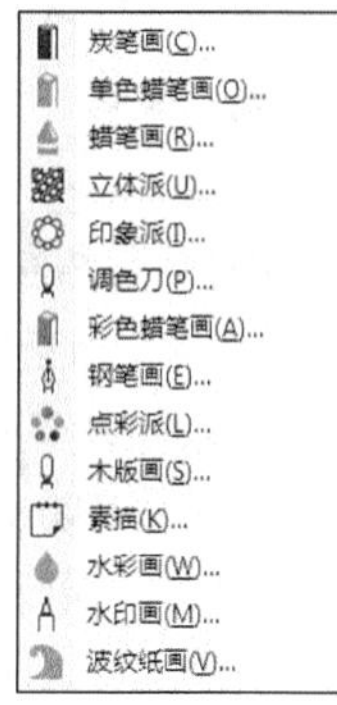

图 9-32

1. 炭笔画

选择“位图 > 艺术笔触 > 炭笔画”命令，弹出“炭笔画”对话框，单击对话框中的按钮，会显示对照预览窗口如图 9-33 所示。

“炭笔画”对话框中各选项的含义如下。

大小：可以设置位图炭笔画的像素大小。

边缘：可以设置位图炭笔画的黑白度。

2. 印象派

选择“位图 > 艺术笔触 > 印象派”命令，弹出“印象派”对话框，单击对话框中的按钮，会显示对照预览窗口如图 9-34 所示。

“印象派”对话框中各选项的含义如下。

样式：可选择“笔触”或“色块”选项，不同的样式会产生不同的印象派位图效果。

笔触：可以设置印象派效果笔触的大小及强度。

着色：可以调整印象派效果的颜色，数值越大，颜色越重。

亮度：可以对印象派效果的亮度进行调节。

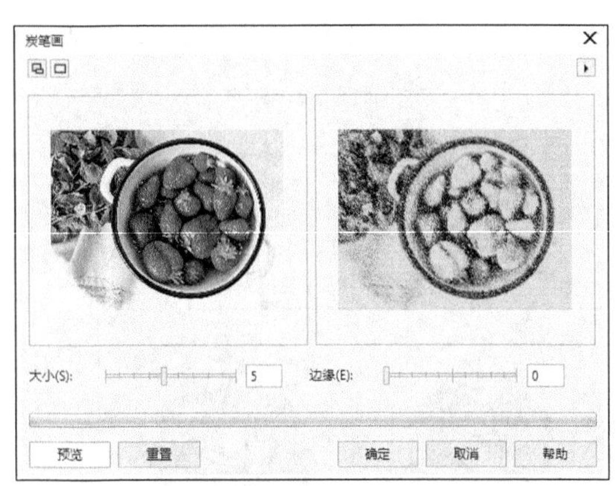

图 9-33

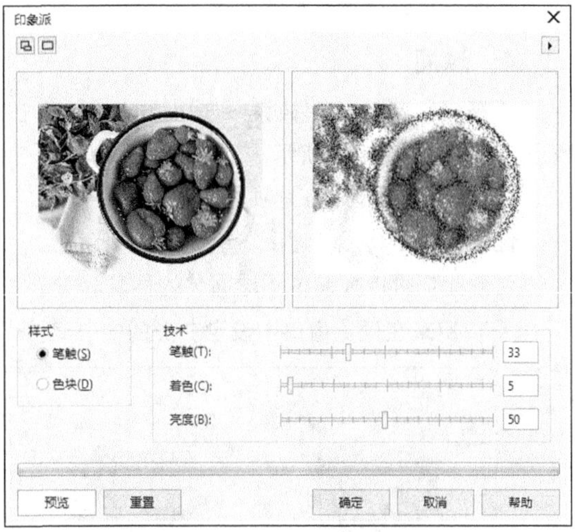

图 9-34

3. 调色刀

选择“位图 > 艺术笔触 > 调色刀”命令，弹出“调色刀”对话框，单击对话框中的按钮，会显示对照预览窗口如图 9-35 所示。

“调色刀”对话框中各选项的含义如下。

刀片尺寸：可以设置笔触的锋利程度，数值越小，笔触越锋利，位图的刻画效果越明显。

柔软边缘：可以设置笔触的坚硬程度，数值越大，位图的刻画效果越平滑。

角度：可以设置笔触的角度。

4. 素描

选择“位图 > 艺术笔触 > 素描”命令，弹出“素描”对话框，单击对话框中的按钮，会显示对照预览窗口如图 9-36 所示。

“素描”对话框中各选项的含义如下。

铅笔类型：可选择“碳色”或“颜色”类型，不同的类型可以产生不同的位图素描效果。

样式：可以设置石墨或彩色素描效果的平滑度。

笔芯：可以设置素描效果的精细和粗糙程度。

轮廓：可以设置素描效果的轮廓线宽度。

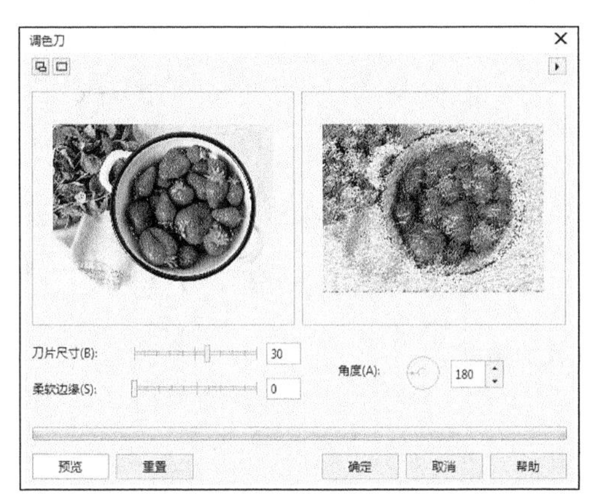

图 9-35

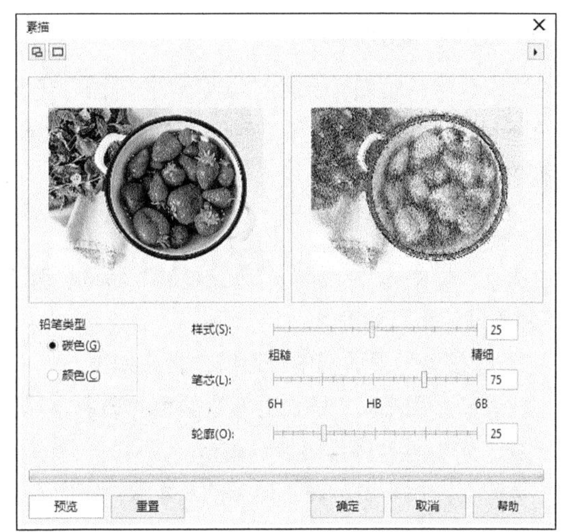

图 9-36

9.2.4 模糊

选取导入的位图，选择“位图 > 模糊”子菜单下的命令，如图 9-37 所示，CorelDRAW X8 提供了 10 种不同的模糊效果。下面介绍其中 2 种常用的模糊效果。

图 9-37

1. 高斯式模糊

选择“位图 > 模糊 > 高斯式模糊”命令，弹出“高斯式模糊”对话框，单击对话框中的按钮，会显示对照预览窗口，如图 9-38 所示。

“高斯式模糊”对话框中选项的含义如下。

半径：可以设置高斯式模糊的程度。

2. 缩放

选择“位图 > 模糊 > 缩放”命令，弹出“缩放”对话框，单击对话框中的按钮，会显示对照预览窗口如图 9-39 所示。

“缩放”对话框中各选项的含义如下。

：在左边的原始图像预览框中单击鼠标左键，可以确定缩放模糊的中心点。

数量：可以设定图像的模糊程度。

图 9-38

图 9-39

9.2.5 轮廓图

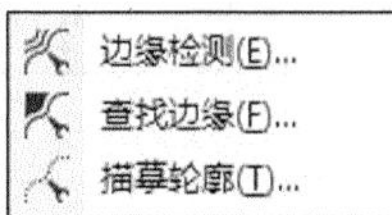

图 9-40

选取导入的位图，选择“位图 > 轮廓图”子菜单下的命令，如图 9-40 所示，CorelDRAW X8 提供了 3 种不同的轮廓图效果。下面介绍其中 2 种常用的轮廓图效果。

1. 边缘检测

选择“位图 > 轮廓图 > 边缘检测”命令，弹出“边缘检测”对话框，单击对话框中的□按钮，会显示对照预览窗口如图 9-41 所示。

“边缘检测”对话框中各选项的含义如下。

背景色：用来设定图像的背景颜色为白色、黑色或其他颜色。

🖉：可以在位图中吸取背景色。

灵敏度：用来设定探测边缘的灵敏度。

2. 查找边缘

选择“位图 > 轮廓图 > 查找边缘”命令，弹出“查找边缘”对话框，单击对话框中的□按钮，会显示对照预览窗口如图 9-42 所示。

“查找边缘”对话框中各选项的含义如下。

边缘类型：有“软”和“纯色”两种类型，选择不同的类型，会得到不同的效果。

层次：可以设定效果的纯度。

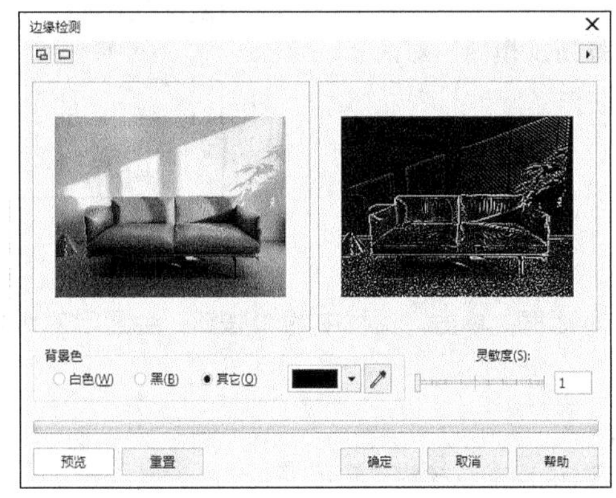

图 9-41

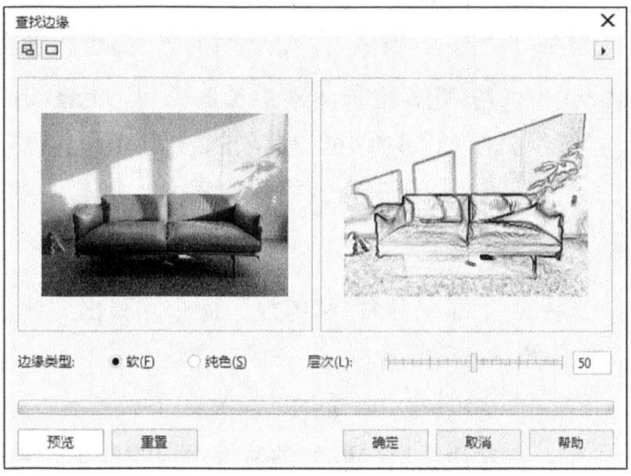

图 9-42

9.2.6 创造性

图 9-43

选取导入的位图，选择“位图 > 创造性”子菜单下的命令，如图 9-43 所示，CorelDRAW X8 提供了 14 种不同的创造性效果。下面介绍其中 4 种常用的创造性效果。

1. 框架

选择“位图 > 创造性 > 框架”命令，弹出“框架”对话框，单击“修改”选项卡，再单击对话框中的□按钮，会显示对照预览窗口如图 9-44 所示。

“框架”对话框中有以下 2 个选项卡。

“选择”选项卡：用来选择框架，并为选取的列表添加新框架。

“修改”选项卡：用来对框架进行修改，此选项卡中各选项的含义如下。

颜色、不透明：分别用来设定框架的颜色和不透明度。

模糊 / 羽化：用来设定框架边缘的模糊 / 羽化程度。

调和：用来选择框架与图像之间的混合方式。

水平、垂直：用来设定框架的大小比例。

旋转：用来设定框架的旋转角度。

翻转：用来将框架垂直或水平翻转。

对齐：用来在图像窗口中设定框架效果的中心点。

回到中心位置：用来在图像窗口中重新设定中心点。

2. 马赛克

选择“位图 > 创造性 > 马赛克”命令，弹出“马赛克”对话框，单击对话框中的按钮，会显示对照预览窗口如图 9-45 所示。

“马赛克”对话框中各选项的含义如下。

大小：设置马赛克显示的大小。

背景色：设置马赛克的背景颜色。

虚光：为马赛克图像添加模糊的羽化框架。

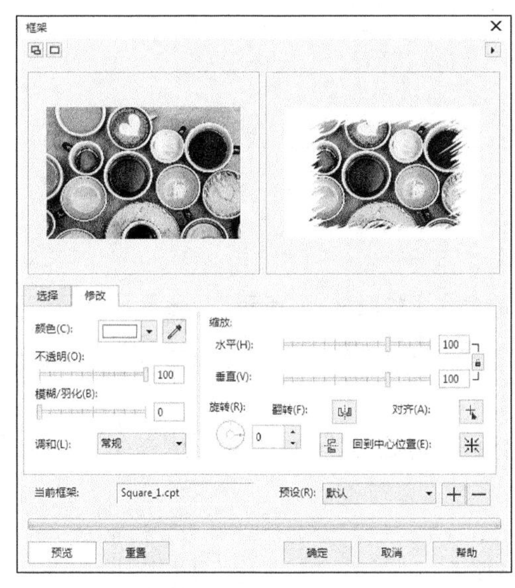

图 9-44

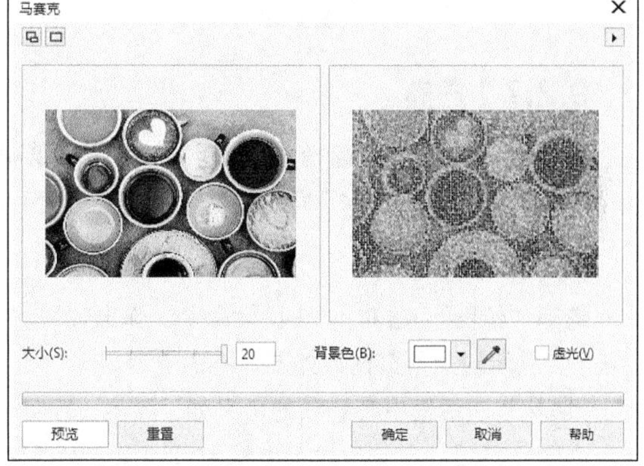

图 9-45

3. 彩色玻璃

选择“位图 > 创造性 > 彩色玻璃”命令，弹出“彩色玻璃”对话框，单击对话框中的按钮，会显示对照预览窗口如图 9-46 所示。

“彩色玻璃”对话框中各选项的含义如下。

大小：设定彩色玻璃块的大小。

光源强度：设定彩色玻璃的光源强度。强度越小，显示越暗；强度越大，显示越亮。

焊接宽度：设定玻璃块焊接处的宽度。

焊接颜色：设定玻璃块焊接处的颜色。

三维照明：显示彩色玻璃图像的三维照明效果。

4. 虚光

选择“位图 > 创造性 > 虚光”命令，弹出“虚光”对话框，单击对话框中的按钮，会显示对照预览窗口如图 9-47 所示。

“虚光”对话框中各选项的含义如下。

颜色：设定光照的颜色。

形状：设定光照的形状。

偏移：设定框架的大小。

褪色：设定图像与虚光框架的混合程度。

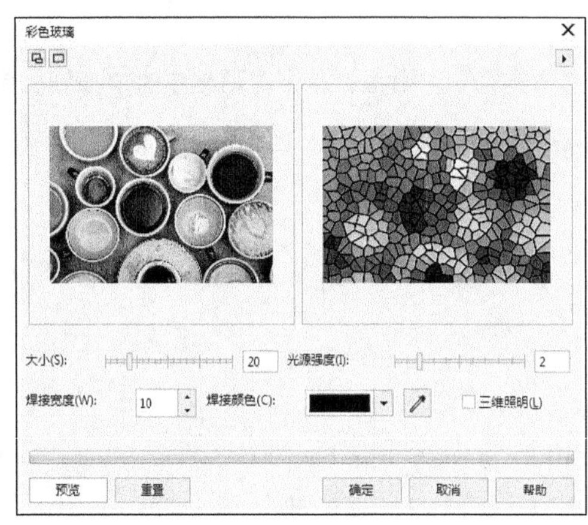

图 9-46

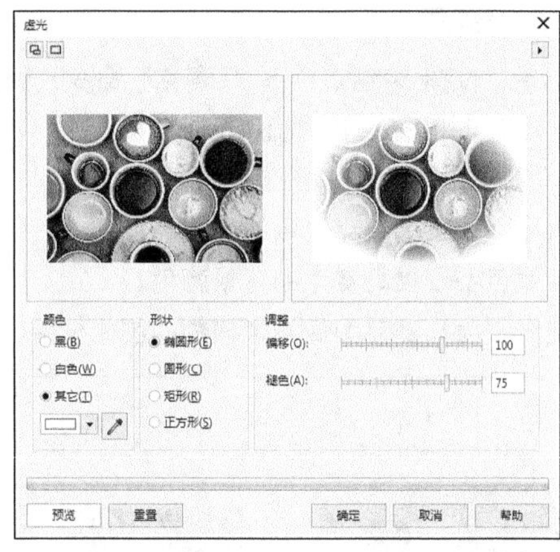

图 9-47

9.2.7 扭曲

选取导入的位图，选择“位图 > 扭曲”子菜单下的命令，如图 9-48 所示，CorelDRAW X8 提供了 11 种不同的扭曲效果。下面介绍 4 种常用的扭曲效果。

块状(B)...
置换(D)...
网孔扭曲(M)...
偏移(O)...
像素(P)...
龟纹(R)...
旋涡(I)...
平铺(T)...
湿笔画(W)...
涡流(H)...
风吹效果(N)...

图 9-48

1. 块状

选择“位图 > 扭曲 > 块状”命令，弹出“块状”对话框，单击对话框中的按钮，会显示对照预览窗口如图 9-49 所示。

“块状”对话框中各选项的含义如下。

未定义区域：在其下拉列表框中可以设定背景部分的颜色。

块宽度、块高度：设定块状图像的尺寸大小。

最大偏移：设定块状图像的打散程度。

2. 置换

选择“位图 > 扭曲 > 置换”命令，弹出“置换”对话框，单击对话框中的按钮，会显示对照预览窗口如图 9-50 所示。

“置换”对话框中各选项的含义如下。

缩放模式：可以选择“平铺”或“伸展适合”两种模式。

：可以选择置换的图形。

3. 像素

选择“位图 > 扭曲 > 像素”命令，弹出“像素”对话框，单击对话框中的按钮，会显示对照预览窗口如图 9-51 所示。

图 9-49

图 9-50

“像素”对话框中各选项的含义如下。

像素化模式：当选择“射线”模式时，可以在预览窗口中设定像素化的中心点。

宽度、高度：设定像素色块的大小。

不透明：设定像素色块的不透明度，数值越小，色块就越透明。

4. 龟纹

选择“位图 > 扭曲 > 龟纹”命令，弹出“龟纹”对话框，单击对话框中的按钮，会显示对照预览窗口如图 9-52 所示。

“龟纹”对话框中选项的含义如下。

周期、振幅：默认的波纹是与图像的顶端和底端平行的。拖曳滑块，可以设定波纹的周期和振幅，在右边可以看到波纹的形状。

图 9-51

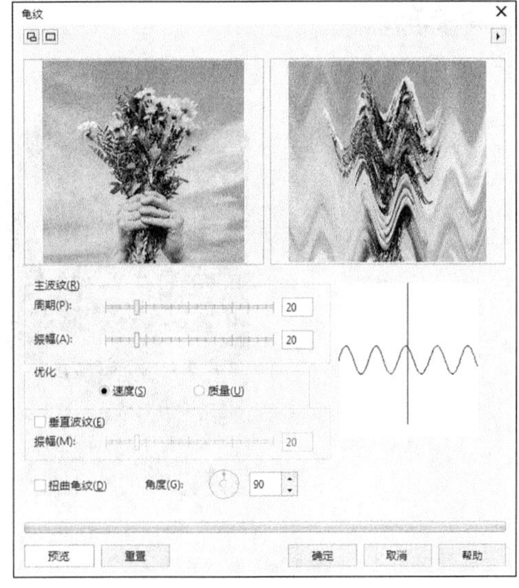

图 9-52

9.3 课堂练习——制作艺术画

练习知识要点

使用“导入”命令、“高斯式模糊”命令、“调色刀”命令、“风吹效果”命令和“天气”命令添加和编辑背景图片；使用矩形工具和“PowerClip”命令制作背景效果；使用文本工具添加宣传文字。最终效果如图 9-53 所示。

效果所在位置

资源包 > Ch09 > 效果 > 制作艺术画 .cdr。

图 9-53

制作艺术画

9.4 课后习题——制作商场广告

习题知识要点

使用“导入”命令、“旋涡”命令、“天气”命令和“高斯模糊”命令添加和编辑背景图片；使用矩形工具和“PowerClip”命令制作背景效果；使用文本工具和“文本属性”泊坞窗制作广告文字。最终效果如图 9-54 所示。

效果所在位置

资源包 > Ch09 > 效果 > 制作商场广告 .cdr。

图 9-54

制作商场广告

Chapter

10

第10章 应用特殊效果

CorelDRAW X8提供了多种特殊效果工具和命令，应用这些工具和命令，可以制作出丰富的图形特效。通过本章的学习，读者可以了解并掌握如何应用强大的特殊效果功能制作出丰富多彩的图形特效。

课堂学习目标

- 熟练掌握创建PowerClip效果的方法
- 熟练掌握色调的调整技巧
- 熟练掌握特殊效果的应用方法

10.1 PowerClip 效果和色调的调整

在 CorelDRAW X8 中，使用 PowerClip 效果，可以将一个对象内置于另外一个容器对象中。内置的对象可以是任意的，但容器对象必须是创建的封闭路径。下面就具体讲解 PowerClip 效果和色调的调整方法。

10.1.1 课堂案例——制作照片模板

案例学习目标

学习使用“导入”命令、“PowerClip”命令和“调整”命令制作照片模板。

案例知识要点

使用“亮度 / 对比度 / 强度”命令、“色度 / 饱和度 / 亮度”命令、“颜色平衡”命令调整图片色调；使用“导入”命令、矩形工具、“置于图文框内部”命令制作 PowerClip 效果。最终照片模板效果如图 10-1 所示。

效果所在位置

资源包 > Ch10 > 效果 > 制作照片模板 .cdr。

图 10-1

制作照片模板

STEP 1 按 Ctrl+N 组合键，弹出“创建新文档”对话框，设置文档的宽度为 420 mm，高度为 285 mm，取向为横向，原色模式为 CMYK，渲染分辨率为 300 dpi，单击“确定”按钮，创建一个文档。

STEP 2 选择“视图 > 标尺”命令，并在视图中显示标尺。选择“选择”工具，在左侧标尺中拖曳一条垂直辅助线，在属性栏中将“X 位置”设为 210 mm，按 Enter 键，如图 10-2 所示。

STEP 3 选择“矩形”工具，在页面中绘制一个矩形，设置图形颜色的 CMYK 值为 20、0、0、20，填充图形并去除图形的轮廓线，效果如图 10-3 所示。

图 10-2

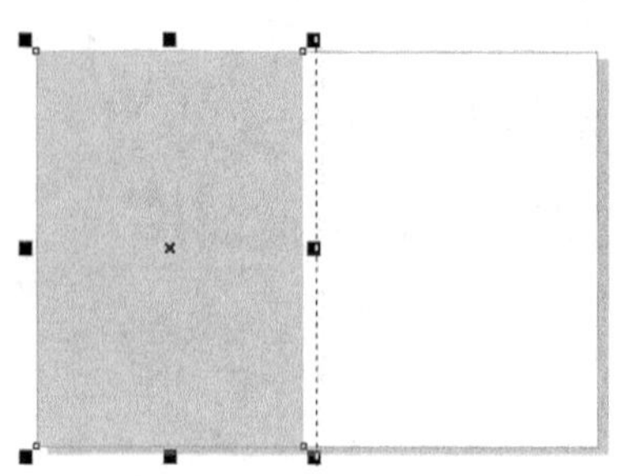

图 10-3

STEP 4 按 Ctrl+I 组合键，弹出“导入”对话框，选择资源包中的“Ch10 > 素材 > 制作照片模板 > 01”文件，单击“导入”按钮，在页面中单击鼠标以导入图片。选择“选择”工具，拖曳图片到适当的位置，并调整其大小，效果如图 10-4 所示。

STEP 5 选择“效果 > 调整 > 亮度 / 对比度 / 强度”命令，在弹出的对话框中进行参数设置，如图 10-5 所示。单击“确定”按钮，效果如图 10-6 所示。

图 10-4

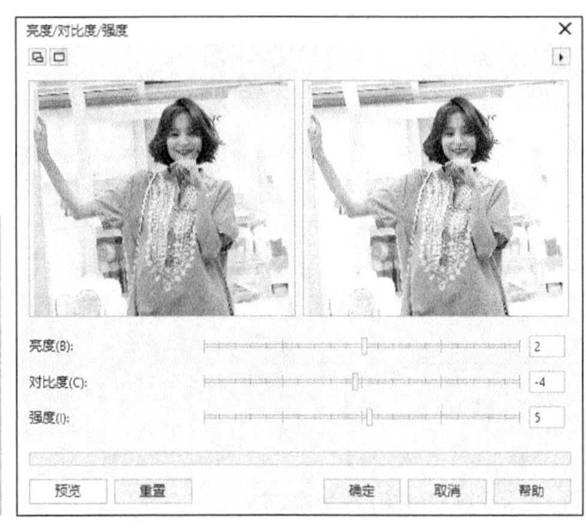

图 10-5

图 10-6

STEP 6 选择“效果 > 调整 > 色度 / 饱和度 / 亮度”命令，在弹出的对话框中进行参数设置，如图 10-7 所示。单击“确定”按钮，效果如图 10-8 所示。

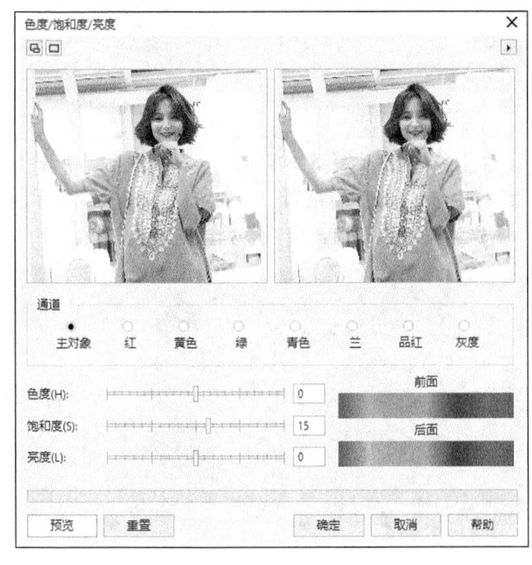

图 10-7

图 10-8

STEP 7 选择“效果 > 调整 > 颜色平衡”命令，在弹出的对话框中进行参数设置，如图 10-9 所示。单击“确定”按钮，效果如图 10-10 所示。

STEP 8 选择“矩形”工具，在适当的位置绘制一个矩形，如图 10-11 所示。选择“选择”工具，选取下方的人物图片，选择“对象 > PowerClip > 置于图文框内部”命令，鼠标的光标变为黑色箭头形状，在矩形框上单击鼠标左键，如图 10-12 所示，将人物图片置入到矩形框中，去除图形的轮廓线，效果如图 10-13 所示。

图 10-9

图 10-10

图 10-11

图 10-12

图 10-13

STEP 9 选择“选择”工具，选取左侧的矩形，如图 10-14 所示。按数字键盘上的 + 键复制矩形。按住 Shift 键的同时水平向右拖曳复制的矩形到适当的位置，效果如图 10-15 所示。向右拖曳复制矩形左边中间的控制手柄到适当的位置，调整其大小，效果如图 10-16 所示。

图 10-14

图 10-15

图 10-16

STEP 10 用相同的方法导入“02”人物图片，并调整相应的颜色，效果如图 10-17 所示。选择“文本”工具字，在页面中分别输入需要的文字。选择“选择”工具，在属性栏中选取适当的字体并设置文字大小，效果如图 10-18 所示。

STEP 11 用圈选的方法将输入的文字同时选取，按 Ctrl+G 组合键群组选中的文字，设置文字颜色的 CMYK 值为 60、40、0、0，填充文字，效果如图 10-19 所示。按 Shift+PageDown 组合键，将文字移至图层后面，效果如图 10-20 所示。

图 10-17

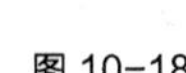

图 10-18

图 10-19

图 10-20

STEP 12 按数字键盘上的 + 键复制文字。在“CMYK 调色板”中的“无填充”按钮⊠上单击鼠标左键，取消文字填充颜色，并设置轮廓线颜色为黑色，效果如图 10-21 所示。按←和↑方向键，微调文字到适当的位置，效果如图 10-22 所示。至此，照片模板制作完成，效果如图 10-23 所示。

图 10-21

图 10-22

图 10-23

10.1.2 PowerClip 效果

打开一张图片，再绘制一个图形作为容器对象，使用“选择”工具选中要用来内置的图片，如图 10-24 所示。选择“对象 > PowerClip > 置于图文框内部”命令，鼠标的光标变为黑色箭头，将箭头放在容器对象内，如图 10-25 所示。单击鼠标左键，完成图框的精确剪裁，效果如图 10-26 所示。内置图形的中心和容器对象的中心是重合的。

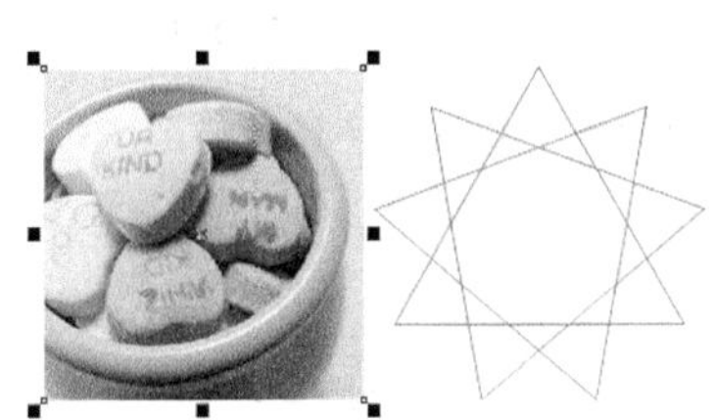

图 10-24

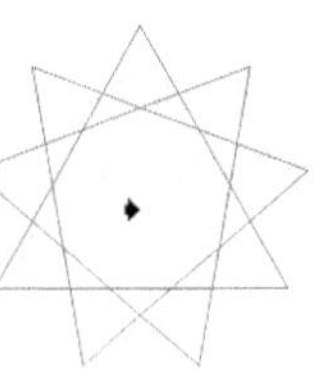

图 10-25

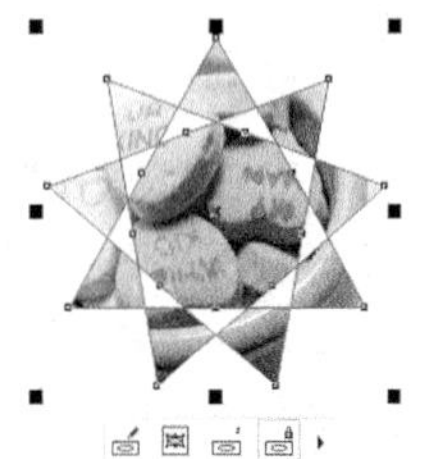

图 10-26

选择“对象 > PowerClip > 提取内容”命令，可以将容器对象内的内置位图提取出来。

选择“对象 > PowerClip > 编辑 PowerClip”命令，可以修改内置对象。

选择“对象 > PowerClip > 结束编辑”命令，完成内置位图的重新选择。

选择“对象 > PowerClip > 复制 PowerClip 自”命令，鼠标的光标变为黑色箭头，将箭头放在图框精确剪裁对象上并单击鼠标，可复制内置对象。

10.1.3 调整亮度、对比度和强度

打开一个图形，如图 10-27 所示。选择“效果 > 调整 > 亮度 / 对比度 / 强度”命令，或按 Ctrl+B 组合键，都会弹出“亮度 / 对比度 / 强度”对话框，用光标拖曳滑块可以设置各选项的数值，如图 10-28 所示。调整好后，单击“确定”按钮，图形色调的调整效果如图 10-29 所示。

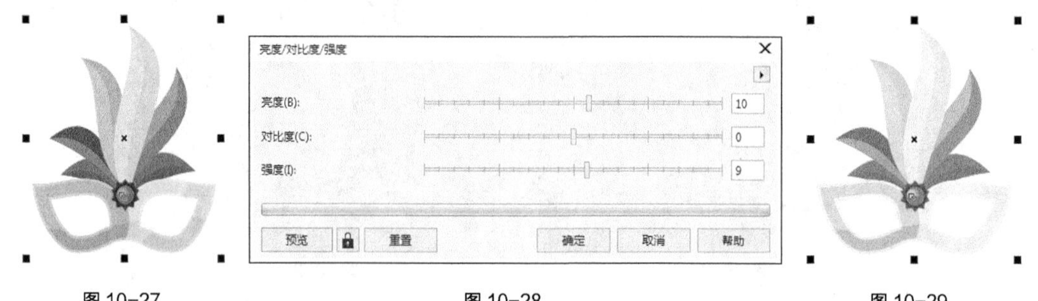

图 10-27　　图 10-28　　图 10-29

“亮度”选项：可以调整图形颜色的深浅变化，也就是增加或减少所有像素值的色调范围。

“对比度”选项：可以调整图形颜色的对比，也就是调整最浅和最深像素值之间的差。

“强度”选项：可以调整图形浅色区域的亮度，同时不降低深色区域的亮度。

“预览”按钮 预览 ：可以预览色调的调整效果。

“重置”按钮 重置 ：可以重新调整色调。

10.1.4 调整颜色平衡

打开一个图形，如图 10-30 所示。选择“效果 > 调整 > 颜色平衡”命令，或按 Ctrl+Shift+B 组合键，都会弹出“颜色平衡”对话框，用光标拖曳滑块可以设置各选项的数值，如图 10-31 所示。调整好后，单击“确定”按钮，图形色调的调整效果如图 10-32 所示。

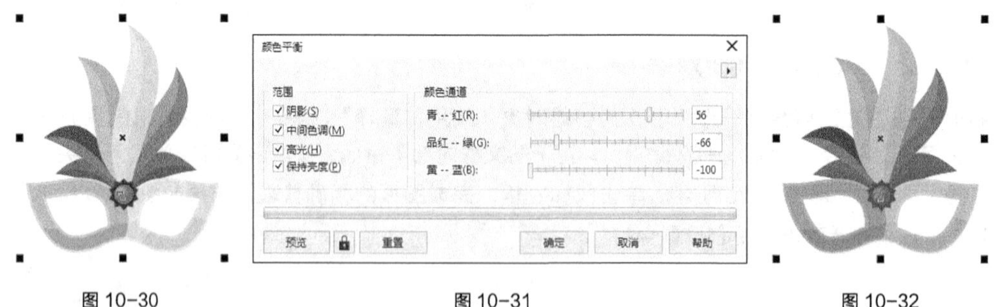

图 10-30　　图 10-31　　图 10-32

在对话框的“范围”设置区中有 4 个复选框，可以共同或分别设置对象的颜色调整范围。

“阴影”复选框：可以对图形阴影区域的颜色进行调整。

“中间色调”复选框：可以对图形中间色调的颜色进行调整。

“高光”复选框：可以对图形高光区域的颜色进行调整。

“保持亮度”复选框：可以在对图形进行颜色调整的同时保持图形的亮度。

“青 -- 红”选项：可以在图形中添加青色和红色。向右移动滑块将添加红色，向左移动滑块将添加青色。

“品红 -- 绿”选项：可以在图形中添加品红色和绿色。向右移动滑块将添加绿色，向左移动滑块将添加品红色。

“黄 -- 蓝”选项：可以在图形中添加黄色和蓝色。向右移动滑块将添加蓝色，向左移动滑块将添加黄色。

10.1.5 调整色度、饱和度和亮度

打开一个图形，如图 10-33 所示。选择“效果 > 调整 > 色度 / 饱和度 / 亮度”命令，或按 Ctrl+Shift+U 组合键，都会弹出“色度 / 饱和度 / 亮度”对话框，用光标拖曳滑块可以设置其数值，如图 10-34 所示。调整好后，单击“确定”按钮，图形色调的调整效果如图 10-35 所示。

图 10-33

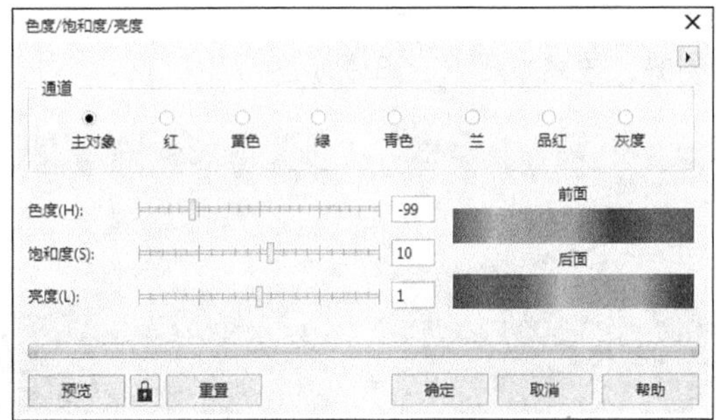

图 10-34

图 10-35

“通道”选项区：可以选择要调整的主要颜色。

“色度”选项：可以改变图形的颜色。

“饱和度”选项：可以改变图形颜色的深浅程度。

“亮度”选项：可以改变图形的明暗程度。

10.2 特殊效果

在 CorelDRAW X8 中应用特殊效果和命令可以制作出丰富的图形特效。下面具体介绍几种常用的特殊效果和命令。

10.2.1 课堂案例——制作旅游公众号封面首图

案例学习目标

学习使用透明度工具、阴影工具、封套工具和轮廓图工具制作旅游公众号封面首图。

案例知识要点

使用“导入”命令、矩形工具和透明度工具制作底图；使用文本工具、封套工具制作文字变形效果；使用阴影工具为文字添加阴影效果；使用矩形工具和轮廓图工具制作轮廓化效果。最终旅游公众号封面首图如图 10-36 所示。

效果所在位置

资源包 > Ch10 > 效果 > 制作旅游公众号封面首图 .cdr。

图 10-36

制作旅游公众号封面首图

STEP 1 按 Ctrl+N 组合键，弹出“创建新文档”对话框，设置文档的宽度为 900 px，高度为 383 px，取向为横向，原色模式为 RGB，渲染分辨率为 72 dpi，单击“确定”按钮，创建一个文档。

STEP 2 按 Ctrl+I 组合键，弹出“导入”对话框，选择资源包中的“Ch10 > 素材 > 制作旅游公众号封面首图 > 01”文件，单击“导入”按钮，在页面中单击鼠标以导入图片，如图 10-37 所示。按 P 键，图片在页面中居中对齐，效果如图 10-38 所示。

图 10-37

图 10-38

STEP 3 双击“矩形”工具□，绘制一个与页面大小相等的矩形，按 Shift+PageUp 组合键将矩形移至图层前面，如图 10-39 所示。设置图形颜色的 RGB 值为 102、153、255，填充图形并去除图形的轮廓线，效果如图 10-40 所示。

图 10-39

图 10-40

STEP 4 选择“透明度”工具，在属性栏中单击“均匀透明度”按钮，其他选项的参数设置如图 10-41 所示。按 Enter 键，透明效果如图 10-42 所示。

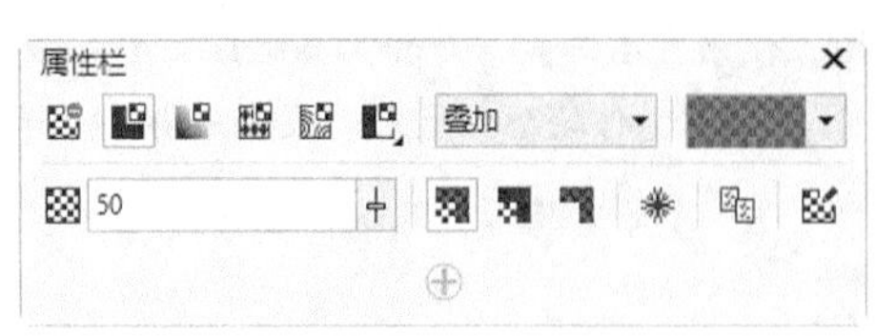

图 10-41

图 10-42

STEP 5 选择“文本”工具，在页面中输入需要的文字。选择“选择”工具，在属性栏中选取适当的字体并设置文字大小，然后填充文字为白色，效果如图 10-43 所示。

STEP 6 选择“封套”工具，文字外围出现封套的控制点和控制线，如图 10-44 所示，在属性栏中单击“直线模式”按钮，其他选项的设置如图 10-45 所示。向下拖曳文字“世”下方的控制点到适当的位置，变形效果如图 10-46 所示。

图 10-43

图 10-44

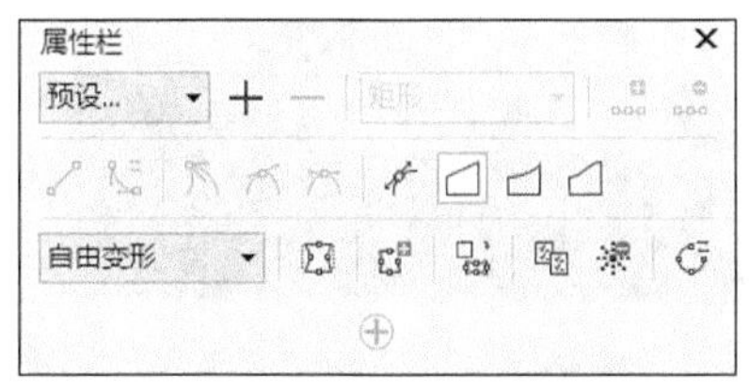

图 10-45

图 10-46

STEP 7 选择“阴影”工具，在文字对象中从上向下拖曳光标，为文字添加阴影效果，在属性栏中的参数设置如图 10-47 所示。按 Enter 键，效果如图 10-48 所示。

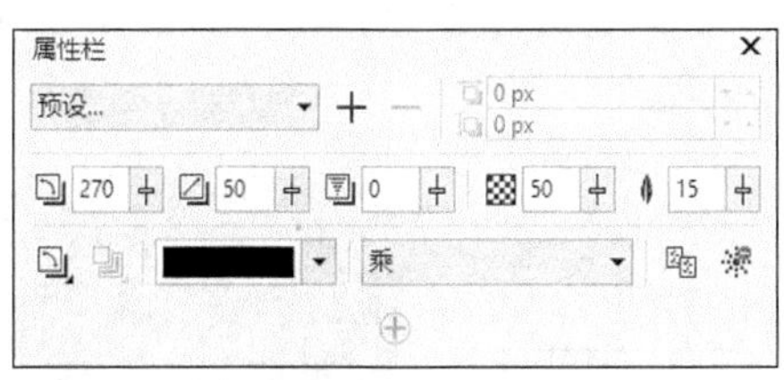

图 10-47

图 10-48

STEP 8 用相同的方法输入其他文字，并添加封套和阴影效果，如图 10-49 所示。选择“矩形”工具，在适当的位置绘制一个矩形。在“RGB 调色板”中的“40% 黑”色块上单击鼠标右键填充图形轮廓线，效果如图 10-50 所示。

图 10-49

图 10-50

STEP 9 选择“轮廓图”工具，在属性栏中单击“外部轮廓”按钮，在“轮廓色”选项中设置轮廓线颜色为“黑色”，其他选项的设置如图 10-51 所示。按 Enter 键，效果如图 10-52 所示。

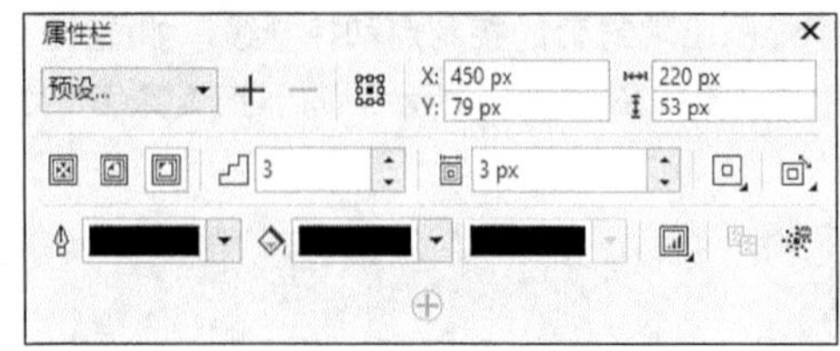

图 10-51

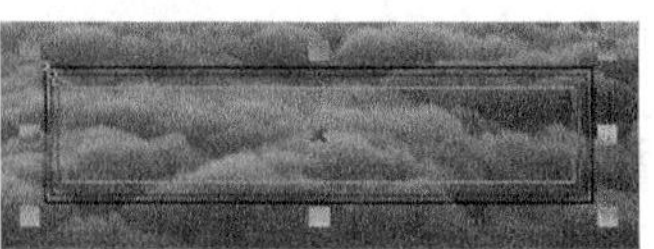

图 10-52

STEP 10 选择“文本”工具，在适当的位置输入需要的文字。选择“选择”工具，在属性栏中选取适当的字体并设置文字大小。在“RGB 调色板”中的“黄”色块上单击鼠标左键填充文字，效果如图 10-53 所示。至此，旅游公众号封面首图制作完成，效果如图 10-54 所示。

图 10-53

图 10-54

10.2.2 透明度效果

使用“透明度”工具可以制作出如均匀、渐变、图案和底纹等多种漂亮的透明效果。

打开一幅图形，使用“选择”工具选取要添加透明效果的花瓣图形，如图 10-55 所示。选择“透明度”工具，然后在属性栏中选择一种透明类型，这里单击“均匀透明度”按钮，如图 10-56 所示。设置完后，图形的透明效果如图 10-57 所示。

图 10-55

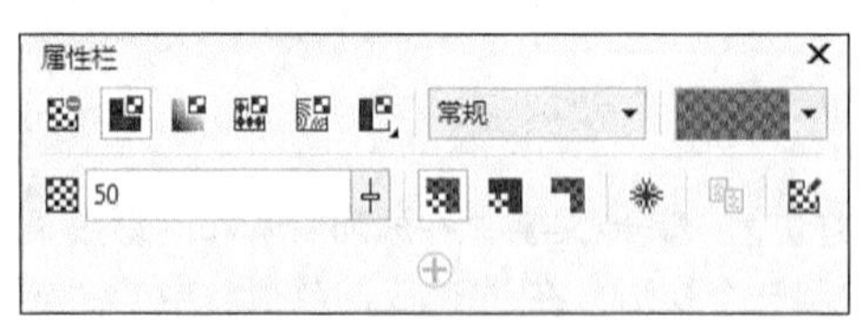

图 10-56

图 10-57

“透明”工具的属性栏中各选项的含义如下。

选项 常规：选择透明类型和透明样式。

“透明度”选项 50：拖曳滑块或直接输入数值，可以改变对象的透明度。

“透明度目标”选项：设置应用透明度到“填充”“轮廓”或“全部”效果。

“冻结透明度”按钮：冻结当前视图的透明度。

“编辑透明度”按钮：打开“渐变透明度”对话框，可以对渐变透明度进行具体的设置。

“复制透明度”选项：可以复制对象的透明效果。

“无透明度”选项：可以清除对象中的透明效果。

10.2.3 阴影效果

阴影效果是用户经常使用的一种特效，使用“阴影”工具，不仅可以快速给图形制作阴影效果，还可以设置阴影的透明度、角度、位置、颜色和羽化程度。下面介绍如何制作阴影效果。

打开一个图形，使用“选择”工具选取要添加阴影效果的图形，如图 10-58 所示。选择“阴影”工具，将鼠标指针放在图形上，按住鼠标左键并向阴影投射的方向拖曳鼠标，如图 10-59 所示，拖到需要的位置后松开鼠标，阴影效果如图 10-60 所示。

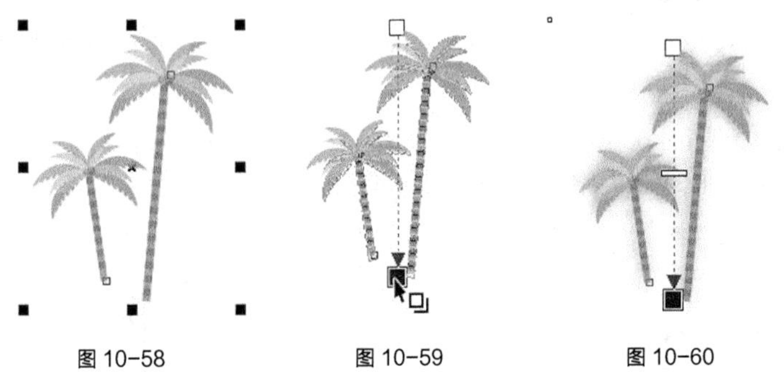

图 10-58　　图 10-59　　图 10-60

拖曳阴影控制线上的图标，可以调节阴影的透光程度。拖曳时越靠近□图标，透光度越小，阴影越淡，效果如图 10-61 所示。拖曳时越靠近■图标，透光度越大，阴影越浓，效果如图 10-62 所示。

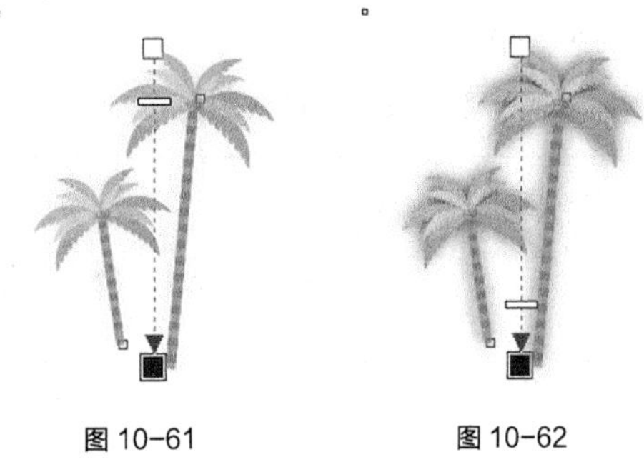

图 10-61　　图 10-62

“阴影”工具属性栏如图 10-63 所示，其中各选项的含义如下。

“预设列表”选项：可以选择需要的预设阴影效果。单击选项右侧的+或−按钮，可以添加或删除预设框中的阴影效果。

“阴影偏移”选项、“阴影角度”选项：分别可以设置阴影的偏移位置和偏移角度。

“阴影延展”选项、“阴影淡出”选项：分别可以调整阴影的长度和边缘的淡化程度。

“阴影的不透明”选项：可以设置阴影的不透明度。

“阴影羽化”选项：可以设置阴影的羽化程度。

“羽化方向”按钮：可以设置阴影的羽化方向。单击此按钮可弹出“羽化方向”设置区，如图 10-64 所示。

“羽化边缘”按钮：可以设置阴影的羽化边缘模式。单击此按钮可弹出“羽化边缘”设置区，如图 10-65 所示。

“阴影颜色”按钮：可以改变阴影的颜色。

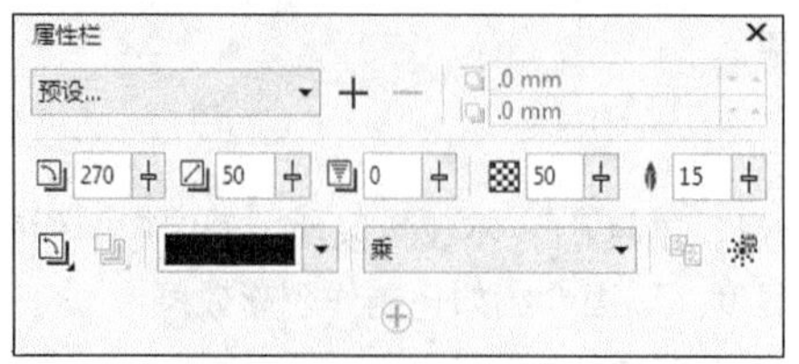

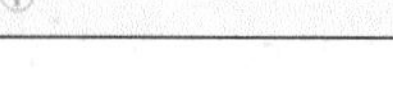

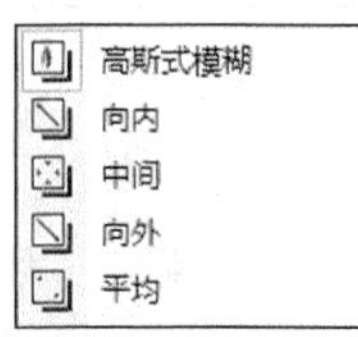

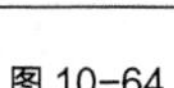

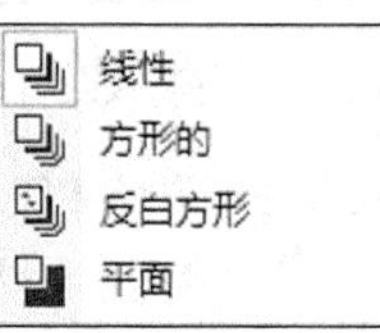

图 10-63　　图 10-64　　图 10-65

10.2.4 轮廓图效果

轮廓图效果是由图形中心向内部或者外部放射的层次效果，它由多个同心线圈组成。下面介绍如何制作轮廓图效果。

绘制一个图形，如图 10-66 所示。选择“轮廓图”工具，在图形轮廓上方的节点上单击鼠标左键，并向内拖曳指针至需要的位置，松开鼠标左键，效果如图 10-67 所示。

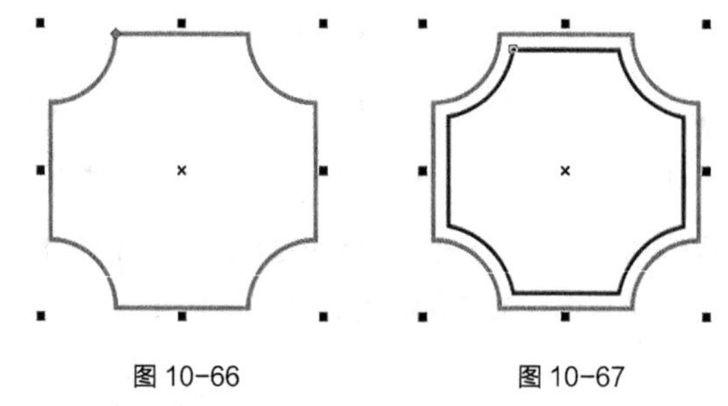

图 10-66　　图 10-67

“轮廓图”工具属性栏如图 10-68 所示，其中各选项的含义如下。

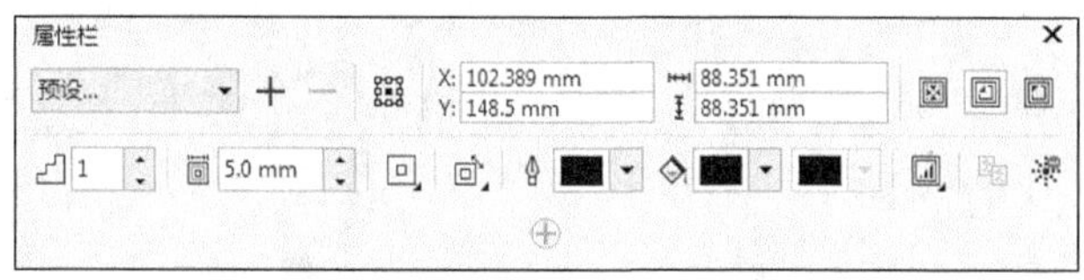

图 10-68

“预设列表”选项 预设... ：可以选择系统预设的样式。

“内部轮廓”按钮、“外部轮廓”按钮：使对象产生向内或向外的轮廓图，效果如图 10-69 所示。

“到中心”按钮：根据设置的偏移值一直向内创建轮廓图，效果如图 10-69 所示。

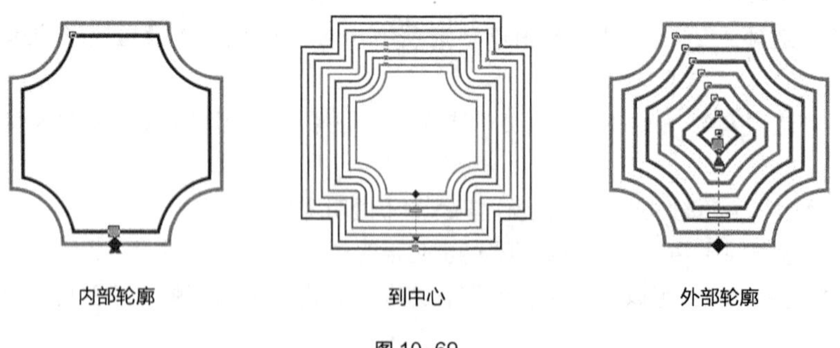

图 10-69

“轮廓图步长”选项 1 和“轮廓图偏移”选项 5.0 mm ：设置轮廓图的步数和偏移值，如图 10-70 和图 10-71 所示。

“轮廓色”选项 ：设定最内一圈轮廓线的颜色。

“填充色”选项 ：设定轮廓图的颜色。

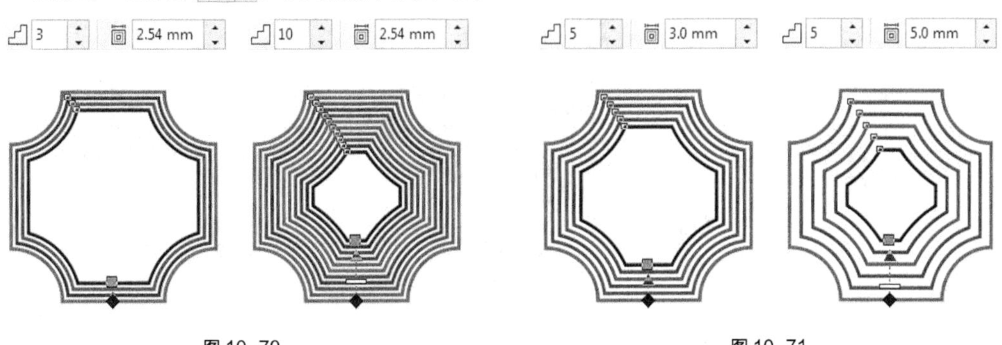

图 10-70　　图 10-71

10.2.5 调和效果

“调和”工具 是 CorelDRAW X8 中应用最广泛的工具之一。使用此工具制作出的调和效果可以在绘图对象间产生形状、颜色的平滑变化。下面具体讲解调和效果的使用方法。

打开两个要制作调和效果的图形，如图 10-72 所示。选择“调和”工具，将鼠标的光标放在左边的图形上，待鼠标的光标变为 后，按住鼠标左键并拖曳鼠标光标到右边的图形上，如图 10-73 所示。松开鼠标左键，两个图形的调和效果如图 10-74 所示。

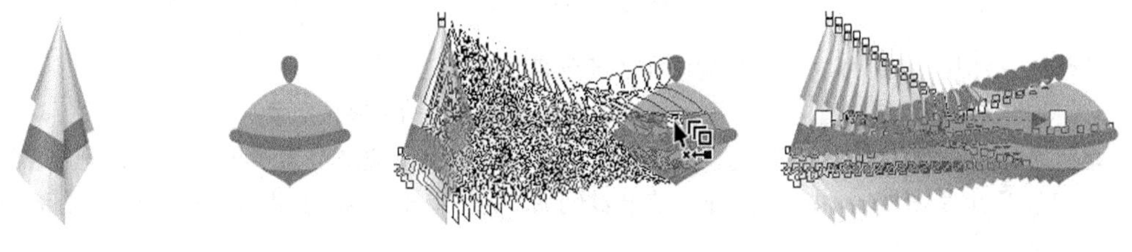

图 10-72　　图 10-73　　图 10-74

“调和”工具属性栏如图 10-75 所示，其中各选项的含义如下。

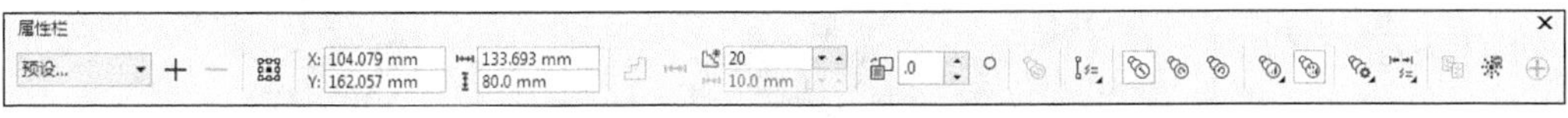

图 10-75

“调和步长”选项 20：可以设置调和的步数，效果如图 10-76 所示。

“调和方向”选项 .0 °：可以设置调和的旋转角度，效果如图 10-77 所示。

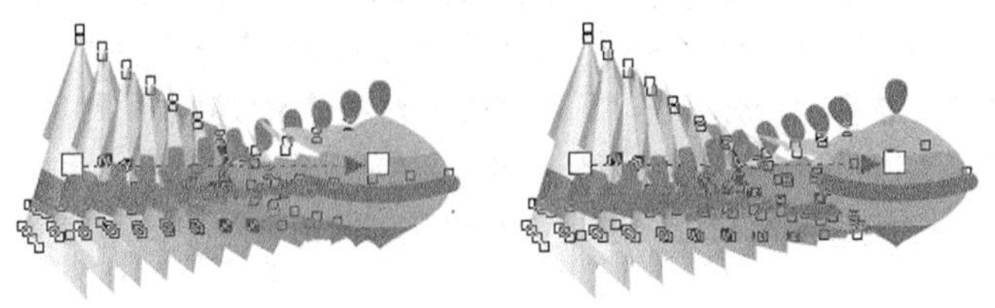

图 10-76　　图 10-77

“环绕调和”按钮 ：调和的图形除了自身旋转外，同时还会以起点图形和终点图形的中间位置为旋转中心做旋转分布，如图 10-78 所示。

“直接调和”按钮、“顺时针调和”按钮、“逆时针调和”按钮：可以设定调和对象之间颜色过渡的方向，效果如图 10-79 所示。

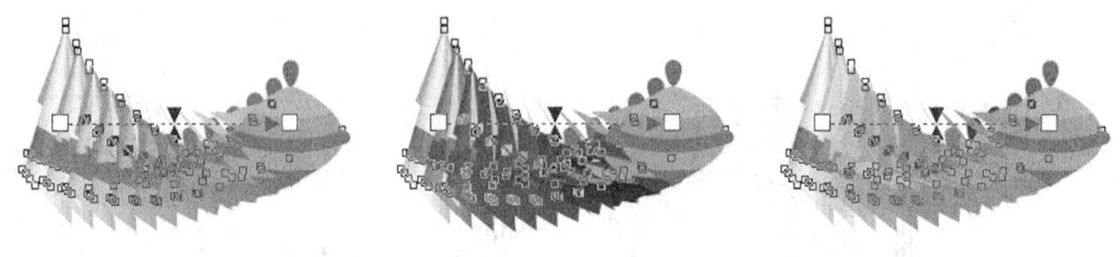

（a）顺时针调和　　（b）逆时针调和

图 10-78　　图 10-79

“对象和颜色加速”按钮：调整对象和颜色的加速属性。单击此按钮，会弹出图 10-80 所示的对话框，拖曳滑块到需要的位置，对象加速调和效果如图 10-81 所示，颜色加速调和效果如图 10-82 所示。

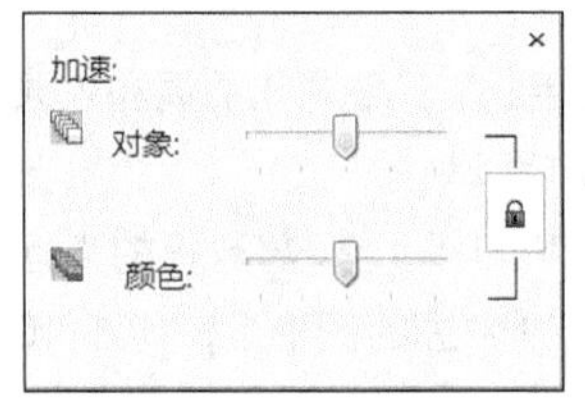

图 10-80

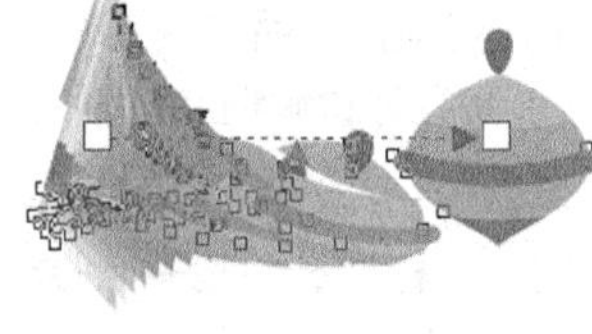

图 10-81

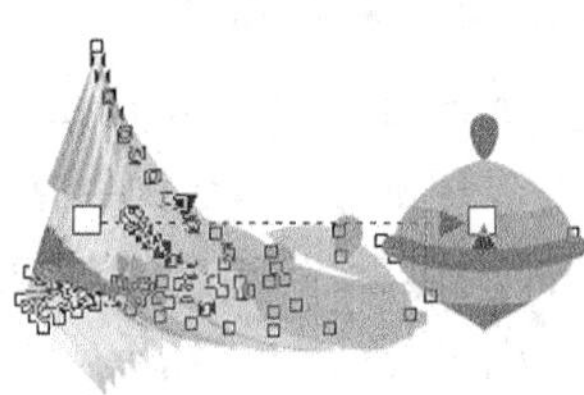

图 10-82

“调整加速大小”按钮：可以控制调和的加速属性。

“起始和结束属性”按钮：可以显示或重新设定调和的起始及终止对象。

“路径属性”按钮：使调和对象沿绘制好的路径分布。单击此按钮会弹出图 10-83 所示的菜单，选择“新路径”选项，鼠标的指针变为，在新绘制的路径上单击鼠标，如图 10-84 所示。沿路径进行调和的效果如图 10-85 所示。

图 10-83　　图 10-84　　图 10-85

“更多调和选项”按钮：可以进行更多的调和设置。单击此按钮会弹出图 10-86 所示的菜单。选择“映射节点”选项，可指定起始对象的某一节点与终止对象的某一节点对应，以产生特殊的调和效果。选择“拆分”选项，可将过渡对象分割成独立的对象，并可与其他对象进行再次调和。选择“沿全路径调和”选项，可以使调和对象自动充满整个路径。选择“旋转全部对象”选项，可以使调和对象的方向与路径一致。

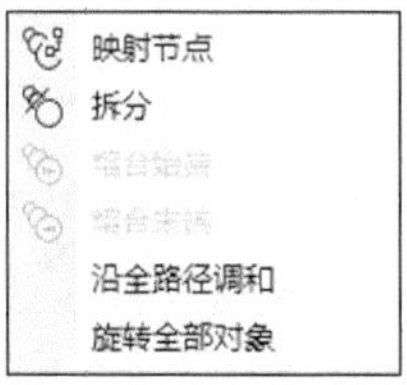

映射节点
拆分
沿全路径调和
旋转全部对象

图 10-86

10.2.6　课堂案例——制作阅读平台推广海报

案例学习目标

学习使用立体化工具、阴影工具、调和工具制作阅读平台推广海报。

案例知识要点

使用文本工具、“文本属性”泊坞窗添加标题文字；使用立体化工具为标题文字添加立体效果；使用矩形工具、转角半径选项、调和工具制作调和效果；使用“导入”命令导入图形元素；使用阴影工具为文字添加阴影效果。最终阅读平台推广海报效果如图 10-87 所示。

效果所在位置

资源包 > Ch10 > 效果 > 制作阅读平台推广海报 .cdr。

图 10-87

制作阅读平台推广海报

STEP 1 按 Ctrl+N 组合键，弹出“创建新文档”对话框，设置文档的宽度为 1242 px，高度为 2208 px，取向为横向，原色模式为 RGB，渲染分辨率为 72 dpi，单击“确定”按钮，创建一个文档。

STEP 2 双击“矩形”工具，绘制一个与页面大小相等的矩形，如图 10-88 所示。设置图形颜色的 RGB 值为 5、138、74，填充图形并去除图形的轮廓线，效果如图 10-89 所示。

STEP 3 按数字键盘上的 + 键复制矩形。选择“选择”工具，向右拖曳矩形左边中间的控制手柄到适当的位置，调整其大小，如图 10-90 所示。设置图形颜色的 RGB 值为 250、178、173，填充图形，效果如图 10-91 所示。

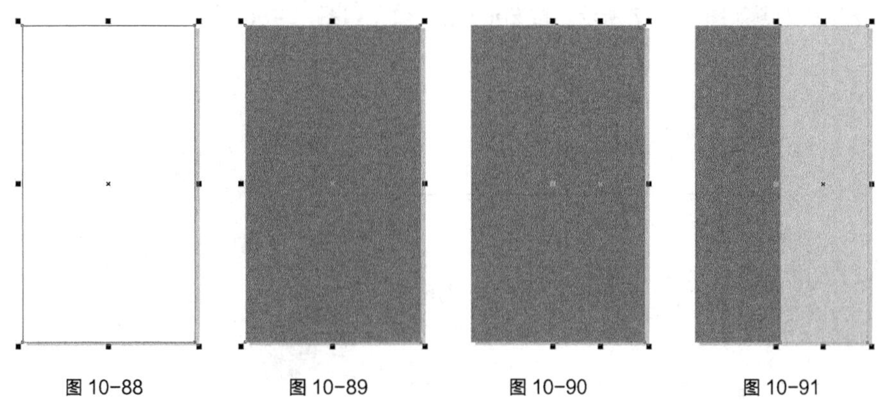

图 10-88　图 10-89　图 10-90　图 10-91

STEP 4 选择“文本”工具，在页面中输入需要的文字。选择“选择”工具，在属性栏中选取适当的字体并设置文字大小，填充文字为白色，效果如图 10-92 所示。

STEP 5 选择“文本 > 文本属性”命令，在弹出的“文本属性”泊坞窗中进行设置，如图 10-93 所示。按 Enter 键，效果如图 10-94 所示。

图 10-92

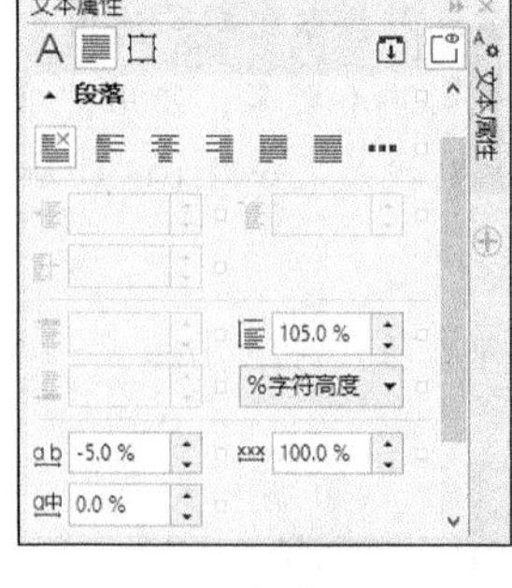

图 10-93

图 10-94

STEP 6 按 F12 键，弹出“轮廓笔”对话框，在“颜色”下拉列表框中设置轮廓线颜色的 RGB 值为 102、102、102，其他选项的设置如图 10-95 所示。单击“确定”按钮，效果如图 10-96 所示。

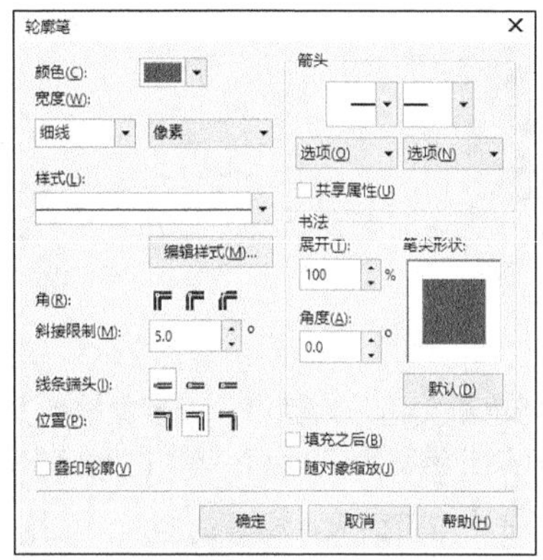

图 10-95

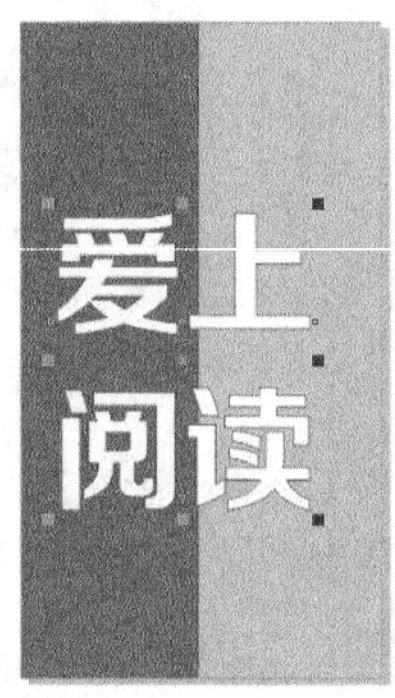

图 10-96

STEP 7 选择“立体化”工具，由文字中心向右侧拖曳鼠标光标。在属性栏中单击“立体化颜色”按钮，在弹出的下拉列表中单击“使用纯色”按钮，设置立体色的 RGB 值为 255、219、211，其他选项的设置如图 10-97 所示。按 Enter 键，效果如图 10-98 所示。

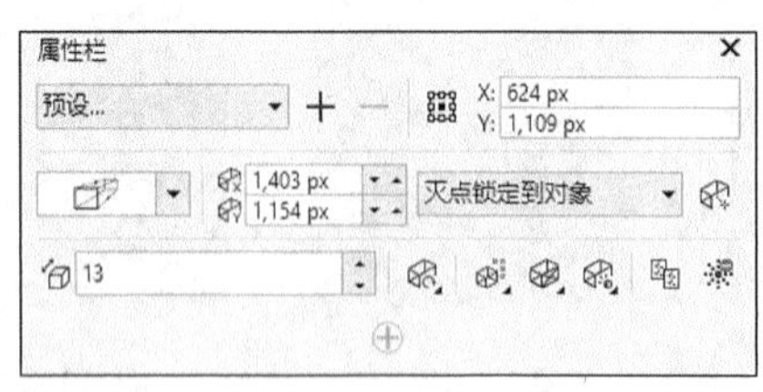

图 10-97

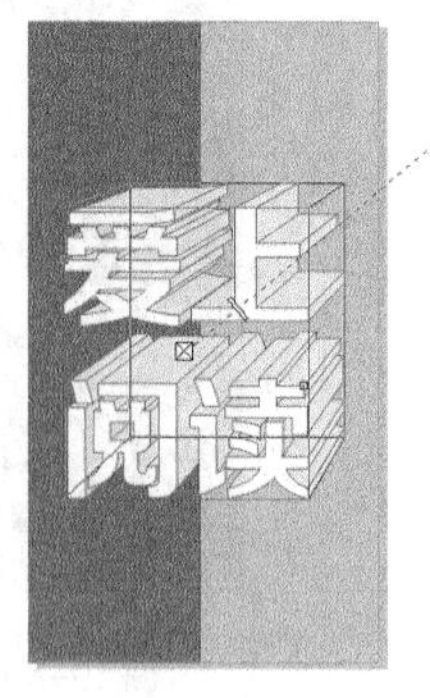

图 10-98

STEP 8 选择“矩形”工具，在适当的位置绘制一个矩形，如图 10-99 所示。在属性栏中将“转角半径”设为 0 px 和 100 px，其他选项的设置如图 10-100 所示。按 Enter 键，效果如图 10-101 所示。

图 10-99

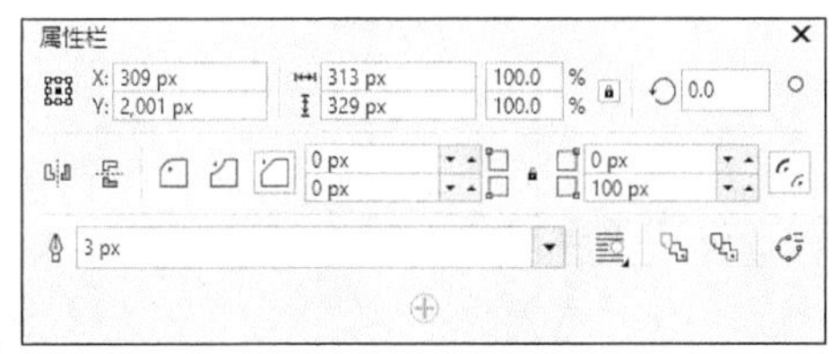
图 10-100

图 10-101

STEP 9 填充图形为白色，效果如图 10-102 所示，按数字键盘上的 + 键复制矩形。选择“选择”工具，向右下拖曳复制的矩形到适当的位置，效果如图 10-103 所示。

图 10-102

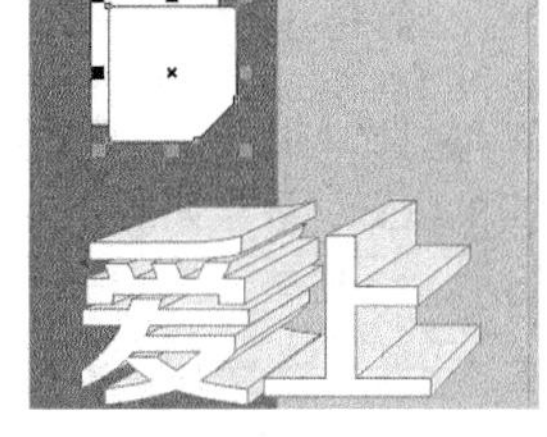
图 10-103

STEP 10 选择“调和”工具，在两个矩形之间拖曳鼠标以添加调和效果，在属性栏中的设置如图 10-104 所示。按 Enter 键，效果如图 10-105 所示。

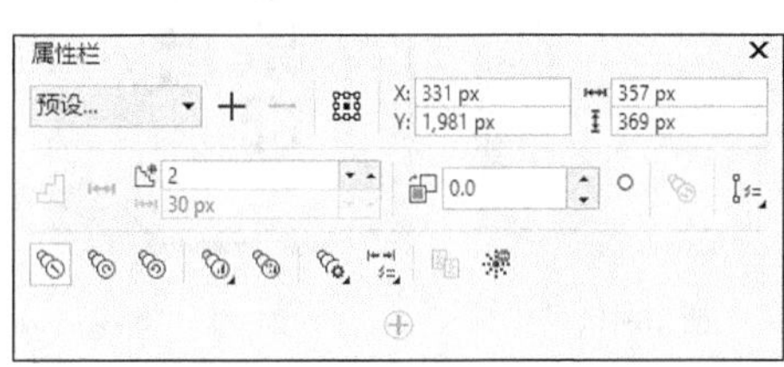
图 10-104

图 10-105

STEP 11 选择“矩形”工具，在适当的位置绘制一个矩形，如图 10-106 所示。在属性栏中将“转角半径”设为 0 px 和 100 px，其他选项的设置如图 10-107 所示。按 Enter 键，如图 10-108 所示。

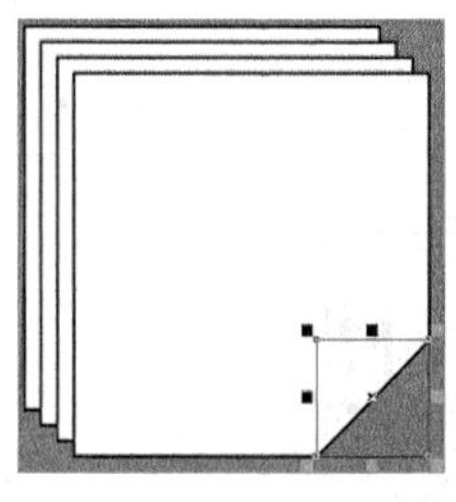
图 10-106

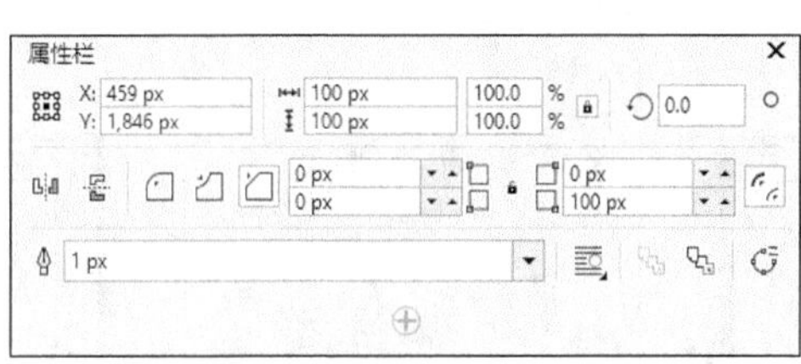
图 10-107

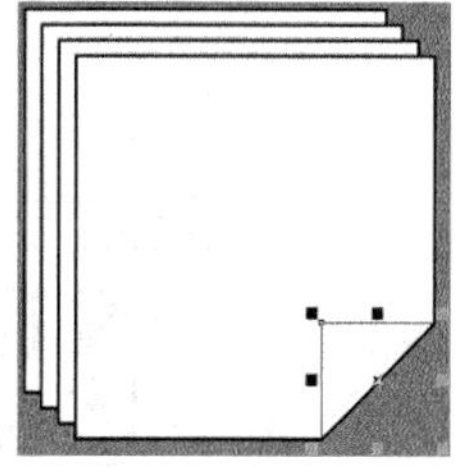
图 10-108

STEP 12 保持图形的选取状态。设置图形颜色的 RGB 值为 250、178、173，填充图形，效果如图 10-109 所示。选择“手绘”工具，在适当的位置绘制一条斜线，效果如图 10-110 所示。

STEP 13 按 F12 键，弹出“轮廓笔”对话框，在“颜色”下拉列表框中设置轮廓线颜色为黑色，其他选项的设置如图 10-111 所示。单击“确定”按钮，效果如图 10-112 所示。

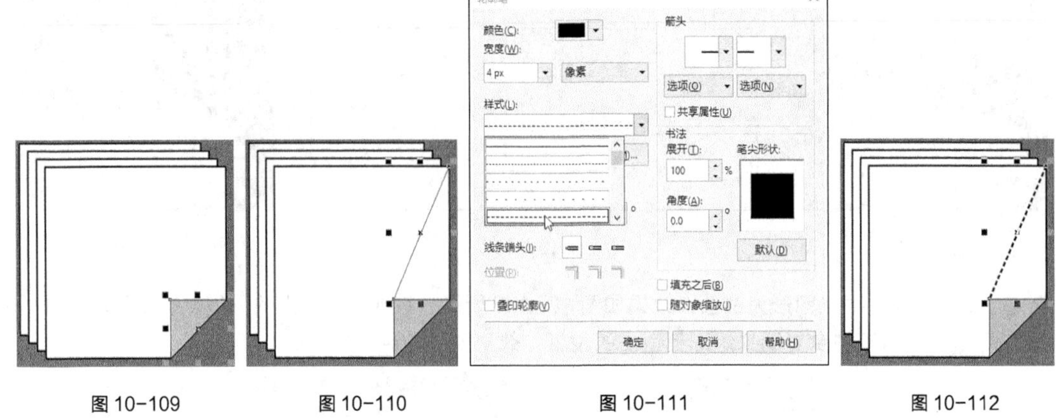

图 10-109　　图 10-110　　图 10-111　　图 10-112

STEP 14 选择"选择"工具，按数字键盘上的 + 键复制斜线，按住 Shift 键的同时，水平向左拖曳复制的斜线到适当的位置，效果如图 10-113 所示。向内拖曳左下角的控制手柄到适当的位置，调整斜线长度，效果如图 10-114 所示。

STEP 15 选择"文本"工具，在适当的位置输入需要的文字。选择"选择"工具，在属性栏中选取适当的字体并设置文字大小。单击"将文本更改为垂直方向"按钮更改文字方向，效果如图 10-115 所示。

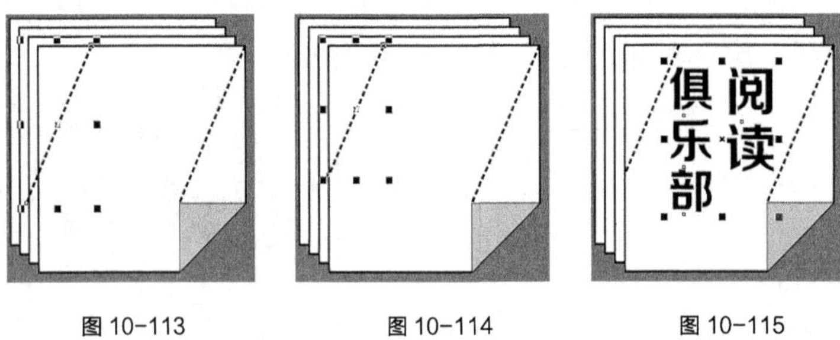

图 10-113　　图 10-114　　图 10-115

STEP 16 选择"文本"工具，在适当的位置输入需要的文字。选择"选择"工具，在属性栏中选取适当的字体并设置文字大小，单击"将文本更改为水平方向"按钮更改文字方向，效果如图 10-116 所示。在"文本属性"泊坞窗中，选项的设置如图 10-117 所示。按 Enter 键，效果如图 10-118 所示。

图 10-116　　图 10-117　　图 10-118

STEP 17 选择"文本"工具，在适当的位置输入需要的文字。选择"选择"工具，在属性栏中选取适当的字体并设置文字大小，效果如图 10-119 所示。在"文本属性"泊坞窗中，选项的设置如图 10-120 所示。按 Enter 键，效果如图 10-121 所示。

图 10-119

图 10-120

图 10-121

STEP 18 选择“选择”工具，选取需要的斜线，如图 10-122 所示。按数字键盘上的 + 键复制斜线，并向右拖曳复制的斜线到适当的位置，效果如图 10-123 所示。

图 10-122

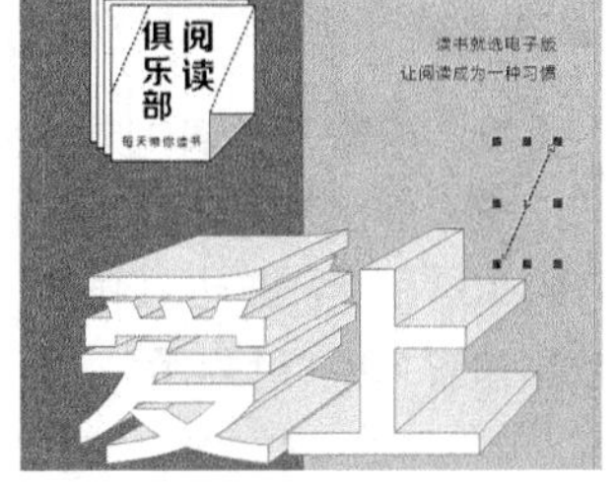
图 10-123

STEP 19 按 Ctrl+I 组合键，弹出“导入”对话框，选择资源包中的“Ch10 > 素材 > 制作阅读平台推广海报 > 01”文件，单击“导入”按钮，在页面中单击鼠标以导入图片。选择“选择”工具，拖曳图片到适当的位置，效果如图 10-124 所示。

STEP 20 选择“矩形”工具，在适当的位置绘制一个矩形。在“RGB 调色板”中的“10% 黑”色块上单击鼠标左键填充图形，并去除图形的轮廓线，效果如图 10-125 所示。再绘制一个矩形，填充图形为白色，并去除图形的轮廓线，效果如图 10-126 所示。

图 10-124

图 10-125

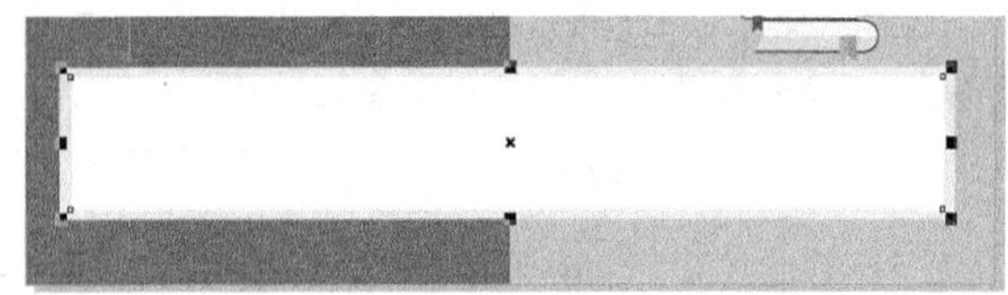
图 10-126

STEP 21 选择“阴影”工具，在白色矩形中从上向下拖曳光标，为矩形添加阴影效果。属性栏中的参数设置如图 10-127 所示。按 Enter 键，效果如图 10-128 所示。

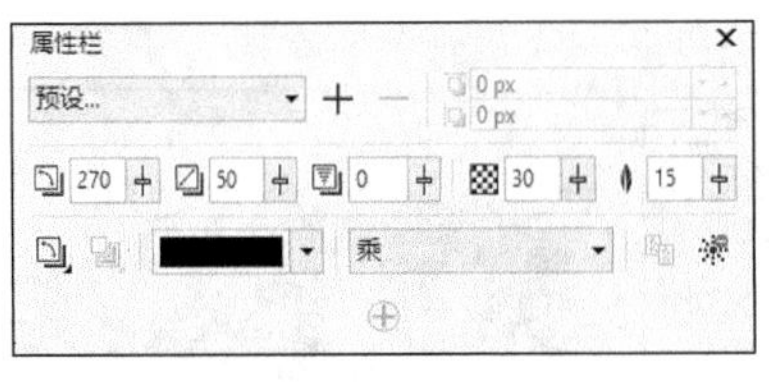

图 10-127

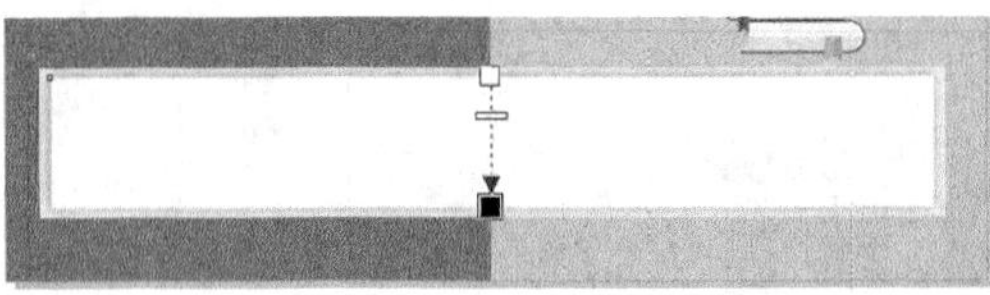

图 10-128

STEP 22 选择“矩形”工具，在适当的位置绘制一个矩形，如图 10-129 所示。选择“文本”工具，在适当的位置分别输入需要的文字。选择“选择”工具，在属性栏中分别选取适当的字体并设置文字大小，效果如图 10-130 所示。

图 10-129

图 10-130

STEP 23 选择“手绘”工具，按住 Ctrl 键的同时，在适当的位置绘制一条直线，如图 10-131 所示。按 F12 键，弹出“轮廓笔”对话框，在“颜色”下拉列表框中设置轮廓线颜色为黑色，其他选项的设置如图 10-132 所示。单击“确定”按钮，效果如图 10-133 所示。至此，阅读平台推广海报制作完成，最终效果如图 10-134 所示。

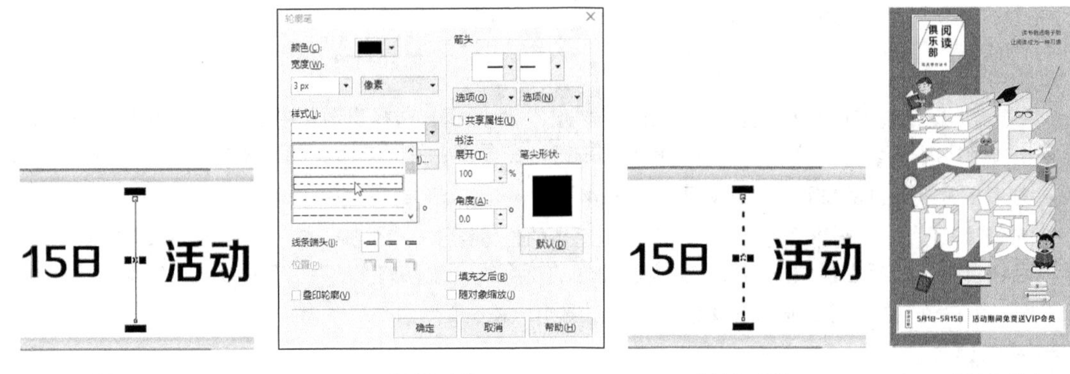

图 10-131　　图 10-132　　图 10-133　　图 10-134

10.2.7 变形效果

利用“变形”工具可以使图形的变形操作更加方便，变形后的图形可以产生不规则的外观，变形后的图形效果更具弹性，也更加奇特。

选择“变形”工具，弹出如图 10-135 所示的属性栏，属性栏中提供了 3 种变形方式：“推拉变形”、“拉链变形”和“扭曲变形”。

图 10-135

1. 推拉变形

绘制一个图形，如图 10-136 所示。单击属性栏中的“推拉变形”按钮，在图形上按住鼠标左键并向左拖曳鼠标，如图 10-137 所示，变形的效果如图 10-138 所示。

图 10-136　　图 10-137　　图 10-138

在属性栏的“推拉振幅” 131 框中，可以输入数值来控制推拉变形的幅度。推拉变形的设置范围为 -200 ~ 200。单击“居中变形”按钮，可以将变形的中心移至图形的中心。单击“转换为曲线”按钮，可以将图形转换为曲线。

2. 拉链变形

绘制一个图形，如图 10-139 所示。单击属性栏中的“拉链变形”按钮，在图形上按住鼠标左键并向左下方拖曳鼠标，如图 10-140 所示，变形后的效果如图 10-141 所示。

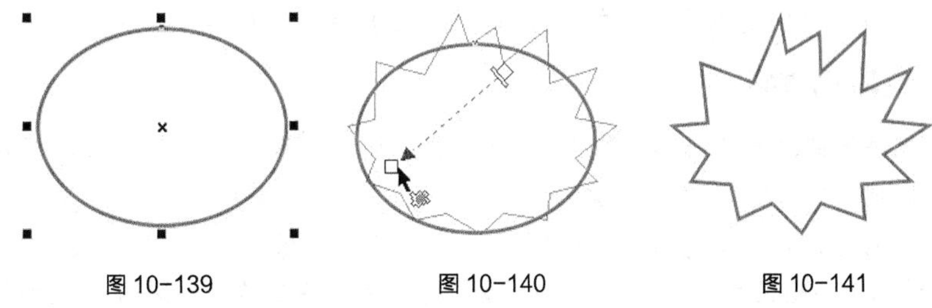

图 10-139　　图 10-140　　图 10-141

在属性栏的“拉链失真振幅” 0 框中，可以输入数值调整变化图形时锯齿的深度。单击“随机变形”按钮，可以随机地改变图形锯齿的深度。单击“平滑变形”按钮，可以将图形锯齿的尖角变成圆弧。单击“局限变形”按钮，在图形中拖曳鼠标，可以将图形锯齿的局部进行变形。

3. 扭曲变形

绘制一个图形，如图 10-142 所示。选择“变形”工具，单击属性栏中的“扭曲变形”按钮，在图形上按住鼠标左键并转动鼠标，如图 10-143 所示，变形后的效果如图 10-144 所示。

单击属性栏中的“添加新的变形”按钮，可以继续在图形中按住鼠标左键并转动鼠标，以制作新的变形效果。单击“顺时针旋转”按钮和“逆时针旋转”按钮，可以设置旋转的方向。在“完全旋转” 0 框中可以设置完全旋转的圈数。在“附加度数” 7 框中可以设置旋转的角度。

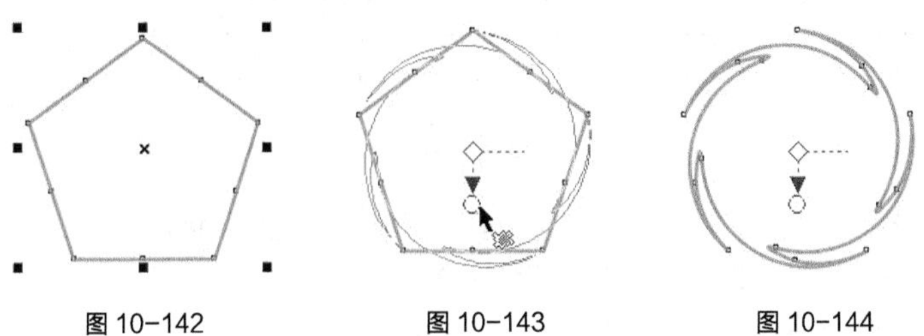

图 10-142　　图 10-143　　图 10-144

10.2.8 封套效果

使用“封套”工具可以快速建立对象的封套效果，使文本、图形和位图都可以产生丰富的变形效果。打开一个要添加封套效果的图形，如图 10-145 所示。选择“封套”工具单击图形，图形外围会显示封套的控制线和控制点，如图 10-146 所示。用鼠标拖曳需要的控制点到适当的位置并松开鼠标左键，可以改变图形的外形，如图 10-147 所示。选择“选择”工具 并按 Esc 键，取消选取，图形的封套效果如图 10-148 所示。

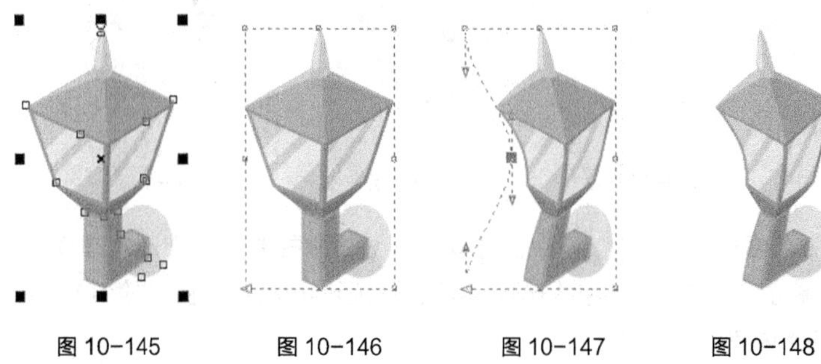

图 10-145　图 10-146　图 10-147　图 10-148

在属性栏的“预设列表” 框中可以选择需要的预设封套效果。“直线模式”按钮 、“单弧模式”按钮 、“双弧模式”按钮 和“非强制模式”按钮 为 4 种不同的封套编辑模式。“映射模式” 框中包含 4 种映射模式，分别是“水平”模式、“原始”模式、“自由变形”模式和“垂直”模式。使用不同的映射模式可以使封套中的对象符合封套的形状，从而制作出用户需要的变形效果。

10.2.9　立体化效果

立体效果是利用三维空间的立体旋转和光源照射的功能来完成的。使用 CorelDRAW X8 中的“立体化”工具 可以制作和编辑图形的三维效果。

打开一个要添加立体化效果的图形，如图 10-149 所示。选择“立体化”工具 ，在图形上按住鼠标左键并向图形右上方拖曳光标，如图 10-150 所示，达到需要的立体效果后，松开鼠标左键，图形的立体化效果如图 10-151 所示。

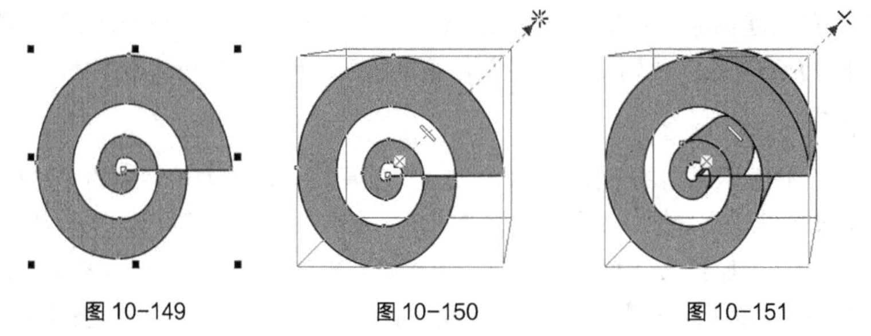

图 10-149　图 10-150　图 10-151

“立体化”工具属性栏如图 10-152 所示，其中各选项的含义如下。

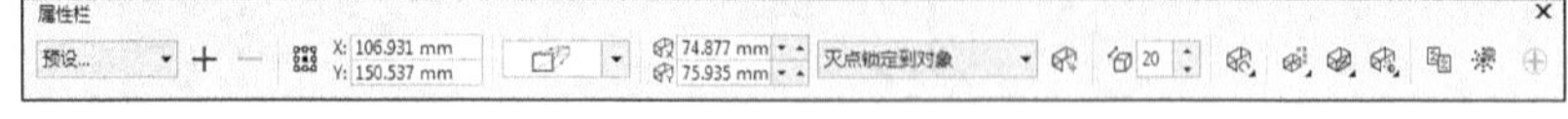

图 10-152

“立体化类型”选项 ：可以从下拉列表中选择不同的立体化效果。

“深度”选项 ：可以设置图形立体化的深度。

“灭点属性”选项 ：可以设置灭点的属性。

“页面或对象灭点”按钮 ：可以将灭点锁定到页面上，在移动图形时灭点不能移动，且立体化的图形形状会改变。

“立体化旋转”按钮 ：单击此按钮，弹出旋转设置区，指针放在三维旋转设置区内会变为手形，拖曳鼠标可以在三维旋转设置区中旋转图形，页面中的立体化图形会进行相应的旋转。

“立体化颜色”按钮：单击此按钮，会弹出立体化图形的“颜色”设置区。在“颜色”设置区中有 3 种颜色设置模式，分别是“使用对象填充”模式、“使用纯色”模式和“使用递减的颜色”模式。

“立体化倾斜”按钮：单击此按钮，会弹出“斜角修饰”设置区，通过拖曳面板中图例的节点来添加斜角效果，也可以在增量框中输入数值来设定斜角。

“立体化照明”按钮：单击此按钮，会弹出“照明”设置区，在设置区中可以为立体化图形添加光源。

10.2.10 透视效果

在设计和制作图形的过程中，经常会用到透视效果。下面介绍如何在 CorelDRAW X8 中制作透视效果。

打开一个要添加透视效果的图形，如图 10–153 所示。选择“效果 > 添加透视”命令，在图形的周围出现控制线和控制点，如图 10–154 所示。用光标拖曳控制点，制作需要的透视效果，在拖曳控制点时出现了透视点✕，如图 10–155 所示。用光标可以拖曳透视点✕，同时可以改变透视效果，如图 10–156 所示。制作好透视效果后，按空格键确定完成的效果。

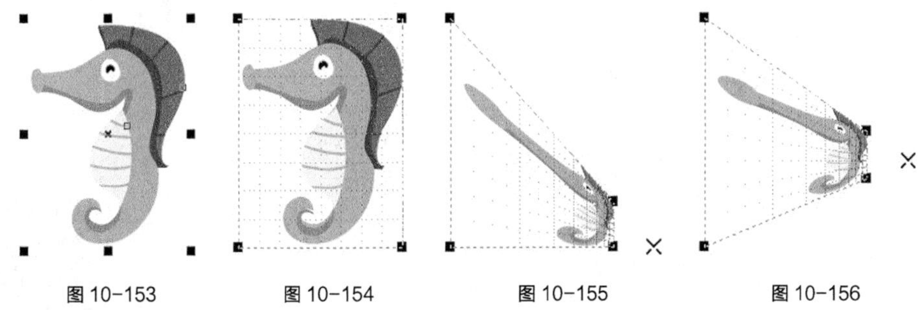

图 10–153　　图 10–154　　图 10–155　　图 10–156

要修改已经制作好的透视效果，需先双击图形，再对已有的透视效果进行调整即可。选择“效果 > 清除透视点”命令，可以清除透视效果。

10.2.11 透镜效果

在 CorelDRAW X8 中，使用透镜可以制作出多种特殊效果。下面介绍使用透镜的方法。

打开一个要添加透镜效果的图形，如图 10–157 所示。选择“效果 > 透镜”命令，或按 Alt+F3 组合键，都会弹出“透镜”泊坞窗，按图 10–158 所示进行设定后单击“应用”按钮，效果如图 10–159 所示。

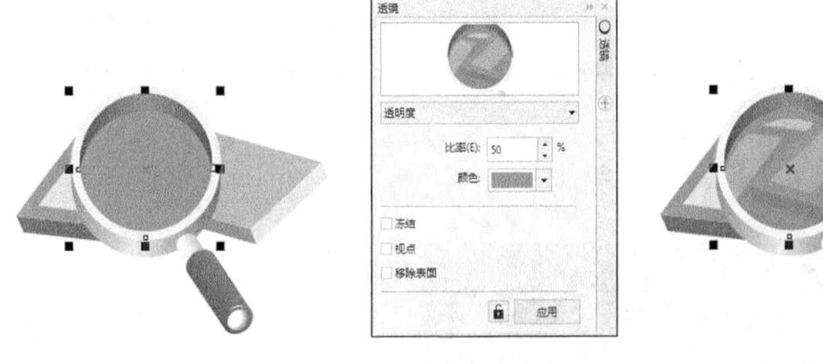

图 10–157　　图 10–158　　图 10–159

“透镜”泊坞窗中有“冻结”“视点”“移除表面”3 个复选框，选中它们可以设置透镜效果的公共参数。

“冻结”复选框：可以将透镜下面的图形产生的透镜效果添加成透镜的一部分。产生的透镜效果不会因为透镜或图形的移动而改变。

“视点”复选框：可以在不移动透镜的情况下，只弹出透镜下对象的一部分。单击“视点”后面的

“编辑”按钮，在对象的中心出现 x 形状，拖曳 x 形状可以移动视点。

“移除表面”复选框：透镜将只作用于下面的图形，没有图形的页面区域将保持通透性。

透明度选项：单击该选项会弹出“透镜类型”下拉列表，如图 10-160 所示。在“透镜类型”下拉列表中的透镜上单击鼠标左键，可以选择需要的透镜。选择不同的透镜，再进行参数的设定，可以制作出不同的透镜效果。

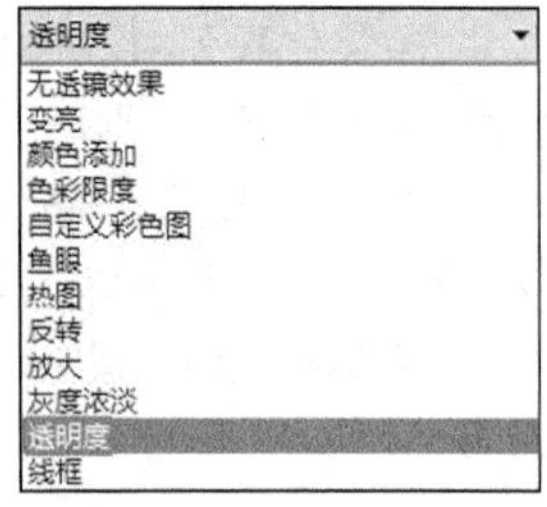

图 10-160

10.3 课堂练习——绘制日历小图标

练习知识要点

使用矩形工具、椭圆形工具、转角半径选项和透明度工具绘制日历小图标。最终效果如图 10-161 所示。

效果所在位置

资源包 > Ch10 > 效果 > 绘制日历小图标 .cdr。

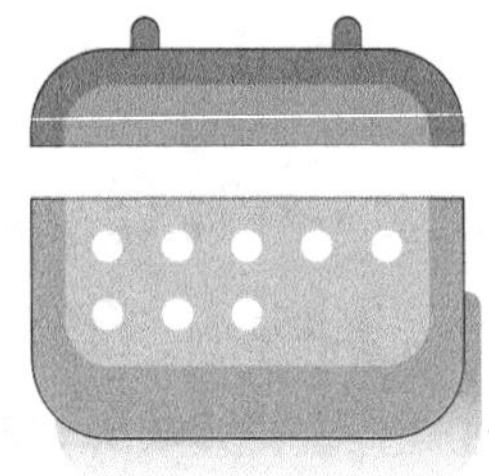

图 10-161

绘制日历小图标

10.4 课后习题——制作时尚卡片

习题知识要点

使用“导入”命令、矩形工具和透明度工具制作卡片底图；使用文本工具添加卡片内容；使用椭圆形工具、变形工具绘制花形；使用矩形工具和轮廓图工具制作轮廓化效果。最终效果如图 10-162 所示。

效果所在位置

资源包 > Ch10 > 效果 > 制作时尚卡片 .cdr。

图 10-162

制作时尚卡片

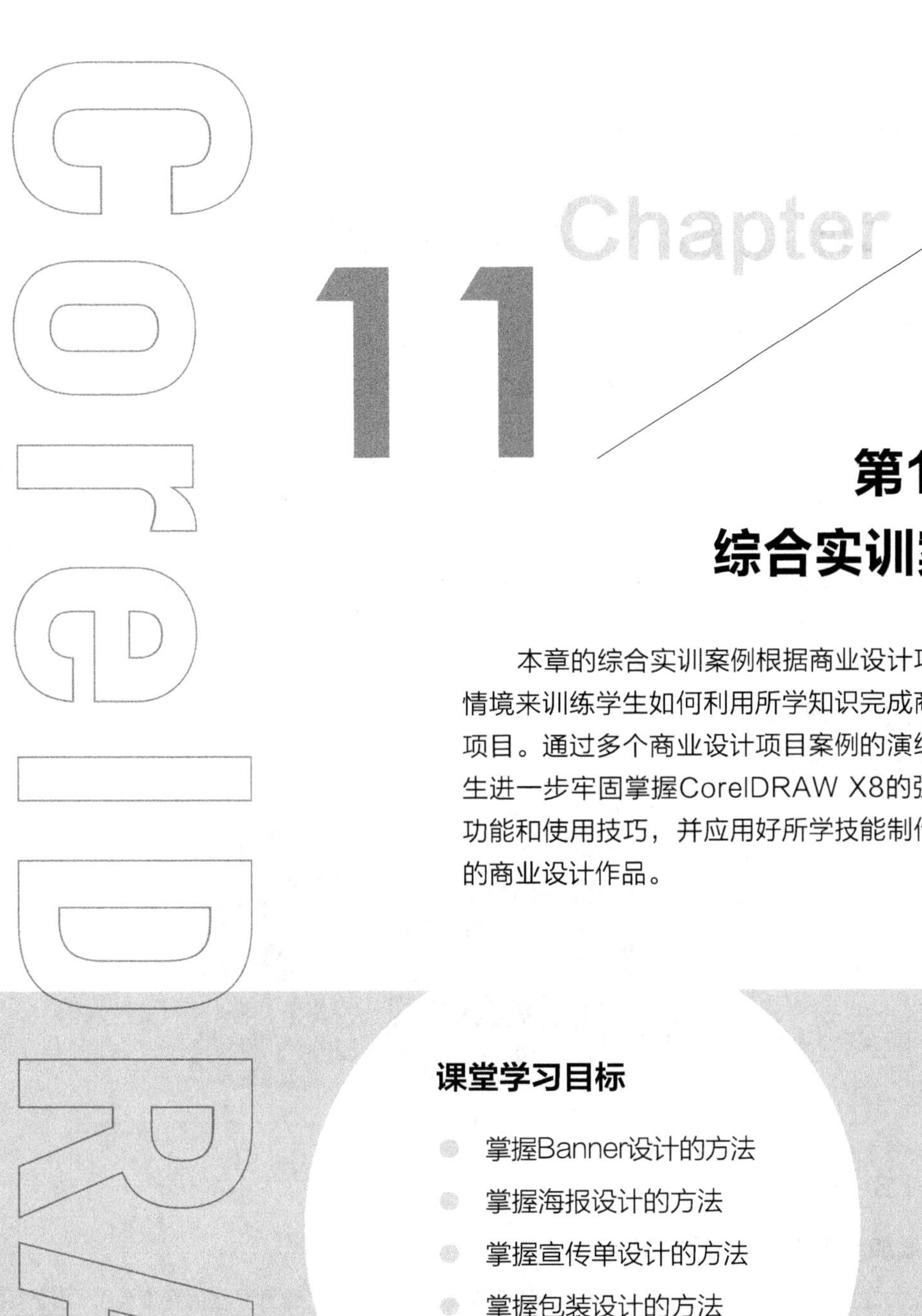

第11章 综合实训案例

本章的综合实训案例根据商业设计项目真实情境来训练学生如何利用所学知识完成商业设计项目。通过多个商业设计项目案例的演练，使学生进一步牢固掌握CorelDRAW X8的强大操作功能和使用技巧，并应用好所学技能制作出专业的商业设计作品。

课堂学习目标

- 掌握Banner设计的方法
- 掌握海报设计的方法
- 掌握宣传单设计的方法
- 掌握包装设计的方法

11.1 Banner 设计——制作 App 首页女装广告

11.1.1 案例分析

本案例是为欧文娅莎女装服饰店设计制作宣传广告，在设计上要求能充分展示出新款服饰的特色，并能表现出品牌的创新与信誉。

在设计制作过程中，以新品女装为主题，要求使用直观醒目的文字来诠释广告内容，表现活动特色。画面色彩的使用要富有朝气，给人青春洋溢的印象。设计的风格要具有特色，版式活而不散，能够引起顾客的兴趣及购买欲望。

本案例将使用矩形工具、导入命令和 PowerClip 命令制作广告底图；使用色度 / 饱和度 / 亮度命令调整人物图片色调；使用文本工具、“文本属性”泊坞窗添加广告宣传文字；使用星形工具、旋转角度选项绘制装饰星形。

11.1.2 案例设计

本案例设计效果如图 11-1 所示。

图 11-1

11.1.3 案例制作

1. 添加广告底图和标题文字

STEP 1 按 Ctrl+N 组合键，弹出“创建新文档”对话框，设置文档的宽度为 750 px，高度为 360 px，取向为横向，原色模式为 RGB，渲染分辨率为 72 dpi，单击“确定”按钮，创建一个文档。

制作 App 首页女装广告 1

STEP 2 双击“矩形”工具□，绘制一个与页面大小相等的矩形，如图 11-2 所示。设置图形颜色的 RGB 值为 30、218、253，填充图形并去除图形的轮廓线，效果如图 11-3 所示。

图 11-2　　图 11-3

STEP 3 按 Ctrl+I 组合键，弹出“导入”对话框，选择资源包中的“Ch11 > 素材 > 制作 App 首页女装广告 > 01”文件，单击“导入”按钮，在页面中单击鼠标以导入图片。选择“选择”工具，拖曳人物图片到适当的位置并调整其大小，效果如图 11-4 所示。

STEP 4 选择“效果 > 调整 > 色度 / 饱和度 / 亮度”命令，在弹出的对话框中进行设置，如图 11-5 所示。单击“确定”按钮，效果如图 11-6 所示。

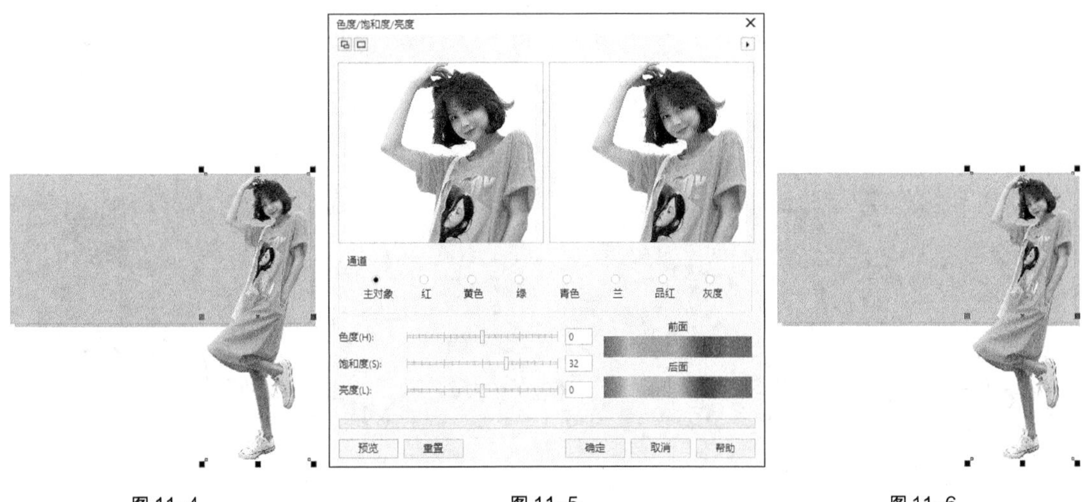

图 11-4　图 11-5　图 11-6

STEP 5 按 Ctrl+I 组合键，弹出“导入”对话框，选择资源包中的“Ch11 > 素材 > 制作 App 首页女装广告 > 02”文件，单击“导入”按钮，在页面中单击鼠标以导入图片。选择“选择”工具，拖曳衣服图片到适当的位置并调整其大小，效果如图 11-7 所示。在属性栏中的“旋转角度”框中设置数值为 10。按 Enter 键，效果如图 11-8 所示。

图 11-7　图 11-8

STEP 6 选择“选择”工具，用圈选的方法将所有图片同时选取，如图 11-9 所示。选择“对象 > PowerClip > 置于图文框内部”命令，鼠标的光标变为黑色箭头形状，在下方矩形上单击鼠标左键，如图 11-10 所示。将选中图片置入到下方矩形中，效果如图 11-11 所示。

STEP 7 选择“贝塞尔”工具，在适当的位置绘制一个不规则图形，如图 11-12 所示。选择“选择”工具，填充图形为白色，并在属性栏中的“轮廓宽度”框中设置数值为 3 px。按 Enter 键，效果如图 11-13 所示。

STEP 8 选择“阴影”工具，在图形对象中从中向右下拖曳鼠标光标，为图形添加阴影效果，在属性栏中的设置如图 11-14 所示。按 Enter 键，效果如图 11-15 所示。

图 11-9　　图 11-10　　图 11-11

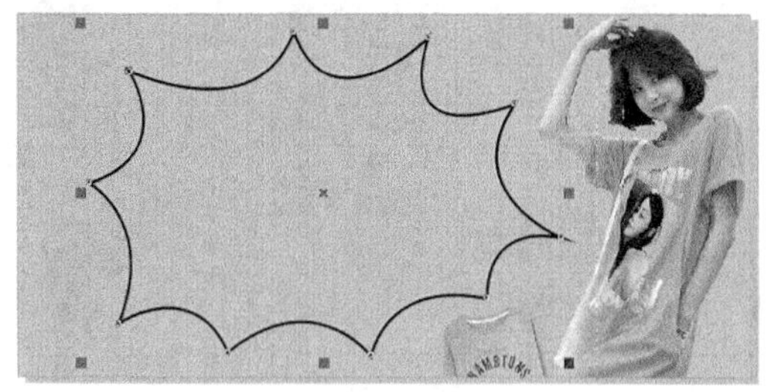

图 11-12

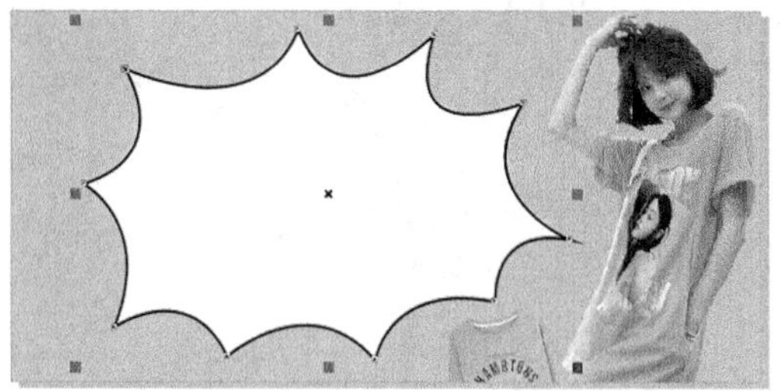

图 11-13

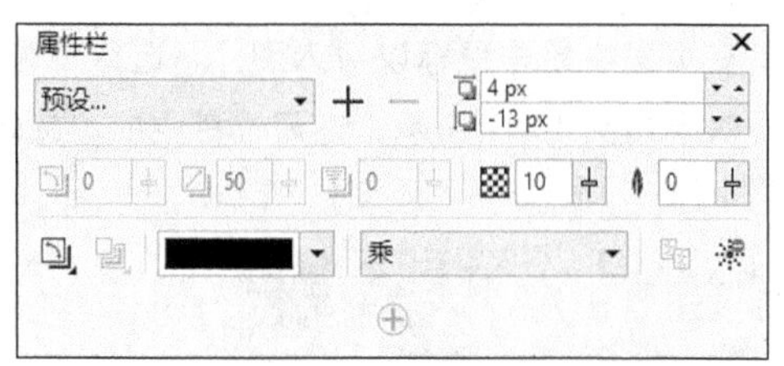

图 11-14

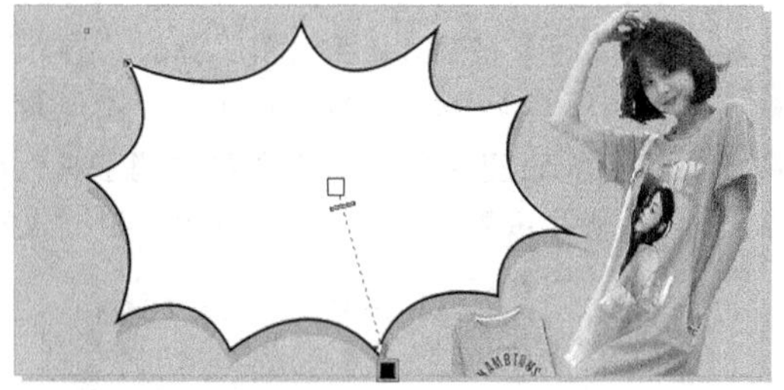

图 11-15

STEP 9 选择“文本”工具字，在页面中分别输入需要的文字。选择“选择”工具，在属性栏中分别选取适当的字体并设置文字大小，效果如图 11-16 所示。选取下方的文字，设置文字颜色的 RGB 值为 253、6、101，填充文字，效果如图 11-17 所示。

图 11-16

图 11-17

STEP 10 选择“文本 > 文本属性”命令，在弹出的“文本属性”泊坞窗中进行参数设置，如图 11-18 所示。按 Enter 键，效果如图 11-19 所示。

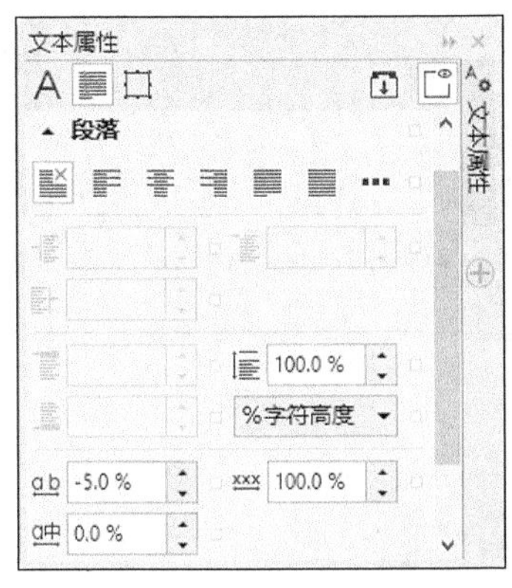

图 11-18

图 11-19

2. 添加装饰星形

制作 App 首页女装广告 2

STEP 1 选择“矩形”工具，在适当的位置绘制一个矩形，设置图形颜色的 RGB 值为 253、6、101，填充图形并去除图形的轮廓线，效果如图 11-20 所示。

STEP 2 按数字键盘上的 + 键复制矩形。选择“选择”工具，向左上方拖曳复制的矩形到适当的位置。设置图形颜色的 RGB 值为 73、66、160，填充图形，效果如图 11-21 所示。

图 11-20

图 11-21

STEP 3 选择“调和”工具，在两个矩形之间拖曳鼠标添加调和效果，在属性栏中的设置如图 11-22 所示。按 Enter 键，效果如图 11-23 所示。

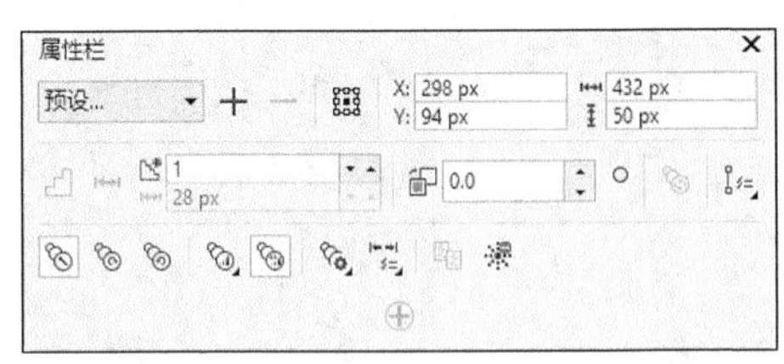

图 11-22

图 11-23

STEP 4 选择“文本”工具，在适当的位置输入需要的文字。选择“选择”工具，在属性栏中选取适当的字体并设置文字大小，填充文字为白色，效果如图 11-24 所示。

STEP 5 选择“椭圆形”工具，按住 Ctrl 键的同时，在适当的位置绘制一个圆形，并在属性栏中的“轮廓宽度” 1 px 框中设置数值为 3 px，按 Enter 键，效果如图 11-25 所示。设置图形颜色的 RGB 值为 253、6、101，填充图形，效果如图 11-26 所示。

图 11-24

图 11-25

图 11-26

STEP 6 选择“文本”工具字，在适当的位置输入需要的文字。选择“选择”工具，在属性栏中选取适当的字体并设置文字大小，填充文字为白色，效果如图 11-27 所示。在属性栏中的“旋转角度”.0 °框中设置数值为 -20。按 Enter 键，效果如图 11-28 所示。

图 11-27

图 11-28

STEP 7 选择“星形”工具☆，在属性栏中的设置如图 11-29 所示。在适当的位置绘制一个星形，如图 11-30 所示，设置图形颜色的 RGB 值为 255、234、0，填充图形，效果如图 11-31 所示。

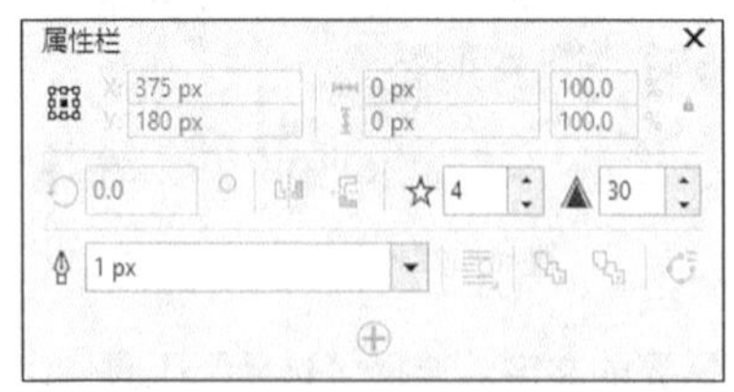

图 11-29

图 11-30

图 11-31

STEP 8 保持图形选取状态。在属性栏中的“旋转角度”.0 °框中设置数值为 -20。按 Enter 键，效果如图 11-32 所示。按数字键盘上的 + 键复制星形，选择“选择”工具，向右上方拖曳复制的星形到适当的位置，如图 11-33 所示。按住 Shift 键的同时，拖曳右上角的控制手柄，向中心等比例缩小星形，效果如图 11-34 所示。

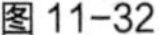
图 11-32

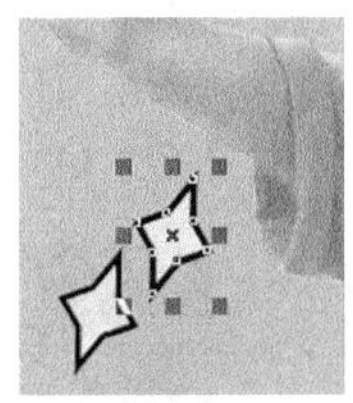
图 11-33

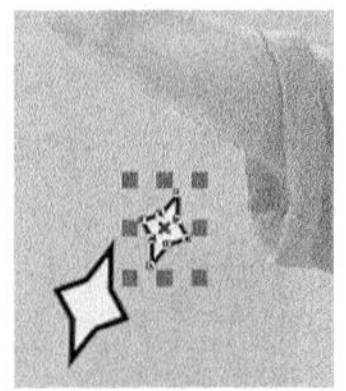
图 11-34

STEP 9 用相同的方法复制其他星形，并调整其角度，效果如图 11-35 所示。按 Ctrl+I 组合键，弹出“导入”对话框，选择资源包中的“Ch11 > 素材 > 制作 App 首页女装广告 > 03、04”文件，单击“导入”按钮，在页面中单击鼠标以导入图片。选择“选择”工具，拖曳衣服图片到适当的位置并调整其大小和角度，效果如图 11-36 所示。至此，App 首页女装广告制作完成。

图 11-35

图 11-36

11.2 海报设计——制作音乐演唱会海报

11.2.1 案例分析

本案例是设计制作音乐演唱会海报。设计要求体现出本次演出的主题，体现出音乐赋予人的力量和给予人的精神支撑。

在设计制作过程中，使用渐变的紫粉色背景营造出浪漫、温馨的氛围；月亮元素的添加在点明主旨的同时，使海报的设计变得更加丰富多彩；整齐排列的标题文字，在突出宣传主题的同时，让人印象深刻。

本案例将使用文本工具、“文本属性”泊坞窗添加并编辑宣传性文字；使用文本工具、形状工具编辑文字锚点；使用封套工具、直线模式按钮制作文字变形；使用贝塞尔工具、合并命令制作文字的组合效果。

11.2.2 案例设计

本案例设计效果如图 11-37 所示。

图 11-37

11.2.3 案例制作

1. 添加并编辑宣传文字

制作音乐演唱会海报 1

STEP 1 按 Ctrl+N 组合键，新建一个 A4 页面。选择“视图 > 页 > 出血”命令，显示出血线。按 Ctrl+I 组合键，弹出“导入”对话框，选择资源包中的“Ch11 > 素材 > 制作音乐演唱会海报 > 01”文件，单击“导入”按钮，在页面中单击鼠标以导入图片，如图 11-38 所示。按 P 键，使图片在页面中居中对齐，效果如图 11-39 所示。

STEP 2 选择“文本”工具字，在页面中输入需要的文字，选择“选择”工具，在属性栏中选取适当的字体并设置文字大小，效果如图 11-40 所示。

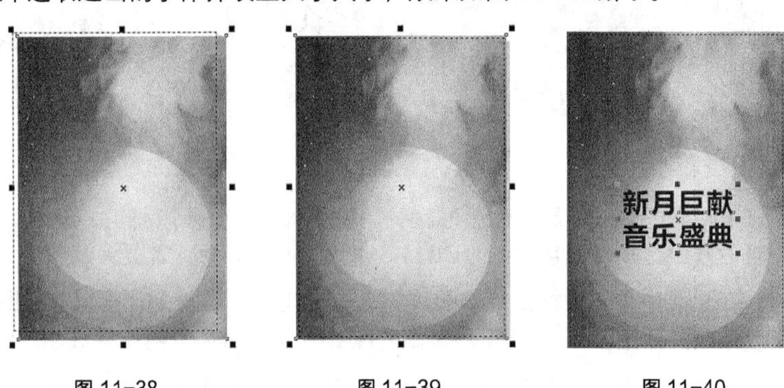

图 11-38　　图 11-39　　图 11-40

STEP 3 保持文字的选取状态。设置文字颜色的 CMYK 值为 100、98、52、7，填充文字，效果如图 11-41 所示。选择“文本 > 文本属性”命令，在弹出的“文本属性”泊坞窗中进行设置，如图 11-42 所示。按 Enter 键，效果如图 11-43 所示。

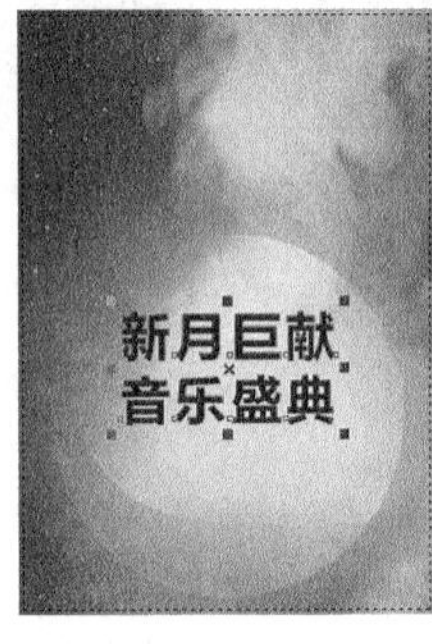

图 11-41

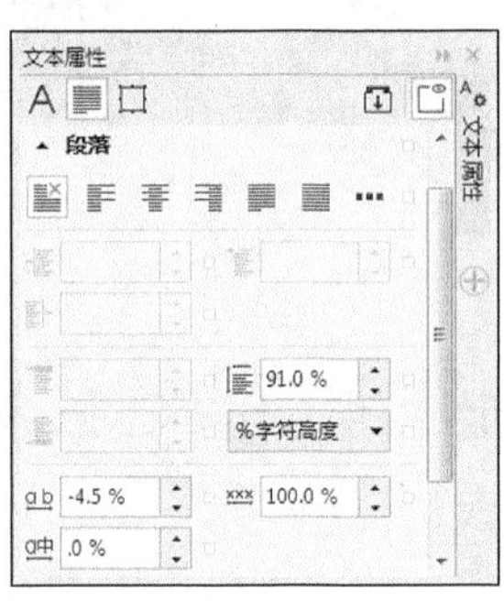

图 11-42

图 11-43

STEP 4 选择“文本”工具字，在适当的位置分别输入需要的文字。选择“选择”工具，在属性栏中分别选取适当的字体并设置文字大小，效果如图 11-44 所示。将输入的文字同时选取，设置文字颜色的 CMYK 值为 100、98、52、7，填充文字，效果如图 11-45 所示。

图 11-44

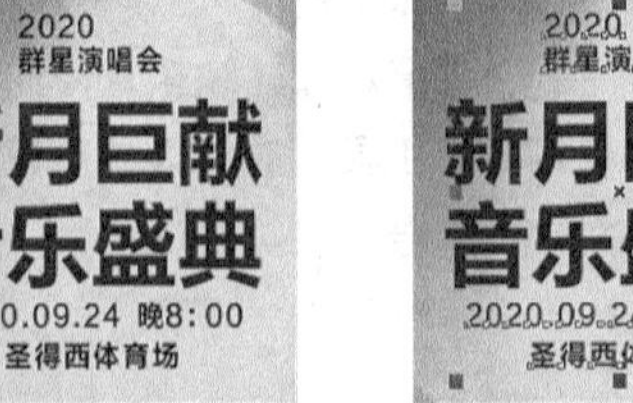

图 11-45

STEP 5 选择“文本”工具，选取文字“演唱会”，在属性栏中选取适当的字体，效果如图 11–46 所示。选择“选择”工具，在属性栏中单击“文本对齐”按钮，在弹出的下拉列表中选择“居中”命令，如图 11–47 所示，设置后文字的对齐效果如图 11–48 所示。

图 11–46

图 11–47

图 11–48

STEP 6 选择“文本”工具，在适当的位置输入需要的文字。选择“选择”工具，在属性栏中分别选取适当的字体并设置文字大小，效果如图 11–49 所示。选取上方的文字，设置文字颜色的 CMYK 值为 100、98、52、7，填充文字，效果如图 11–50 所示。

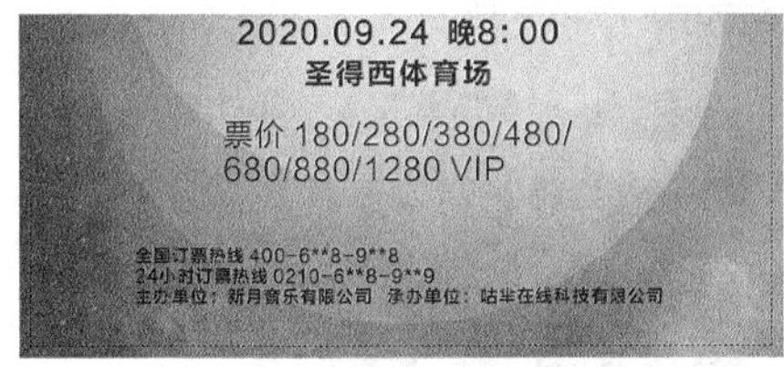

图 11–49

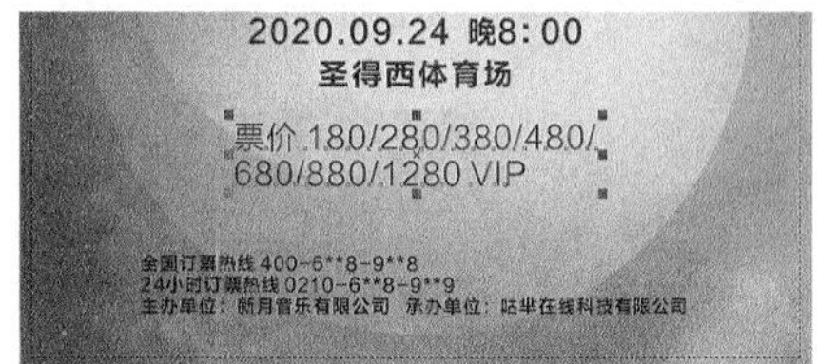

图 11–50

STEP 7 选择“形状”工具，选取下方的文字，向下拖曳文字下方的图标，调整文字的行距，效果如图 11–51 所示。选择“选择”工具，填充文字为白色，按住 Shift 键的同时，选取上方需要的文字，在属性栏中单击“文本对齐”按钮，在弹出的下拉列表中选择“居中”命令，效果如图 11–52 所示。

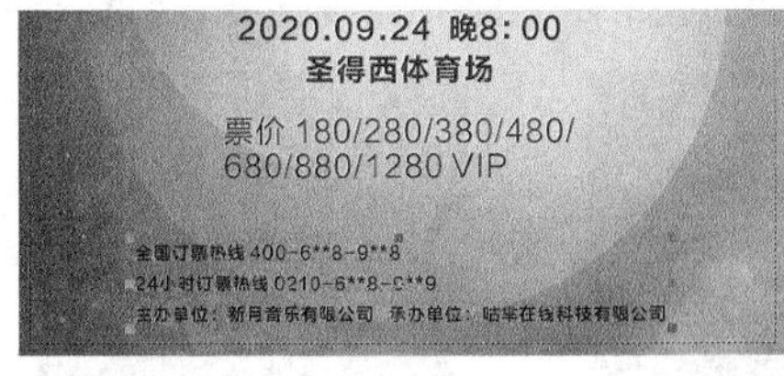

图 11–51

图 11–52

2. 制作演唱会标志

制作音乐演唱会海报 2

STEP 1 选择“文本”工具，在页面外输入需要的文字。选择“选择”工具，在属性栏中分别选取适当的字体并设置文字大小，效果如图 11–53 所示。选择“形状”工具，选取文字“新月音乐”，向左拖曳文字下方的图标，调整文字的间距，效果如图 11–54 所示。

新月音乐
XINYUE YINYUE

图 11–53

新月音乐
XINYUE YINYUE

图 11–54

STEP 2 选择“选择”工具，按 Ctrl+K 组合键将文字进行拆分，拆分完成后“新”字呈选中状态，如图 11-55 所示。按 Ctrl+Q 组合键将文字转化为曲线。选择“形状”工具，按住 Shift 键的同时选取需要的节点，如图 11-56 所示。垂直向下拖曳节点到适当的位置，效果如图 11-57 所示。

图 11-55　图 11-56　图 11-57

STEP 3 选择“形状”工具，在适当的位置分别双击鼠标左键添加 2 个节点，如图 11-58 所示。选取左下角的节点，按 Delete 键将其删除，效果如图 11-59 所示。

图 11-58　图 11-59

STEP 4 放大显示比例。选择“形状”工具，按住 Shift 键的同时选取需要的节点，在属性栏中单击“转换为曲线”按钮，节点上出现控制线，如图 11-60 所示。选取下方的节点，拖曳控制线到适当的位置，如图 11-61 所示。选取左侧的节点，拖曳控制线到适当的位置，如图 11-62 所示。

图 11-60

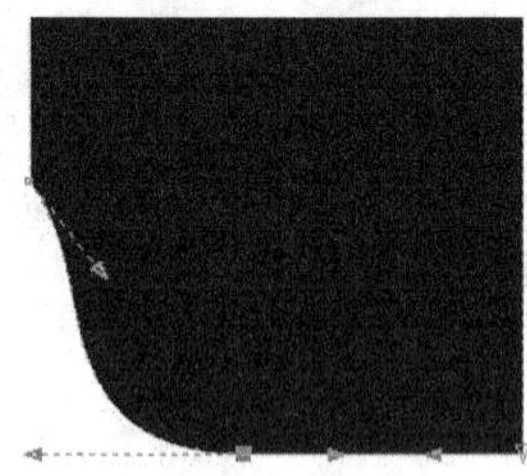

图 11-61

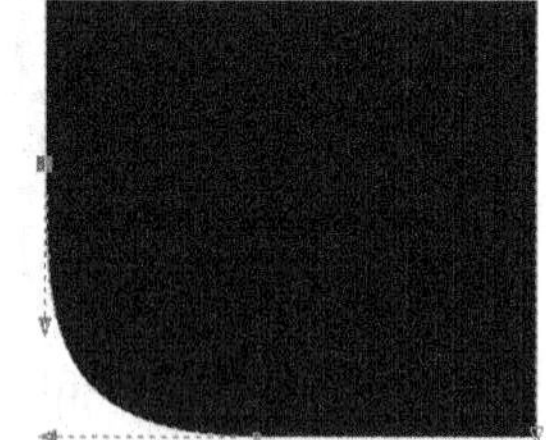

图 11-62

STEP 5 选择“贝塞尔”工具，在适当的位置绘制一个不规则图形，如图 11-63 所示。选择“封套”工具，选取文字“XINYUE YINYUE”，编辑状态如图 11-64 所示。在属性栏中单击“直线模式”按钮，拖曳文字左下角的节点到适当的位置，文字变形效果如图 11-65 所示。

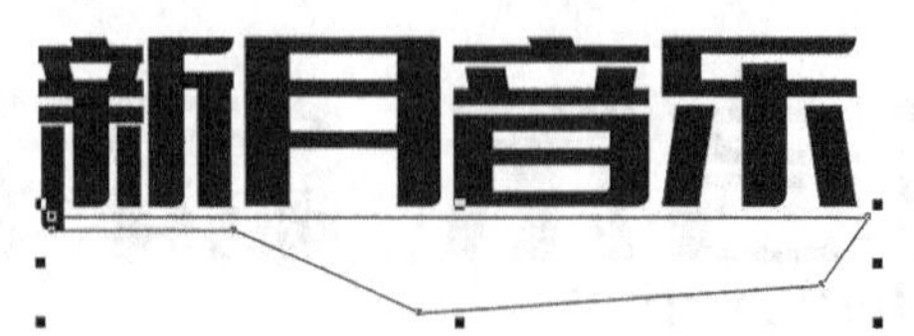

图 11-63

新月音乐
XINYUE YINYUE

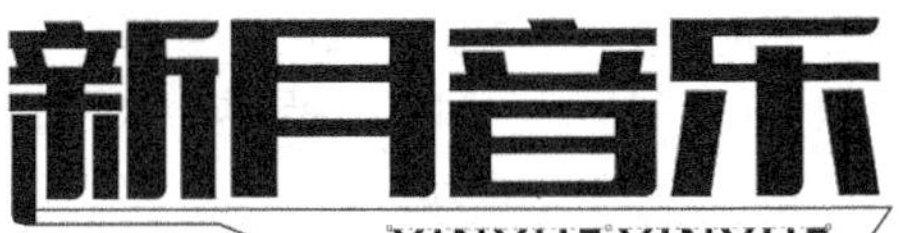

图 11-64

新月音乐
XINYUE YINYUE

图 11-65

STEP 6 选择“选择”工具，按住 Shift 键的同时单击下方不规则图形将其同时选取，如图 11-66 所示。单击属性栏中的“合并”按钮组合图形，并填充图形为黑色，去除图形的轮廓线后的效果如图 11-67 所示。

新月音乐
XINYUE YINYUE

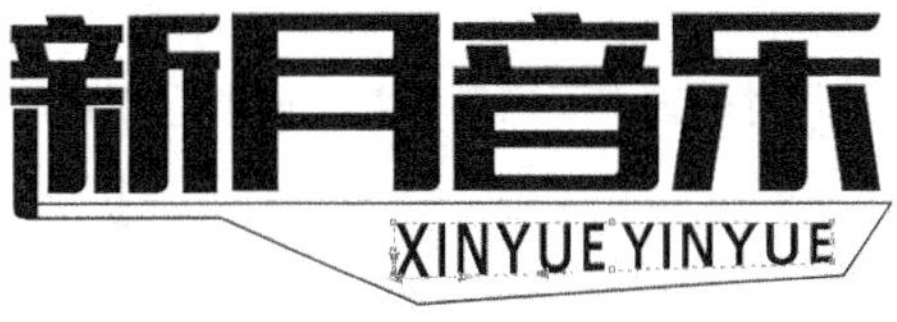

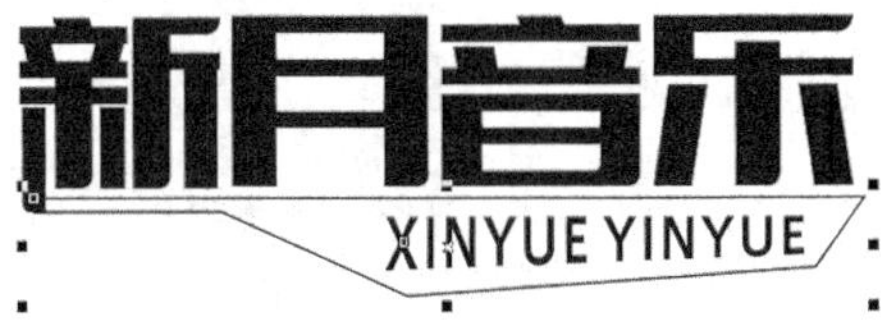

图 11-66

新月音乐
XINYUE YINYUE

图 11-67

STEP 7 选择“选择”工具，用圈选的方法将图形和文字全部选取，按 Ctrl+G 组合键将其群组。拖曳群组图形到页面中适当的位置，并填充图形为白色，效果如图 11-68 所示。

STEP 8 选择“文本”工具，在适当的位置分别输入需要的文字。选择“选择”工具，在属性栏中分别选用适当的字体并设置文字大小，效果如图 11-69 所示。

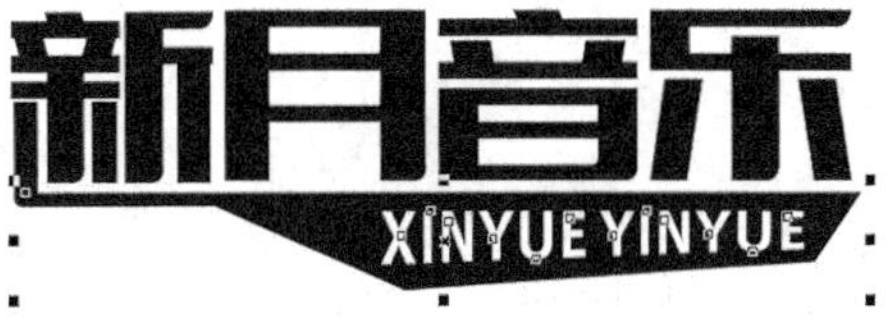

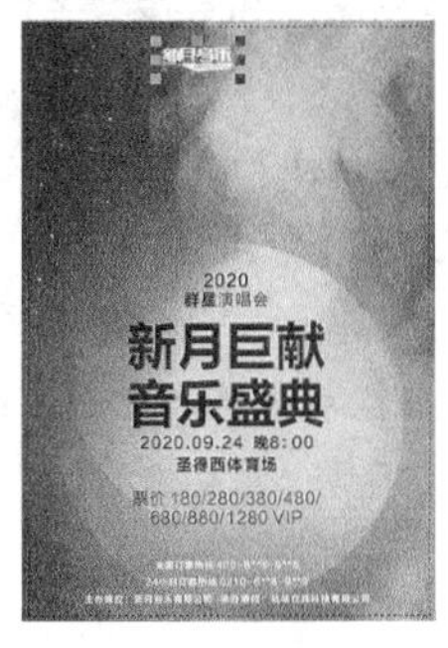

2020
新月巨献
音乐盛典
2020.09.24 晚8:00

图 11-68

新月音乐
XINYUE YINYUE
在
线
咕芈
GUMIZAIXIAN

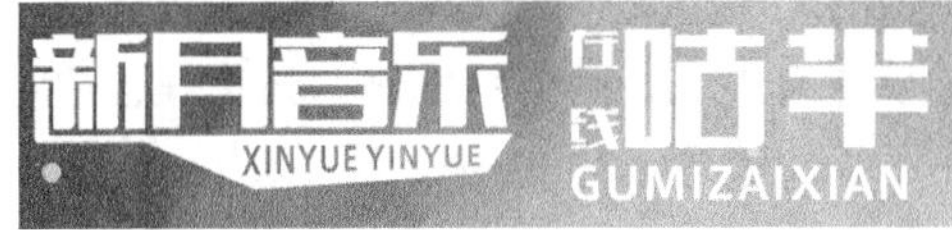

图 11-69

STEP 9 选择“选择”工具，选取文字“咕芈”，在“文本属性”泊坞窗中进行设置，如图 11-70 所示。按 Enter 键，效果如图 11-71 所示。选取文字“在”，按 Ctrl+Q 组合键将文字转换为曲线，效果如图 11-72 所示。

文本属性
段落
100.0 %
%字符高度
-18.0 %
100.0 %
.0 %

图 11-70

在
线
咕芈
GUMIZAIXIAN

图 11-71

在
线
咕芈
GUMIZAIXIAN

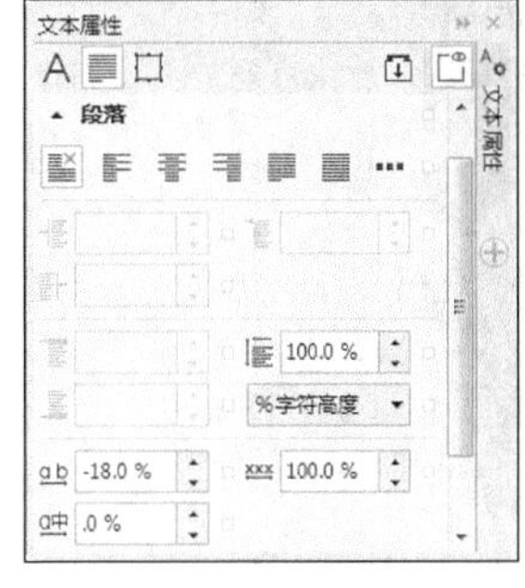

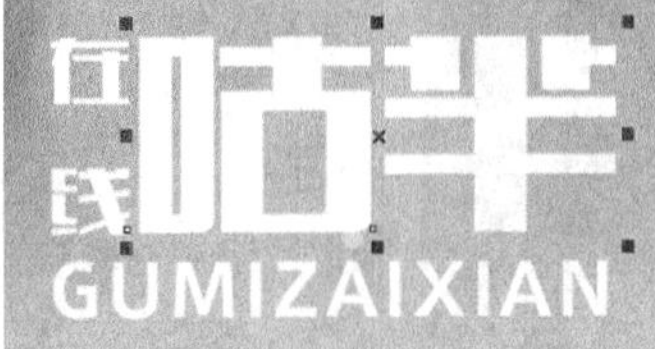

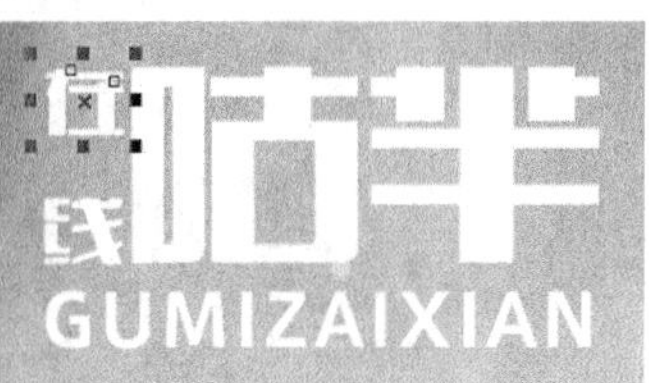

图 11-72

STEP 10 选择“形状”工具，用圈选的方法选取需要的节点，如图 11-73 所示。按住 Shift 键的同时垂直向下拖曳节点到适当的位置，效果如图 11-74 所示。至此，音乐演唱会海报制作完成，效果如图 11-75 所示。

图 11-73

图 11-74

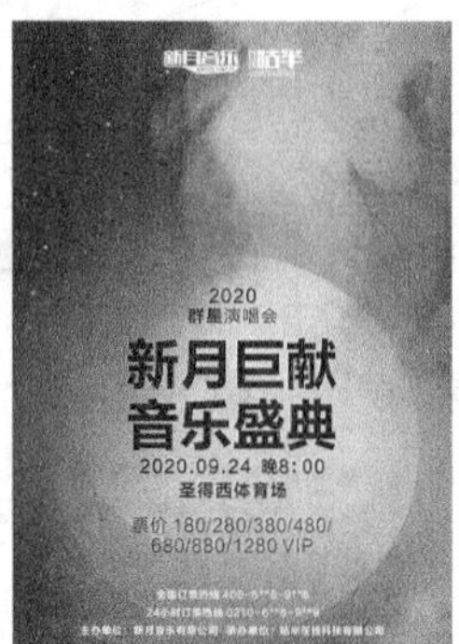

图 11-75

11.3 宣传单设计——制作美食宣传单折页

11.3.1 案例分析

本案例是为艾格斯兰美食厅制作的宣传单。要求宣传单能够运用图片和宣传文字使用独特的设计手法，主题鲜明地展现出食物的健康与美味。

在设计制作过程中，通过浅色渐变背景搭配精美的产品图片，体现出产品选料精良、美味可口的特点；通过艺术设计的标题文字，展现出时尚和现代感，突出宣传主题，让人印象深刻。

本案例将使用“导入”命令添加美食图片；使用贝塞尔工具、文本工具、使文本适合路径命令制作路径文字；使用矩形工具、转角半径选项、2 点线工具和轮廓笔工具绘制装饰图形；使用“导入”命令、矩形工具、“置于图文框内部”命令制作 PowerClip 效果；使用文本工具、“文本属性”泊坞窗添加宣传性文字。

11.3.2 案例设计

本案例设计效果如图 11-76 所示。

图 11-76

11.3.3 案例制作

1. 制作折页 01 和 02

制作美食宣传单折页 1

STEP 1 按 Ctrl+N 组合键，弹出“创建新文档”对话框，设置文档的宽度为 190 mm，高度为 210 mm，取向为横向，原色模式为 CMYK，渲染分辨率为 300 dpi，单击“确定”按钮，创建一个文档。

STEP 2 按 Ctrl+J 组合键，弹出“选项”对话框，选择“文档 / 页面尺寸”选项，在“出血”数值框中设置数值为 3.0，勾选“显示出血区域”复选框，如图 11-77 所示。单击“确定”按钮，页面效果如图 11-78 所示。

STEP 3 选择“视图 > 标尺”命令，在视图中显示标尺。选择“选择”工具，在左侧标尺中拖曳一条垂直辅助线，在属性栏中将“X 位置”设为 95 mm，按 Enter 键，如图 11-79 所示。

图 11-77

图 11-78

图 11-79

STEP 4 按 Ctrl+I 组合键，弹出“导入”对话框，选择资源包中的“Ch11 > 素材 > 制作美食宣传单折页 > 01、02”文件，单击“导入”按钮，在页面中单击鼠标以导入图片。选择“选择”工具，分别拖曳图片到适当的位置，效果如图 11-80 所示。

STEP 5 选择“文本”工具字，在页面中输入需要的文字。选择“选择”工具，在属性栏中选取适当的字体并设置文字大小，填充文字为白色，效果如图 11-81 所示。

STEP 6 选择“文本”工具字，选取文字“艾格斯兰”，设置文字颜色的 CMYK 值为 40、0、98、0，填充文字，效果如图 11-82 所示。

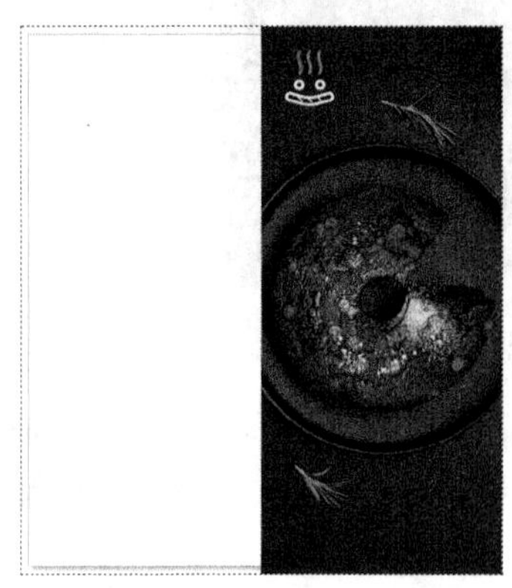

图 11-80

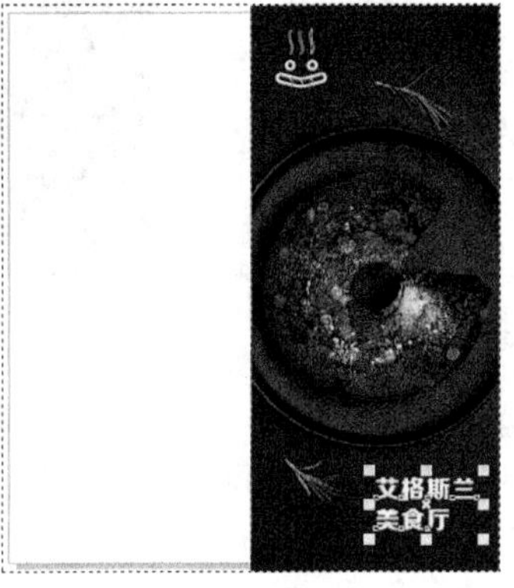

图 11-81

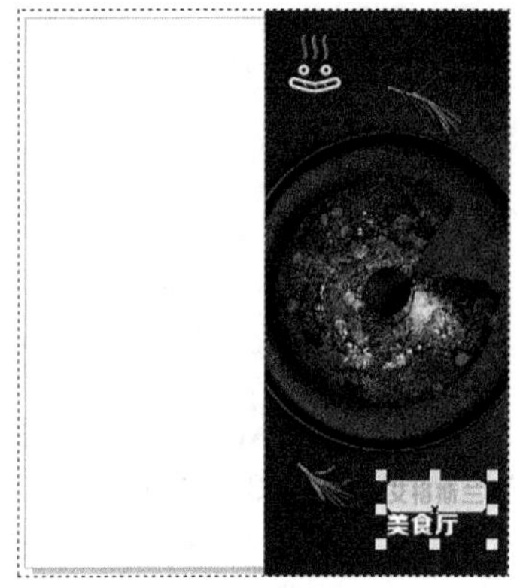

图 11-82

STEP 7 选择“贝塞尔”工具，在适当的位置绘制一条曲线，如图 11-83 所示。选择“文本”工具字，在适当的位置输入需要的文字。选择“选择”工具，在属性栏中选取适当的字体并设置文字大小。设置文字颜色的 CMYK 值为 40、0、98、0，填充文字，效果如图 11-84 所示。（为了方便读者观看，这里以白色显示。）

图 11-83

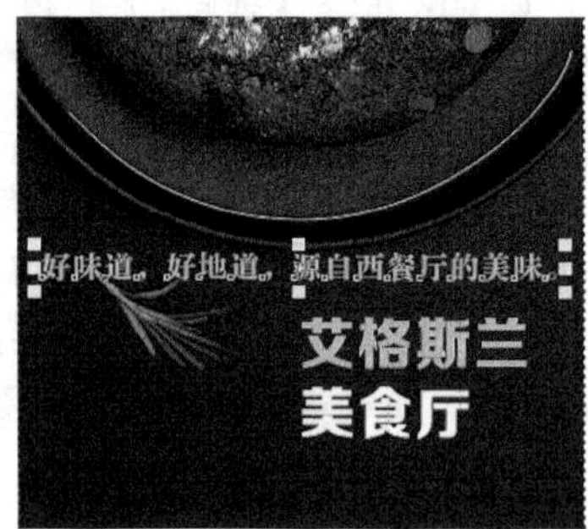

图 11-84

STEP 8 保持文字的选取状态，选择“文本 > 使文本适合路径”命令，将光标置于曲线上，如图 11-85 所示，单击鼠标左键，文本自动绕路径排列，效果如图 11-86 所示。在属性栏中的设置如图 11-87 所示，按 Enter 键确定操作，效果如图 11-88 所示。

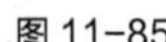

图 11-85

图 11-86

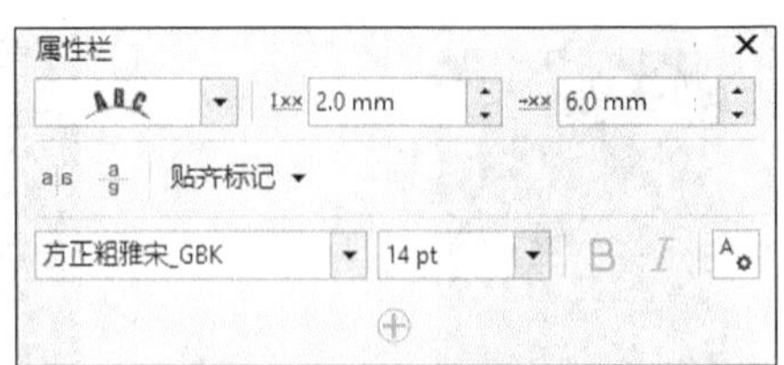

图 11-87

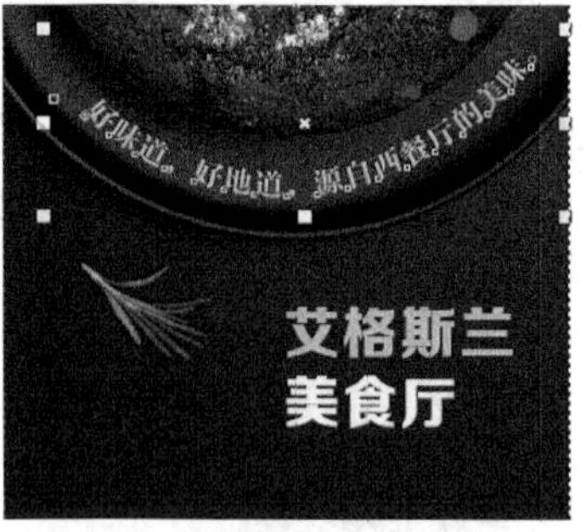

图 11-88

STEP 9 按 Ctrl+I 组合键，弹出“导入”对话框，选择资源包中的“Ch11 > 素材 > 制作美食宣传单折页 > 03”文件，单击“导入”按钮，在页面中单击鼠标以导入图片。选择“选择”工具，拖曳图片到适当的位置，效果如图 11-89 所示。

STEP 10 选择“文本”工具字，在适当的位置输入需要的文字。选择“选择”工具，在属性栏中选取适当的字体并设置文字大小，效果如图 11-90 所示。

STEP 11 选择“文本”工具字，选取文字“关于”，设置文字颜色的 CMYK 值为 13、61、89、0，填充文字，效果如图 11-91 所示。

图 11-89

图 11-90

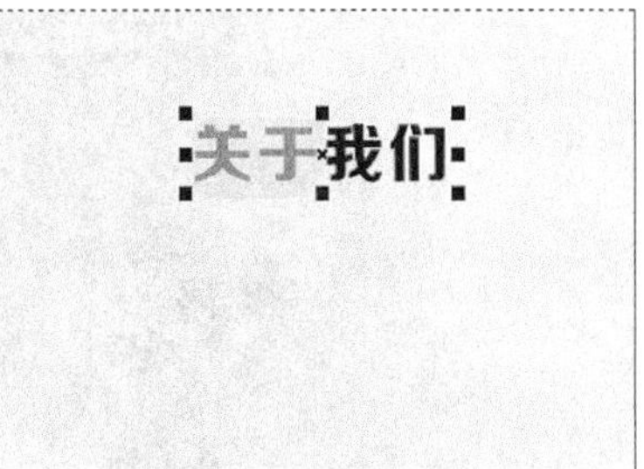

图 11-91

STEP 12 选择“文本”工具字，在适当的位置拖曳出一个文本框，如图 11-92 所示。在文本框中输入需要的文字，在属性栏中选取适当的字体并设置文字大小，效果如图 11-93 所示。

图 11-92

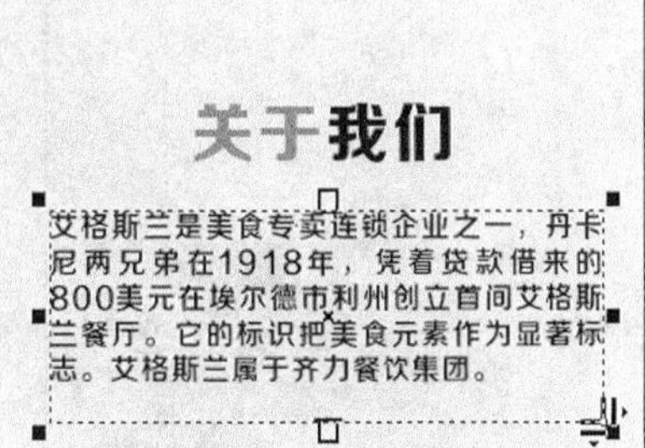

图 11-93

STEP 13 按 Ctrl+T 组合键，弹出“文本属性”泊坞窗，单击“两端对齐”按钮，其他选项的设置如图 11-94 所示。按 Enter 键，效果如图 11-95 所示。

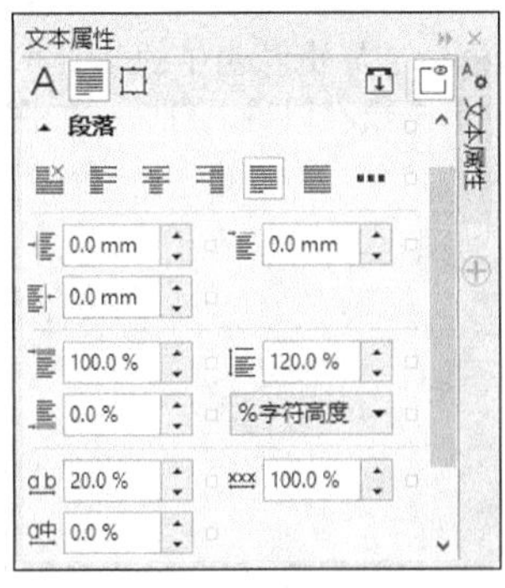

图 11-94

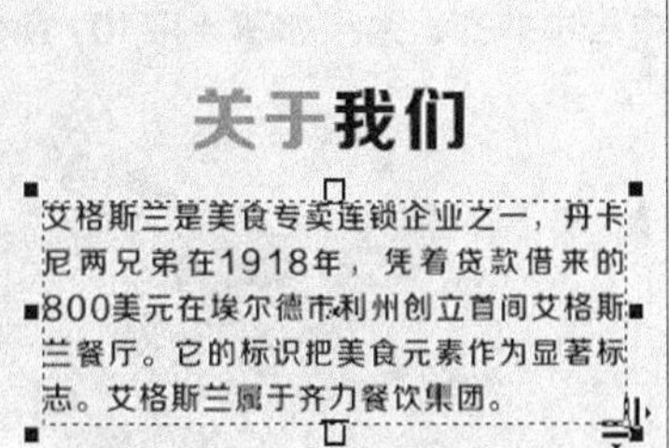

图 11-95

STEP 14 按 Ctrl+I 组合键，弹出“导入”对话框，选择资源包中的“Ch11 > 素材 > 制作美食宣传单折页 > 04”文件，单击“导入”按钮，在页面中单击鼠标以导入图片。选择“选择”工具，拖曳图片到适当的位置，效果如图 11-96 所示。

STEP 15 选择“文本”工具字，在适当的位置分别输入需要的文字。选择“选择”工具，在属性栏中选取适当的字体并设置文字大小，效果如图 11-97 所示。

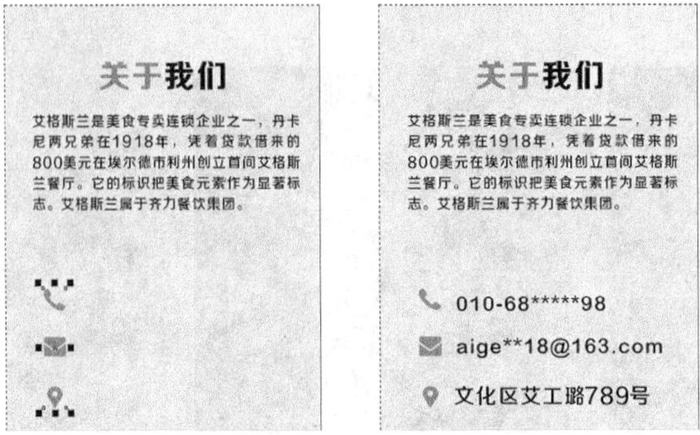

图 11-96　　图 11-97

2. 制作折页 03 和 04

STEP 1 选择“布局 > 插入页面”命令，在弹出的对话框中进行参数设置，如图 11-98 所示，单击“确定”按钮，插入页面，如图 11-99 所示。

制作美食宣传单折页 2

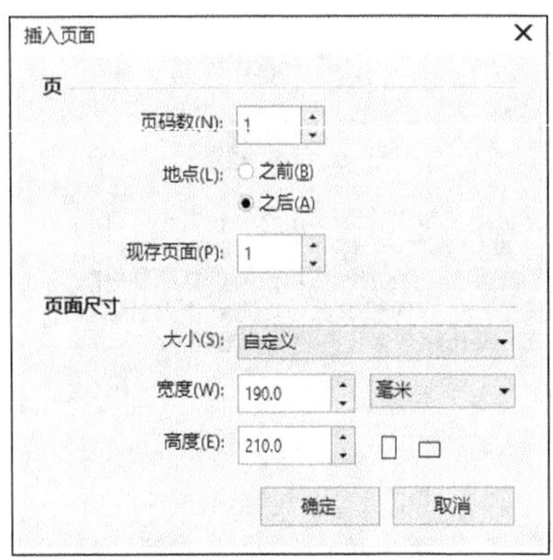

图 11-98

图 11-99

STEP 2 按 Ctrl+I 组合键，弹出“导入”对话框，选择资源包中的“Ch11 > 素材 > 制作美食宣传单折页 > 05”文件，单击“导入”按钮，在页面中单击鼠标以导入图片，如图 11-100 所示。按 P 键，图片在页面中居中对齐，效果如图 11-101 所示。

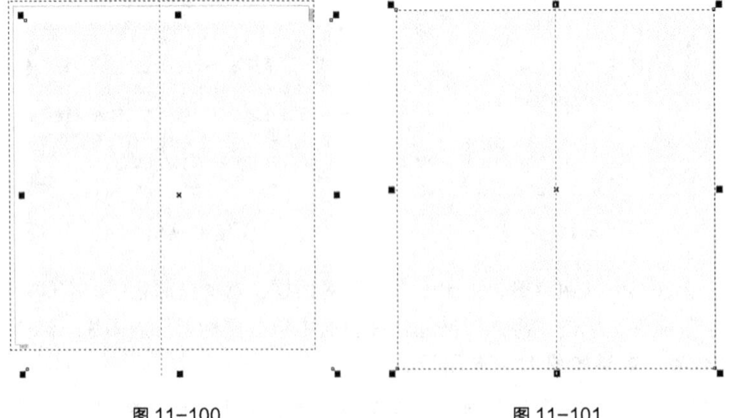

图 11-100　　图 11-101

STEP 3 选择“矩形”工具□，在适当的位置绘制一个矩形，如图 11-102 所示。按 Ctrl+I 组合键，弹出“导入”对话框，选择资源包中的“Ch11 > 素材 > 制作美食宣传单折页 > 06”文件，单击“导入”按钮，在页面中单击鼠标以导入图片。选择“选择”工具，拖曳图片到适当的位置，并调整其大小，效果如图 11-103 所示。按 Ctrl+PageDown 组合键，将图形向后移一层，效果如图 11-104 所示。

图 11-102　　图 11-103　　图 11-104

STEP 4 选择“对象 > PowerClip > 置于图文框内部”命令，鼠标光标变为黑色箭头形状，在矩形框上单击鼠标左键，如图 11-105 所示，将图片置入矩形框中，效果如图 11-106 所示。

图 11-105　　图 11-106

STEP 5 选择“矩形”工具□，在适当的位置绘制一个矩形，如图 11-107 所示。设置图形颜色的 CMYK 值为 40、0、98、0，填充图形并去除图形的轮廓线，效果如图 11-108 所示。

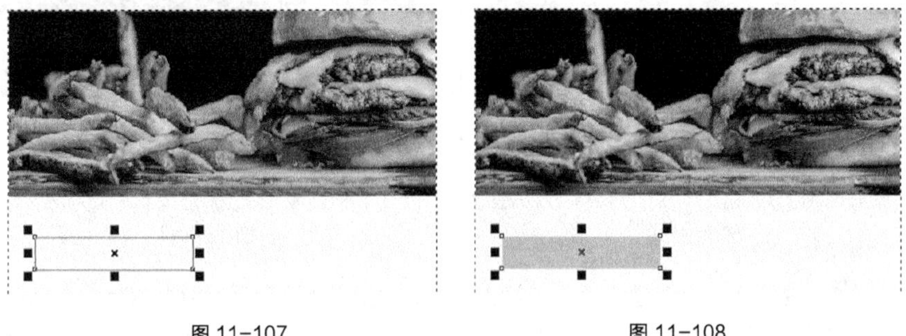

图 11-107　　图 11-108

STEP 6 在属性栏中将“转角半径”设为 1.0 mm 和 0 mm，如图 11-109 所示。按 Enter 键，效果如图 11-110 所示。

STEP 7 选择“文本”工具字，在适当的位置输入需要的文字。选择“选择”工具，在属性栏中选取适当的字体并设置文字大小，效果如图 11-111 所示。选择“2 点线”工具，按住 Ctrl 键的同时，在适当的位置绘制一条直线，如图 11-112 所示。

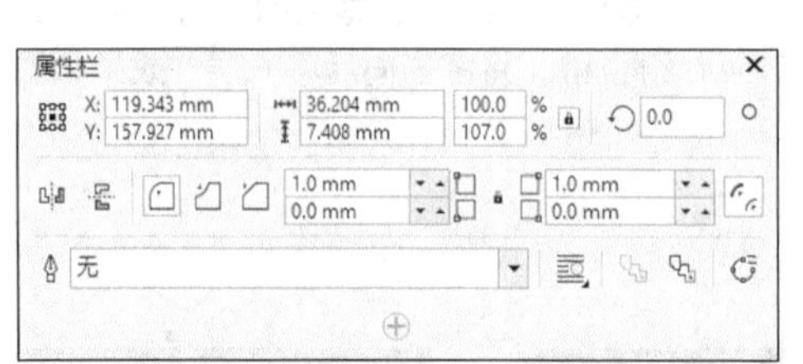

图 11-109

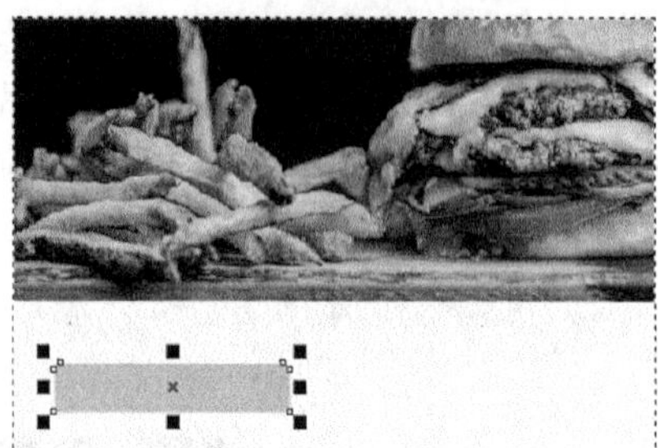

图 11-110

图 11-111

图 11-112

STEP 8 按 F12 键，弹出“轮廓笔”对话框，在“颜色”下拉列表框中设置轮廓线颜色的 CMYK 值为 40、0、98、0，其他选项的设置如图 11-113 所示。单击“确定”按钮，效果如图 11-114 所示。

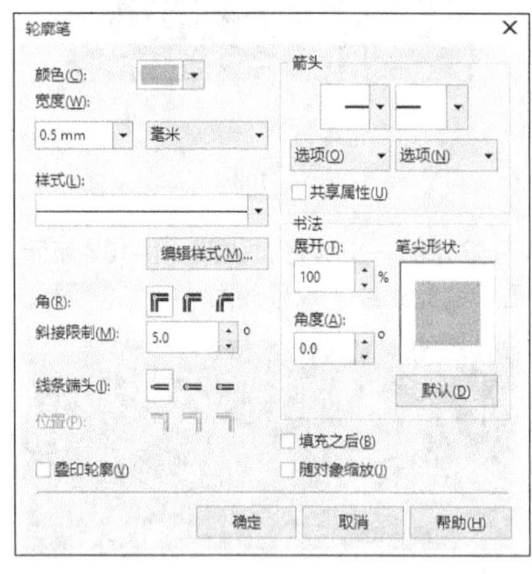

图 11-113

图 11-114

STEP 9 按 Ctrl+I 组合键，弹出“导入”对话框，选择资源包中的“Ch11 > 素材 > 制作美食宣传单折页 > 07”文件，单击“导入”按钮，在页面中单击鼠标以导入图片。选择“选择”工具，拖曳图片到适当的位置并调整其大小，效果如图 11-115 所示。

STEP 10 选择“矩形”工具，在适当的位置绘制一个矩形，如图 11-116 所示。在属性栏中将“转角半径”均设为 1.0 mm。按 Enter 键，效果如图 11-117 所示。（为了方便读者观看，这里以白色显示。）

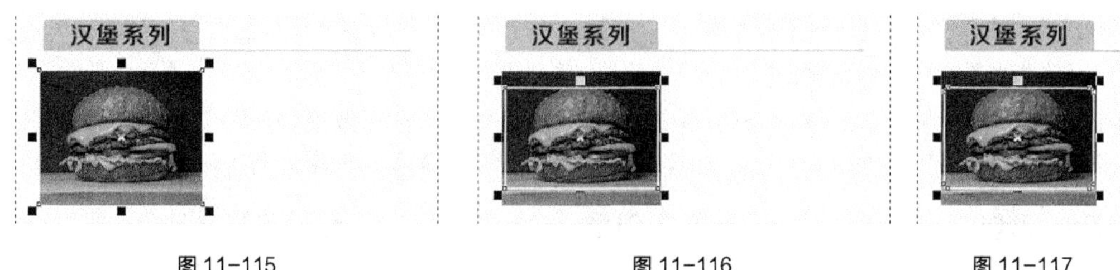

汉堡系列

图 11-115

汉堡系列

图 11-116

汉堡系列

图 11-117

STEP 11 选择“选择”工具，选取下方的汉堡包图片，选择“对象 > PowerClip > 置于图文框内部”命令，鼠标光标变为黑色箭头形状，在圆角矩形框上单击鼠标左键，如图 11-118 所示，将图片置入圆角矩形框中，效果如图 11-119 所示。

STEP 12 选择“文本”工具，在适当的位置输入需要的文字。选择“选择”工具，在属性栏中选取适当的字体并设置文字大小，效果如图 11-120 所示。

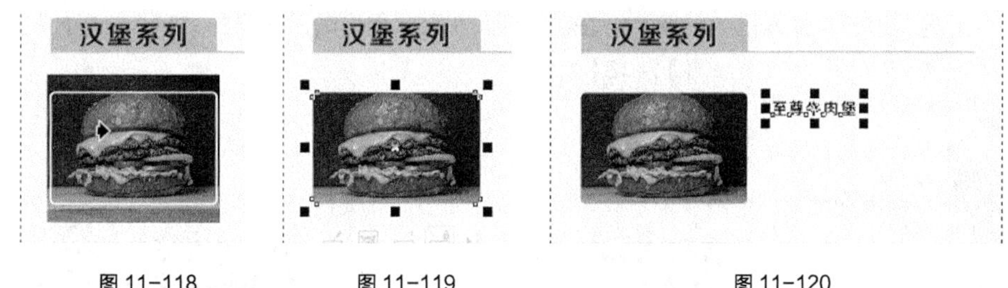

汉堡系列

图 11-118

汉堡系列

图 11-119

汉堡系列
至尊牛肉堡

图 11-120

STEP 13 选择“文本”工具，在适当的位置拖曳出一个文本框，如图 11-121 所示。在文本框中输入需要的文字，在属性栏中选取适当的字体并设置文字大小，效果如图 11-122 所示。

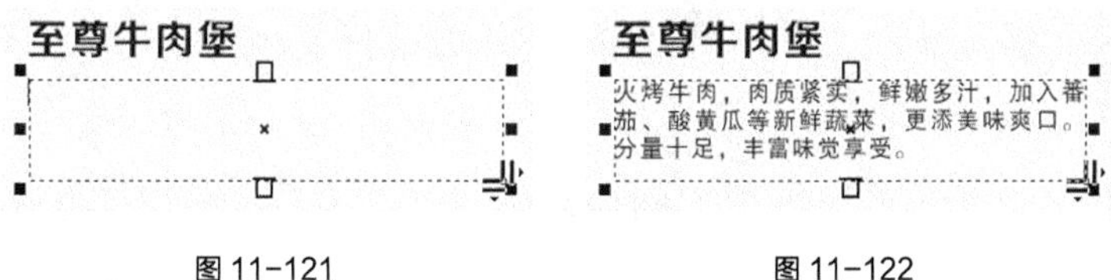

至尊牛肉堡

图 11-121

至尊牛肉堡
火烤牛肉，肉质紧实，鲜嫩多汁，加入番茄、酸黄瓜等新鲜蔬菜，更添美味爽口。分量十足，丰富味觉享受。

图 11-122

STEP 14 在“文本属性”泊坞窗中单击“两端对齐”按钮，其他选项的设置如图 11-123 所示。按 Enter 键，效果如图 11-124 所示。

STEP 15 选择“文本”工具，在适当的位置输入需要的文字。选择“选择”工具，在属性栏中选取适当的字体并设置文字大小，效果如图 11-125 所示。

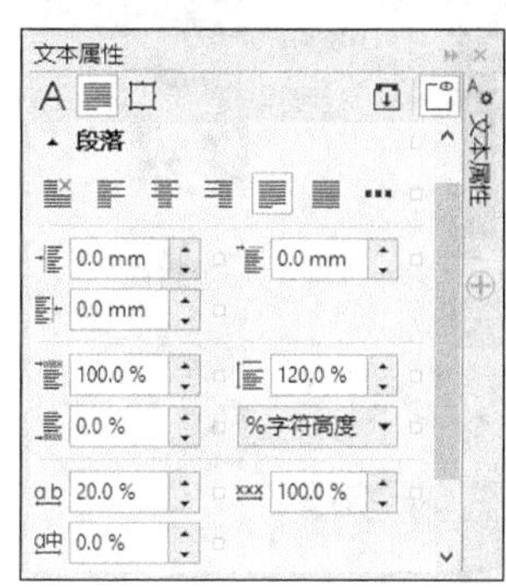

文本属性
段落
0.0 mm
0.0 mm
0.0 mm
100.0 %
120.0 %
0.0 %
%字符高度
20.0 %
100.0 %
0.0 %

图 11-123

至尊牛肉堡
火烤牛肉，肉质紧实，鲜嫩多汁，加入番茄、酸黄瓜等新鲜蔬菜，更添美味爽口。分量十足，丰富味觉享受。

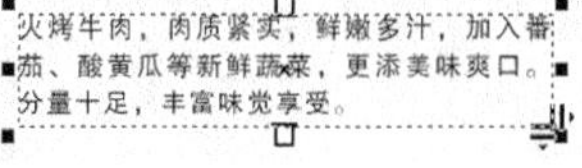

图 11-124

至尊牛肉堡
火烤牛肉，肉质紧实，鲜嫩多汁，加入番茄、酸黄瓜等新鲜蔬菜，更添美味爽口。分量十足，丰富味觉享受。
¥ 22.90 元

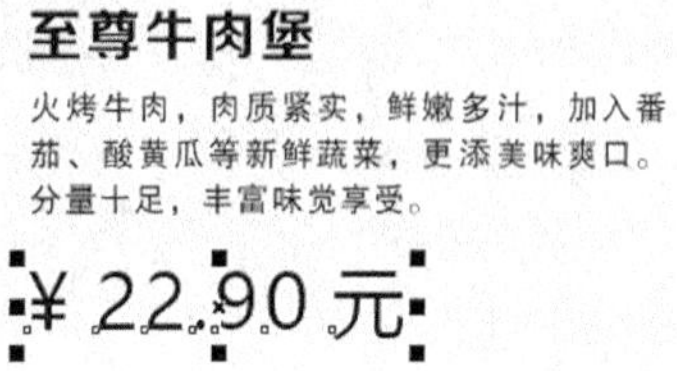

图 11-125

STEP 16 选择“文本”工具字，选取数字“22.90”，在属性栏中选取适当的字体并设置文字大小，效果如图 11-126 所示。

STEP 17 选取文字“元”，在属性栏中设置文字大小，效果如图 11-127 所示。选取文字“¥22.90”，设置文字颜色的 CMYK 值为 13、61、89、0，填充文字，效果如图 11-128 所示。

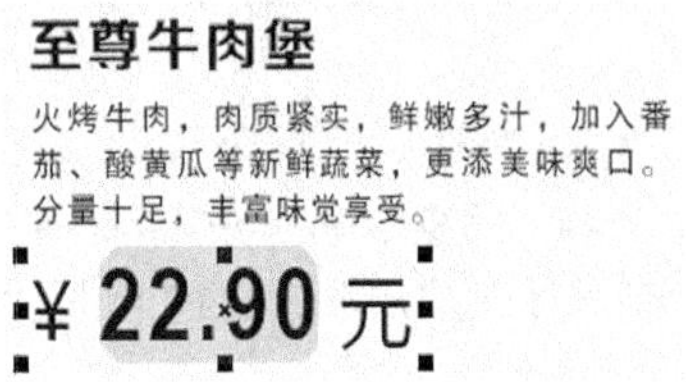

至尊牛肉堡
火烤牛肉，肉质紧实，鲜嫩多汁，加入番茄、酸黄瓜等新鲜蔬菜，更添美味爽口。分量十足，丰富味觉享受。
¥22.90 元

图 11-126

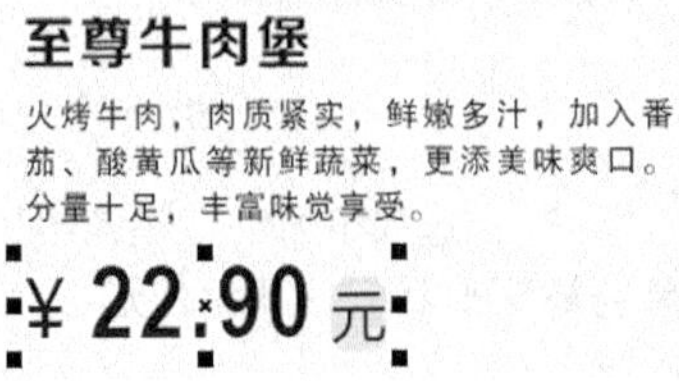

至尊牛肉堡
火烤牛肉，肉质紧实，鲜嫩多汁，加入番茄、酸黄瓜等新鲜蔬菜，更添美味爽口。分量十足，丰富味觉享受。
¥22.90 元

图 11-127

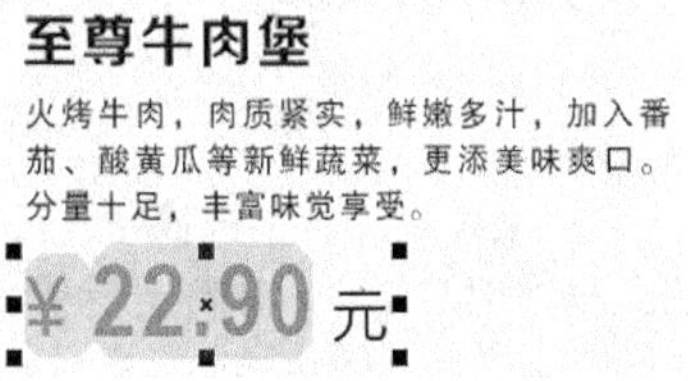

至尊牛肉堡
火烤牛肉，肉质紧实，鲜嫩多汁，加入番茄、酸黄瓜等新鲜蔬菜，更添美味爽口。分量十足，丰富味觉享受。
¥22.90 元

图 11-128

STEP 18 用相同的方法导入其他图片，并制作图 11-129 所示的效果。选择“文本”工具字，在适当的位置拖曳出一个文本框，如图 11-130 所示。在文本框中输入需要的文字，在属性栏中选取适当的字体并设置文字大小，效果如图 11-131 所示。

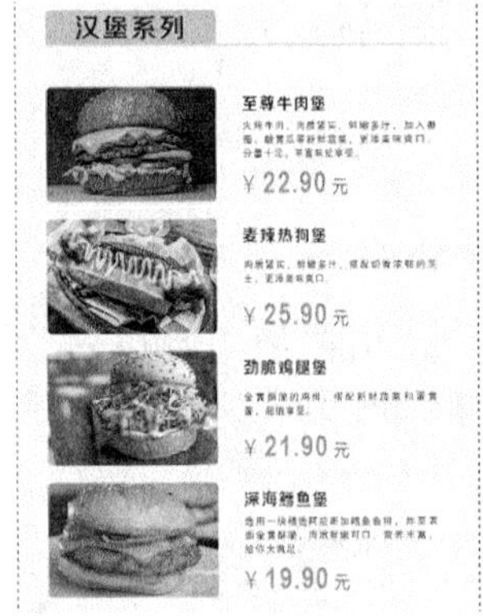

汉堡系列
至尊牛肉堡
¥22.90 元
麦辣热狗堡
¥25.90 元
劲脆鸡腿堡
¥21.90 元
深海鳕鱼堡
¥19.90 元

图 11-129

深海鳕鱼堡
¥19.90 元

图 11-130

深海鳕鱼堡
¥19.90 元
汉堡包是比较有营养的，面包补充碳水化合物，肉补充蛋白质和能量，生菜补充维生素，千岛酱（番茄酱、甜酱或瓜果酱和其他酱类）补充糖分。

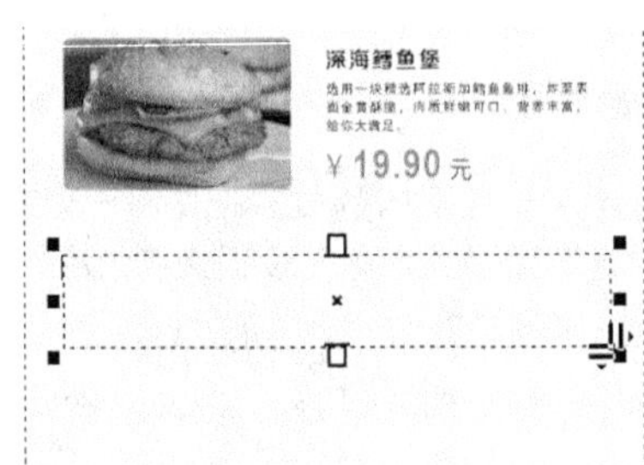

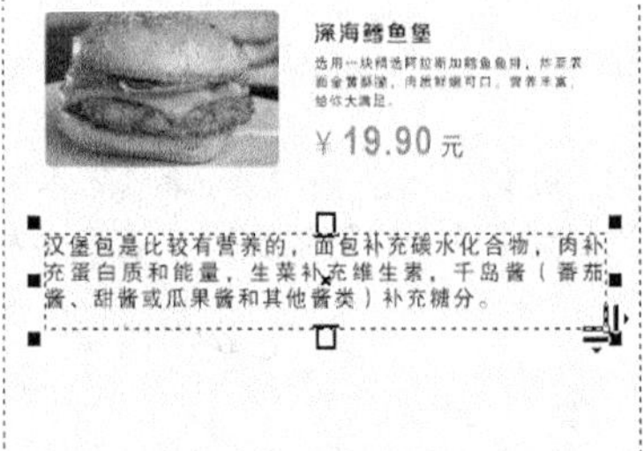

图 11-131

STEP 19 在“文本属性”泊坞窗中单击“两端对齐”按钮，其他选项的设置如图 11-132 所示。按 Enter 键，效果如图 11-133 所示。用相同的方法制作“04”页面，效果如图 11-134 所示。至此，美食宣传单折页制作完成。

文本属性
段落
0.0 mm
0.0 mm
0.0 mm
100.0 %
120.0 %
0.0 %
%字符高度
20.0 %
100.0 %
0.0 %
文本属性

图 11-132

深海鳕鱼堡
¥19.90 元
汉堡包是比较有营养的，面包补充碳水化合物，肉补充蛋白质和能量，生菜补充维生素，千岛酱（番茄酱、甜酱或瓜果酱和其他酱类）补充糖分。

图 11-133

小食系列
汉堡系列

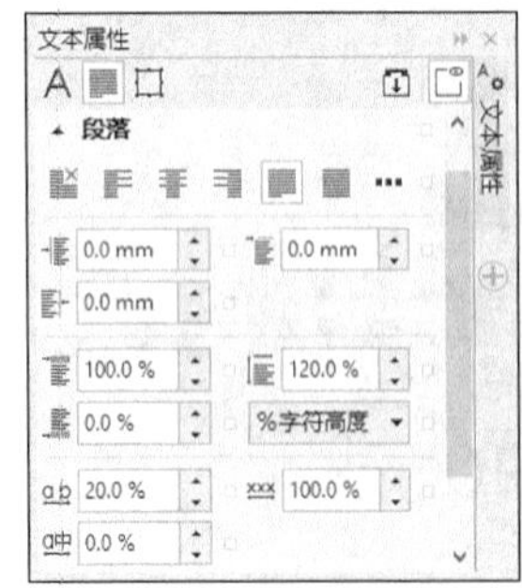

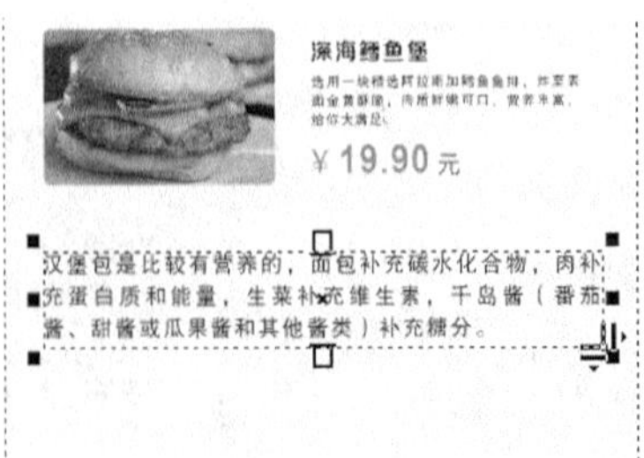

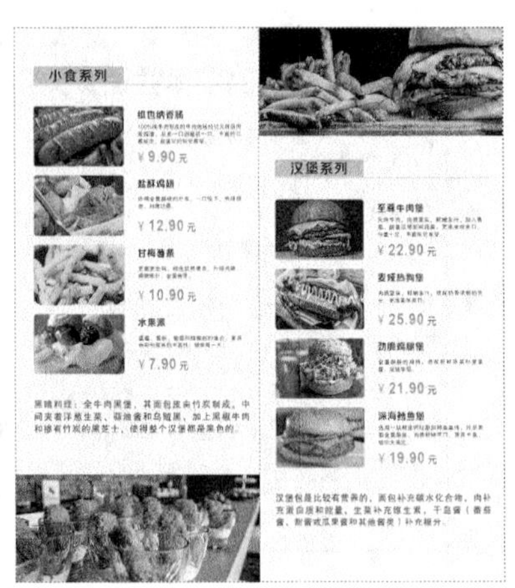

图 11-134

11.4 包装设计——制作冰淇淋包装

11.4.1 案例分析

本案例是为冰激凌制作的包装设计，要求传达出冰激凌健康美味，并能为消费者带来快乐的特点。设计要求画面丰富，能够快速地吸引消费者的注意。

在设计制作过程中，包装使用传统的罐装，风格简单干净，使消费者感到放心；用可爱儿童插画作为包装素材，突出宣传重点，蓝色的标题文字，在画面中突出显示，让整个包装具有温馨可爱的画面感。

本案例将使用矩形工具、椭圆形工具、贝塞尔工具和“置于图文框内部”命令制作包装外形；使用图形绘制工具、合并按钮、移除前面对象按钮和填充工具绘制卡通形象；使用文本工具、“文本属性”泊坞窗添加商品名称及其他相关信息；使用椭圆形工具、转换为位图命令和高斯式模糊命令制作阴影效果。

图 11-135

11.4.2 案例设计

本案例设计效果如图 11-135 所示。

11.4.3 案例制作

1. 绘制卡通形象

制作冰淇淋包装 1

STEP 1 按 Ctrl+N 组合键，弹出“创建新文档”对话框，设置文档的宽度为 200 mm，高度为 200 mm，取向为纵向，原色模式为 CMYK，渲染分辨率为 300 dpi，单击“确定”按钮，创建一个文档。

STEP 2 选择“矩形”工具，在页面中绘制一个矩形，设置图形颜色的 CMYK 值为 41、7、0、0，填充图形并去除图形的轮廓线，效果如图 11-136 所示。选择“椭圆形”工具，在适当的位置绘制一个椭圆形，填充图形为白色，并去除图形的轮廓线，效果如图 11-137 所示。

图 11-136

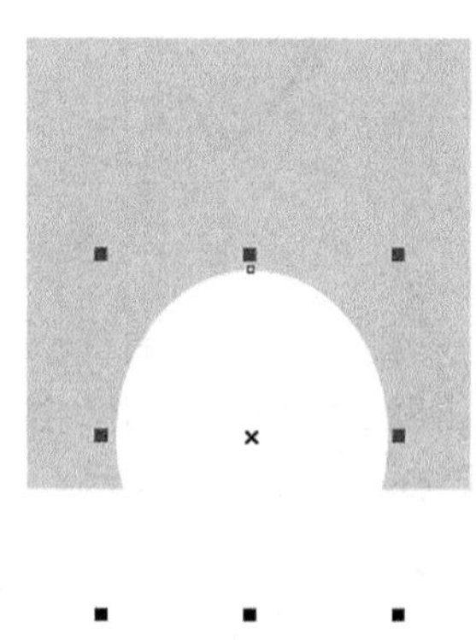

图 11-137

STEP 3 选择“对象 > PowerClip > 置于图文框内部”命令，鼠标的光标变为黑色箭头形状，在矩形框上单击鼠标左键，如图 11-138 所示，将图片置入到矩形框中，效果如图 11-139 所示。

STEP 4 选择“贝塞尔”工具，在适当的位置绘制一个不规则图形，如图 11-140 所示。选择“选择”工具选取下方矩形框，选择“对象 > PowerClip > 置于图文框内部”命令，鼠标的光标变为黑色箭头形状，在不规则图形上单击鼠标左键，如图 11-141 所示。将图片置入到不规则图形中，并去除图形的轮廓线，效果如图 11-142 所示。

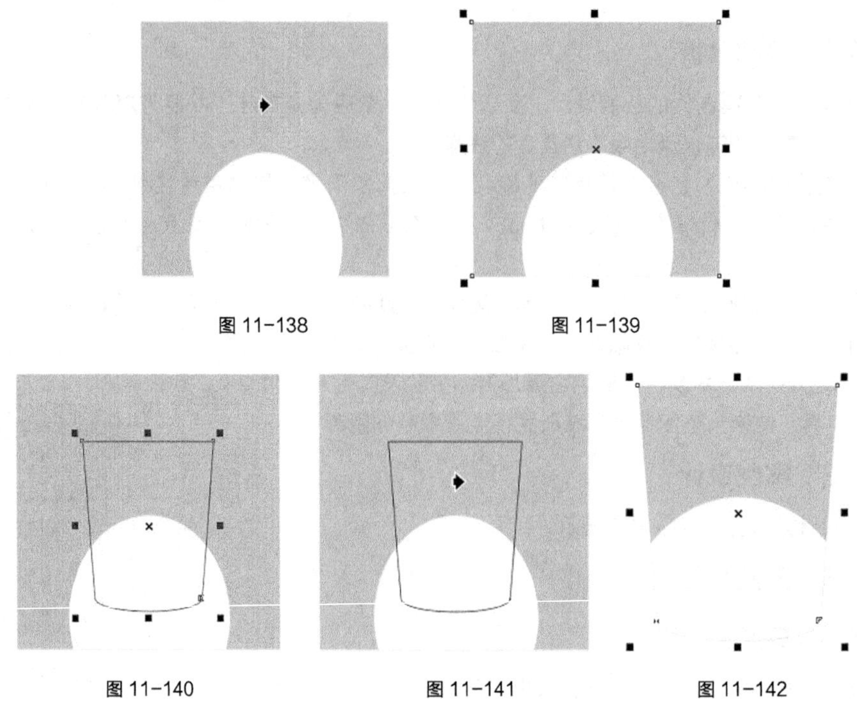

图 11-138　　图 11-139

图 11-140　　图 11-141　　图 11-142

STEP 5 选择“椭圆形”工具，按住 Ctrl 键的同时，在页面外绘制一个圆形，如图 11-143 所示。选择“3 点矩形”工具，在适当的位置拖曳光标绘制一个矩形，如图 11-144 所示。

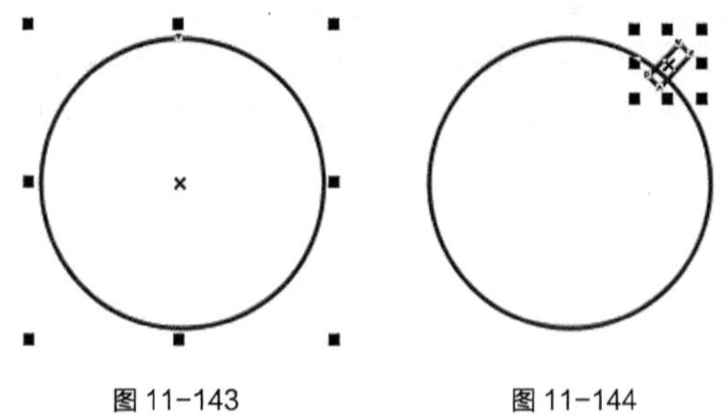

图 11-143　　图 11-144

STEP 6 选择“选择”工具，按住 Shift 键的同时，单击下方圆形将其同时选取，如图 11-145 所示。单击属性栏中的“合并”按钮将图形合并，效果如图 11-146 所示。选择“3 点椭圆形”工具，在适当的位置拖曳光标绘制一个椭圆形，如图 11-147 所示。

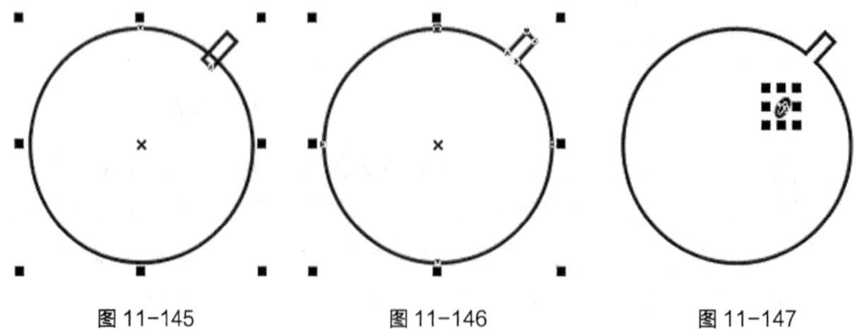

图 11-145　　图 11-146　　图 11-147

STEP 7 选择“贝塞尔”工具，在适当的位置绘制一条曲线，如图 11-148 所示。按 F12 键，弹出“轮廓笔”对话框，在“颜色”下拉列表框中设置轮廓线颜色为黑色，其他选项的参数设置如图 11-149 所示。单击“确定”按钮，效果如图 11-150 所示。

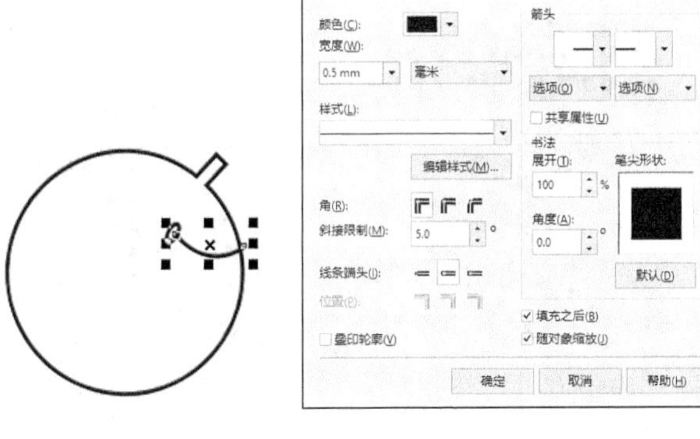

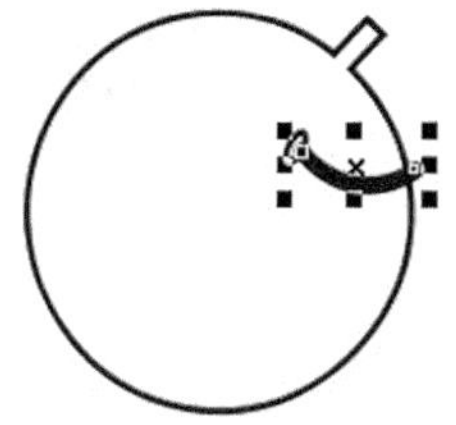

图 11-148　　图 11-149　　图 11-150

STEP 8 按 Ctrl+Shift+Q 组合键将轮廓转换为对象，如图 11-151 所示。选择“选择”工具，用圈选的方法将所绘制的图形全部选取，如图 11-152 所示。单击属性栏中的“移除前面对象”按钮，将几个图形剪切为一个图形，效果如图 11-153 所示。设置图形颜色的 CMYK 值为 78、62、37、0，填充图形并去除图形的轮廓线，效果如图 11-154 所示。

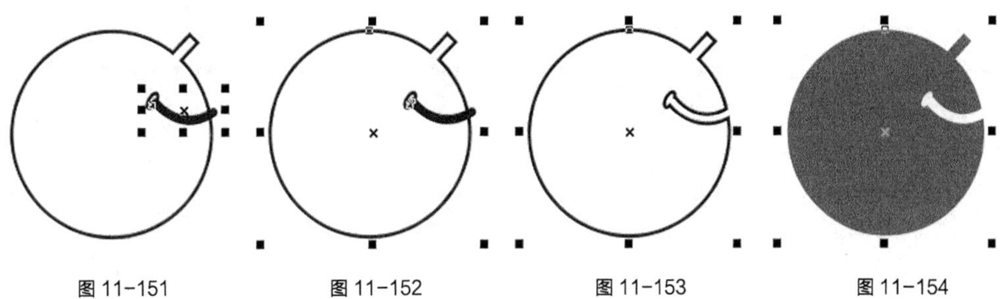

图 11-151　　图 11-152　　图 11-153　　图 11-154

STEP 9 选择“贝塞尔”工具，在适当的位置绘制一个不规则图形，如图 11-155 所示。在“CMYK 调色板”中的“30% 黑”色块上单击鼠标左键填充图形，并去除图形的轮廓线，效果如图 11-156 所示。

STEP 10 选择“椭圆形”工具，按住 Ctrl 键的同时在适当的位置绘制一个圆形，填充图形为黑色，并去除图形的轮廓线，效果如图 11-157 所示。按数字键盘上的 + 键复制圆形，选择“选择”工具，按住 Shift 键的同时水平向右拖曳复制的圆形到适当的位置，效果如图 11-158 所示。按住 Ctrl 键的同时再连续点按 D 键，按需要复制出多个圆形，效果如图 11-159 所示。

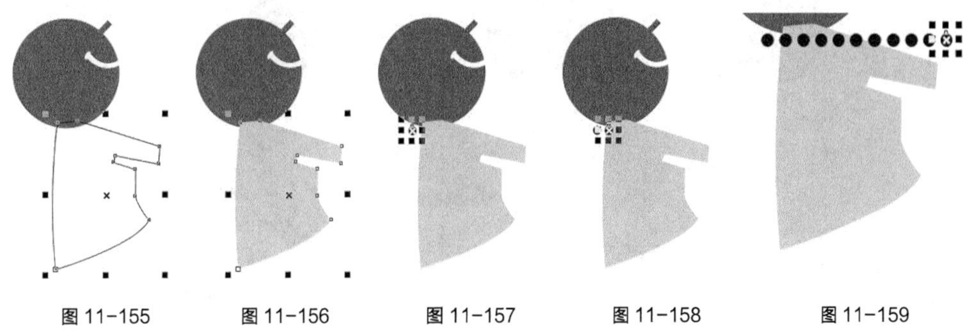

图 11-155　　图 11-156　　图 11-157　　图 11-158　　图 11-159

STEP 11 选择“选择”工具，用圈选的方法将所绘制的圆形同时选取，按 Ctrl+G 组合键将其群组，如图 11-160 所示。按数字键盘上的 + 键复制图形，按住 Shift 键的同时垂直向下拖曳复制的图形到适当的位置，效果如图 11-161 所示。按住 Ctrl 键的同时再连续点按 D 键，按需要复制出多个图形，效果如图 11-162 所示。

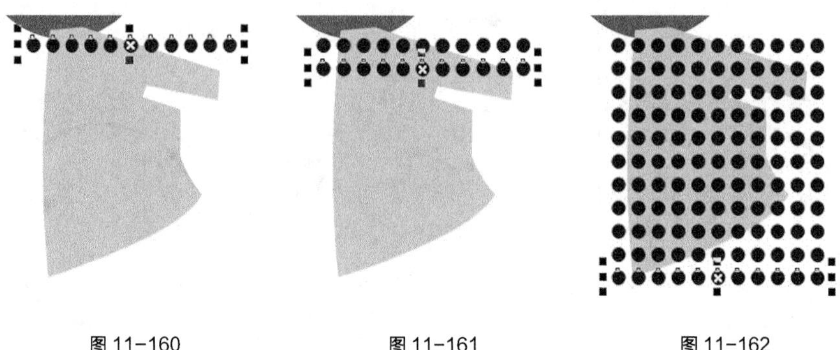

图 11-160　　图 11-161　　图 11-162

STEP 12 选择“选择”工具，用圈选的方法将所复制的圆形同时选取，按 Ctrl+G 组合键将其群组，填充图形为白色，如图 11-163 所示。按 Ctrl+PageDown 组合键，将图形向后移一层，如图 11-164 所示。

STEP 13 选择“对象 > PowerClip > 置于图文框内部”命令，鼠标的光标变为黑色箭头形状，在不规则图形上单击鼠标左键，如图 11-165 所示。将图片置入到不规则图形中，效果如图 11-166 所示。

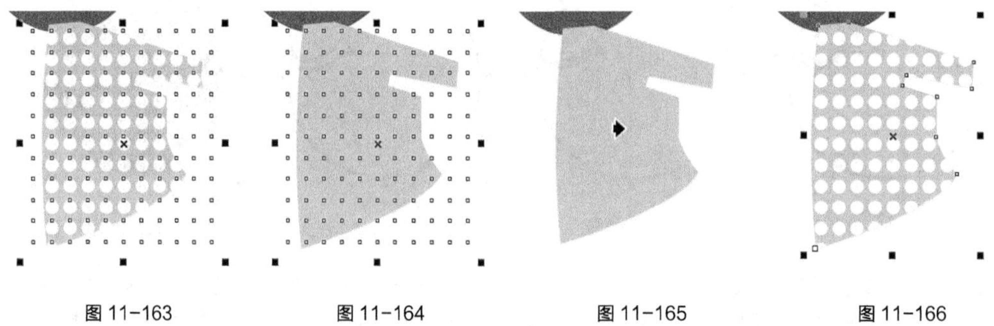

图 11-163　　图 11-164　　图 11-165　　图 11-166

STEP 14 选择“贝塞尔”工具，在适当的位置分别绘制不规则图形，如图 11-167 所示。选择“选择”工具，用圈选的方法将绘制的图形同时选取，设置图形颜色的 CMYK 值为 78、62、37、0，填充图形并去除图形的轮廓线，效果如图 11-168 所示。按 Ctrl+PageDown 组合键，将图形向后移一层，如图 11-169 所示。

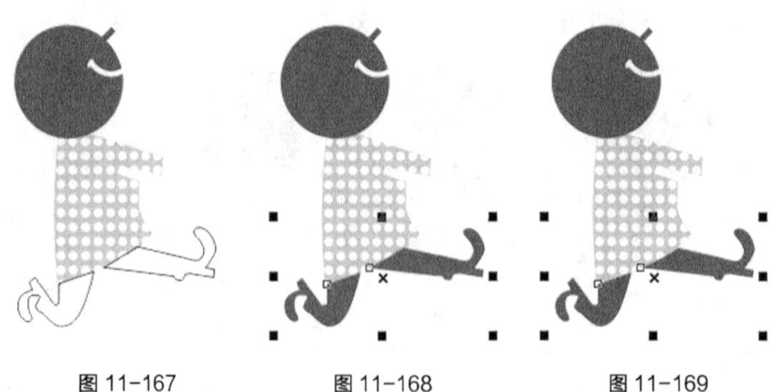

图 11-167　　图 11-168　　图 11-169

STEP 15 选择“手绘”工具，在适当的位置绘制一条斜线，如图 11-170 所示。按 F12 键，弹出“轮廓笔”对话框，在“颜色”下拉列表框中设置轮廓线颜色的 CMYK 值为 78、62、37、0，其他选项的参数设置如图 11-171 所示。单击“确定”按钮，效果如图 11-172 所示。

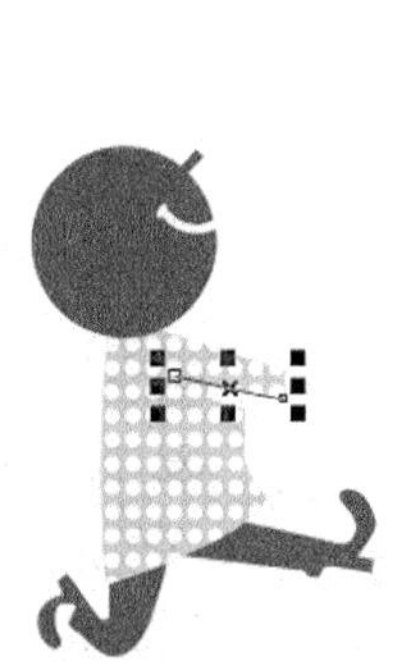

图 11-170

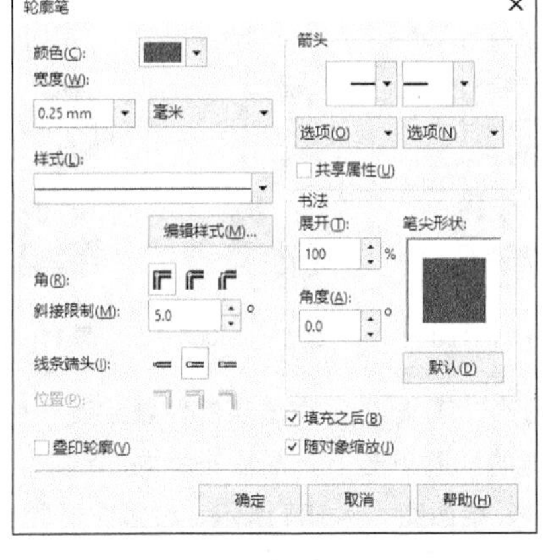

图 11-171

图 11-172

STEP 16 按数字键盘上的 + 键复制斜线。选择“选择”工具，向下拖曳复制的斜线到适当的位置，效果如图 11-173 所示。选择“贝塞尔”工具，在适当的位置分别绘制不规则图形，如图 11-174 所示。

STEP 17 选择“选择”工具，用圈选的方法将绘制的图形同时选取，设置图形颜色的 CMYK 值为 78、62、37、0，填充图形并去除图形的轮廓线，效果如图 11-175 所示。

图 11-173　　图 11-174　　图 11-175

STEP 18 选择“矩形”工具，在适当的位置绘制一个矩形，如图 11-176 所示。在属性栏中将“圆角半径”设为 1.0 mm，如图 11-177 所示。按 Enter 键，效果如图 11-178 所示。

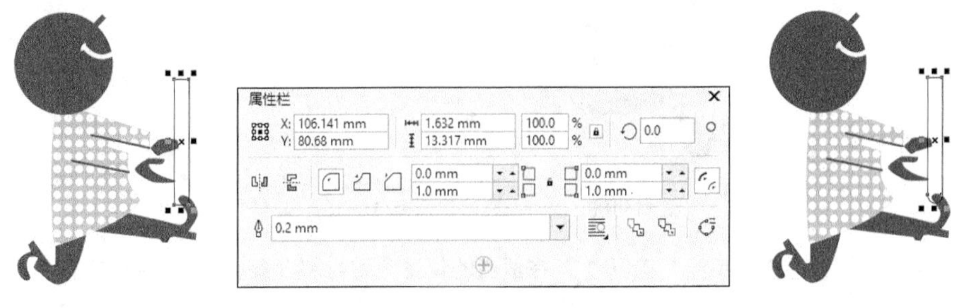

图 11-176　　图 11-177　　图 11-178

STEP 19 单击属性栏中的“转换为曲线”按钮将图形转换为曲线，如图 11-179 所示。

选择“形状”工具，选中并向左拖曳右上角节点到适当的位置，效果如图 11-180 所示。用相同的方法调整左上角的节点，效果如图 11-181 所示。

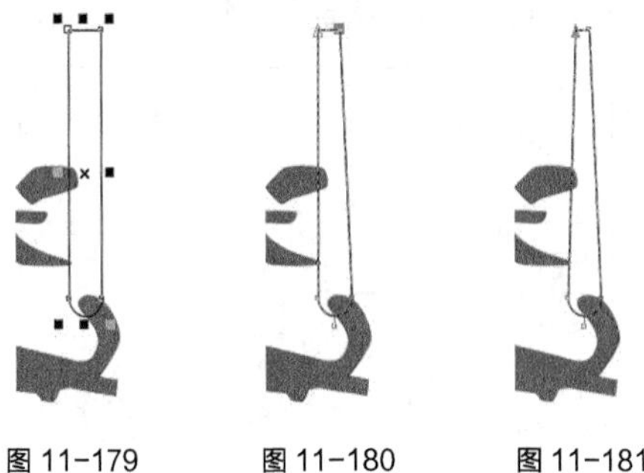

图 11-179　　图 11-180　　图 11-181

STEP 20 选择“椭圆形”工具，在适当的位置绘制一个椭圆形，如图 11-182 所示。选择“选择”工具，按住 Shift 键的同时单击下方图形将其同时选取，如图 11-183 所示。单击属性栏中的“合并”按钮将图形合并，效果如图 11-184 所示。设置图形颜色的 CMYK 值为 78、62、37、0，填充图形并去除图形的轮廓线，效果如图 11-185 所示。

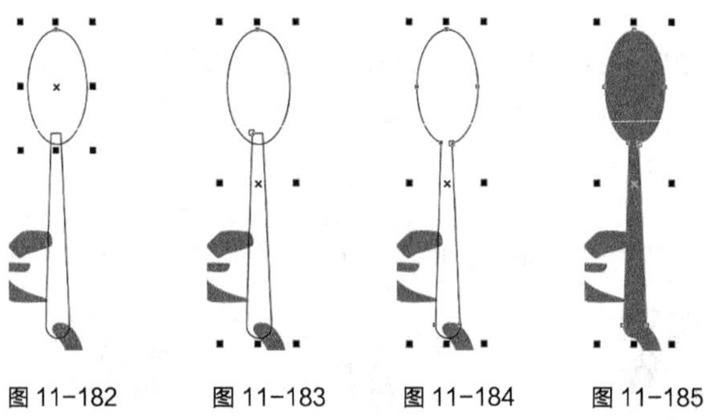

图 11-182　　图 11-183　　图 11-184　　图 11-185

STEP 21 在属性栏中的“旋转角度”框中设置数值为 -15，按 Enter 键，效果如图 11-186 所示。选择“选择”工具，用圈选的方法将所绘制的图形全部选取，按 Ctrl+G 组合键将其群组。拖曳群组图形到页面中适当的位置，效果如图 11-187 所示。

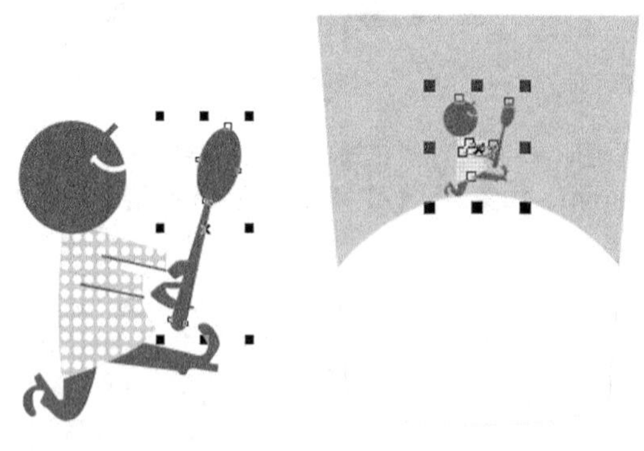

图 11-186　　图 11-187

STEP 22 选择“手绘”工具，在适当的位置分别绘制 3 条斜线，效果如图 11-188 所示。选择“选择”工具，用圈选的方法将绘制的斜线同时选取，按 F12 键，弹出“轮廓笔”对话框，在“颜色”下拉列表框中设置轮廓线颜色为白色，其他选项的参数设置如图 11-189 所示。单击“确定”按钮，效果如图 11-190 所示。

图 11-188

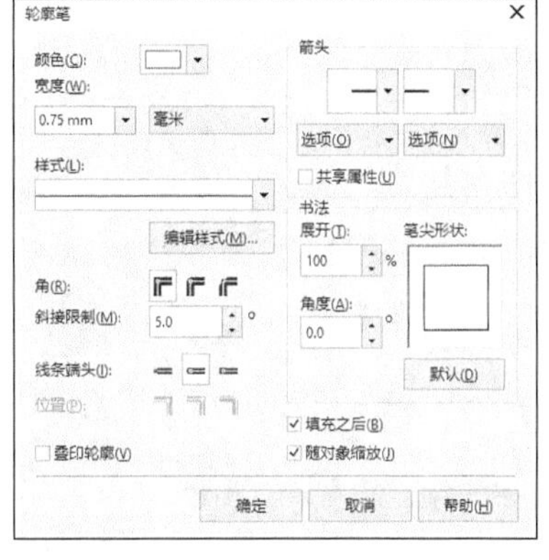

图 11-189

图 11-190

STEP 23 按数字键盘上的 + 键复制斜线。在属性栏中分别单击“水平镜像”按钮和“垂直镜像”按钮，水平和垂直翻转斜线，如图 11-191 所示。选择“选择”工具，向右拖曳翻转的斜线到适当的位置，效果如图 11-192 所示。

图 11-191

图 11-192

2. 添加产品信息

制作冰淇淋包装 2

STEP 1 选择“文本”工具字，在适当的位置分别输入需要的文字。选择“选择”工具，在属性栏中分别选取适当的字体并设置文字大小，效果如图 11-193 所示。按住 Shift 键的同时选取需要的文字，设置文字颜色的 CMYK 值为 78、62、37、0，填充文字，效果如图 11-194 所示。

图 11-193

图 11-194

STEP 2 选取英文“CLASSIC CREAM”，设置文字颜色的 CMYK 值为 41、7、0、0，填充文字，效果如图 11-195 所示。按 F12 键，弹出“轮廓笔”对话框，在“颜色”下拉列表框中设置轮廓线颜色的 CMYK 值为 78、62、37、0，其他选项的参数设置如图 11-196 所示。单击“确定”按钮，效果如图 11-197 所示。

图 11-195

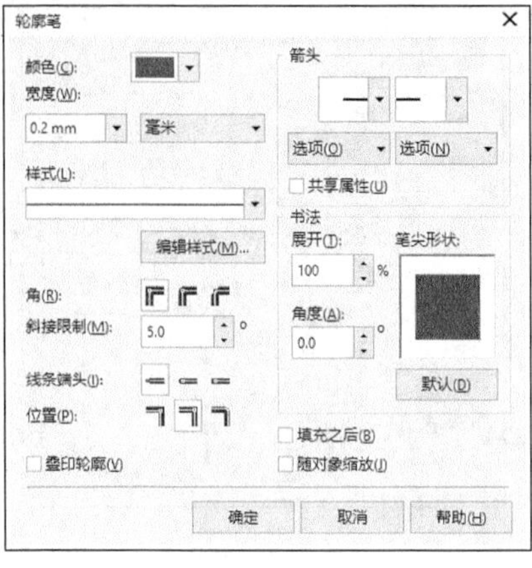

图 11-196

图 11-197

STEP 3 保持文字选取状态。选择“文本 > 文本属性”命令，在弹出的“文本属性”泊坞窗中进行设置，如图 11-198 所示。按 Enter 键，效果如图 11-199 所示。

STEP 4 选择“文本”工具字，选取英文“B”，如图 11-200 所示。在属性栏中设置文字大小，效果如图 11-201 所示。

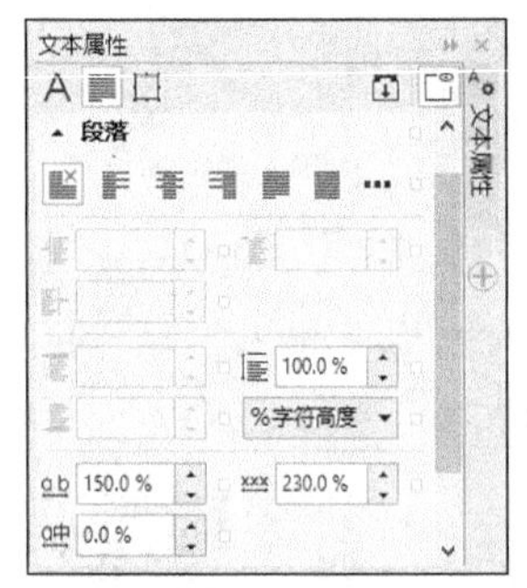

图 11-198

图 11-199

图 11-200

图 11-201

STEP 5 选取文字“净含量：81 克（100 毫升）”，在“文本属性”泊坞窗中进行设置，如图 11-202 所示。按 Enter 键，效果如图 11-203 所示。

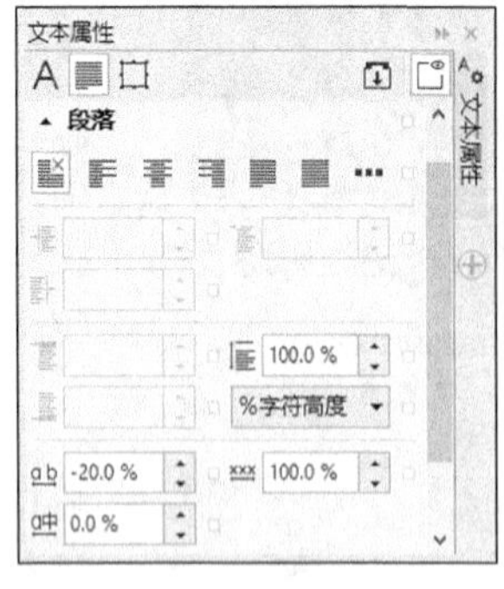

图 11-202

CLASSIC CREAM
经典奶油味

图 11-203

STEP 6 按 Ctrl+I 组合键，弹出“导入”对话框，选择资源包中的“Ch11 > 素材 > 制作冰淇淋包装 > 01”文件，单击“导入”按钮，在页面中单击鼠标以导入图形。选择“选择”工具，拖曳图形到适当的位置，效果如图 11-204 所示。选择“椭圆形”工具，在适当的位置绘制一个椭圆形

（为了方便读者观看，这里用红色轮廓线显示），如图 11-205 所示。

图 11-204　　图 11-205

STEP 7 保持图形选取状态。设置图形颜色的 CMYK 值为 89、82、62、38，填充图形并去除图形的轮廓线，效果如图 11-206 所示。按 Shift+PageDown 组合键，将其置于图层后面，效果如图 11-207 所示。

图 11-206　　图 11-207

STEP 8 选择“椭圆形”工具，在适当的位置绘制一个椭圆形，填充图形为黑色，并去除图形的轮廓线，效果如图 11-208 所示。

STEP 9 选择“位图 > 转换为位图”命令，在弹出的对话框中进行设置，如图 11-209 所示。单击“确定”按钮，效果如图 11-210 所示。

图 11-208

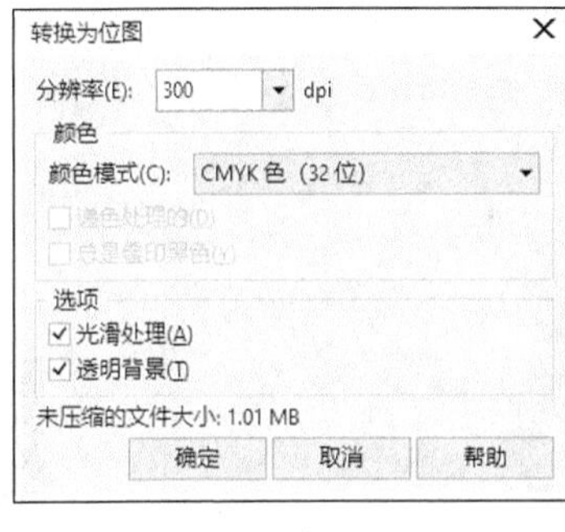

图 11-209

图 11-210

STEP 10 选择“位图 > 模糊 > 高斯式模糊”命令，在弹出的对话框中进行设置，如图 11-211 所示。单击“确定”按钮，效果如图 11-212 所示。按 Shift+PageDown 组合键，将其置于图层后面，效果如图 11-213 所示。

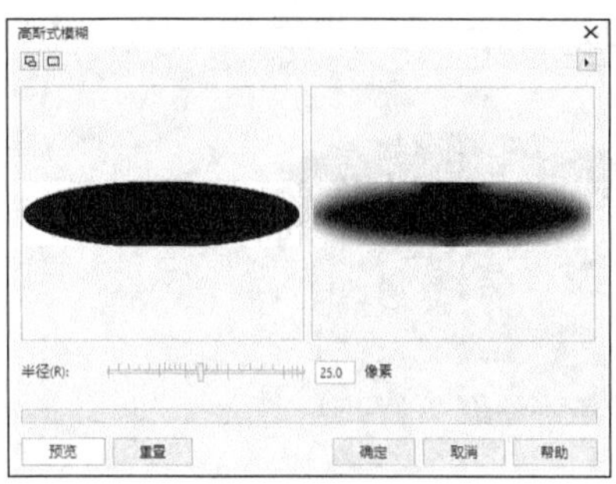

图 11-211

图 11-212

图 11-213

STEP 11 按 Ctrl+I 组合键，弹出“导入”对话框，选择资源包中的“Ch11 > 素材 > 制作冰淇淋包装 > 02”文件，单击“导入”按钮，在页面中单击鼠标以导入图片。按 P 键，图片在页面中居中对齐，效果如图 11-214 所示。按 Shift+PageDown 组合键，将其置于图层后面，效果如图 11-215 所示。

图 11-214

图 11-215

11.5 课堂练习 1——制作摄影广告

习题知识要点

使用矩形工具、渐变工具、椭圆形工具和“置于图文框内部”命令制作广告底图；使用文本工具、“文本属性”泊坞窗添加内容文字；使用矩形工具、轮廓图工具制作装饰图形。最终效果如图 11-216 所示。

效果所在位置

资源包 \Ch11\ 效果 \ 制作摄影广告 .cdr。

图 11-216

制作摄影广告 1

制作摄影广告 2

11.6 课堂练习 2——制作 Easy Life 家居电商网站产品详情页

习题知识要点

使用辅助线分割页面；使用矩形工具、导入命令、文本工具制作注册栏及导航栏；使用矩形工具、“导入”命令、“置于图文框内部”命令制作 PowerClip 效果；使用手绘工具绘制装饰线条；使用文本工具、“文本属性”泊坞窗制作内容和页脚区域。最终效果如图 11-217 所示。

效果所在位置

资源包 \Ch11\ 效果 \ 制作 Easy Life 家居电商网站产品详情页 .cdr。

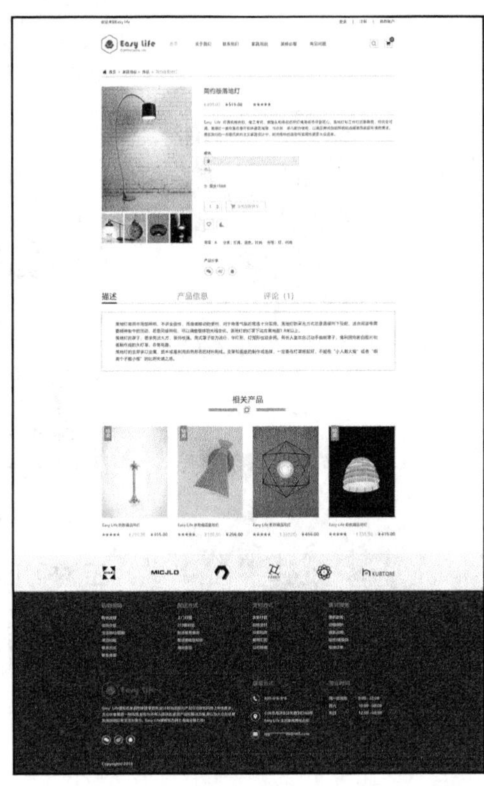

图 11-217

制作电商网站产品详情页 1

制作电商网站产品详情页 2

制作电商网站产品详情页 3

11.7 课堂练习 3——制作家居画册

习题知识要点

使用透明度工具为图片添加叠加效果；使用“导入”命令、矩形工具、“置于图文框内部”命令制作 PowerClip 效果；使用手绘工具绘制装饰线条；使用文本工具、“文本属性”泊坞窗添加画册封面和内页信息；使用矩形工具、文本工具绘制图表。最终效果如图 11-218 所示。

效果所在位置

资源包 \Ch11\ 效果 \ 制作家居画册 .cdr。

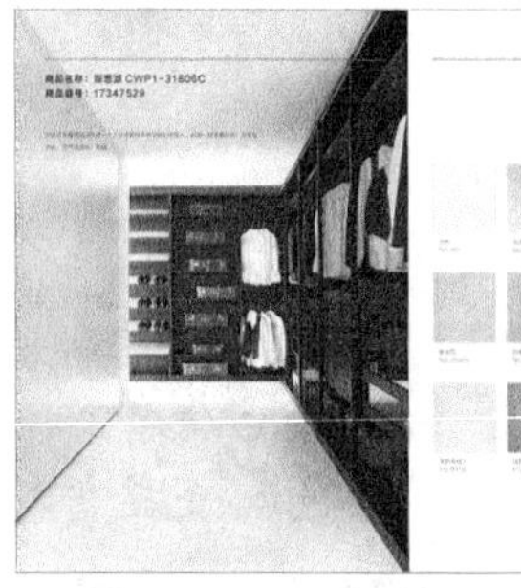

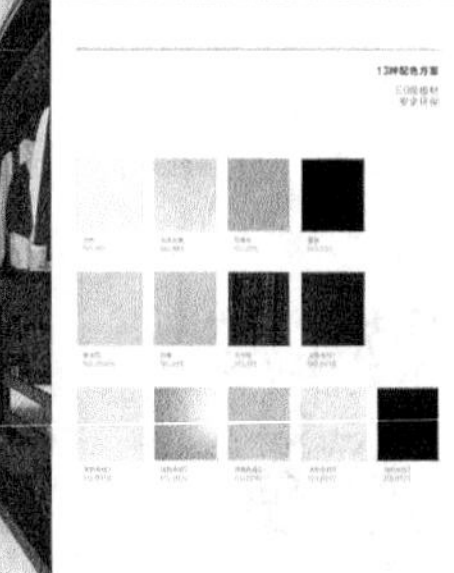

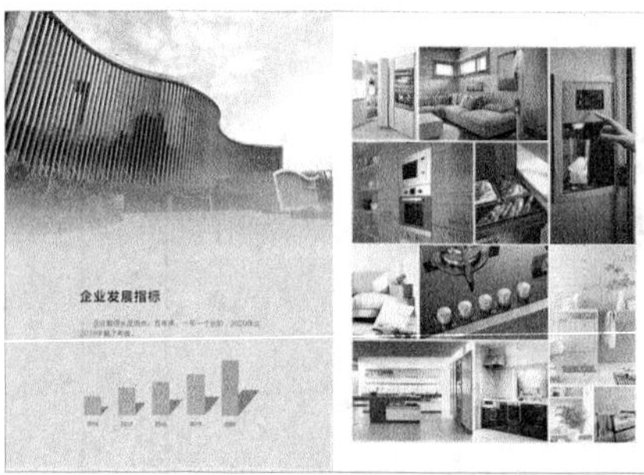

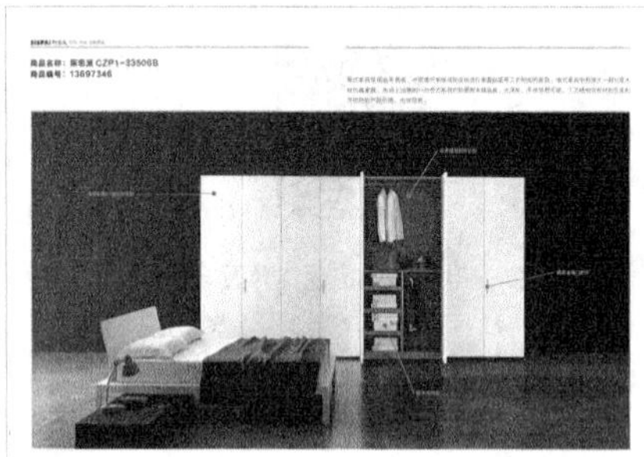

图 11-218

制作家居画册 1

制作家居画册 2

制作家居画册 3

制作家居画册 4

制作家居画册 5

11.8 课后习题 1——制作花卉书籍封面

习题知识要点

使用多边形工具、形状工具、文本工具和“置于图文框内部”命令制作书籍名称；使用矩形工具、文本工具、“合并”命令制作出版社的标志；使用文本工具、“文本属性”泊坞窗添加封面信息；使用透明度工具为图片添加半透明效果。最终效果如图 11-219 所示。

效果所在位置

资源包 \Ch11\ 效果 \ 制作花卉书籍封面 .cdr。

图 11-219

制作花卉书籍封面

11.9 课后习题 2——制作迈阿瑟电影公司 VI 手册

习题知识要点

使用"选项"命令添加水平和垂直辅助线；使用矩形工具、"转换为曲线"命令、形状工具和渐变填充按钮制作标志图形；使用文本工具和"文本属性"泊坞窗制作标准字；使用矩形工具、文本工具和"对象属性"泊坞窗制作模板；使用矩形工具、2 点线工具和"对象属性"泊坞窗制作预留空间框；使用混合工具制作辅助色；使用矩形工具、2 点线工具、"再制"命令、转角半径选项、"转换为曲线"命令和形状工具绘制名片、信纸、传真纸和信封；使用文本工具、"对象属性"泊坞窗添加相关信息；使用平行度量工具对名片、信纸、传真纸和信封进行标注。最终效果如图 11-220 所示。

效果所在位置

资源包 \Ch11\ 效果 \ 制作迈阿瑟电影公司 VI 手册 \ 迈阿瑟电影公司标志设计 .cdr\ 迈阿瑟电影公司 VI 设计基础部分 .cdr\ 迈阿瑟电影公司 VI 设计应用部分 .cdr。

图 11-220

图 11-220（续）

图 11-220（续）